XIANDAI OUJI HECHENG

FANYING JISHU YU YINGYONG YANJIU

现代有机合成
反应技术与应用研究

卢新生　张志国　贾　鑫　编著

中国水利水电出版社
www.waterpub.com.cn

内 容 提 要

本书主要研究有机化学重要的反应方式,如氧化反应、还原反应、重氮化与偶合反应、缩合反应、环化反应、不对称合成反应、逆合成反应和基团保护。另外,还简要讨论了有机合成的新技术及其相应的应用,这些反应包括相转移催化技术、微波辐照有机合成技术、有机电学合成技术、生物催化有机合成技术和其他有机合成新技术。

本书可供有机化学、化工、材料等相关领域人员参考和学习。

图书在版编目(CIP)数据

现代有机合成反应技术与应用研究/卢新生,张志国,贾鑫编著. --北京:中国水利水电出版社,2014.6(2022.10重印)

ISBN 978-7-5170-2055-4

Ⅰ.①现… Ⅱ.①卢…②张…③贾… Ⅲ.①有机合成－化学反应－研究 Ⅳ.①O621.3

中国版本图书馆 CIP 数据核字(2014)第 097889 号

策划编辑:杨庆川　责任编辑:杨元泓　封面设计:马静静

书 名	现代有机合成反应技术与应用研究
作 者	卢新生　张志国　贾鑫　编著
出版发行	中国水利水电出版社
	(北京市海淀区玉渊潭南路 1 号 D 座 100038)
	网址:www.waterpub.com.cn
	E-mail:mchannel@263.net(万水)
	sales@mwr.gov.cn
	电话:(010)68545888(营销中心)、82562819（万水）
经 售	北京科水图书销售有限公司
	电话:(010)63202643、68545874
	全国各地新华书店和相关出版物销售网点
排 版	北京鑫海胜蓝数码科技有限公司
印 刷	三河市人民印务有限公司
规 格	184mm×260mm　16 开本　17 印张　413 千字
版 次	2014年10月第1版　2022年10月第2次印刷
印 数	3001-4001册
定 价	59.50 元

前　言

有机合成具有创造性,是人们改造世界、创造物质的重要方式。人们通过有机合成,不仅能制造出自然界已有的物质,还能制造出自然界还不存在的具有特殊性能的物质,以适应人类生活和生产需求。在约 180 年的发展历程中,有机合成在各个方面都取得了很大的成就,新的有机试剂的合成、逆合成分析策略的建立、高选择性合成反应等方法不断被研究出来,结构更加复杂和功能更加奇特的有机化合物不断被合成出来。

随着化学和材料科学、生命科学的交叉融合,作为设计合成功能性物质的重要手段,有机合成显得越来越重要。有机合成方法、技术、手段的不断更新和发展,使得有机合成向当前化学家提出了更新的课题与更高的要求。由于有机合成在药物、农药、燃料、日用化学品、光电材料等领域具有广泛的应用,因此不断深入研究有机化学反应是十分必要的。

本书力求做到理论严谨、内容丰富、重点突出、层次清晰、深入浅出。在章节上注意整体与局部的划分和衔接,在内容上注重将最新理论和技术的引入,在语言上注意逻辑性和准确性,在结构上注意同类知识的结合。另外,为了强化对有机反应的理解,本书还适当引进工业实例。

本书分为 10 章。第 1 章为绪论,简要讨论有机合成化学的发展、有机化学合成的定义与分类、有机合成路线设计及其评价标准;第 2~9 章主要研究有机化学重要的反应方式,包括氧化反应、还原反应、重氮化与偶合反应、缩合反应、环化反应、不对称合成反应、逆合成反应和基团保护等;第 10 章简要讨论了有机合成的新技术及其相应的应用,这些反应包括相转移催化技术、微波辐照有机合成技术、有机电化学合成技术、生物催化有机合成技术和其他有机合成新技术。

本书在编撰的过程中参考了大量文献资料,并吸取了多位同行的宝贵意见,但由于作者能力水平有限,书中难免存在错误和疏漏之处,望广大读者批评指正。

作者
2014 年 4 月

目　　录

第1章　绪论

1.1　有机合成化学的发展

自 1828 年德国科学家沃勒(Wöhler)成功地由氰酸铵合成尿素揭开有机合成的帷幕至今,有机合成学科经历了 170 多年的发展历史。有机合成的历史大致可划分为第二次世界大战前的初创期和第二次世界大战之后的辉煌期两个阶段。

第一阶段的有机合成主要是围绕以煤焦油为原料的染料和药物等的合成工业。

1856 年霍夫曼(A. W. Hofmann)发现苯胺紫,威廉姆斯(G. Williams)发现菁染料;1890 年费歇尔(Emil H. Fischer)合成六碳糖的各种异构体以及嘌呤等杂环化合物,费歇尔也因此荣获第二届(1902 年)诺贝尔化学奖;1878 年拜耳(A. Von Baeyer)合成了有机染料——靛蓝,并很快实现了工业化,此后,他又在芳香族化合物的合成方面取得了巨大的成就;尤其值得一提的是 1903 年德国化学家维尔斯泰特(R. Willstatter)经过卤化、氨解、甲基化、消除等二十多步反应,第一次完成了颠茄酮的合成,这是当时有机合成的一项卓越成就。1917 年英国化学家罗宾逊(Robinson)第二次合成了颠茄酮,他采用了全新的、简捷的合成方法,模拟自然界植物体合成莨菪碱的过程进行,其合成路线是:

这一合成曾被 Willstätter 称为是"出类拔萃的"合成,可以将它作为这一时期有机合成突飞猛进的发展的反映。与此同时,许多具有生物活性的复杂化合物相继被合成,如血红素和金鸡纳碱等。

以上这些化合物的合成标志着这一时期有机合成的水平,奠定了下一阶段有机合成辉煌发展的基础。

二战结束到 20 世纪末是有机合成空前发展的辉煌时期。这一阶段又分为 50、60 年代的 Woodward 艺术期,70、80 年代 Corey 的科学与艺术的融合期和 90 年代以来的化学生物学期三个时期。

美国化学家 R. B. Woodward 是艺术期的杰出代表,除 1944 年完成了奎宁的全合成外,他的其他重要杰作还有生物碱如马钱子碱、麦角新碱、利血平;甾体化合物如胆甾醇、皮质酮 (1951 年)、黄体酮(1971 年)以及羊毛甾醇(1957 年);抗生素如青霉素、四环素、红霉素以及维生素 B_{12} 等。其中维生素 B_{12} 含有 9 个手性碳原子,其可能的异构体数为 512。维生素 B_{12} 的合成难度是巨大的,近百名科学家历经 15 年才完成了它的全合成。维生素 B_{12} 全合成的实现,不单是完成了一个高难度分子的合成,而且在此过程中,Woodward 和量子化学家 R. Hofmann

共同发现了重要的分子轨道对称守恒原理。这一原理使有机合成从艺术更多地走向理性。

在完成大量结构复杂的天然分子全合成后,天然产物的全合成超越艺术开始进入科学与艺术的融合期。合成化学家开始总结有机合成的规律和有机合成设计等问题。其中最著名的、影响最大的是 E. J. Corey 提出的反合成分析。他从合成目标分子出发,根据其结构特征和对合成反应的知识进行逻辑分析,并利用经验和推理艺术设计出巧妙的合成路线。运用这种方法,Corey 等人在天然产物的全合成中取得了重大成就,其中包括银杏内酯、大环内酯,如红霉素、前列腺素类化合物以及白三烯类化合物的合成。

海葵毒素的合成是 20 世纪 90 年代合成化学家完成的最复杂分子的合成。海葵毒素的结构复杂,含有 129 个碳原子、64 个手性中心和 7 个骨架内双键,可能的异构体数达 $2^{71}(2.36×10^{21})$ 之多。近年来,合成化学家把合成工作与探寻生命奥秘联系起来,更多地从事生物活性的目标分子的合成,尤其是那些具有高生物活性和有药用前景分子的合成。

进入 21 世纪,国际社会关注的焦点开始向社会的可持续发展及其所涉及的生态、资源、经济等方面的问题转变。出于对人类自身的关爱,必然会对化学,尤其是对合成化学提出新的更高的要求。近年来,绿色化学、洁净技术、环境友好过程已成为合成化学追求的目标和方向。可见 21 世纪有机合成所关注的不仅是合成了什么分子,而是如何合成,其中有机合成的有效性、选择性、经济性、环境影响和反应速率将是有机合成研究的重点。

有机合成的发展趋势可以概括为两点:

①合成什么,包括合成在生命、材料学科中具有特定功能的分子和分子聚集体;

②如何合成,包括高选择性合成、绿色合成、高效快速合成等。

这是合成化学家主要关注的问题。一般认为有机合成化学的发展大体上可以分为两个方面:

①发展新的基元反应和方法;

②发展新的合成策略,合成路线,以便创造新的有机分子或者是实现或改进有各种意义的已知或未知有机化合物的合成。

就发展新的合成策略和合成路线而言,在 21 世纪有机合成主要要求新的合成策略和路线具备以下特点:

①条件温和、合成更易控制。当今的有机合成模拟生命体系酶催化反应条件下的反应。这类高效定向的反应正是合成化学家追求的一种理想境界。

②高合成效率、环境友好及原子经济性。在当今社会,人类追求经济和社会的可持续发展,合成效率的高低直接影响着资源耗费,合成过程是否环境友好,合成反应是否具有原子经济性预示着对环境破坏的程度大小。

③定向合成和高选择性。定向合成具有特定结构和功能的有机分子是目前最重要的课题之一。

④高的反应活性和收率。反应活性和收率是衡量合成效率的一个重要方面。

⑤新的理论发现。任何新化合物的出现,都会导致新理论的突破。

在发展新的基元反应和方法方面,Seabach D 认为从大的反应类型上讲,合成反应已很少再有新的发现,当然新的改进和提高还在延续。而过渡金属参与的反应,对映和非对映的选择性反应以及在位的多步连续反应则可望成为以后发现新反应的领域。这以后十几年的发展大致印证了这些预计。

有机合成近年来的发展趋势主要有以下几点。

（1）多步合成

发现和发展新的多步合成反应，或者称在位的多步连接反应是近年来有机合成方法学另一个主要发展方面。"一个反应瓶"内的多步反应可以从相对简单易得的原料出发，不经中间体的分离，直接获得结构复杂的分子，这显然是更经济、更为环境友好的反应。"一个反应瓶"内的多步反应大致分为两种：a. 串联反应或者称为多米诺反应；b. 多组分反应。实际上 1917年 Robison 的颠茄酮的合成就是一个早年的"一个反应瓶"的多步反应：

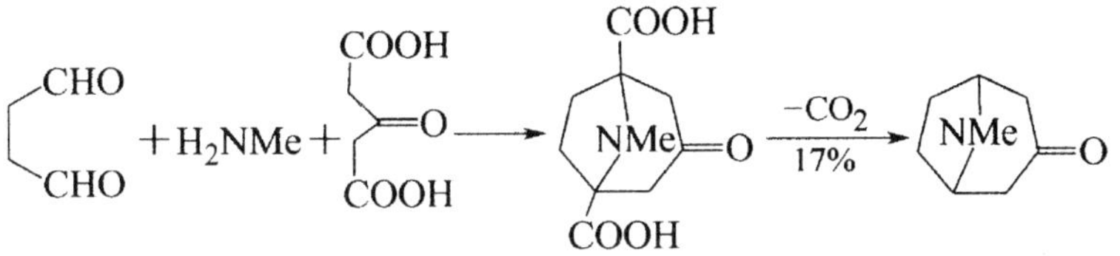

Noyoli 的前列腺素的合成是一个典型的串联反应，自此串联反应才成为一个流行的合成反应名称。

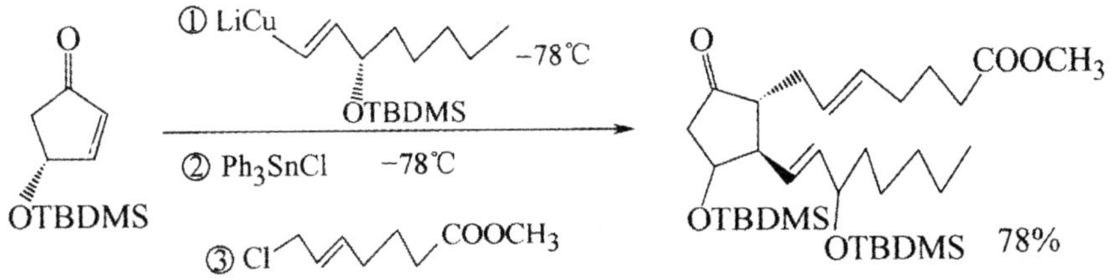

（2）过渡金属参与的有机合成反应

近年来，过渡金属尤其是钯参与的合成反应占新发展的有机合成反应的绝大部分，例如，烯烃的复分解反应，已经成为形成碳—碳双键的一个非常有效的方法，包括以下三个类型：

①开环聚合反应。

②关环复分解反应。

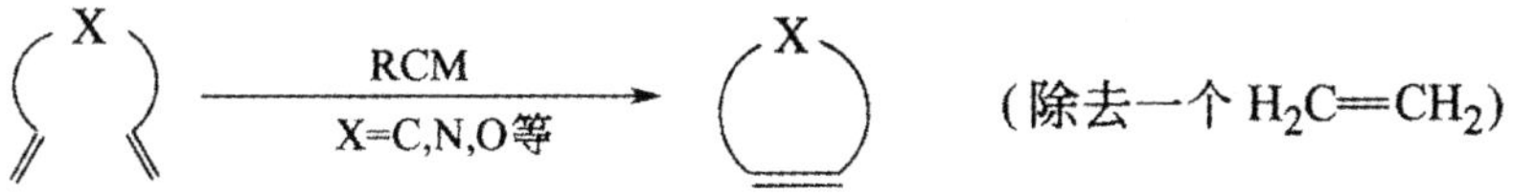

③交叉复分解反应。

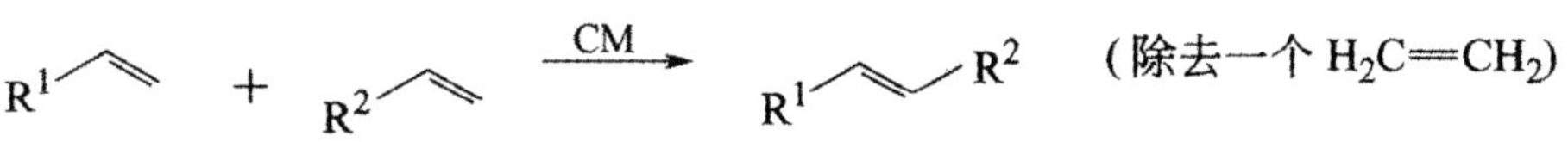

催化剂主要是钼卡宾化合物。

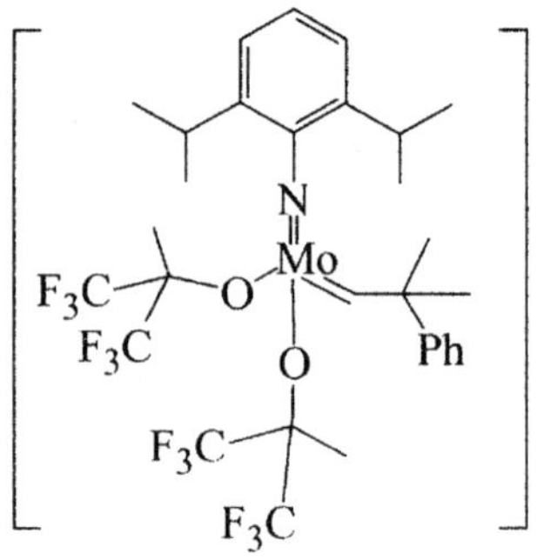

1993 年,Schrock 等又一次合成了光学纯烯烃复分解催化剂,由此也拉开了不对称催化烯烃复分解反应的帷幕。

在现代化学合成中,催化烯烃复分解反应已经成为常用的化学转化之一,通过这种重要的反应,可以方便、有效、快捷地合成一系列小环、中环、大环碳环或杂环分子。

(3)天然产物新合成路线

天然产物中一些古老的分子用简捷高效的新的合成路线合成成为近年来一种新的趋势,例如,奎宁是一种治疗疟疾的经典药物,2001 年,Stork 报道了奎宁的立体控制全合成。这一合成是经典之作,合成过程中没有使用任何新奇的反应,但却极其简捷、有效。2004 年又有人用不同的方法对奎宁合成进行了报道。

尽管以上这几个方面不能完全展示有机合成在最近几十年的巨大进步和成果,但由此也可以看出有机合成方法学上突飞猛进的发展趋势。

1.2　有机合成化学的定义与分类

1.2.1　有机合成化学的定义

有机合成是指从简单化合物出发,运用有机化学的理论或反应来合成新的有机化合物的过程。有机合成是以有机反应为工具,通过合理设计的合成路线,把结构较复杂的分子变成结构较简单的所需化合物分子的过程。

早期的有机合成主要是在实验室内仿造与验证自然界中已存在的化学物质。而现在人们已可以依据结构与性质的关系规律,合成自然界中并不存在的新物质,以适应国计民生的需要。今后的发展趋势是设计合成预期有优异性能的或具有重大意义的化合物。

有机合成是一个极富有创造性的领域。它不仅可以合成天然化合物,可以确切地确定天然产物的结构,也可以合成自然界不存在但预期会有特殊性能的新化合物。事实上,有机合成就是用基本且易得的原料与试剂,加上人类的智慧与技术来创造更复杂、更奇特的化合物。

人们在了解自然、认识自然的过程中,阐明了很多天然产物的化学结构。有机合成化学家则在实验室内用人工的办法来复制、合成这种自然界的产物并用以证明它的结构,这种证明往往是最直接、最严格的。合成化学家的目的不仅于此,还可以根据人们的需要来改造这种结构或是创造出全新的结构。这样,经过世代合成工作者的努力,成百万的新化合物在实验室里逐一出现。未来有机合成的发展趋势是设计和合成预期性能优良的有机化合物。目前,有机合成已成为当代有机化学的主要研究方向之一。

现在化合物已超过了 2200 多万种,其中绝大部分是有机化合物。这样众多化合物的出现,带来了很多生物、物理和化学特性的信息,为大千世界增添了更多的色彩和内容。

1.2.2　有机化学合成的分类

采用不同的分类标准有机反应就有几种不同类型,可以按产物的结构分,也可以按有机化合物的转化状况分。其中最常见的是按反应的类型分。

1. 氧化-还原

当电子从一个化合物中被全部或部分取走时,我们就可以认为该化合物发生了氧化反应。由于某些有机化合物在反应前后的电子得失关系不如无机化合物明显,因此对有机反应来说,从有机化合物分子中完全夺取一个或几个电子,使有机化合物分子中的氧原子增多或氢原子减少的反应,都称为氧化反应。例如:

夺取电子 $\qquad$ $PhO^- \xrightarrow{Ce^{4+}} PhO\cdot$

得到氧 $\qquad$ $RCHO \xrightarrow{[O]} RCO_2H$

失去氢 $\qquad$ $RCH_2OH \xrightarrow{-[2H]} RCHO$

而还原反应则恰好是其逆定义。

一个反应体系中的氧化与还原总是相伴发生的,一种物质被氧化的同时另一种物质也必然被还原。通常所说氧化或还原都是针对重点讨论的有机化合物而言的。例如,醇与重铬酸盐的反应属于氧化反应。

2. 加成

加成反应包括亲核加成和亲电加成两种。

(1)亲核加成

醛和酮能与亲核试剂发生亲核加成反应,其中亲核试剂的加成是速率控制步骤。其反应通式为:

$$R_2C{=}O + CN^- \xrightarrow{慢} R_2C\underset{CN}{\overset{|}{-}}O^- \xrightarrow[H_2O]{快} R_2C\underset{CN}{\overset{|}{-}}OH + OH^-$$

羰基邻位存在大的基团时,加成反应将受到阻碍。芳醛、芳酮的反应比脂肪族同系物要慢,这是由于在形成过渡态时,破坏了羰基的双键与芳环之间共轭的稳定性。芳环上带有吸电子基团,可使加成反应容易发生,而带有供电子基团,则对反应起阻碍作用。

存在于酸、酰卤、酸酐、酯和酰胺分子中的羰基也可接受亲核试剂的攻击,得到的产物是脱去了电负性基团,而不是添加了质子,因此,这个反应也可看成是取代反应。例如,酰氯的水解反应就是通过脱去氯离子而得到羧酸的。

$$R-\overset{\displaystyle C}{\underset{\displaystyle Cl}{\|}}=O + OH^- \longrightarrow R-\overset{\displaystyle OH}{\underset{\displaystyle Cl}{\overset{|}{\underset{|}{C}}}}-O^- \xrightarrow{\ -Cl^-\ } R-CO_2H \xrightarrow{\ OH^-\ } R-CO_2^-$$

（2）亲电加成

亲电加成的典型例子是烯烃的加成。该反应分为两个阶段，首先是生成碳正离子中间产物，它是速率控制步骤。

$$RCH=CH_2 + HCl \xrightarrow{\ 慢\ } R\overset{+}{C}H-CH_3 + Cl^-$$

然后是

$$R\overset{+}{C}H-CH_3 + Cl^- \xrightarrow{\ 快\ } R-\overset{\displaystyle C}{\underset{\displaystyle Cl}{\overset{|}{\underset{|}{H}}}}-CH_3$$

如果烯烃双键的碳原子上含有烷基，在受到亲电试剂攻击时，会有更多烷基取代基的位置优先生成碳正离子。这是由于供电子的烷基可使碳正离子稳定化。

$$(CH_3)_2C=CHCH_3 + HCl \longrightarrow (CH_3)_2\overset{+}{C}-CH_2CH_3 + Cl^- \longrightarrow (CH_3)_2\overset{\displaystyle C}{\underset{\displaystyle Cl}{\overset{|}{\underset{|}{}}}}-CH_2CH_3$$

反之，吸电子基团能降低直接与之相连的碳正离子的稳定性。例如：

$$O_2N-CH=CH_2 + HCl \longrightarrow O_2N-CH_2-\overset{+}{C}H_2 + Cl^- \longrightarrow O_2N-CH_2CH_2Cl$$

当烯烃受到亲电试剂攻击生成中间产物碳正离子后，存在着质子消除和亲核试剂加成两个竞争反应。在加成反应受到空间位阻时，将有利于发生质子消除反应。例如：

$$(C_6H_5)_3C-\overset{\displaystyle C}{\underset{\displaystyle CH_3}{\overset{|}{\underset{|}{}}}}=CH_2 \xrightarrow{\ Br_2\ } (C_6H_5)_3C-\overset{\displaystyle \overset{+}{C}}{\underset{\displaystyle CH_3}{\overset{|}{\underset{|}{}}}}-CH_2Br \xrightarrow{\ -H^+\ }$$

$$(C_6H_5)_3C-\overset{\displaystyle C}{\underset{\displaystyle CH_2}{\overset{|}{\underset{|}{}}}}-CH_2Br + (C_6H_5)_3C-\overset{\displaystyle C}{\underset{\displaystyle CH_3}{\overset{|}{\underset{|}{}}}}=CHBr$$

含有两个或更多共轭双键的化合物在进行加成反应时，由于中间产物碳正离子的电荷可离域到两个或更多个碳原子上，得到的产物可能会是混合物。例如：

$$CH_2=CH-CH=CH_2 \xrightarrow{\ Br_2\ } [CH_2=CH-\overset{+}{C}H-\overset{\displaystyle C}{\underset{\displaystyle Br}{\overset{|}{\underset{|}{H_2}}}} \leftrightarrow \overset{+}{C}H_2-CH=CH-\overset{\displaystyle C}{\underset{\displaystyle Br}{\overset{|}{\underset{|}{H_2}}}}]$$

$$\xrightarrow{\ Br^-\ } CH_2=CH-\overset{\displaystyle C}{\underset{\displaystyle Br}{\overset{|}{\underset{|}{H}}}}-\overset{\displaystyle C}{\underset{\displaystyle Br}{\overset{|}{\underset{|}{H_2}}}} + \overset{\displaystyle C}{\underset{\displaystyle Br}{\overset{|}{\underset{|}{H_2}}}}-CH=CH-\overset{\displaystyle C}{\underset{\displaystyle Br}{\overset{|}{\underset{|}{H_2}}}}$$

3. 取代

连接在碳上的一个基团被另一个基团取代的反应有同步取代、先加成再消除和先消除再加成三种不同的途径。

(1)同步取代

参加同步取代反应的试剂可以是亲核的或亲电的。S_N2 反应的通式是：

$$Nu: \quad \overset{|}{\underset{|}{C}}—Le \longrightarrow Nu—\overset{|}{\underset{|}{C}}— + Le$$

式中，Nu 为亲核试剂；Le 为离去基团。

表 1-1 给出了不同亲核试剂与卤烷反应得到的产物。

表 1-1　不同亲核试剂与卤代烷反应得到的产物

亲核试剂	产物
OH^-	醇　R—OH
$R'O^-$	醚　R—OR'
$R'S^-$	硫　R—SR'
$R'CO_2^-$	酯　R—OCOR'
$R'—C\equiv C$	炔烃　R—C$\equiv$C—R'
CN^-	腈　R—C$\equiv$N
NH_3	胺　R—NH$_2$
$R_3'N$	季铵盐　$R_3'RN^+Z^-$

亲核试剂的进攻是沿着离去基团的相反方向靠近，这样在发生取代的碳原子上就将会发生构型转化。

S_N2 取代反应与 E2 消除反应相互竞争，其中受各种因素的影响，优势也有所不同。例如，在进行 S_N2 反应时，受空间位阻的影响，烷基活泼性的顺序是伯＞仲＞叔。当下列化合物与 $C_2H_5O^-$ 在 55℃、乙醇中进行反应时，表现出不同的 S_N2/E2 比。

$$CH_3CH_2Br \longrightarrow CH_3CH_2—OC_2H_5 + CH_2{=}CH_2$$
$$\qquad\qquad\qquad\qquad 90\% \qquad\qquad 10\%$$

$$CH_3—\underset{\underset{CH_3}{|}}{C}HBr \longrightarrow (CH_3)_2CH—OC_2H_5 + CH_3CH{=}CH_2$$
$$\qquad\qquad\qquad\qquad 21\% \qquad\qquad 79\%$$

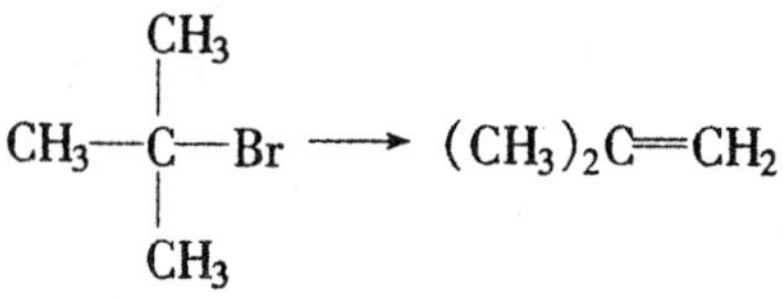

$$
\begin{array}{c}
CH_3 \\
| \\
CH_3\!-\!\!C\!-\!Br \longrightarrow (CH_3)_2C\!\!=\!\!CH_2 \\
| \\
CH_3
\end{array}
$$

100%

（2）先加成再消除

不饱和化合物的取代反应，一般要经过先加成再消除两个阶段，比较重要的反应有以下几种。

①芳香碳原子上的亲电取代。

芳环与亲电试剂的反应按加成-消除历程进行。多数情况下第一步是速率控制步骤，如苯的硝化反应；也有一些反应第二步脱质子是速率控制步骤，如苯的磺化反应。

不同于烯烃的亲电加成反应，由烯烃与亲电试剂作用所生成的碳正离子，在正常情况下将继续与亲核试剂进行加成，而由芳香化合物得到的芳基正离子，则接下来是发生消除反应。此外，亲电试剂与芳烃的反应比烯烃要慢，如苯与溴不容易反应，而烯烃与溴立即反应，这是因为向苯环上加成，要伴随着失去芳香稳定化能，尽管在某种程度上可通过正离子的离域而得到部分稳定化能的补偿。

②芳香碳原子上的亲核取代。

卤苯本身发生亲核取代要求十分激烈的条件，在其邻、对位带有吸电子取代基时，反应容易得多。

③芳香碳原子上的游离基取代。

游离基或原子与芳香化合物之间的反应是通过加成-消除历程进行的。例如：

$$PhCOO\text{-}OOCPh \longrightarrow 2PhCO_2 \cdot$$

$$PhCO_2 \cdot \longrightarrow Ph \cdot + CO_2$$

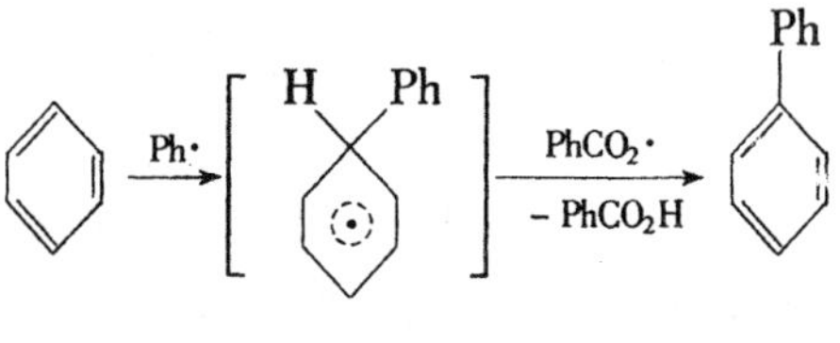

在取代基的邻、对位发生取代时，有利于中间游离基产物的离域，这就使得取代反应优先发生在邻位和对位。

④羰基上的亲核取代。

羧酸衍生物中的羰基与吸电子基团相连接时，容易按加成-消除历程进行取代反应。例如：

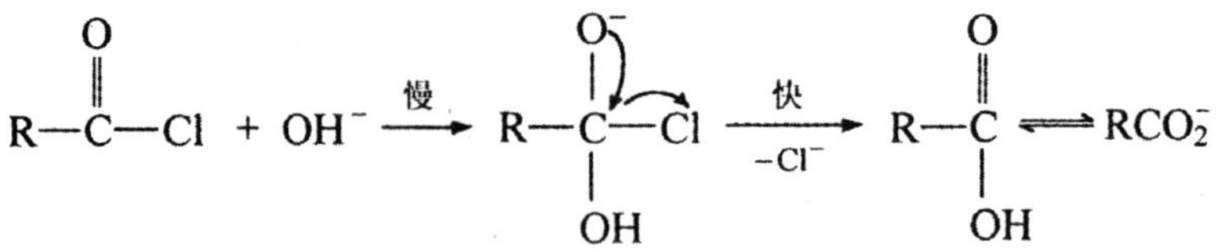

酰基衍生物的活泼顺序是酰氯＞酸酐＞酯＞酰胺。

强酸对羧酸的酯化具有催化作用,其主要原因在于可增加羰基碳原子的正电性。

$$R-\overset{\overset{\displaystyle O}{\|}}{C}-OH \rightleftharpoons R-\overset{\overset{\displaystyle O}{\|}}{C}-\overset{+}{O}H_2 \xrightarrow{R'OH} R-\overset{\overset{\displaystyle O^-}{|}}{\underset{\underset{\displaystyle R'\quad H}{\overset{+}{O}}}{C}}-\overset{+}{O}H_2 \xrightarrow{-H_2O, -H^+} R-\overset{\overset{\displaystyle O}{\|}}{C}-OR'$$

亲电试剂和亲核作用物,或亲核试剂和亲电作用物,常常是一种反应的两种表示方法。

（3）先消除再加成

当碳原子与一个容易带着一对键合电子脱落的基团相连接时,可发生单分子溶剂分解反应(S_N1)。例如:

$$(CH_3)_3C-Cl \rightarrow (CH_3)_3C^+ + Cl^-$$

$$(CH_3)_3C^+ + H_2O \rightarrow (CH_3)_3C-\overset{+}{O}H_2 \xrightarrow{-H^+} (CH_3)_3C-OH$$

分子上若带有能够使碳正离子稳定化的取代基,则反应进行相对容易。对于卤烷而言,其活泼性顺序是叔＞仲＞伯。

S_N1 溶剂分解反应与 E1 消除反应也是相互竞争的,由于二者之间的竞争发生在形成碳正离子以后,因此 $E1/S_N1$ 之比与离去基团的性质无关。例如

$$(CH_3)_3C-Cl \xrightarrow{H_2O/C_2H_5OH} (CH_3)_3C-OH + (CH_3)_2C=CH_2$$

4. 消除

消除反应包括 α-消除和 β-消除两种。

（1）α-消除

α-消除反应过程为:

$$-\overset{|}{\underset{|}{C}}-A \xrightarrow{-A,\ -B} -\overset{|}{\underset{|}{C}}:$$
（下方为 B）

相较于 β-消除反应,α-消除反应要少得多。氯仿在碱催化下可发生 α-消除反应,反应分成两步,其中第二步是速率控制步骤。

$$CHCl_3 + OH^- \rightleftharpoons CCl_3^- + H_2O$$

$$CCl_3^- \xrightarrow{慢} :CCl_2$$
二氯碳烯

二氯碳烯是活泼质点,不能通过分离得到,但在碱性介质中它将水解成酸。

$$HO^- + :CCl_2 \rightarrow HO-\ddot{C}Cl \xrightarrow{水解} HCO_2H \xrightarrow{OH^-} HCO_2^-$$

亚甲基比二氯碳烯的稳定差,要得到也是极其困难的。

（2）β-消除

β-消除反应过程为：

$$\underset{\underset{A}{|}\;\underset{B}{|}}{-C-C-} \xrightarrow{-A,-B} \underset{|\quad|}{-C=C-}$$

β-消除反应历程可分为两种：双分子历程（E2）和单分子历程（E1）。

① 双分子 β-消除反应。

$$C_2H_5O^- \qquad \underset{\underset{H}{|}\;\underset{Br}{|}}{\underset{\underset{H}{|}}{H-C-C-}} \longrightarrow \;\underset{/\quad\backslash}{C=C} + C_2H_5OH + Br^-$$

受催化剂碱性逐渐增强的影响，反应速度加快；带着一对电子离开的第二个消除基团的能力增大，反应速度加快。已知键的强度顺序是：

$$C-I < C-Br < C-Cl < C-F$$

则参加 E2 反应的卤烷，其反应由易到难的顺序是：

$$-I > -Br > -Cl > -F$$

已知烷基当中活性的顺序是叔＞仲＞伯，例如：

$$(CH_3)_3C-Br \xrightarrow{碱催化} (CH_3)_2C=CH_2 \qquad\qquad （Ⅰ）$$

$$(CH_3)_2CHBr \xrightarrow{碱催化} CH_3CH=CH_2 \qquad\qquad （Ⅱ）$$

$$CH_3CH_2Br \xrightarrow{碱催化} CH_2=CH_2 \qquad\qquad （Ⅲ）$$

反应速度的顺序是（Ⅰ）＞（Ⅱ）＞（Ⅲ）。

在新生成的双键与已存在的不饱和键处于共轭体系的情况下，消除反应的发生更容易。例如：

$$\underset{\underset{Br}{|}}{CH_2}\underset{\underset{}{|}}{\overset{\overset{H}{|}}{-CH-CH=O}} \xrightarrow{碱催化} CH_2=CH-CH=O$$

需要注意的是，S_N2 反应常常与 E2 反应相竞争，消除反应所占的比例取决于碱的性质和烷基的性质。

② 单分子 β-消除反应。

没有碱参加的消除反应属于单分子反应（E1），反应分为两步，其中第一步单分子异裂是速率控制步骤。其通式为：

$$-\overset{\underset{|}{H}}{\underset{|}{C}}-\overset{|}{\underset{|}{C}}-X \xrightarrow{\text{慢}} -\overset{\underset{|}{H}}{\underset{|}{C}}-\overset{+}{\underset{|}{C}}- + X^-$$

$$-\overset{\underset{|}{H}}{\underset{|}{C}}-\overset{+}{\underset{|}{C}}- \xrightarrow{\text{快}} -\overset{|}{C}=\overset{|}{C}- + H^+$$

在单分子消除反应中，由于形成碳正离子是控制步骤，而在烷基当中叔碳正离子的稳定性较高，因此不同烷基的活泼性顺序是叔＞仲＞伯，离去基团的性质对反应速度的影响与 E2 相同。

在同一个化合物存在两种消除途径时，其中共轭性较强的烯烃将是主要产物。例如：

$$CH_3-\overset{\underset{|}{CH_2CH_3}}{\underset{|}{\overset{|}{C}}}-Cl \longrightarrow CH_3-\overset{+}{\underset{\underset{|}{CH_2CH_3}}{\overset{|}{C}}}-CH_3 + Cl^- \longrightarrow$$

$$(CH_3)_2C=CH-CH_3 + CH_2=\overset{\underset{|}{CH_2CH_3}}{\underset{|}{\overset{|}{C}}}-CH_3$$

$$4 \qquad : \qquad 1$$

E1 与 S_N1 反应之间也存在着相互竞争。此外，还也有可能发生碳正离子的分子内重排。

5. 重排

重排反应包括分子内重排与分子间重排两类。

（1）分子内重排

下面是一个分子内重排反应：

$$CH_3-\overset{\underset{|}{CH_3}}{\underset{|}{\overset{|}{C}}}-CH_2-Br \longrightarrow CH_3-\overset{\underset{|}{CH_3}}{\underset{|}{\overset{|}{C}}}-\overset{+}{C}H_2 \longrightarrow CH_3-\overset{+}{\underset{\underset{|}{CH_3}}{\overset{|}{C}}}-\overset{\underset{|}{CH_3}}{\underset{|}{CH_2}} \xrightarrow{EtOH}$$

$$(CH_3)_2C=CHCH_3 + (CH_3)_2\overset{|}{\underset{\underset{|}{OEt}}{C}}-CH_2CH_3$$

分子内重排反应的主要特征在于：

①发生迁移的推动力在于叔碳正离子的稳定性大于伯碳正离子。

②能够产生碳正离子的反应，当通过重排可得到更稳定的离子时，也将发生重排反应。

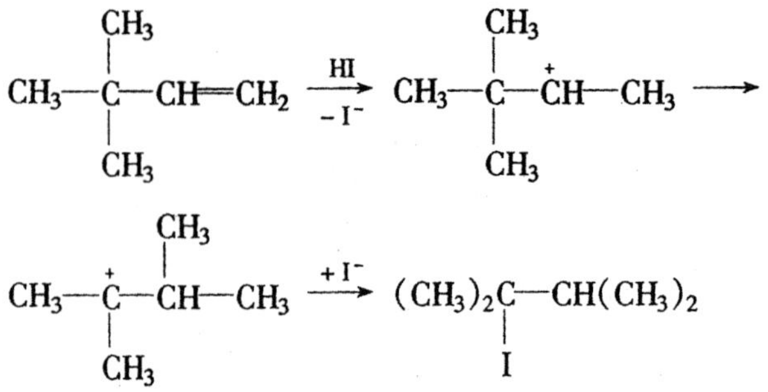

③位于 β 碳原子上的不同基团发生迁移时,最能提供电子的基团将优先迁移到碳正离子上,如苯基较甲基容易迁移。

④基于迁移是速率控制步骤的缘故,位于 β 位上的芳基不仅比烷基容易迁移,而且能使反应加速。如 $C_6H_5C(CH_3)_2CH_2Cl$ 的溶剂分解反应要比新戊基氯快数千倍。原因是生成的中间产物不是高能量的伯碳正离子,而是离域的跨接苯基正离子。正电荷离域在整个苯环上,使能量显著下降。

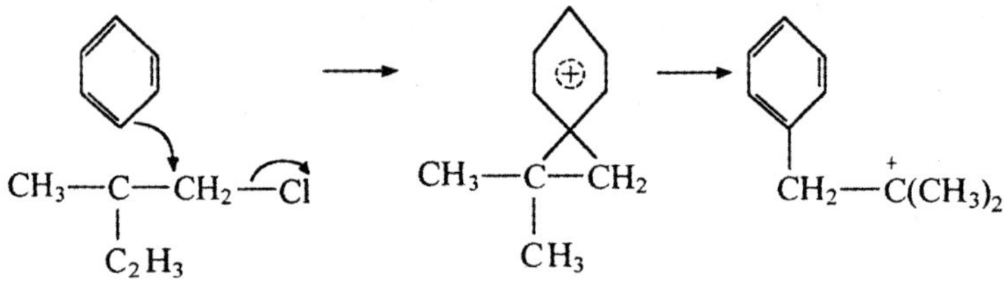

（2）分子间重排

分子间重排可以看做是上述过程的组合。例如,在盐酸催化下 N-氯乙酰苯胺的重排反应,首先是通过置换生成氯,而后氯与乙酰苯胺发生亲电取代。

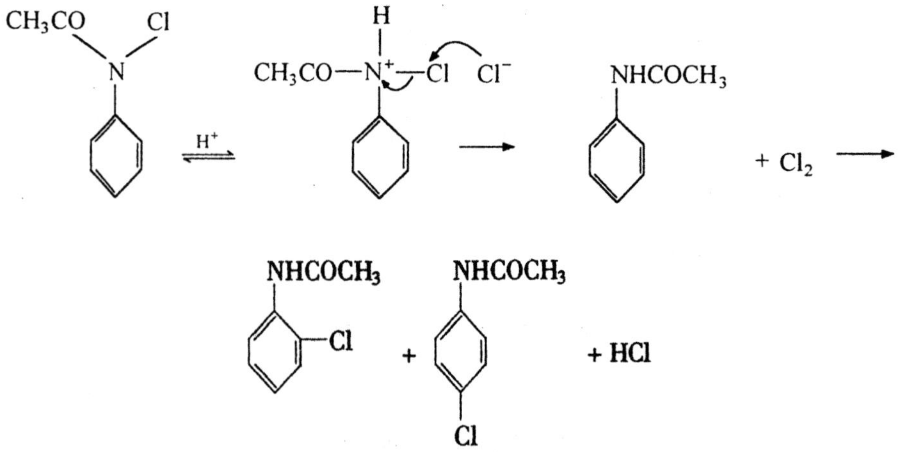

6. 缩合

形成新的 C—C 键的反应可以看做缩合反应。缩合反应的涉及面很广,几乎包括了前面

已提到的各种反应类型。例如,在克莱森缩合中关键的一步是碳负离子在酯的羰基上发生亲核取代:

$$CH_3\overset{\displaystyle O}{\overset{\|}{C}}\!\!-\!\!OEt \ + \ ^-CH_2COOEt \longrightarrow CH_3\overset{\displaystyle O}{\overset{\|}{C}}\!\!-\!\!CH_2COOEt \ + \ OEt^-$$

在醇醛缩合中,在醛或酮的羰基上发生的则是亲核加成:

$$CH_3\!\!-\!\!\overset{\displaystyle O}{\overset{\|}{C}}\!\!-\!\!H \ + \ ^-CH_2CHO \longrightarrow CH_3\!\!-\!\!\underset{\underset{\displaystyle CH_2CHO}{|}}{\overset{\overset{\displaystyle O^-}{|}}{C}}\!\!-\!\!H \ \xrightarrow{H_2O} \ CH_3\!\!-\!\!\underset{}{\overset{\overset{\displaystyle OH}{|}}{C}}HCH_2CHO$$

7. 周环反应

周环反应是在有机反应中除离子反应和游离基反应外的一类反应,此反应有以下特征:

①既不需要亲电试剂,也不需要亲核试剂,只需要热或光做动力。

②大多数反应不受溶剂或催化剂的影响。

③反应中键的断裂和生成,经过多中心环状过渡态协同进行。

周环反应可分成五种典型的类型:环化加成、烯与烯的反应、电环化反应、σ 移位重排与螯键反应。

(1)环化加成

由两个共轭体系合起来形成一个环的反应就是环化加成反应。环化加成反应中包括著名的 Diels-Alder 反应。例如:

(2)烯与烯的反应

烯丙基化合物与烯烃之间的反应就是烯与烯的反应。例如:

(3)电环化反应

电环化反应属于分子内周环反应,在形成环结构时将生成一个新的 σ 键,消耗一个 π 键,或是颠倒过来。例如:

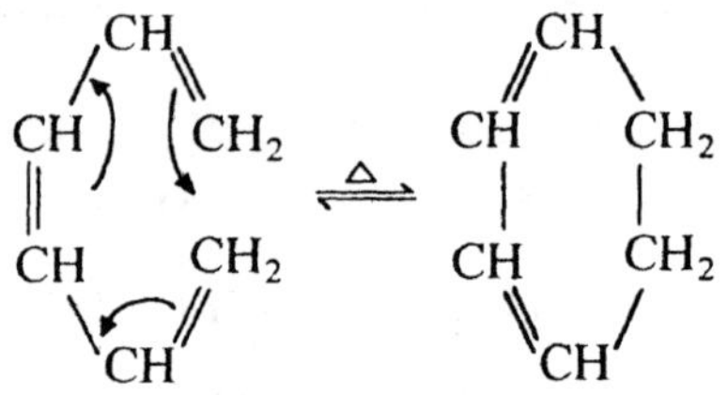

(4)σ移位重排

在σ移位重排反应中,同一个π电子体系内一个原子或基团发生迁移,而并不改变σ键或π键的数目。例如:

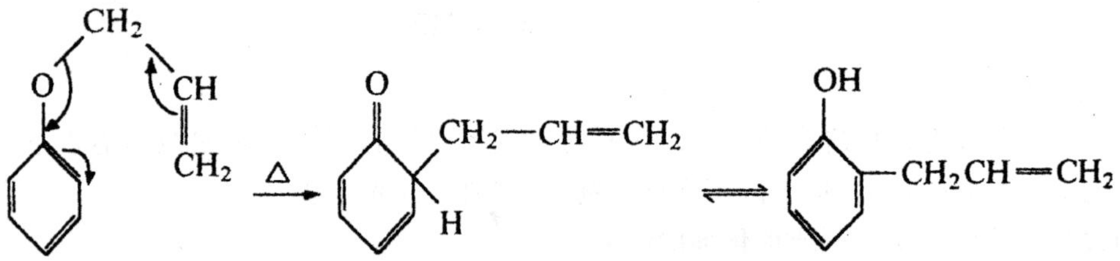

(5)螯键反应

在一个原子的两端有两个π键协同生成或断裂的反应就是螯键反应。例如:

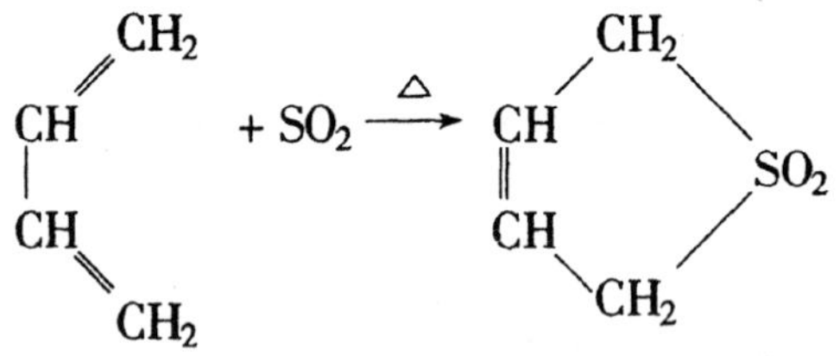

1.3 有机合成路线设计

设计合成路线和方法是有机合成的首要任务。有机合成路线的设计是合成工作的第一步,也是非常重要的一步。一条好的合成路线会得到好的结果。同样,一个合格的有机合成工作者必须具备合成路线的设计能力。

下面以颠茄酮的合成为例来说明有机合成路线设计的重要性。颠茄酮的合成有两条不同的路线。

1. Willstatter 合成路线

1986 年,Willstatter 设计了一条以环庚酮为原料经过卤化、氨解、甲基化、消除等二十多步反应路线,第一次合成颠茄酮。虽然路线中每步的收率都较高,但总收率仅为 0.75%。

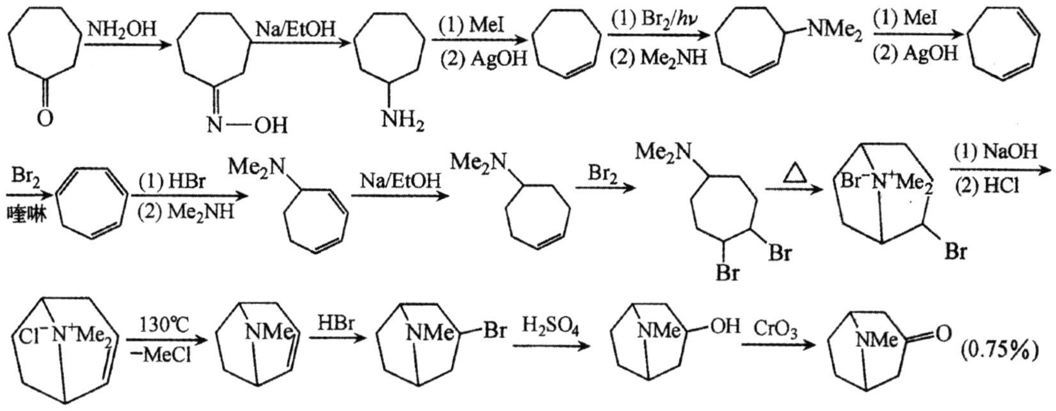

（反应路线图：环庚酮经 NH$_2$OH → 肟(N—OH) → Na/EtOH → 胺(NH$_2$) → (1) MeI (2) AgOH → 环庚二烯 → (1) Br$_2$/hν (2) Me$_2$NH → NMe$_2$ → (1) MeI (2) AgOH → 环庚三烯）

（第二行反应路线：Br$_2$/喹啉 → 环庚三烯 → (1) HBr (2) Me$_2$NH → Me$_2$N— → Na/EtOH → Me$_2$N— → Br$_2$ → Me$_2$N—(带 Br,Br) → Δ → Br$^-$ N$^+$Me$_2$ → (1) NaOH (2) HCl）

（第三行反应路线：Cl$^-$ N$^+$Me$_2$ → 130℃ −MeCl → NMe → HBr → NMe—Br → H$_2$SO$_4$ → NMe—OH → CrO$_3$ → NMe=O　(0.75%)）

2. Robinson 合成路线

1917 年，Robinson 设计了以丁二醛、甲胺和 3-氧代丙二酸钙为原料，Mannich 反应为主要反应的合成路线，仅 3 步，总收率达 90%。

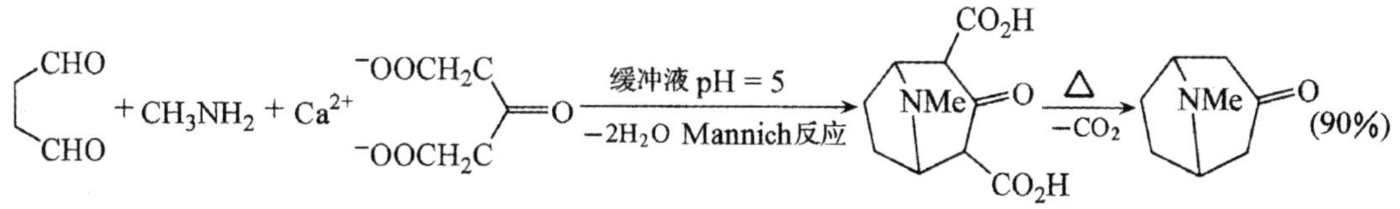

（反应路线：CHO—CHO + CH$_3$NH$_2$ + Ca^{2+} + $^-$OOCH$_2$C—C(=O)—CH$_2$COO$^-$ —缓冲液 pH=5, −2H$_2$O Mannich反应→ NMe（带 CO$_2$H, O, CO$_2$H）—Δ, −CO$_2$→ NMe=O　(90%)）

比较这两条合成路线可知：第二条比第一条要优越得多，既节约了很多设备和原料，又实现了较高的收率，这充分的说明了有机合成路线设计的重要性。

1.4　合成设计路线的评价标准

合成一个有机物常常有多种路线，由不同的原料或通过不同的途径获得目标产物。一般说来，如何选择合成路线是个非常复杂的问题，它不仅与原料的来源、产率、成本、中间体的稳定性及分离、设备条件、生产的安全性、环境保护等都有关系，而且还受生产条件、产品用途和纯度要求等制约，往往必须根据具体情况和条件等做出合理选择。

通常有机合成路线设计所考虑的主要有以下几个方面：

1. 原料和试剂的选择

选择合成路线时，首先应考虑每一合成路线所用的原料和试剂的来源、价格及利用率。

原料的供应是随时间和地点的不同而变化的，在设计合成路线时必须具体了解。由于有机原料数量很大，较难掌握，因此，对在有机合成上怎样才算原料选择适当，通常可以简单地归纳为如下几条：

①小分子比大分子容易得到，直链分子比支链分子容易得到。脂肪族单官能团化合物，小于六个碳原子的通常是比较容易得到的，至于低级的烃类，如三烯一炔（乙烯、丙烯、丁烯和乙炔）则是基本化工原料，均可由生产部门得到供应。

②脂肪族多官能团的化合物容易得到，在有机合成中常用的有 CH$_2$=CH—CH=CH$_2$、

X—(CH₂)ₙX(X 为 Cl、Br,$n = 1 \sim 6$)、CH₂(COOR)₂、HO—(CH₂)ₙ—OH($n = 2 \sim 4,6$)、XCH₂COOR、ROOCCOOR′等。

③脂环族化合物中,环戊烷、环己烷及其单官能团衍生物较易得到。其中常见的为环己烯、环己醇和环己酮。

④芳香族化合物中甲苯、苯、二甲苯、萘及其直接取代衍生物(—NO₂、—X、—SO₃H、—R、—COR等),以及由这些取代基容易转化成的化合物(—OH、—OR、—NH₂、—CN、—COOH、—COOR、—COX 等)均容易得到。

⑤杂环化合物中,含五元环及六元环的杂环化合物及其衍生物较容易得到。在实验室的合成中一般不受成本的约束,但在以后的工业化可行性中尽量避免采用昂贵的原理和试剂,这是工业成本核算原则中必须要考虑的问题。在成本核算中还需考虑供应地点和市场价格的变动。

2. 合成步数和反应总收率

合成路线的长短直接关系到合成路线的价值,所以对合成路线中反应步数和总收率的计算是评价合成路线最直接和最主要的标准。当然,设计一个新的合成路线不可避免地会遇到个别以前不熟悉的新反应,因此简单地预测和计算反应总收率常常是困难的。

一般主要从影响收率的三个方面进行考虑。

①在对合成反应的选择上,要求每个单元反应尽可能具有较高的收率。

②应尽可能减少反应步骤。可减少合成中的收率损失、原料和人力,缩短生产周期,提高生产效率,体现生产价值。

③应用收敛型的合成路线也可提高合成路线收率。

例如,某化合物(T)有两条合成路线:第一条路线是由原料 A 经 7 步反应制得(T);第二条路线是分别从原料 H 和 L 出发,各经 3 步得中间体 K 和 O,然后相互反应得靶分子(T)。假定两条路线的各步收率都为 90%,则从总收率的角度考虑,显然选择第二条路线较为适宜。

线路一:

$$A \to B \to C \to D \to E \to F \to G \to (T)$$
$$总收率 = (90\%)^7 \approx 0.478$$

线路二:

$$\begin{matrix} H \to I \to J \to K \\ L \to M \to N \to O \end{matrix} \Big] \to (T)$$
$$总收率 = (90\%)^4 \approx 0.656$$

3. 中间体的分离与稳定

一个理想的中间体应稳定存在且易于纯化。一般而言,一条合成路线中有一个或两个不太稳定的中间体,通过选取一定的手段和技术是可以解决分离和纯化问题的。但若存在两个或两个以上的不稳定中间体就很难成功。因此,在选择合成路线时,应尽量少用或不用存在对空气、水气敏感或纯化过程繁杂、纯化损失量大的中间体的合成路线。

4. 反应设备的简单化

在有机合成路线设计时,应尽量避免采用复杂、苛刻的反应设备,当然,对于那些能显著提高收率;缩短反应步骤和时间;或能实现机械化、自动化、连续化,显著提高生产力以及有利于劳动保护和环境保护的反应,即使设备要求高些、复杂些,也应根据情况予以考虑。

5. 生产安全

在许多有机合成反应中,经常遇到易燃、易爆和有剧毒的溶剂、基础原料和中间体。为了确保安全生产和操作人员的人身健康和安全,在进行合成路线设计和选择时,应尽量少用或不用易燃、易爆和有剧毒的原料和试剂,同时还要密切关注合成过程中一些中间体的毒性问题。若必须采用易燃、易爆和有剧毒的物质,则必须配套相应的安全措施,防止事故的发生。

6. 环境保护

当今人们赖以生存的地球正受到日益加重的污染,这些污染严重地破坏着生态平衡,威胁着人们的身体健康,国际社会针对这一状况提出了"绿色化学"、"绿色化工"、"可持续发展"等战略概念,要求人们保护环境,治理已经污染的环境,在基础原料的生产上应考虑到可持续发展问题。化工生产中排放的"三废"是污染环境、危害生物的重要因素之一,因此在新的合成路线设计和选择时,要优先考虑不排放"三废"或"三废"排放量少、少污染环境且容易治理的工艺路线。要做到在进行合成路线设计的同时,对路线过程中存在的"三废"的综合利用和处理方法提出相应的方案,确保不再造成新的环境污染。

第 2 章　氧化反应

2.1　概述

2.1.1　氧化的基本概念

氧化反应是一类最普通、最常用的有机化学反应,借助氧化反应可以合成种类繁多的有机化合物。醇、醛、酮、酸、酚等含氧化合物都可以由氧化反应制备。

从广义上讲,氧化反应是指参与反应的原子或基团失去电子或氧化数增加的反应,一般包括以下几个方面:

①氧对底物的加成,如酮转化为酯的反应。

②脱氢。如烃变为烯、炔;醇生成醛、酸等反应。

③从分子中失去一个电子,如酚的负离子转化成苯氧自由基的反应。

所以利用氧化反应除了可以制得醇、醛、酮、羧酸、酚、环氧化合物和过氧化物等有机含氧的化合物外,还可以制备某些脱氢产物。氧化反应不涉及形成新的碳卤、碳氢、碳硫键。

增加氧原子:

$$CH_2=CH_2 \xrightarrow{\text{[O]}} HOCH_2CH_2OH$$

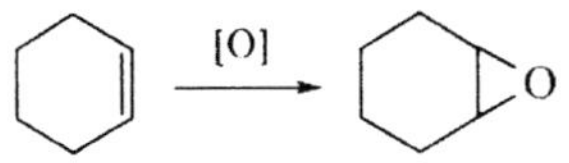

减少氢原子:

$$CH_3CH_2OH \longrightarrow CH_3CHO$$

既增加氧原子,又减少氢原子:

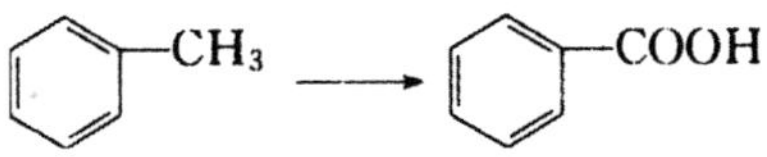

从反应时的物态来分,可以将氧化反应分成气相氧化和液相氧化。在操作方式上可以分成化学氧化、电解氧化、生物氧化和催化氧化等。

氧化过程是一个复杂的反应系统。一方面是一种氧化剂可以对多种不同的基团发生氧化反应;另一方面,同一种基团也可以因所用的氧化剂和反应条件不同,给出不同的氧化产物。通常,氧化产物是多种产物构成的混合物。为了提高目标产物的选择性和收率,要选择合适的催化剂和氧化方法,严格控制氧化条件。

工业上应用最广的是价廉易得的空气,用空气作氧化剂的催化氧化反应可以在气相进行,也可以在液相中进行。在精细化工生产中,常用化学氧化剂,如高锰酸钾、六价铬的衍生物、高价金属氧化物、硝酸、双氧水和有机过氧化物等。

氧化反应的机制研究已有很悠久的历史,但是许多氧化反应的机理迄今还不太清楚。因氧化剂、被氧化物结构的不同,而导致不同的反应机理;也因具体反应条件的不同,机理不同而产物也不同。因此,氧化剂的选择与反应条件的控制是氧化反应是否顺利进行的关键。

2.1.2　氧化剂

1. 无机氧化剂

一般,把无机物氧化的试剂分为以下几类:

①金属元素的高价化合物,如 $KMnO_4$、MnO_2、CrO_3、$Na_2Cr_2O_7$、PbO_2、$SnCl_4$、$FeCl_3$ 和 $CuCl_2$ 等。

②非金属元素的高价化合物,如 N_2O_4、HNO_3、$NaNO_2$、H_2SO_4、SO_3、$NaClO$、$NaIO_4$ 等。

③无机富氧化合物,如 O_3、H_2O_2、Na_2O_2、$Na_2C_2O_4$、$NaBO_3 \cdot 4H_2O$ 等。

④有机富氧化合物,如有机过氧化合物、硝基化合物等。

⑤非金属元素,如卤素、硫磺等。

高锰酸钾、重铬酸钾、硝酸等属于强氧化剂,主要用于制备羧酸和酮类,在温和条件下也可用于制备醛、酮以及在芳环上引入羟基。其他类型的氧化剂大部分属于温和型氧化剂,具有特定的应用范围。

2. 有机氧化剂

常用的有机氧化剂有异丙醇铝、有机过氧酸、高碘酸酯、二甲亚砜、醌类化合物等。

(1)异丙醇铝

以酮为氧化剂,异丙醇铝[A1(OCHMe₂)₃]为催化剂,可将醇氧化为醛酮。这一反应称为 Oppernauer 氧化反应。反应式如下:

$$R_2CHOH + R_2'C=O \xrightarrow{A1(OCHMe_2)_3} R_2C=O + R_2'CHOH$$

这是一个酮与一个醇的交叉氧化还原反应。氧化剂酮过量则反应向右进行。在 Oppernauer 氧化反应中,碳碳双键常发生异构化,β,γ-不饱和醇被转化成 α,β-不饱和酮。

Oppernauer 氧化反应的逆反应为 Meerwein-Ponndor-Verley 还原反应。如以异丙醇为溶剂,异丙醇铝可将醛酮还原为醇。

在异丙醇铝或其他醇铝催化下,两分子醛可以被转化为一分子酯。反应通式如下:

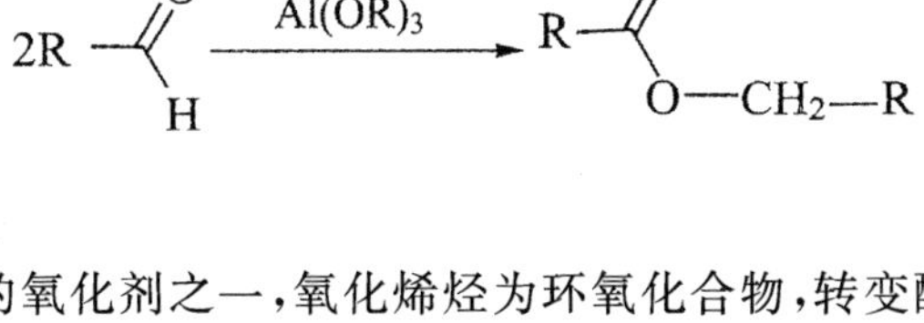

(2)有机过氧酸氧化

有机过氧酸是重要的氧化剂之一,氧化烯烃为环氧化合物,转变酮为酯类化合物。常用的有机过氧酸有过氧乙酸(CH_3CO_3H)、过氧三氟乙酸(F_3CCO_3H)、过氧苯甲酸($C_6H_5CO_3H$,PBA)、过氧间氯苯甲酸($m\text{-}ClC_6H_4CO_3H$,m-CPBA 或 MCPBA)。一般有机过氧酸不稳定,要在低温下储备或在制备后立即使用。过氧间氯苯甲酸是晶体,熔点为 92℃～94℃,比较稳定,可以在室温下储存。过氧酸可形成五元环状分子内氢键:

$$R-\overset{O}{\underset{O-O}{C}}\cdots H$$

因而其酸性比相应的羧酸弱。过氧酸的氧化能力与其酸性的强弱成正比:

$$CF_3CO_3H > p\text{-}NO_2C_6H_4CO_3H > m\text{-}ClC_6H_4CO_3H > C_6H_5CO_3H > CH_3CO_3H$$

有机过氧酸一般用过氧化氢氧化相应的羧酸得到。例如:

间氯苯甲酸 $\xrightarrow[15\sim25\ ℃]{H_2O_2}$ 过氧间氯苯甲酸

过氧酸与烯键环氧化反应是亲电性反应,因此碳碳双键上的烷基越多,环氧化反应速率越大。当分子中有两个烯键时,优先环氧化碳碳双键上烷基多的烯键。

烯烃与过氧酸作用生成环氧化合物。烯烃的环氧化常受空间位阻的影响,过氧酸一般从位阻小的一边接近双键。

烯丙式醇用过氧酸氧化时,由于醇羟基和过氧酸之间形成氢键,使过氧酸的亲电性氧原子在与羟基同一边接近烯键,因而生成的产物为 syn 式。

除间氯过氧苯甲酸外,其余的过氧酸如过氧乙酸、过氧苯甲酸不稳定。过硼酸钠(SPB)和过碳酸钠(SPC)是固体,与羧酸或酸酐作用时产生过氧酸,可直接用做氧化剂。

除间氯过氧酸外,烃基过氧化氢如叔丁基过氧化氢在钒金属配合物存在时也氧化烯键为环氧化物。手性烯丙式醇也氧化为 syn 式产物。

在酸性催化剂存在下,酮(RCOR′)与过氧酸作用生成酯(RCOOR′)。这是一个氧化反应,也是一个重排反应。

(3)高碘酸酯

高碘酸酯(Dess-Martin 试剂)是指在室温、中性条件下加入高碘酸酯将醇氧化为醛酮的反应称为 Dess-Martin 氧化反应。高碘酸酯由邻碘苯甲酸制备。高碘酸酯特别适合对酸、热敏感的化合物的氧化。

(4)二甲亚砜

二甲亚砜与乙酐(Ac_2O)的混合试剂叫做 Albright-Goldman 氧化剂,二甲亚砜与草酰氯[(COCl)_2]的混合试剂叫做 Swern 氧化剂,二甲亚砜与 DCC(二环己基碳酰二亚胺)的混合试剂叫做 Moffatt 氧化剂。它们都是温和的氧化剂,能把伯醇和仲醇氧化为相应的醛和酮,并且对烯键没有影响。

Swern 氧化剂和 Moffatt 氧化剂也能将邻二醇氧化为 α-二酮,并避免碳碳键发生断裂。例如:

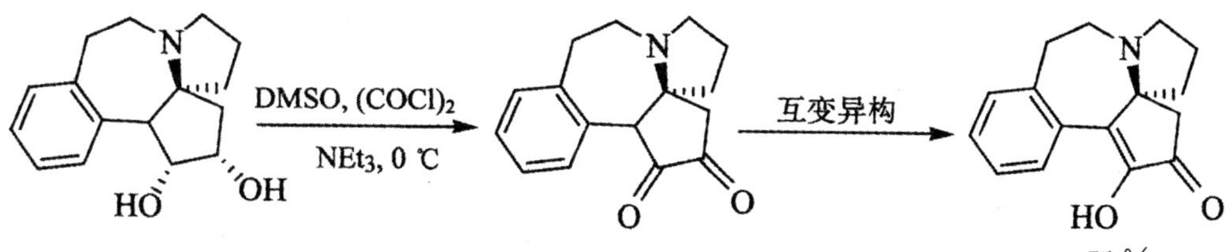

51%

(5)醌

带有强吸电子基团的对苯醌是常用的氧化剂。例如,2,3-二氯-5,6-二氰基-1,4-苯醌(DDQ)能在温和的条件下氧化烯丙式醇和活性亚甲基为相应的羰基化合物,DDQ 被还原为二酚形式。反应一般在无水条件下进行。

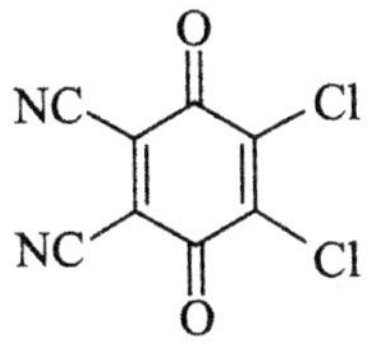

DDQ 特别适用于脱氢反应形成 α,β-不饱和化合物。对苯醌在较高温度下也可将烯丙式醇氧化成相应的羰基化合物。

3. Fremy 盐、铁氰化钾、过二硫酸钾

酚和芳胺类化合物极易被氧化,用普通的氧化剂氧化时一般氧化成复杂产物,因此,要采用弱氧化剂选择性氧化酚和芳胺。

Fremy 盐是自由基-离子型亚硝基二磺酸钾盐[(KSO₃)₂NO·],它在稀碱溶液中将酚或芳胺氧化成醌。例如:

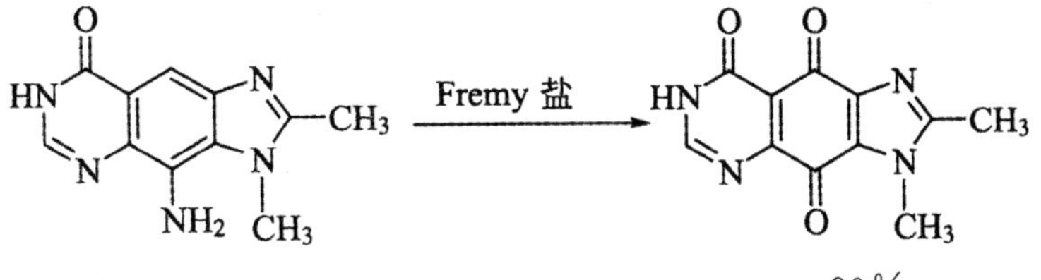

90%

酚被氧化时,常发生偶合形成碳碳键,即发生氧化偶合反应,常用氧化剂是铁氰化钾{K₃[Fe(CN)₆]}。在铁氰化钾作用下,酚失去一个电子,生成的自由基相互偶合生成醌类化合物,后者异构为酚。产物的比例取决于反应温度、反应物浓度、溶剂等。酚的氧化偶合反应可以用来合成一些结构复杂的化合物。

过二硫酸钾($K_2S_2O_8$)在冷的碱溶液中能将酚氧化,在原有酚羟基的对位导入羟基:

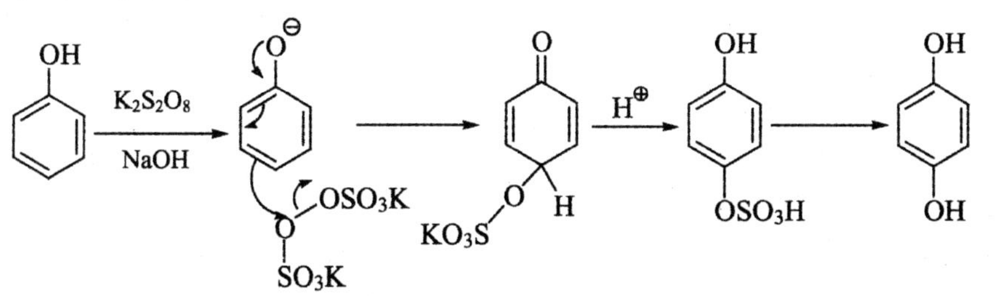

对位有取代时反应在邻位发生,这一反应叫做 Elbs 氧化反应。Elbs 氧化是芳环上的亲电取代反应。Elbs 氧化反应产率虽然不太高,但它是导入酚羟基的重要方式。

4．其他氧化剂

(1)臭氧

将含有 6% 臭氧的氧气在低温下通入烯烃的溶液中,臭氧迅速与烯键作用生成臭氧化物:

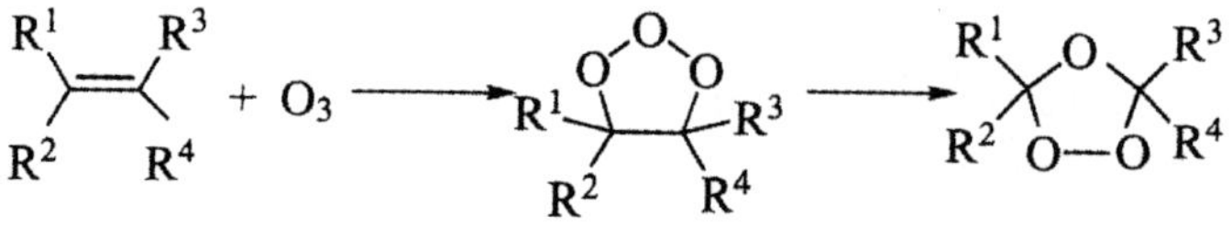

在生成的臭氧化物中加氧化剂,臭氧化物转变成相应的酮或羧酸;加弱还原剂,臭氧化物转变成相应的醛或酮;加强还原剂,臭氧化物则转变成相应的醇:

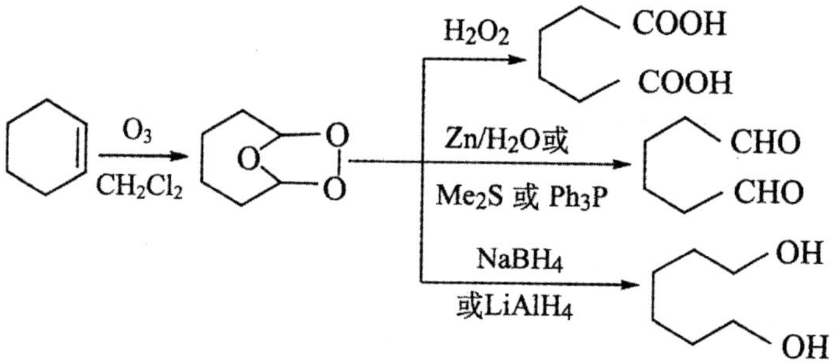

(2)水滑石类氧化剂

对于水滑石类材料中的 Brucite 层进行正离子的同晶置换,也可获得高性能的固体醇氧化催化剂。

钌置换的水滑石的分子通式为 $M_6 A_{12} Ru_{0.5} (OH)_{16} CO_3$ ($M = Mg$、Co、Mn、Fe、Zn),它们能有效地催化氧化烯丙醇、苄醇及杂环醇为相应的醛、酮化合物,并且反应条件比较温和。该水滑石催化剂可以很容易地从反应混合物中分离出来,回收后重新使用未见其活性及选择性有明显的降低,连续反应 3 次,肉桂醛的收率都在 92% 以上,但催化剂对脂肪醇氧化的催化效果不很理想。

将钯置换于 Mg-Al 水滑石中也得到了用于醇氧化的催化剂,反应体系中需吡啶作为溶剂。在 80℃、常压氧气气氛、溶剂为甲苯的条件下,反应 2 h,苯甲醇反应的收率接近 100%;对于 1-十二醇,反应 6 h,收率也可以达到 86%。

Choudary 等制备了 Ni-Al 水滑石,发现该催化剂也可在温和条件下,利用分子氧实现多种醇类的氧化。典型的反应如在 90℃、氧气气氛中,对硝基苯甲醇反应 6 h,可获得 98% 的对硝基苯甲醛。

(3)羟基磷灰石氧化剂

通过对羟基磷灰石(HAP)的改性,也可制得高性能的醇氧化催化剂。该研究的特色是对生体材料的使用,HAP 是骨灰的主要成分。分别将钌和钯修饰于 HAP 的表面,获得性能优异的固体催化剂。改性后的 Ru-HAP 催化剂具有将多种醇类在 80℃下通过分子氧进行氧化的能力。在对 HAP 进一步改性的过程中发现,钯的改性使得固相催化剂的催化效率大大提高,在极其温和的条件下达到了很好的醇催化氧化性能。

2.2　化学氧化反应

化学氧化法由于选择性高,工业简单,条件温和,易操作,所以是日常应用的常规氧化反应方法。化学氧化是除空气或氧气以外的化学物质作氧化剂的氧化方法。

2.2.1　锰化物的氧化反应

1. 高锰酸钾的氧化反应

高锰酸的钠盐易潮解,钾盐具有稳定结晶状态,故用高锰酸钾作氧化剂。高锰酸钾是强氧化剂,无论在酸性、中性或碱性介质中,都能发挥氧化作用。

在酸性介质中,高锰酸钾的氧化性太强,选择性差,不易控制,而锰盐难于回收,工业上很少用酸性氧化法。在中性或碱性条件下,反应容易控制,MnO_2 可以回收,不需要耐酸设备;反应介质可以是水、吡啶、丙酮、乙酸等。

在强酸性介质中的氧化能力最强,Mn^{7+} 还原为 Mn^{2+};在中性或碱性介质中,氧化能力弱一些,Mn^{7+} 还原为 Mn^{4+}。如:

$$2KMnO_4 + 3H_2SO_4 \longrightarrow 2MnSO_4 + K_2SO_4 + 3H_2O + 5[O]$$

$$2KMnO_4 + 2H_2O \longrightarrow 2MnO_2 + 2KOH + 3[O]$$

高锰酸钾是强氧化剂,能使许多官能团或 α-碳氧化。当芳环上有氨基或羟基时,芳环也被氧化。如:

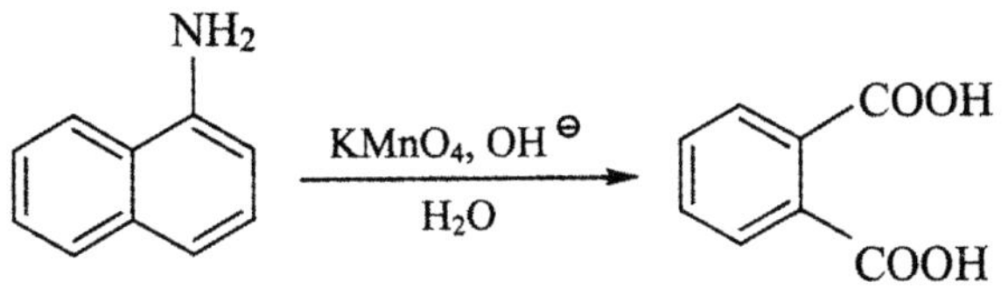

因此,当使用高锰酸钾作氧化剂时,对于芳环上含有氨基或羟基的化合物,要首先进行官能团的保护。

高锰酸钾氧化含有 α-氢原子的芳环侧链,无论侧链长短均被氧化成羧基。无 α-氢原子的烷基苯如叔丁基苯很难氧化,在激烈氧化时,苯环被破坏性氧化。当芳环侧链的邻位或对位含有吸电子基团时,很难氧化,但使用高锰酸钾作氧化剂反应能顺利进行。

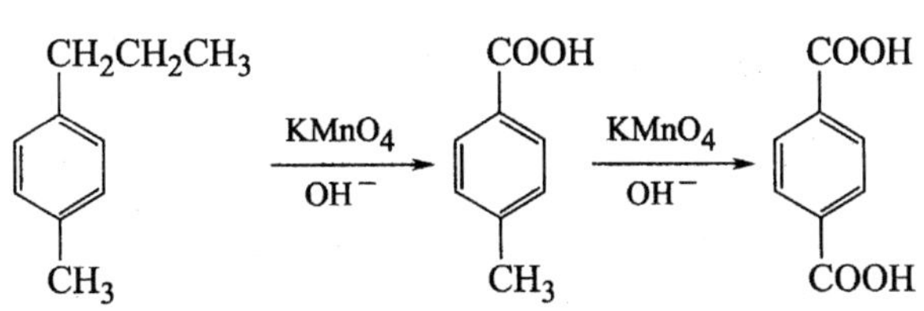

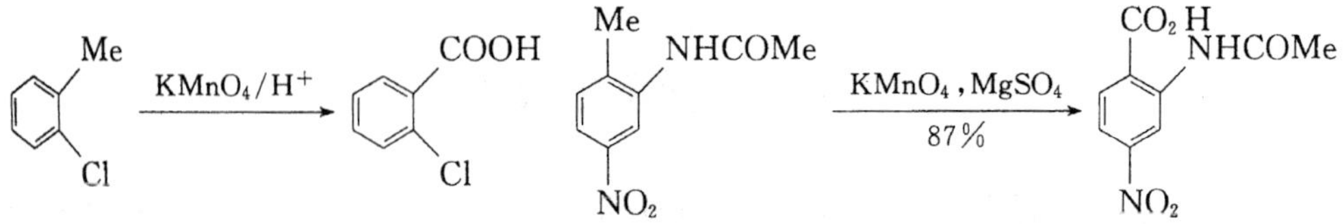

在酸性介质中,高锰酸钾氧化烯键,双键断裂生成羧酸或酮。如:

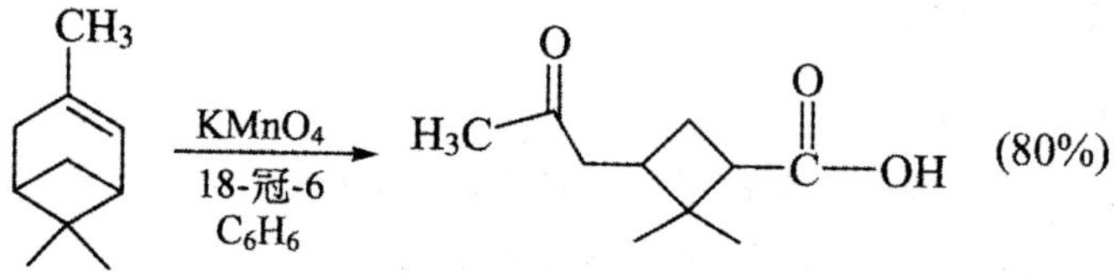

在碱性介质中,高锰酸钾和赤血盐一起氧化 3,4,5-三甲氧基苯甲酰肼得到磺胺增效剂 TMP 的中间体 3,4,5-三甲氧基苯甲醛。

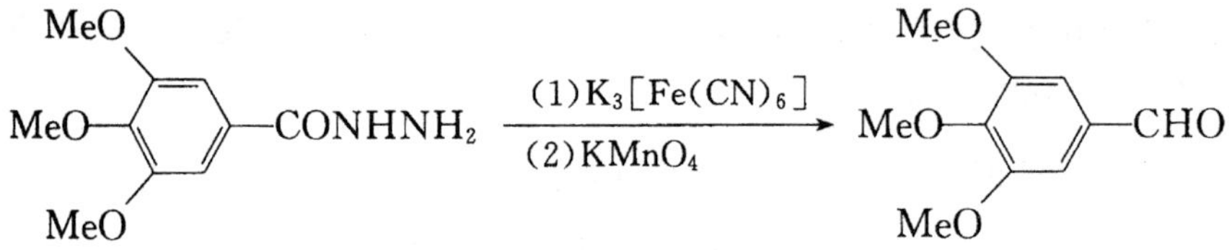

在碱性条件下异丙苯很容易被空气氧化生成过氧化氢异丙苯,后者在稀酸作用下,分解为苯酚和丙酮。这是生成苯酚和丙酮的重要工业方法。

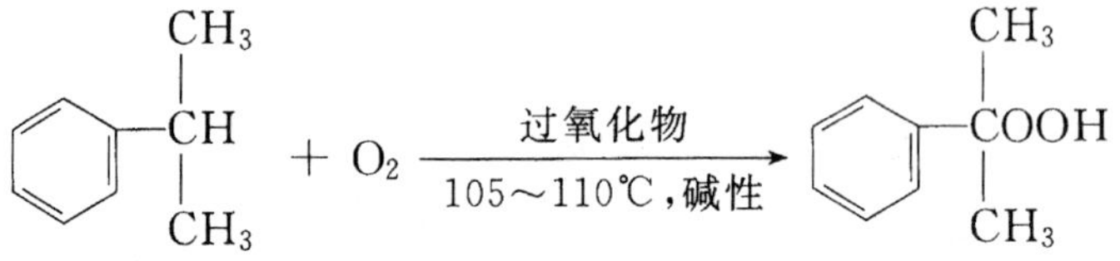

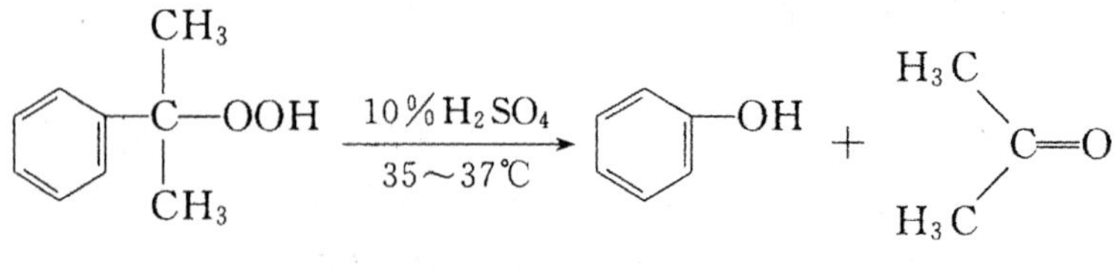

2. 二氧化锰的氧化反应

二氧化锰是较温和的氧化剂,可用于芳醛、醌类或在芳环上引入羟基等。二氧化锰特别适合于烯丙醇和苄醇羟基的氧化,反应在室温下,中性溶液中进行。在浓硫酸中氧化时,二氧化锰的用量可接近理论值,在稀硫酸中氧化时,二氧化锰需过量。

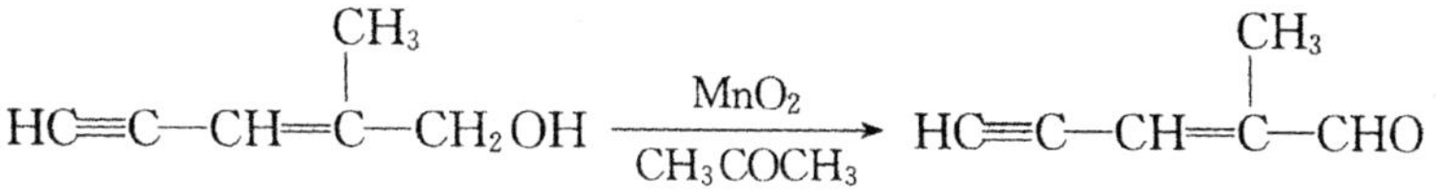

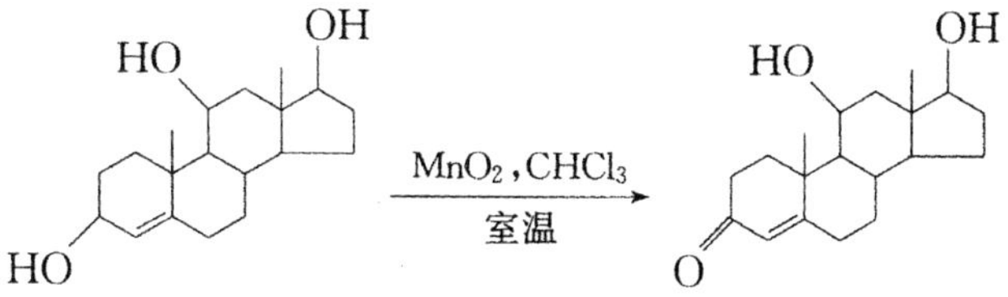

在脂肪醇存在下,二氧化锰能实现烯丙醇和苄醇的选择性氧化。例如,合成生物碱雪花胺的过程。

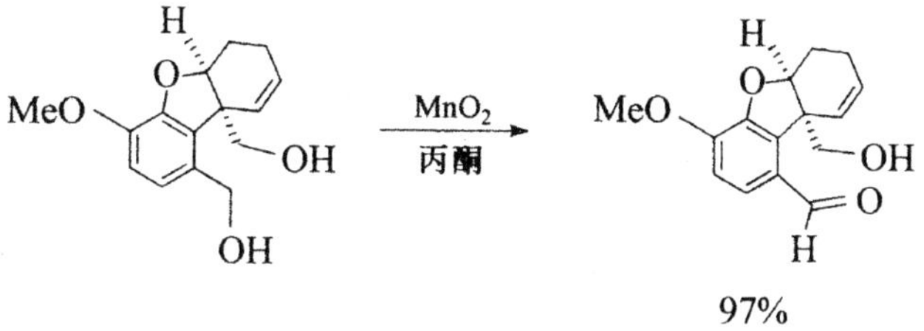

97%

2.2.2　过氧化氢的氧化反应

过氧化氢是温和的氧化剂,通常使用 30%~42% 的过氧化氢水溶液。过氧化氢氧化后生成水,无有害残留物。但是双氧水不够稳定,只能在低温下使用,工业上主要用于有机过氧化物和环氧化合物的合成。

1. 有机过氧化物的合成

过氧化氢与羧酸、酸酐或酰氯反应生成有机过氧化物。如在硫酸存在下,甲酸或乙酸用过氧化氢氧化,中和得过甲酸或过乙酸水溶液。

酸酐与过氧化氢作用,可直接制得过氧二酸。

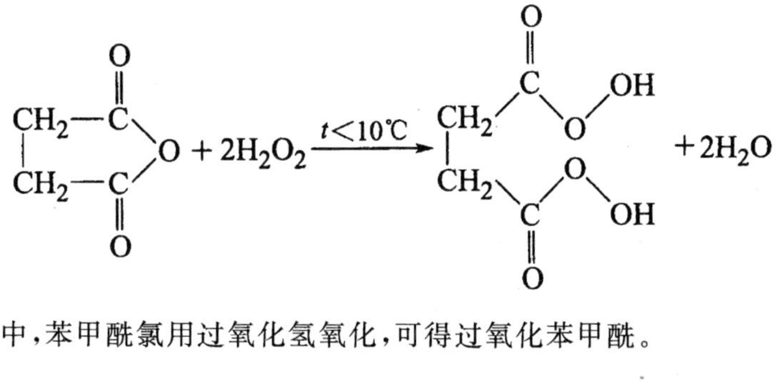

在碱性溶液中,苯甲酰氯用过氧化氢氧化,可得过氧化苯甲酰。

$$2\ \langle\bigcirc\rangle\text{—COCl} + H_2O_2 + 2NaOH \longrightarrow \langle\bigcirc\rangle\overset{O}{\underset{}{\text{—C}}}\text{—O—O—}\overset{O}{\underset{}{\text{C}}}\text{—}\langle\bigcirc\rangle + 2NaCl + 2H_2O$$

氯代甲酸酯与过氧化氢的碱性溶液作用,得多种过氧化二碳酸酯,其中重要的酯有二异丙酯、二环己酯、双-2-苯氧乙基酯等。

$$2RO\overset{O}{\underset{}{\text{—C}}}\text{—Cl} + H_2O_2 + 2NaOH \longrightarrow R\text{—O—}\overset{O}{\underset{}{\text{C}}}\text{—O—O—}\overset{O}{\underset{}{\text{C}}}\text{—R} + 2NaCl + 2H_2O$$

2. 环氧化物的合成

用过氧化氢氧化不饱和酸或不饱和酯,可制得环氧化物。例如,精制大豆与在硫酸和甲酸或乙酸存在下与双氧水作用可制取环氧大豆油。

$$HCOOH + H_2O_2 \longrightarrow HCOOOH + H_2O$$

$$\begin{array}{l}RCH=CHR'\text{—COO—}CH_2\\ RCH=CHR'\text{—COO—}CH + 3HCOOOH \longrightarrow \\ RCH=CHR'\text{—COO—}CH_2\end{array} \begin{array}{l}RCH\text{—}CHR'\text{—COO—}CH_2\\ \quad\ \ O\\ RCH\text{—}CHR'\text{—COO—}CH + 3HCOOH\\ \quad\ \ O\\ RCH\text{—}CHR'\text{—COO—}CH_2\\ \quad\ \ O\end{array}$$

2.2.3 铬化合物的氧化反应

最常用的铬氧化物为$[Cr(\text{Ⅵ})]$,存在形式有$CrO_3 + OH^-$、$HCrO_4^-$和$Cr_2O_7^{2-} + H_2O$。Cr(Ⅵ)氧化剂常用的有重铬酸钾(钠)的稀硫酸溶液($K_2Cr_2O_7\text{-}H_2SO_4$);三氧化铬溶于稀硫酸的溶液(Jones试剂,$CrO_3\text{-}H_2SO_4$);三氧化铬加入吡啶形成红色晶体(Collins试剂,CrO_3-2 吡啶;Sarett试剂,CrO_3/吡啶);三氧化铬加入吡啶盐酸中形成橙黄色晶体(PCC,CrO_3-Pyr-HCl);重铬酸吡啶盐亮橙色晶体(PDC,$H_2Cr_2O_7$-2Pyr)。

Sarett试剂、Collins试剂、PCC和PDC试剂都是温和的选择性氧化剂,可溶于二氯甲烷、氯仿、乙腈、DMF等有机溶剂,能将伯醇氧化成为醛,仲醇氧化成酮,碳碳双键不受影响。Collins试剂和PDC试剂的反应如下:

溶剂的极性对氧化剂的氧化能力有很大的影响。如 PDC 氧化剂,在不同极性的溶剂中可得到不同的产物。

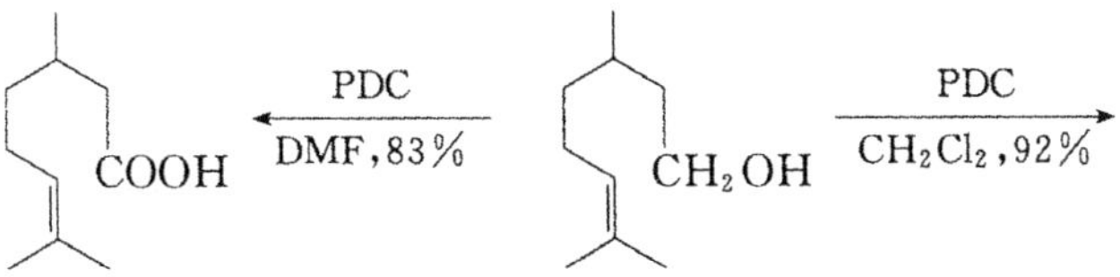

2.2.4 电解氧化反应

电解氧化是指有机化合物的溶液或悬浮液,在电流作用下,负离子向阳极迁移,失去电子的反应。电解氧化与化学氧化或催化氧化相比,具有较高的选择性和收率,所使用的化学试剂简单,反应条件比较温和,产物易分离且纯度高,污染较少。但是,电解氧化需要解决电极、电解槽和隔膜材料等设备、技术问题,电能消耗较大。由于是一种有效地绿色合成技术,近年来发展很快。

1. 电解氧化法的方式

根据化学反应和电解反应是否在同一电解槽中进行,电解氧化分为直接电解氧化和间接电解氧化。

(1)直接电解氧化法

直接电解氧化是在电解质存在下,选择适当的阳极材料,并配合以辅助电极(阴极),化学反应直接在电解槽中发生。该方法设备和工序都较简单,但不容易找到合适的电解条件。

对叔丁基苯甲醛可由对叔丁基甲苯经直接电解氧化得到。在无隔膜聚乙烯塑料电解槽中,碳棒为阳极和阴极,甲醇、乙酸和氟硼酸钠的混合液为电解液,电解对叔丁基甲苯,获得对叔丁基苯甲醛 40% 的选择性 E38J。

电化学方法是传统制备内酯的方法之一。Kashiwagi 等将(6S,7R,10R)-SPIROX-YL 固定在石墨电极上,用于二元醇的催化氧化内酯化,可获得对映选择性非常高的内酯物。

例如,苯或苯酚在阳极氧化得对苯醌的反应,其反应式如下:

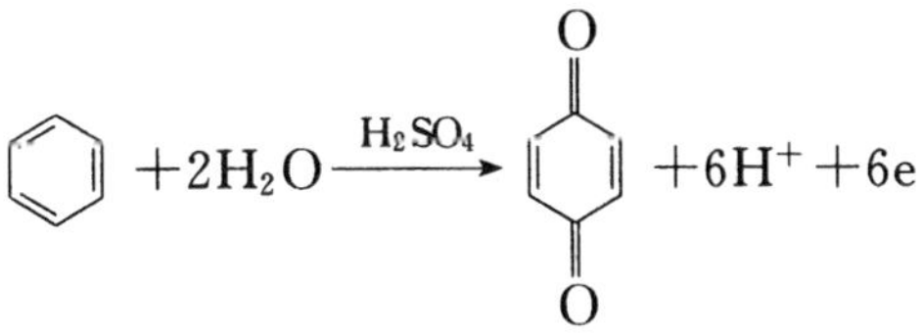

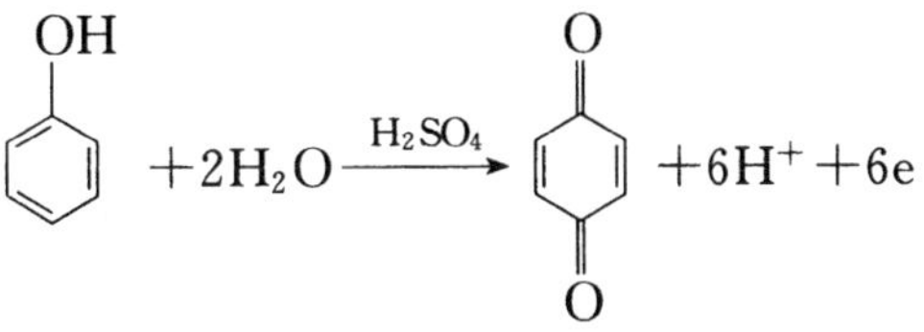

对苯醌在阴极还原为对苯二酚的反应如下:

$$\text{（对苯醌）} + 2H_2O + 2e \xrightarrow{H_2SO_4} \text{（对苯二酚）} + 2OH^-$$

若反应以稀硫酸为电解质,以屏蔽的镍或铜为阳极,铂-钛合金为阴极,在 34℃～39℃下,苯酚氧化电解,对苯二酚收率可达 60%,而电流效率仅为为 28.1%。虽然对苯二酚的收率提高了,但是反应更加耗能。

对电解条件不易选择,不易解决电解质及电极表面污染等问题时,可用间接电解氧化法。

(2)间接电解氧化法

间接电解氧化是化学反应与电解反应不在同一设备中进行。以可变价金属离子作为传递电子的媒介,高价金属离子作为氧化剂将有机物氧化,高价金属离子被还原成低价金属离子;在阳极,低价金属离子氧化为高价离子,并引出电解槽循环使用。

电解氧化的电极在工作条件下,应稳定,否则影响反应的方向及效率。用水作介质时,阳极应选氧超电压高的材料,防止氧气放出。阴极选用氢超电压低的材料,以有利于氢的放出。常用阳极材料有铂、镍、银、二氧化铅、二氧化铅/钛、钚/钛等,阴极材料有碳、镍、铁等。

用于间接电解氧化的媒质有金属离子对如 Ce^{4+}/Ce^{3+}、Co^{3+}/Co^{2+}、Mn^{3+}/Mn^{2+}、$Cr_2O_7^{2-}/Cr^{3+}$ 等和非金属媒质,如 BrO^-/Br、ClO^-/Cl^-、$S_2O_8^{2-}/SO_4^{2-}$、IO_3^-/IO_4^-。以 Mn^{3+}/Mn^{2+} 为媒质对甲苯电解氧化合成苯甲醛为例,媒质电解反应式为:

阳极反应 $\quad\quad\quad\quad\quad Mn^{2+} \longrightarrow Mn^{3+} + e$

阴极反应 $\quad\quad\quad\quad\quad 2H^+ + 2e \longrightarrow H_2 \uparrow$

反应物的氧化反应

$$C_6H_5CH_3 + 4Mn^{3+} + H_2O \longrightarrow C_6H_5CHO + 4Mn^{2+} + 4H^+$$

对二甲苯可被间接电解氧化为对甲基苯甲醛。电解液为偏钒酸铵的硫酸水溶液和对二甲苯的混合液。在无隔膜的槽内式间接电氧化过程中,电极反应与氧化反应在同一电解质中进行,电解槽发生的主要反应为:

阳极反应 $\quad\quad\quad\quad\quad V^{4+} \longrightarrow V^{5+} + e$

$$2H_2O \longrightarrow O_2 + 4H^+ + 4e$$

阴极反应 $\quad\quad\quad\quad\quad O_2 + 2H^+ + 2e \longrightarrow H_2O_2$

$$V^{5+} + e \longrightarrow V^{4+}$$

溶液中发生的反应

$$p\text{-}C_6H_4(CH_3)_2 + 4V^{5+} + H_2O \longrightarrow p\text{-}CH_3C_6H_4O + 4V^{4+} + 4H^+$$

$$V^{4+} + H_2O_2 \longrightarrow V^{5+} + OH^- + HO\cdot$$

$$p\text{-}C_6H_4(CH_3)_2 + HO\cdot + O_2 \longrightarrow p\text{-}CH_3C_6H_4CHO + \text{其他}$$

$$V^{4+} + HO\cdot \longrightarrow V^{5+} + OH^-$$

2. 电解氧化法的应用实例

(1)维生素 K_3 的合成

以铬酐、β-甲基萘为原料,相转移合成维生素 K_3 的工艺过程中,会产生大量的铬废液,既不经济也不环保。采用电解氧化法,可以有效避开由于铬废液带来的问题。其工艺过程主要反应:

阳极氧化反应

$$2Cr^{3+}+7H_2O \longrightarrow Cr_2O_7^{2-}+14H^++6e$$

合成反应

$$C_{11}H_{10}+H_2Cr_2O_7+3H_2SO_4 \longrightarrow C_{11}H_8O_2+Cr_2(SO_4)_3+5H_2O$$

(2)对氟苯甲醛的合成

对氟苯甲醛是一种非常重要的化工原料,是合成农药、医药等化学产品中间体。目前国内主要以芳烃为原料,经氟化,再用浓硫酸水解而制得。由于氟化过程易产生异构体,因而影响纯度,产生大量的有机废液,因此用锰盐为媒质,间接电解氧化对氟甲苯制备对氟苯甲醛是一种绿色合成的办法。

电解氧化的过程主要反应分为:

电解反应　　　　　　　　$$Mn^{2+} \longrightarrow Mn^{3+}+e^-$$

合成反应　　$$p\text{-}FC_6H_4CH_3+4Mn^{3+}+H_2O \longrightarrow p\text{-}FC_6H_4CHO+4Mn^{2+}+4H^+$$

反应后的母液经过净化处理,回到电解槽中循环使用,对环境不造成污染。采用电解氧化法合成对氟苯甲醛,工艺简单,经济适用,产品纯度高,不仅可以生产对氟苯甲醛,还可以生产邻氟苯甲醛、间氟苯甲醛等多种异构体。

采用电解氧化,对有机合成路线较为复杂的产品或污染较大的产品具有很大的优势,尤其是附加值高的精细化工产品,还要一些特殊用途的新材料、高分子聚合物等,都具有很好的环境和经济效益。

2.2.5　有机过氧酸的氧化反应

过氧酸的氧化性主要是应用于对 C=C 双键的环氧化合把酮氧化成酯的反应。常用的有机过氧酸有过氧乙酸(CH_3CO_3H)、过氧三氟乙酸(F_3CCO_3H)、过氧苯甲酸($C_6H_5CO_3H$,PBA)、过氧间氯苯甲酸($m\text{-}ClC_6H_4CO_3H$,m-CPBA)。一般有机过氧酸不稳定,要在低温下储备或在制备后立即使用。过氧间氯苯甲酸(m-CPBA)的应用较广泛,主要是它的酸度适中,反应效果好,易于控制,比较稳定,可以在室温下储存。

过氧酸的氧化能力与其酸性的强弱成正比:

$$CF_3CO_3H > p\text{-}NO_2C_6H_4CO_3H > m\text{-}ClC_6H_4CO_3H > C_6H_5CO_3H > CH_3CO_3H$$

有机过氧酸一般用过氧化氢氧化相应的羧酸得到。例如:

间氯苯甲酸　　　　　　　　　　过氧间氯苯甲酸

1. 过氧酸与烯键环氧化反应

过氧酸与烯键环氧化反应是亲电性反应,该反应的机理如下:

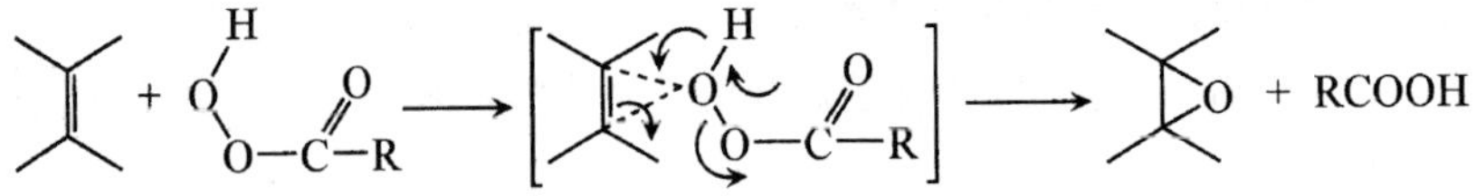

不同取代程度的烯烃,环化的相对速率不同。碳碳双键上的烷基越多,环氧化速率越大。当分子中有两个烯键时,优先环氧化碳碳双键上烷基多的烯烃。例如:

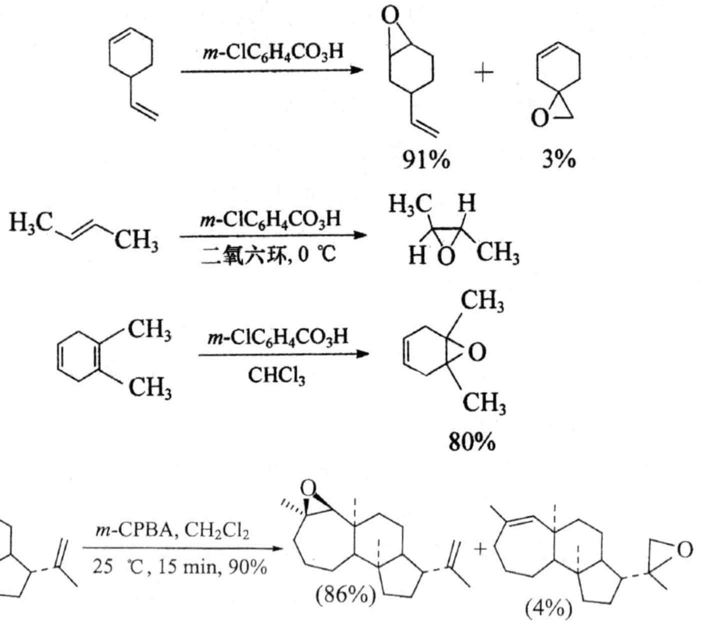

烯烃与过氧酸的反应是空间立体定向的反应,当环烯烃上有取代基时,由于分子存在空间位阻的影响,过氧酸一般从位阻小的一面进攻双键,主要生成反式的环氧化物。

如降冰片烯的环氧化,反应式如下:

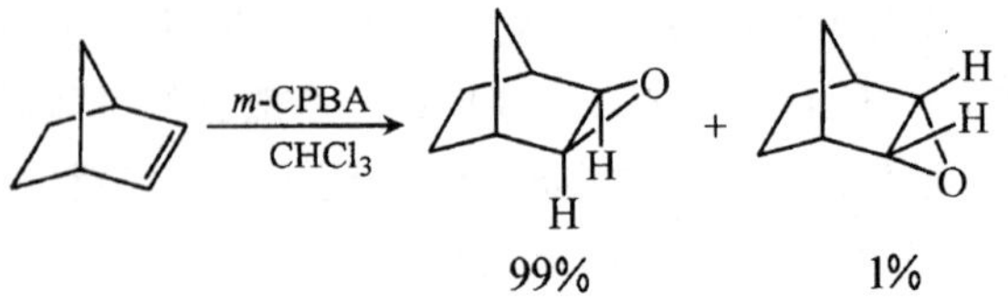

但是烯丙式醇用过氧酸氧化时,由于过氧酸和醇羟基之间形成氢键,使过氧酸的亲电性氧原子与羟基在同一面进攻烯键,生成的产物 Syn 式。例如:

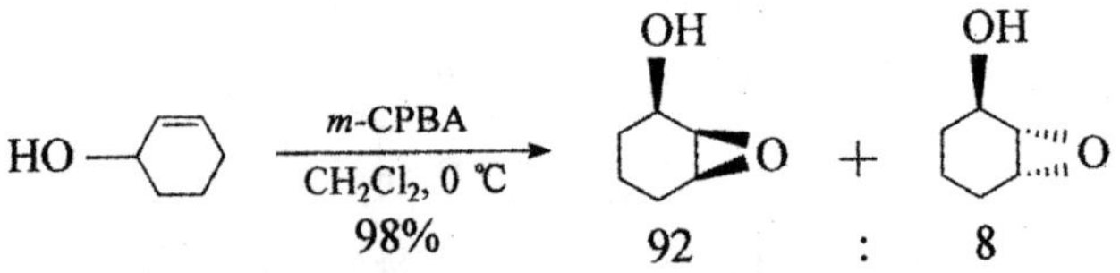

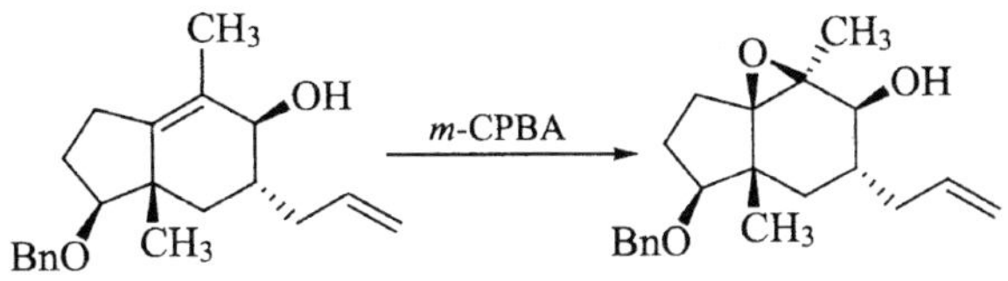

2. Baeger-Villiger 反应

Baeger-Villiger 反应是酮类化合物在过氧化物或过氧化氢氧化下,在羰基和一个邻近烃基之间引入一个氧原子,得到相应的酯的反应。其反应机理如下:

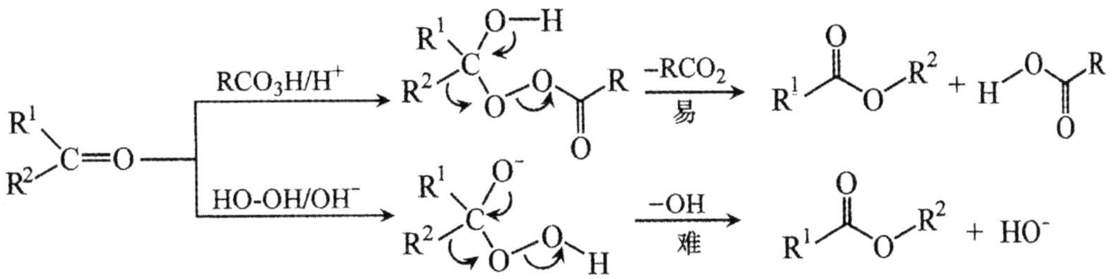

Baeger-Villiger 反应不仅适用于开链酮和脂环酮,也适用于芳香酮,在合成上用于制备多种甾族和萜类内酯以及中环和大环内酯化合物。此外,该反应还提供了一种有酮制备醇的方法,即将生成的酯水解。例如:

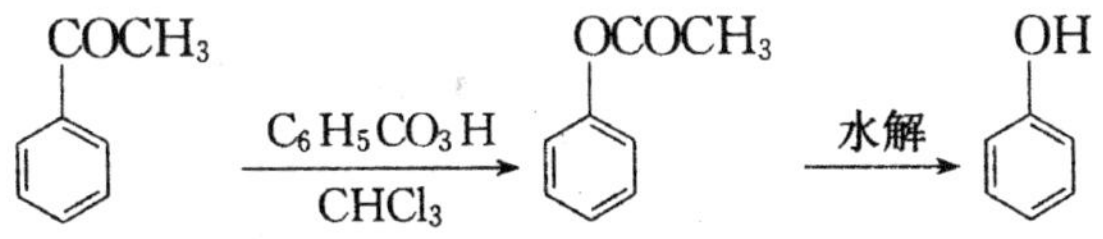

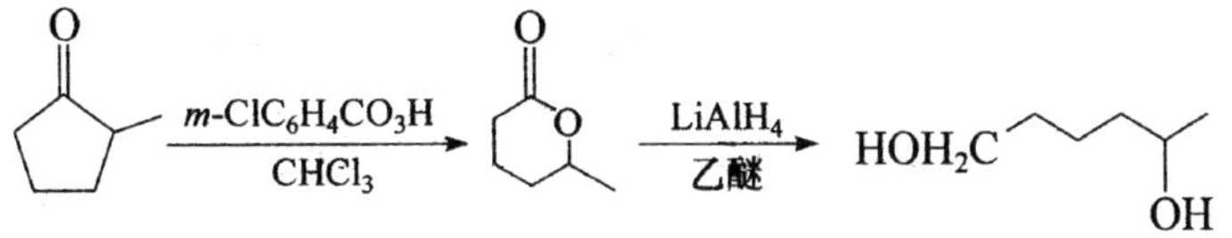

对于不对称酮,羰基两边的基团不同,两个基团都可以发生迁移,基团的亲核性越大,迁移的倾向性也越大,重排基团移位顺序大致为叔烷基＞仲烷基,苯基＞伯烷基＞甲基,对甲氧苯基＞苯基＞对硝基苯基。在环己基苯甲酮的反应中,苯基迁移比环己快快。所以在 Baeger-Villiger 反应中,甲基酮类总是生成乙酸酯;苯基对硝基苯基酮只生成对硝基苯甲酸酯;叔丁基甲基酮也只生成乙酸叔丁酯。这是因为基团的迁移的难易与其所处过渡态中容纳正电荷的能力有关,但在某些情况下似乎也与立体效应有关[①],同时与实验条件也有一定的关系。在桥环二酮的 Baeger-Villiger 反应中,这种影响特别明显。例如,1-甲基降樟脑用过氧乙酸氧化时,可以生成正常的内酯,而表樟脑则只生成反常产物。

---

① 王玉炉. 有机合成化学. 北京:科学出版社,2009

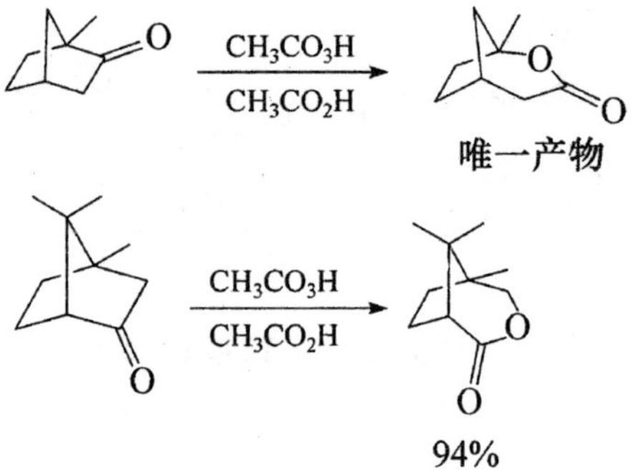

唯一产物

94%

桥环二酮的 Baeger-Villiger 反应在天然产物的合成中也得到了广泛的应用。例如,合成前列腺素的中间体的制备:

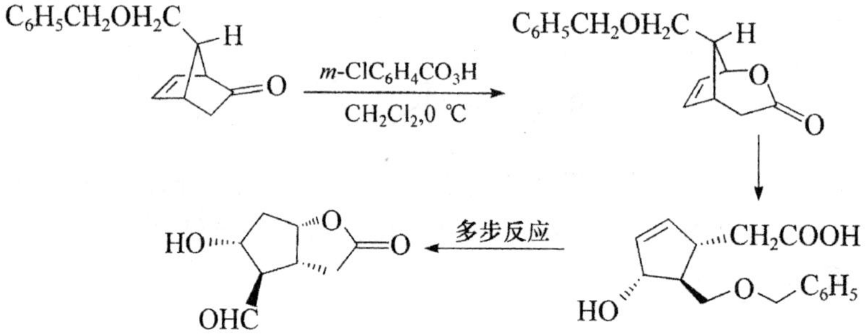

当迁移基团是手性碳时,手性构型保持不变。例如:

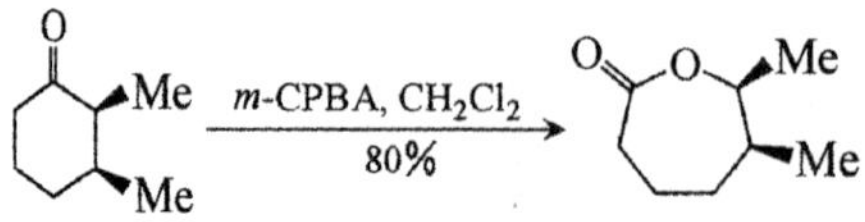

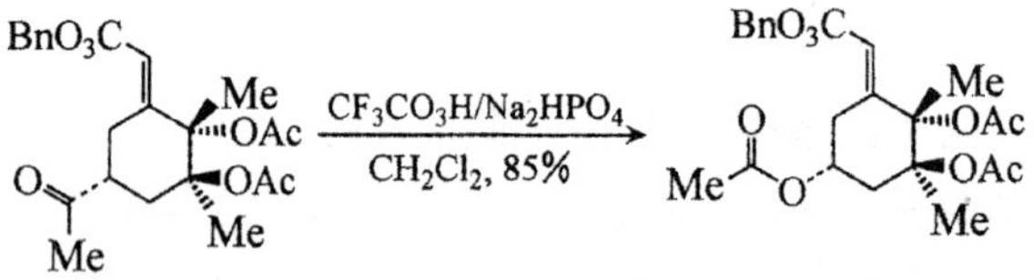

2.2.6 其他化学氧化反应

1. 四氧化锇氧化反应

四氧化锇氧化烯烃,首先生成锇—碳键的四元环状配合物,该配合物被还原水解或氧化水解后生成相应的顺式二醇,有机碱特别是吡啶能加速反应,通常将吡啶加至反应介质中,几乎定量地析出光亮的有色配合物,在该配合物中锇与两分子碱配位。如果用手性的碱代替吡啶,可以得到对映体过量的手性二醇。

四氧化锇可以作为催化剂和其他氧化剂一起配合使用。以前用的氧化剂是氯酸盐和过氧化氢,现在采用叔丁基过氧化氢和叔胺氧化物效果更好。在这种反应中,初始的锇酸酯被氧化剂氧化水解生成四氧化锇，再生的四氧化锇继续参与反应，因此少量四氧化锇就能满足需要。用氯酸盐和过氧化氢的缺点是在某些情况下能形成过度氧化的产物，不能氧化三取代和四取代双键，而采用叔丁基过氧化氢则可克服上述缺点。加入四氧化锇反应时由于试剂的空间要求较大；反应通常优先发生在位阻较小的双键一侧。

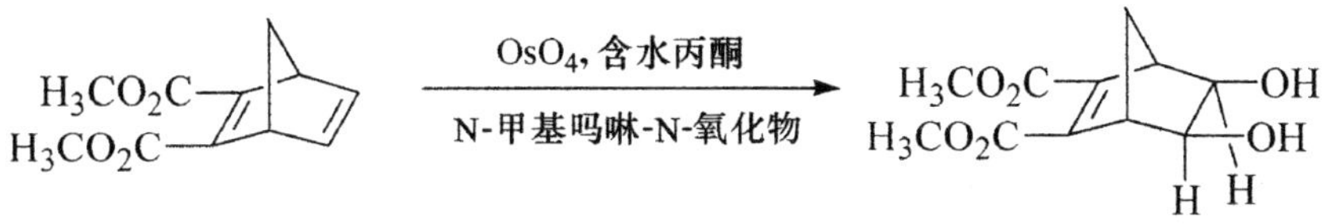

四氧化锇对烯丙醇类化合物的氧化是一种制备 1，2，3-三醇的方法。此外，四氧化锇与醇及相应醚的反应具有高度的立体选择性，选择地形成羟基和新导入的相邻羟基呈赤式关系的异构体。例如，2-环己烯醇被四氧化锇氧化生成三醇。反应是通过四氧化锇对烯丙醇的选择性加成进行的，即优先与羟基相反的双键一侧加成。

2. 二甲亚砜的氧化反应

二甲亚砜是一种重要的非质子极性溶剂，具有氧化剂的特性。它可使卤代酮、醇的对甲基苯磺酸酯氧化成相应的醛或酮，也能使环氧乙烷氧化成 α-羟基酮。例如：

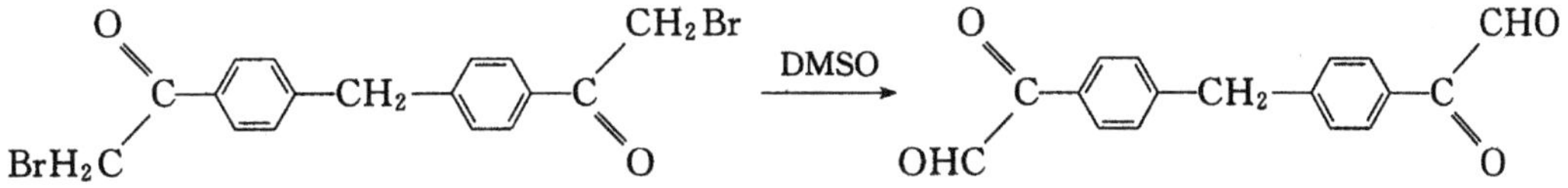

$$(Me)_2S{=}O + R{-}CH_2{-}X \xrightarrow{-X^-} (Me)_2\overset{+}{S}H{-}O{-}CH_2{-}R \xrightarrow{-H^+} (Me)_2S + RCHO$$

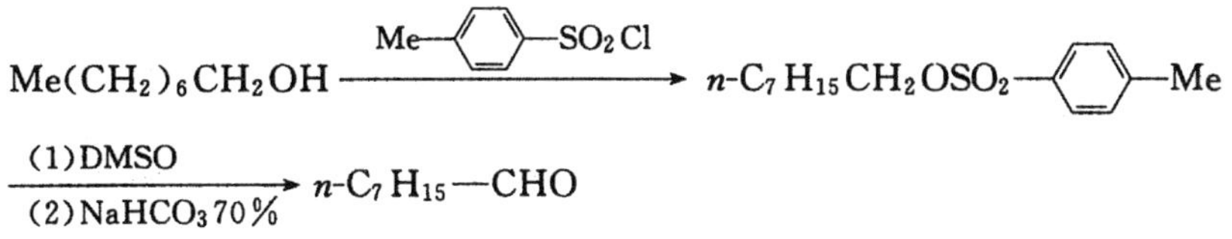

$$(Me)_2S{=}O + R{-}CH_2{-}O{-}\overset{\overset{O}{\|}}{C}{-}Cl \xrightarrow[-Cl^-]{OH^-} (Me)_2{-}\overset{+}{S}{-}O{-}\overset{\overset{O}{\|}}{C}{-}OCH_2R \longrightarrow (Me)_2S + RCHO$$

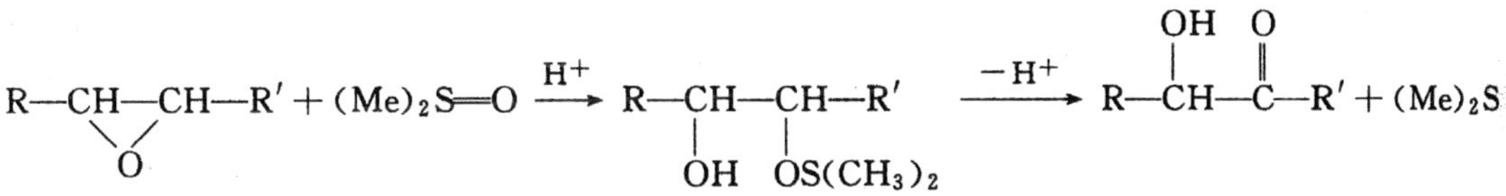

二甲亚砜与乙酐的混合试剂叫做 Albright-Goldman 氧化剂，二甲亚砜与草酰氯的混合试剂叫做 Swern 氧化剂，二甲亚砜与 DCC(二环己基碳酰二亚胺)的混合试剂叫做 Moffatt 氧化剂。它们都是温和的氧化剂，能把伯醇和仲醇氧化为相应的醛和酮，并且对烯键没有影响。例如：

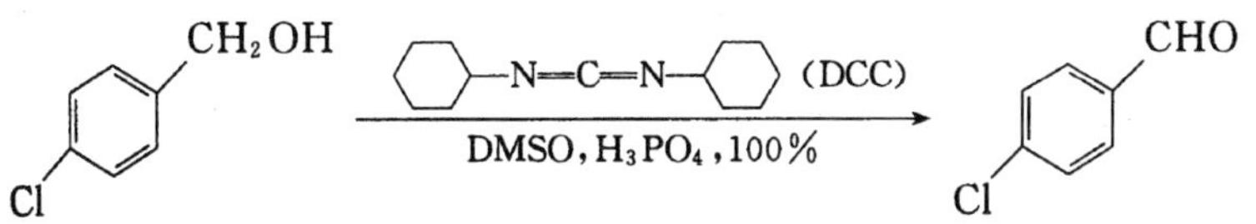

$$\diagdown\diagup\diagdown\diagup\text{OH} \xrightarrow[100\%]{\text{DMSO},(\text{COCl})_2} \diagdown\diagup\diagdown\diagup\text{CHO}$$

3. 臭氧分解反应

烯烃与臭氧反应形成的臭氧化物裂解是断裂 C—C 的一种非常方便的方法。臭氧分子作为亲电试剂与 C═C 反应首先形成臭氧化物,该臭氧化物能发生氧化断裂或还原断裂,形成羧酸、酮或醛。烯烃的臭氧化通常是在室温或低于室温下,将烯烃溶于适当溶剂(如二氯甲烷或甲醇)或悬浮在溶剂中,通入含 2%～10% 臭氧的氧气来完成的。臭氧化反应的粗产物不经分离,用过氧化氢或其他试剂氧化,一般形成羧酸或/和酮。例如:

$$\diagdown\diagup\diagdown\diagup\diagdown\diagup\diagdown\diagup\diagdown\diagup\diagdown\diagup\text{COOH} \xrightarrow[\text{H}_2\text{O}_2]{\text{O}_2}$$

油酸

$$\diagup\diagdown\diagup\diagdown\diagup\diagdown\diagup\diagdown\text{COOH}$$

壬酸

$$+\,\text{HOOC}\diagup\diagdown\diagup\diagdown\diagup\diagdown\text{COOH}$$

壬二酸

臭氧化物经还原生成醛和酮,可以用催化氢化、锌和酸或亚磷酸三乙酯来还原,醛的收率通常不高。而在中性条件下,用二甲硫醚还原,则可高收率地得到醛,分子中的硝基和羰基通常不受影响。这是因为烯烃在甲醇溶液中被臭氧化后,生成的氢过氧化物被二甲硫醚还原为半缩醛。采用无味的硫脲同样能得到较好的结果。

烯烃的臭氧化首先形成一种臭氧环化物,其分解生成两性离子和羰基化合物。在惰性溶剂中,羰基化合物可以与两性离子反应而形成臭氧化物,两性离子也可能二聚形成过氧化物或形成聚合物。在质子型溶剂中则形成氢过氧化物。

在惰性溶剂中,四甲基乙烯的臭氧氧化分解得到环状过氧化物和两酮,但在反应混合物中加入甲醛时,分离出异丁烯的臭氧化物。显然,在惰性溶剂中,两性离子中间体发生了二聚;而在甲醛中,两性离子优先与活泼的羰基化合物反应,虽然烯烃的臭氧化机理还不是十分清楚,但得到实验的证实。

$$\text{(结构式)} \xleftarrow[\text{CH}_2\text{O}]{\text{O}_3,\,\text{C}_5\text{H}_{12}} \diagup\diagup\diagdown\diagdown \xrightarrow[\text{惰性溶剂}]{\text{O}_3,\,\text{C}_5\text{H}_{12}} \text{(结构式)}$$

α,β-不饱和酮或酸臭氧化生成的产物,碳原子数有时会减少。例如,三环 α,β-不饱和酮臭氧化生成少一个碳原子的酮酸。

4. 钯催化氧化反应

乙烯被氧和 Pd(Ⅱ) 的盐酸水溶液氧化为乙醛,是工业制备乙醛的重要方法,称为 Wacker 反应。反应中,Pd(Ⅱ) 被还原为金属钯,在氯化铜催化下,空气或氧气将金属钯再氧化为 Pd(Ⅱ)。此反应开始是通过乙烯的反式羟钯化形成一种不稳定的配合物,然后该配合物迅速发生 β-消除,并通过钯将乙烯的一个碳上的氢转移到另一个碳上,最后断裂 C—Pd 键得到乙醛和 PdCl_2。其反应机理如下:

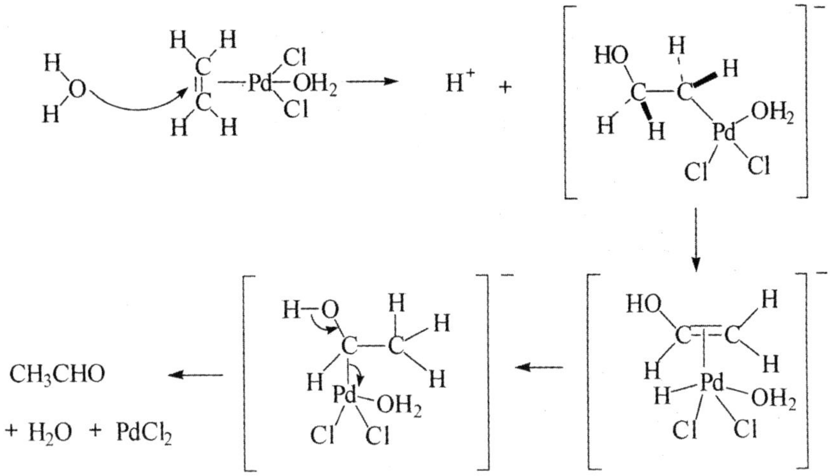

　　若反应在氧化氘中进行,生成的乙醛中不含氘,说明是碳上的氢发生转移,而不是反应介质中的氘发生转移。末端烯烃也可以通过反式羟钯化氧化为甲基酮。

　　5. 芳香烃的氧化反应

　　苯环上不存在具有活化作用的羟基或氨基时,芳香烃与铬酸或高锰酸钾的反应只能缓慢进行,并且烷基支链将降解形成苯甲酸。这是制备苯甲酸类化合物常用的方法。如苯环上存在羟基或氨基,可将其转变为甲醚或乙酰衍生物,否则羟基或氨基将活化被进攻袖苯环,形成苯醌或与过量试剂作用发生完全氧化形成二氧化碳和水。对于比甲基长的支链,氧化进攻总是发生在苄基碳原子上。例如,乙苯氧化时除苯甲酸外还生成苯乙酮。

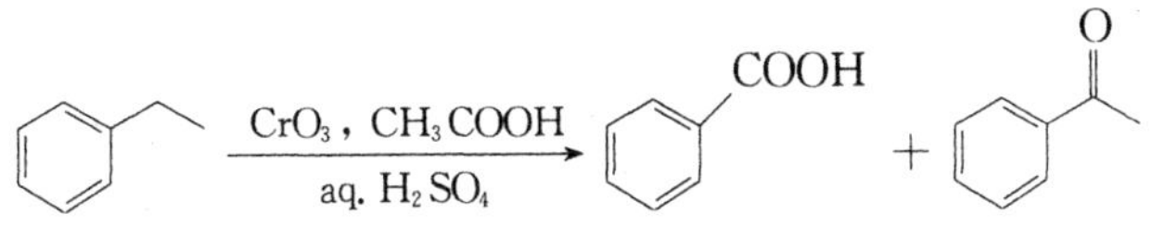

　　在醋酸酐中用三氧化铬氧化,或用铬酰氯的二硫化碳或四氯化碳溶液氧化,能使连在苯环上的甲基转变为氢甲酰基。反应过程中,首先形成的一种组成为烃:$CrO_2Cl_2 = 1:2$ 的复合物抑制了进一步氧化,经水处理后转变为醛。在酸性介质中,高铈离子也能将与芳环相连的甲基氧化为氢甲酰基。在正常条件下,多甲基化合物的甲基只有一个被氧化,例如,1,3,5-三甲基苯定量地生成 3,5-二甲基本甲醛。

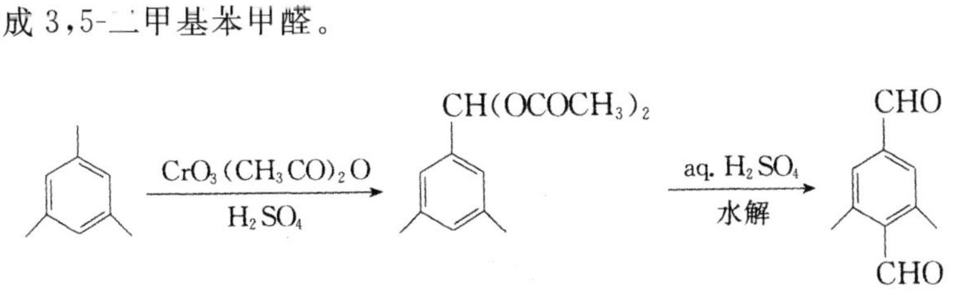

　　6. 硝酸铊氧化反应

　　在甲醇溶液中,烯烃与硝酸铊反应生成羰基化合物或 1,2-二醇的二甲醚。硝酸铊与环烯烃反应,通过氧化重排生成环状缩合产物。六元和七元环烯最容易发生这种反应。例如,在室温甲醇溶液中,环己烯几乎可以瞬间与硝酸铊反应,生成环戊基甲醛缩二甲醇;环庚烯被转化为环己基甲醛缩二甲醇。

用硝酸铊的甲醇溶液处理苯乙烯类化合物时也能形成 1,2-二甲氧基衍生物,而在稀硝酸中反应将发生重排生成芳基乙醛类化合物,收率较高。

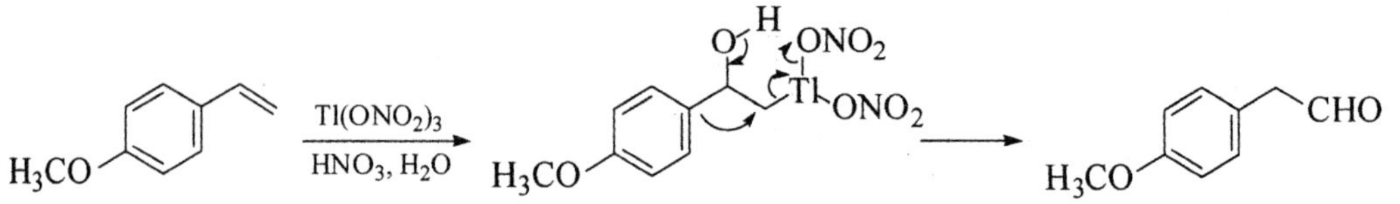

在酸性溶液中,单烷基乙炔能被两当量的硝酸铊氧化,生成失去端碳原子的羧酸。例如 1-辛炔被硝酸铊氧化首先生成 α-酮醇,再被第二分子的硝酸铊降解生成庚酸,收率80%。

7. TEMPO 氧化反应

使用 2,2,6,6-四甲基哌啶氮氧化合物(TEMPO)作为氧化剂,二乙酸基碘苯(BAIB)为共氧化剂,将其用于 1,5-二元醇的氧化内酯化反应。实验发现,对于具有各种基团的 1,5-二元醇均具有很好的氧化内酯化效果。典型的反应为:

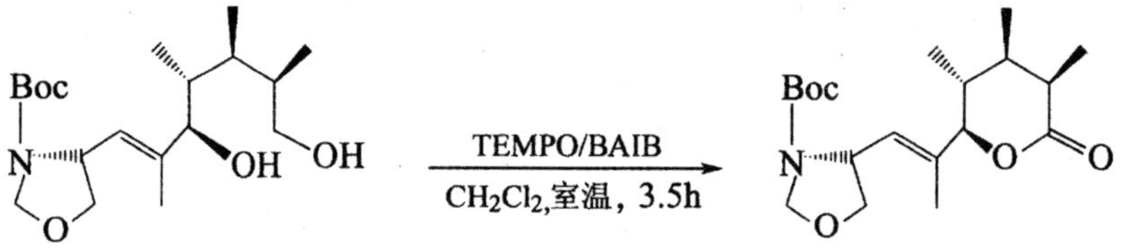

8. 离子液体为溶剂的氧化反应

采用离子液体[PF₆]作为反应溶剂,并将 OsO_4 形成有机络合物,可以成功地应用于各类烯烃的双羟基化。典型的反应有:

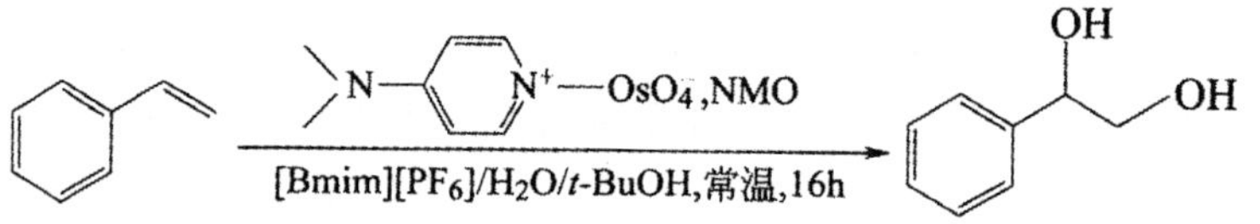

9. 微波促进的氧化反应

微波在有机反应中有很多应用,其最大的优点是可有效地提高反应速率、缩短反应时间。Chakraboraborty 等以微波为强化条件,以吡啶氯代铬酸盐为氧化剂,可在 2 min 内完成包括直链脂肪肟在内的各种肟有效氧化。典型的反应有:

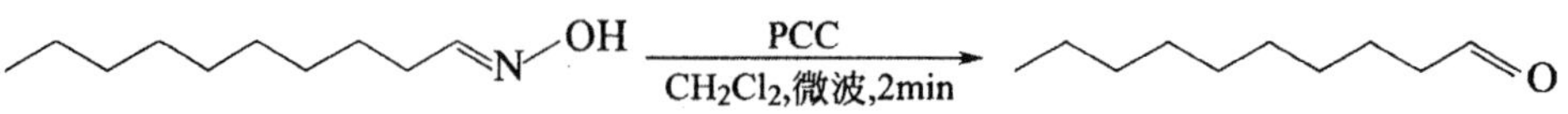

在将氧化剂固载化的过程中,发现以二氧化硅为固载材料在微波下具有最佳的效果。Bendale 等将 CrO_3 负载于二氧化硅上,可在数以秒计的时间内完成多种肟的氧化。典型的反应有:

$$\underset{\text{苯乙酮肟}}{}\xrightarrow[\text{CH}_2\text{Cl}_2,\text{微波},45\text{s}]{\text{SiO}_2\text{-CrO}_3}$$

2.3　空气液相氧化反应

　　液相空气氧化即液相催化氧化是液态有机物在催化剂作用下,与空气或氧气进行的氧化反应。反应在气液两相间进行,通常采用鼓泡型反应器。烃类的液相空气氧化在工业上可直接制得有机过氧化物、醛、醇、酮、羧酸等一系列产品。有机过氧化物的进一步反应可以制得酚类和环氧化合物,因而应用广泛。

　　液相催化氧化法与化学氧化法相比,价格低廉;与气相空气氧化法相比,反应物与催化剂处于同相,反应选择性好,氧化条件温和,反应平稳,氧化深度可以控制,设备简单,生产能力较高,但催化剂多为贵金属,需要分离回收,有机酸对设备腐蚀严重,氧化液后处理比较困难,因此其应用有一定的局限性。

2.3.1　液相空气氧化历程

　　某些有机物在室温于空气中会发生缓慢氧化,这种现象称为自动氧化。在实际生产中,为提高自动氧化速率,需升温、加引发剂或催化剂。液相空气氧化是一个气液相反应过程,包括空气从气相扩散并溶解于液相和液相中的氧化反应历程。

　　1. 空气或纯氧的扩散过程

　　空气氧或纯氧的扩散及其溶解是液相催化氧化的前提,其过程可为:

　　①空气氧或纯氧从气相向气液相界面扩散,并在界面处溶解。

　　②界面处溶解的氧向液相内部扩散。

　　③溶解氧与液相中被氧化物反应,生产氧化产物。

　　④氧化产物向其浓度下降方向扩散。

　　空气氧或纯氧的扩散、溶解是物理过程,可用双模模型解释,如图 2-1 所示。图中,P_{O_2} 为气相主体中氧分压,MPa;$P_{\text{O}_2,\text{i}}$ 为相界面处氧分压,MPa;c_{O_2} 为液相主体中氧浓度,mol/m³;$c_{\text{O}_2,\text{i}}$ 为气液相界面氧浓度 mol/m³。

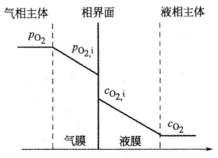

图 2-1　氧气扩散传递模型示意

在相界面,气液相达到平衡:

$$P_{O_2,i} = H_{O_2} c_{O_2,i}$$

式中,H_{O_2} 为亨利系数,$Pa \cdot m^3/mol$。

影响空气氧或纯氧扩散的因素有氧气分压、温度和压力气膜厚度;影响空气氧或纯氧溶解的因素有液相反应物对氧的溶解性、氧气分压、温度和压力等。为使空气氧或纯氧均匀分散并溶解在液相,便于其在液相中反应,一般采取提高气流速度,增强液相湍动程度,增加相接触面积,以提高氧的扩散和溶解速度。

2. 氧化反应的历程

液相中的氧化属于自由基反应,其反应历程包括链引发、链传递、链终止三个步骤。

(1)链的引发

在能量(热能、光辐射和放射线辐射)、可变价金属盐或游离基 X· 的作用下,被氧化物 R—H 发生 C—H 键的均裂而生成游离基 R· 的过程(R 为各种类型的烃基)。例如:

$$R-H \xrightarrow{能量} R· + H·$$
$$R-H + Co^{3+} \longrightarrow R· + H^+ + Co^{2+}$$
$$R-H + X· \longrightarrow R· + HX$$

式中,X 是 Cl 或 Br;游离基 R· 的生成为自动氧化反应提供了链传递物。

若无引发剂或催化剂,氧化初期 R—H 键的均裂反应速率缓慢,R· 需要很长时间才能积累一定的量,氧化反应方能以较快速率进行。自由基 R· 的积累时间,称作"诱导期"。诱导期之后,氧化反应加速,此现象称自动氧化反应。链引发是氧化反应的决速步骤,加入引发剂或催化剂,可缩短氧化反应的诱导期。

(2)链传递

自由基 R· 与空气中的氧相互作用生成有机过氧化氢物,再生成自由基 R· 的过程。

$$R· + O_2 \longrightarrow R-O-O·$$
$$R-O-O· + R-H \longrightarrow R-O-OH + R·$$

(3)链终止

自由基 R· 和 R—O—O· 在一定条件下会结合成稳定的产物,从而使自由基消失。也可以加入自由基捕获剂终止反应。例如:

$$R· + R· \longrightarrow R-R$$
$$R· + R-O-O· \longrightarrow R-O-O-R$$

在反应条件下,如果有机过氧化氢物稳定,则为最终产物;若不稳定,则分解产生醇、醛、酮、羧酸等产物。

当被氧化烃为 R-CH₃(伯碳原子)时,在可变价金属作用下,生成醇、醛或羧酸:

①有机过氧化氢物分解为醇:

$$R-\underset{\underset{H}{|}}{\overset{\overset{H}{|}}{C}}-O-O-H + R-CH_2-H \longrightarrow R-CH_2-OH + HO\cdot + \underset{\underset{H}{|}}{\overset{\overset{H}{|}}{\dot{C}}}-R$$

② 有机过氧化氢物分解为醛:

$$R-\underset{\underset{H}{|}}{\overset{\overset{H}{|}}{C}}-O-O\cdot + Co^{2+} \longrightarrow \underset{H}{\overset{R}{>}}C=O + OH^- + Co^{3+}$$

③ 有机过氧化氢物分解为羧酸:

$$R-\underset{\underset{O}{\|}}{C}-O-OH \xrightarrow{Co^{2+}} R-\underset{\underset{O}{\|}}{C}-\dot{O} + OH^- + Co^{3+}$$

$$R-\underset{\underset{O}{\|}}{C}-\dot{O} \xrightarrow{RMe} R-\underset{\underset{O}{\|}}{C}-OH + R-CH_2$$

当被氧化烃为 R_2CH_2—(仲碳原子)或当被氧化烃为 R_3CH—(伯碳原子)时,则分解产物为酮。实际上,烃基氧化成醛、醇、酮、羧酸的反应十分复杂。

2.3.2 液相空气氧化反应影响因素

1. 引发剂和催化剂

在不加引发剂或催化剂时,烃分子反应初期进行的非常缓慢,加入引发剂或催化剂后促使自由基产生,以缩短反应的诱导期。

常用的催化剂一般是可变价金属盐类,它利用可变价金属的电子转移,使被氧化物在较低温度下产生自由基;反应产生的低价金属离子再氧化为高价金属离子,反应过程中不消耗。可变价金属催化剂,如 Co、Cu、Mn、V、Cr、Pb 的水溶性或油溶性有机酸盐,例如醋酸钴、丁酸钴、环烷酸钴、醋酸锰等,钴盐最常用水溶性的醋酸钴、油溶性的环烷酸钴、油酸钴,其用量仅占被氧化物的百分之几至万分之几。

在铬、锰催化剂中加入溴化物,可以提高催化能力。因为产生的溴自由基,促进链的引发。

$$HBr + O_2 \longrightarrow Br\cdot + H-O-O\cdot$$
$$NaBr + Co^{3+} \longrightarrow Br\cdot + Na^+ + Co^{2+}$$
$$RCH_3 + Br\cdot \longrightarrow RCH_2\cdot + HBr$$

可变价金属离子能促使有机过氧化氢的分解,若制备有机过氧化氢物或过氧化羧酸,不宜采用可变价金属盐催化剂。

在较低温度下,引发剂可产生活性自由基,与被氧化物作用产生烃自由基,引发氧化反应。常用引发剂有偶氮二异丁腈、过氧化苯甲酰等。异丙苯氧化产物过氧化氢异丙苯也有引发作用。

2. 捕获剂

捕获剂是能与自由基结合成稳定化合物的物质,会销毁自由基,造成链终止,导致自动氧化速率下降。常见的捕获剂有酚类、胺类、醌类和烯烃等。例如:

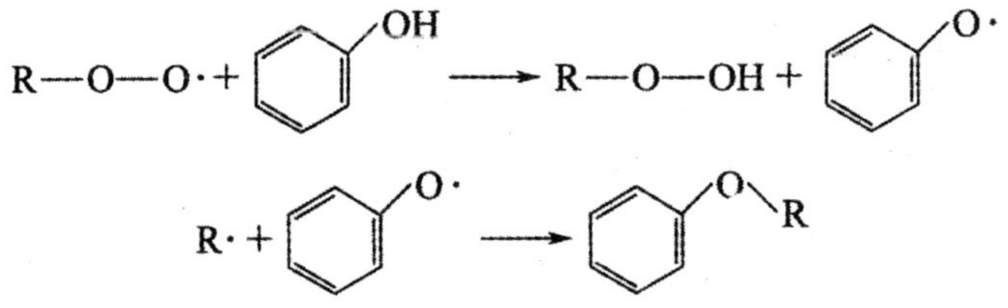

$$R—O—O· + \overset{OH}{\bigcirc} \longrightarrow R—O—OH + \overset{O·}{\bigcirc}$$

$$R· + \overset{O·}{\bigcirc} \longrightarrow \overset{O}{\bigcirc}\text{—R}$$

在催化氧化反应中,原料中不应含有抑制剂,此外反应过程中产生的抑制剂也应及时除去。例如:异丙苯氧化过程中产生微量的苯酚副产物,应及时除去。水也是捕获剂,丁烷氧化制醋酸,原料汗水 3% 时,氧化反应无法进行。

3. 被氧化物的结构

被氧化物 R—H 键均裂生成自由基的难易程度与被氧化物的结构有关。

一般来说,R—H 键均裂从易到难依次为:

$$R_3C—H > R_2—CH—H > R—CH_2—H$$

如,2-异丙基甲苯氧化时,主要生成叔碳过氧化氢物。

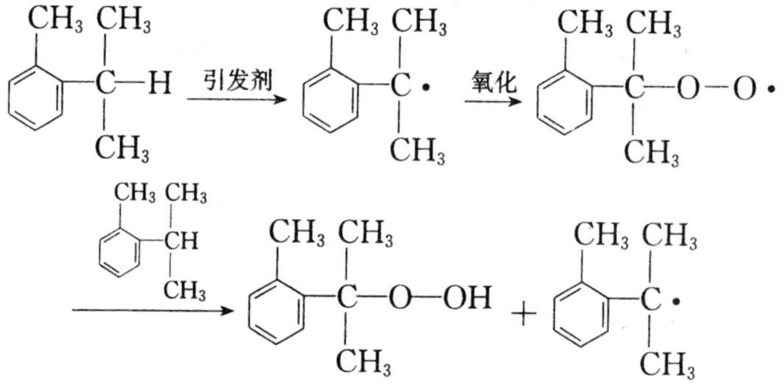

乙苯氧化时,主要生成仲碳过氧化氢物。

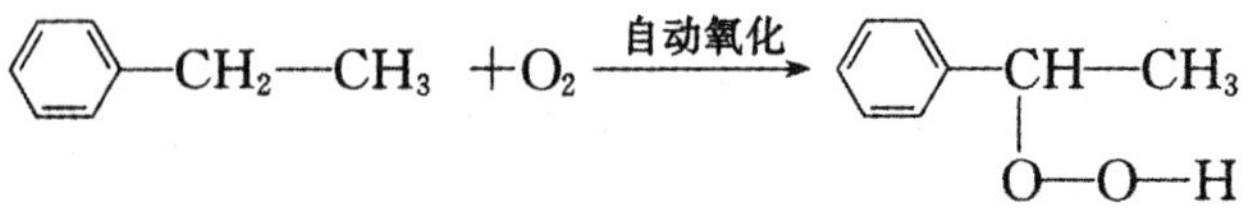

4. 转化率

大多数自动氧化反应,随着氧化深度提高,一部分进一步氧化或氧化产物分解,使副产物增多。有些副产物不仅会阻滞氧化反应,而且还会促进产物进一步分解,所以氧化反应的单程转化率不能太高。转化率控制需视具体情况而定。例如,制羧酸时,产品不易进一步氧化,可选取较高转化率。若氧化产物是反应的中间产物,它比原料更易氧化,当产物积累到一定程度后,其进一步氧化与原料的氧化产生竞争。要获得高选择性,必须控制转化率。

2.3.3　液相空气氧化的应用

液相空气氧化,可以生产多种化工产品,例如脂肪醇、醛或酮、羧酸和有机过氧化物等。下面讨论一些代表型的液相空气催化氧化过程。

1. 甲苯液相空气氧化制苯甲酸

苯甲酸是一种非常重要的化工产品,主要用作食品和医药的防腐剂,用苯甲酸作原料还可以合成染料中间体间硝基苯甲酸、农药中间体苯甲酰氯、塑料增塑剂二苯甲酸二甘醇酯等精细化工产品。在 $150℃ \sim 170℃$、$1\ MPa$ 下,以甲苯为原料,醋酸钴为催化剂,空气为氧化剂,进行液相空气催化氧化生产苯甲酸。

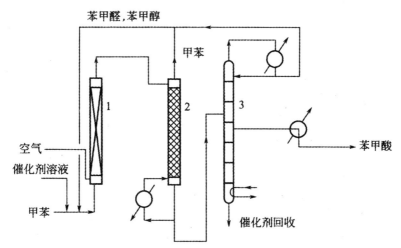

反应所用催化剂醋酸钴的用量为 $0.005\% \sim 0.01\%$,反应器为鼓泡式氧化塔,物料混合借助空气鼓泡及塔外冷却循环,生产工艺流程如图 2-2 所示。

图 2-2　甲苯液相氧化制苯甲酸流程
1—氧化反应塔;2—气提塔;3—精馏塔

在鼓泡式反应塔中,原料液甲苯、2%醋酸钴溶液和空气从氧化塔底部连续通入,反应物料借助空气鼓泡和反应液外循环混合及冷却,氧化液由氧化塔顶部溢流采出,其中苯甲酸含量约35%。未能反应的甲苯由气提塔回收,氧化的中间产物苯甲醇和苯甲醛在气提塔及精馏塔由塔顶采出后与未反应甲苯一起返回氧化塔循环使用。产品苯甲酸由精馏塔侧线出料,塔釜中主要成分为苯甲酸苄酯和焦油状物、催化剂钴盐等,醋酸钴可以回收重复使用。氧化塔尾气夹带的甲苯经冷却后再用活性炭吸附,吸附的甲苯可以用水蒸气吹出回收,活性炭同时得到再生。苯甲酸收率按消耗的甲苯计算,收率可达 $97\% \sim 98\%$,产品纯度可达99%以上。

2. 环己烷催化氧化制己二酸

己二酸是一种重要的有机二元酸,主要用于制造尼龙66、聚氨酯泡沫塑料、增塑剂、涂料等。己二酸生产以环己烷为原料,环己酮为引发剂,醋酸钴为催化剂,醋酸为溶剂,在90℃~95℃、1.96~2.45 MPa与空气中的氧反应。

$$\bigcirc + O_2 \xrightarrow[90\sim95℃,\ 1.96\sim2.45MPa]{\text{醋酸钴}} HOOC(CH_2)_4COOH$$

氧化液经回收未反应的环己烷、醋酸及醋酸钴后,经冷却、结晶、离心分离、重结晶、分离、干燥后得到产品己二酸。

3. 异丙苯氧化制过氧化氢异丙苯

过氧化氢异丙苯(CHP)是制苯酚和丙酮的主要原料。过氧化氢异丙苯的生产,以异丙苯为原料,空气氧化剂,经液相催化氧化而得。

过氧化氢异丙苯在反应条件下比较稳定,可作为液相空气氧化的最终产物。过氧化氢异丙苯受热易分解,氧化温度要求控制在110℃~120℃,否则容易引起事故。过氧化氢异丙苯作为引发剂,保持其一定浓度,反应可连续进行,不必再加引发剂。

异丙苯氧化使用鼓泡塔反应器,为了增强气液相接触,塔内由筛板分成数段,塔外设循环冷却器及时移出反应热,采用多塔串联流程,如图2-3所示。

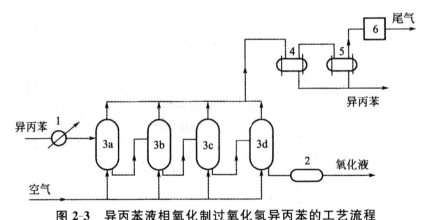

图2-3 异丙苯液相氧化制过氧化氢异丙苯的工艺流程

1—预热器;2—过滤器;3a~3d—氧化反应器;4,5—冷却器;6—尾气处理装置

异丙苯液相氧化的工艺过程:

①原料液异丙苯和循环回收的异丙苯及助剂碳酸钠,由第一反应器3a加入,依次通过各台反应器。

②每台氧化反应器均由底部鼓入空气。

③氧化产生的尾气由顶部排出,经冷却器4、5回收夹带的异丙苯后放空。

④含有过氧化氢异丙苯的氧化液,由最后一台氧化塔3d排出,经过滤器送下一工序。

由于过氧化氢异丙苯受热易分解,氧化反应温度要严格控制,逐台依次降低,由第一台的115℃至第4台的90℃,以控制各台的转化率;氧化液过氧化氢异丙苯的浓度(质量分数)控制,逐台增加依次为:9%~12%,15%~20%,24%~29%,32%~39%,反应总停留时间为6 h,过氧化氢异丙苯的选择性为92%~95%。

在酸性催化剂条件下,过氧化氢异丙苯通过重排分解为苯酚和丙酮。如下:

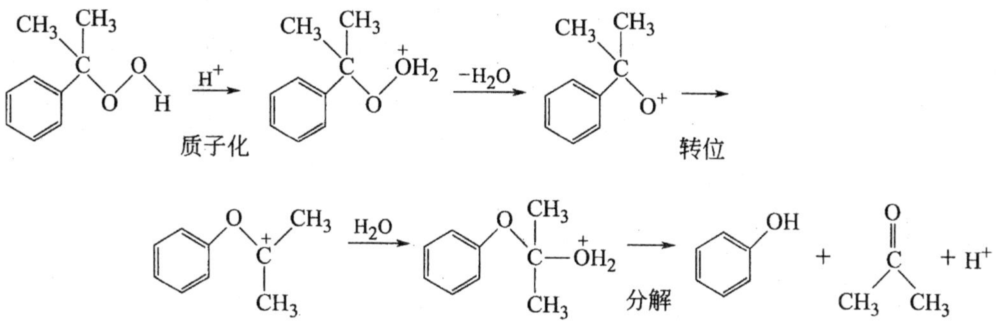

异丙苯氧化-酸解是工业生产苯酚和丙酮的重要方法,其合成路线为:

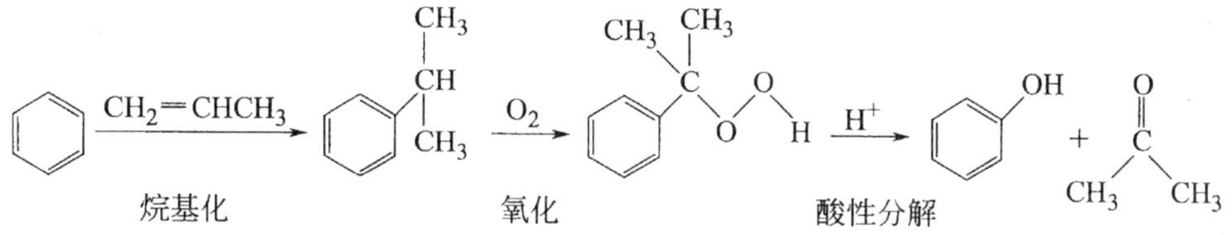

4. 直链烷烃氧化制高级脂肪醇

高级脂肪醇是制阴离子表面活性剂的重要原料。高级脂肪醇生产以正构高碳烷烃混合物(液体石蜡)为原料,0.1%KMnO$_4$为催化剂,硼酸为保护剂,空气为氧化剂,在 165℃～170℃、常压反应 3 h 所得。烷烃单程转化率可达 35%～45%,反应生成仲基过氧化物,分解为仲醇后,立即与硼酸作用,生成耐高温的硼酸酯,从而防止仲醇进一步氧化,氧化液经处理后,减压蒸馏出未反应烷烃,将硼酸酯水解,即得出高级脂肪醇。

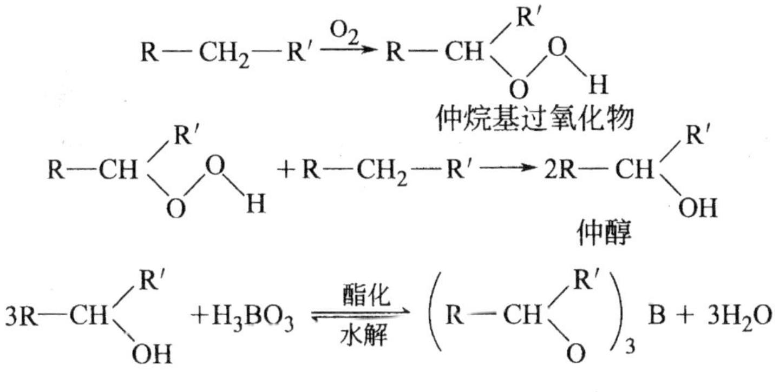

2.4 空气的气固相接触催化氧化

气相空气氧化即气-固相催化氧化反应,气态相混合物在高温下,通过固体催化剂,在催化剂表面进行选择性氧化反应。气相是气态被氧化物或其蒸气、空气或纯氧,固相是固体催化剂。常用于制备丙烯醛、甲醛、环氧乙烷、邻苯二甲酸酐及腈类。

2.4.1 气相空气氧化反应的过程

气相催化反应属非均相催化反应过程,可分为以下步骤:

①扩散,反应物由气相扩散到催化剂外表面,从催化剂外表面向其内表面扩散。

②表面吸附,反应物被吸附在催化剂表面。

③反应,吸附物在催化剂表面反应、放热、产物吸附于催化剂表面。

④脱附,氧化产物在催化剂表面脱附。

⑤反扩散,脱附产物从催化剂内表面向其外表面扩散,产物从催化剂外表面扩散到气流主体。

气相空气氧化反应的特点:

①由于固体催化剂的活性温度较高,通常在较高温度下进行反应,这有利于热能的回收与利用,但是要求有机原料和氧化产物在反应条件下足够稳定。

②反应速度快,生产效率高,有利于大规模连续化生产。

③由于气相催化氧化过程涉及扩散、吸附、脱附、表面反应等多方面因素,对氧化工艺条件要求高。

④由于氧化原料和空气或纯氧混合,构成爆炸性混合物,需要严格控制工艺条件。

在工业生产中,通过开发高效能的催化剂,选择合适的反应器,改善流体流动形式,提高气流速度,选择适宜的温度、压力以及停留时间,以提高过程的传质、传热效率,避免对催化剂表面积累造成的深度氧化,提高氧化反应的选择性和生产效率。

2.4.2 气相空气氧化的应用

气固相催化氧化法适用于制备热稳定性好,而且抗氧化性好的羧酸和酸酐。如萘或邻苯二甲苯制邻苯二甲酸酐、丁烷氧化制顺丁烯二酸酐、乙烯氧化制环氧乙烷以及 3-甲基吡啶氧化制 3-吡啶甲酸等。

1. 氨氧化制腈类

氨氧化法指在催化剂作用下,带甲基的有机物与氨和空气的混合物进行高温氧化反应,生成腈或含氮有机物的反应过程。例如:

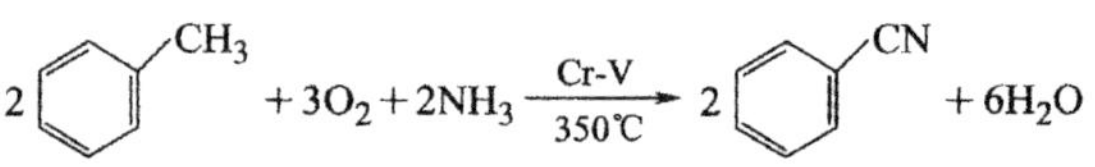

$$2\ C_6H_5CH_3 +3O_2 +2NH_3 \xrightarrow[350℃]{Cr-V} 2\ C_6H_5CN +6H_2O$$

$$CH_2 \!=\! CHCH_3 +1.5O_2 +NH_3 \longrightarrow CH_2 \!=\! CHCN +3H_2O$$

氨氧化反应工业应用的典型实例是丙烯氨氧化生产丙烯腈。丙烯腈具有不饱和双键和氰基,化学性质活泼,是优良的氰乙基化剂。丙烯腈大量用于合成纤维、合成橡胶、塑料以及涂料等产品的生产,是重要的有机化工中间产品。

丙烯腈沸点为 77.3℃,呈无色液体,味甜,微臭,有毒,室内允许浓度 0.002 mg/L,在空气中的爆炸极限为 3.05%~17.5%。丙烯腈可与水、甲醇、异丙醇、四氯化碳、苯等形成二元恒沸物。

丙烯氨氧化生产丙烯腈的化学反应是一个复杂的化学反应体系,伴随着许多副反应,反应除获得主产物丙烯腈之外,还有副产物乙腈、氢氰酸、羧酸、醛和酮类、一氧化碳和二氧化碳等。

丙烯氨氧化的催化剂常用 V_2O_5,此外,还要加入各种助催化剂以改善其选择性。载体一般是粗孔硅胶,常使用流化床反应器。

2. 芳烃催化氧化制邻苯二甲酸酐

邻苯二甲酸酐(简称苯酐)是重要的有机合成中间体,广泛用于涂料,增塑剂、染料、医药等精细化学品的生产。

苯酐的生产路线有两条,一条是邻二甲苯气相催化氧化法,另一条是萘催化氧化法。

①邻二甲苯气相催化氧化法。

此法是将冷的二甲苯预热后喷入净化的热空气使之气化,然后让混合气体通过装有 V-Ti-O 体系催化剂的多管反应器,氧化产物经冷凝、分离、脱水减压蒸而得到产品苯酐。

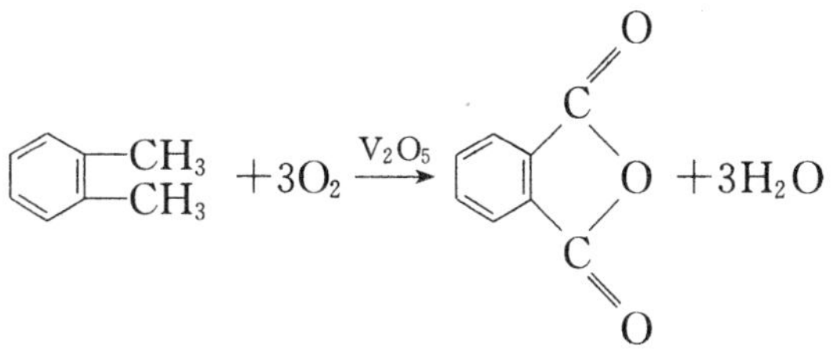

$$\text{邻二甲苯} + 3O_2 \xrightarrow{V_2O_5} \text{苯酐} + 3H_2O$$

邻二甲苯催化氧化反应体系很复杂,主反应和副反应均为不可逆放热反应。

主反应为:

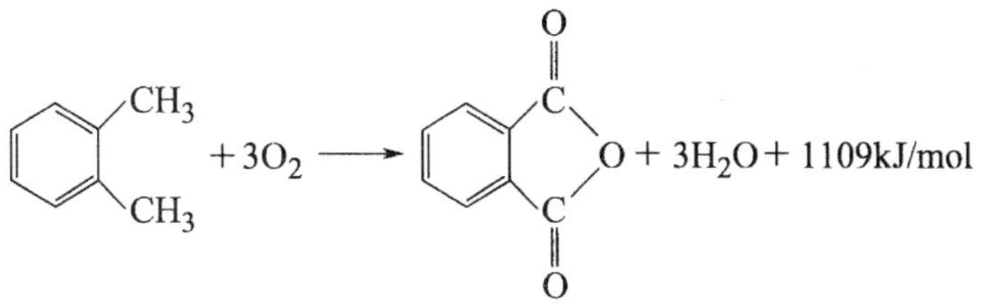

$$\text{邻二甲苯} + 3O_2 \longrightarrow \text{苯酐} + 3H_2O + 1109 kJ/mol$$

副反应产生的无副产物有很多,为减少反应脱羧副反应,必须使用表面型催化剂。固定床氧化器,催化剂活性组分是五氧化二钒-二氧化钛,载体选用低比表面的三氧化二铝或带釉瓷球等。催化剂可制成耐磨的环型或球型。此工艺优点为空气与原料配比小,可节省动力消耗,收率高,催化剂使用寿命长。

②萘气相催化氧化法。

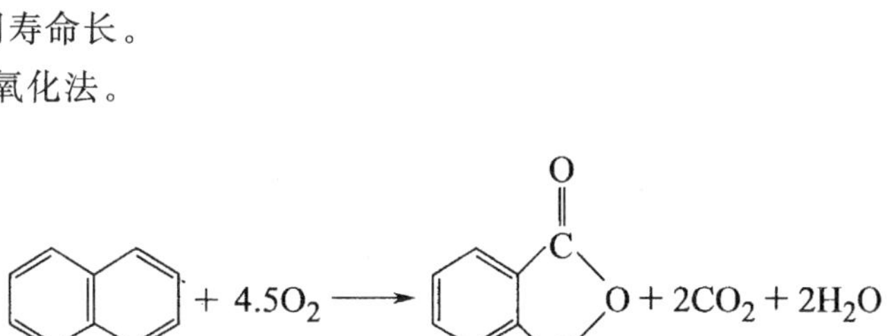

$$\text{萘} + 4.5O_2 \longrightarrow \text{苯酐} + 2CO_2 + 2H_2O$$

萘法是降解氧化反应,两个碳原子被氧化为二氧化碳,碳原子损失,常温下萘为固体,不易加工处理。而邻二甲苯氧化无碳原子损失,原子利用率高,邻二甲苯为液体,易于加工处理,来源丰富,价格比较便宜。目前苯酐工业生产以邻二甲苯气相催化氧化法为主。

3. 乙烯环氧化制环氧乙烷

环氧乙烷是重要的化工原料,被广泛地应用于洗涤、制药、印染等工业,如为非离子表面活性剂脂肪醇聚氧乙烯醚(AEO-9)原料。反应的催化剂活性成分为银,常在反应气体中掺入少量二氯乙烷以控制副反应,采用固定床催化剂。以前用空气氧化法,催化剂寿命短,工艺流程复杂,尾气需要净化,乙烯消耗定额高。现在常采用氧气氧化法,催化剂寿命长,工艺流程简单,尾气排放少,乙烯消耗定额低。可循环利用反应生成的二氧化碳来调整反应气体中乙烯和二氧化碳的浓度以防止爆炸。

第 3 章　还原反应

3.1　概述

还原反应内容丰富,其范围广泛,几乎所有复杂化合物的合成都涉及还原反应。

$$PhOH \longrightarrow PhH$$
$$CH_3(CH_2)_7=CH(CH_2)_7COOH \longrightarrow CH_3(CH_2)_{16}COOH$$
$$PhNO_2 \longrightarrow PhNH_2$$

按照还原反应使用的还原剂和操作方法的不同,还原方法可分为催化加氢法、化学还原法和电解还原法。

（1）催化加氢法

催化加氢法是指在催化剂存在下,有机化合物与氢发生的还原反应。

（2）化学还原法

化学还原法是指使用化学物质作为还原剂的还原方法。化学还原剂包括无机还原剂和有机还原剂。目前使用较多的是无机还原剂。常用的无机还原剂有:

①活泼金属及其合金,如 Fe、Zn、Na、Zn-Hg(锌汞齐)、Na-Hg(钠汞齐)等。

②低价元素的化合物,它们多数是较温和的还原剂,如 Na_2S、$Na_2S_2O_3$、Na_2S_x、$FeCl_2$、$FeSO_4$、$SnCl_2$ 等。

③金属氢化物,它们的还原作用都很强,如 $NaBH_4$、$LiAlH_4$、$LiBH_4$ 等。

（3）电解还原法

电解还原法是指有机物从电解槽的阴极上获得电子而完成的还原反应。电解还原法的收率高、产物纯度高。

通过还原反应可制得一系列产物。例如,由硝基还原得到的各种芳胺可以大量用于合成染料、农药、塑料等化工产品;将醛、酮、酸还原制得相应的醇或烃类化合物;由醌类化合物还可得到相应的酚;含硫化合物还原是制取硫酚或亚硫酸的重要途径。

3.2　化学还原反应

当分子中有多个可被还原的基团时,如果需要氢化还原的是较易还原的基团,而保留较难还原的基团,则选用催化氢化的方法为佳;反之,若需还原的是较难还原的基团,而保留较易还原的基团,则要选用反应选择性较高的化学试剂还原法为好。有的化学还原剂还具有立体选择性。

常用的化学还原剂有:金属、金属复氢化物、肼及其衍生物、硫化物、硼烷等。

3.2.1 金属单质的还原反应

许多有机化合物能被金属还原。这些还原反应有的是在供质子溶剂存在下进行的,有的是反应后用供质子溶剂处理而完成的。常用的活泼金属有:锂、钠、钾、钙、锌、镁、锡、铁等。有时采用金属与汞的合金,以调节金属的反应活性和流动性。

当金属与不同的供质子剂配合时,和同一被还原物质作用,往往可得到不同的产物。

1. 钠和钠汞齐

(1)钠-醇

以醇为供质子剂,钠或钠汞齐可将羧酸酯还原成相应的伯醇,酮还原成仲醇,即所谓的Bouvealt-Blanc 还原反应。主要用于高级脂肪酸酯的还原。例如十二烷醇的制备:

$$C_{11}H_{23}COOC_2H_5 \xrightarrow{Na,C_2H_5OH} C_{11}H_{23}CH_2OH$$

用同样的方法可以制得十一烷醇(产率 70%)、十四烷醇(产率 70%～80%)、十六烷醇(产率 70%～80%)。

金属钠-醇的还原及催化氢解两个方法都可用来将油脂还原为长链的醇,如果要得到不饱和醇,必须使用金属钠-醇的方法。

(2)钠-液氨-醇

在液氨-醇溶液中,钠可使芳核得到不同程度的氢化还原,称为 Birch 还原。反应过程为:

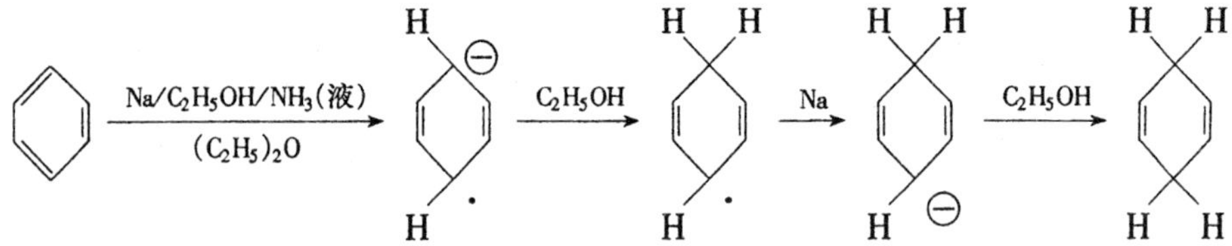

芳核上的取代基性质对反应有很大影响,一般拉电子取代基使芳核容易接受电子,形成负离子自由基,因而使还原反应加速,生成 1,4-二氢化合物;而推电子取代基则不利于形成负离子自由基,反应缓慢,生成的产物为 2,5-二氢化合物。

当芳环上有—X、—NO₂、—C=O 等基团时不能进行 Birch 还原。液氨在使用上不方便,改进方法是采用低分子量的甲胺、乙胺等代替液氨使用比较安全方便。

2. 锌与锌汞齐

锌的还原性能力依介质而异。它在中性、酸性与碱性条件下均具有还原能力,可还原羧基、硝基、亚硝基、氰基、烯键、炔键等生成相应的还原产物。若将有机化合物与锌粉共蒸馏,亦可起还原作用。

$$PhOH \xrightarrow[Zn \text{ 粉}]{100℃} PhH$$

(1)中性及微碱性介质中的还原

通常 Zn 可单独使用,也可在醇液,或 NH₄Cl、MgCl₂、CaCl₂、水溶液中进行。硝基化合物在低温时用 Zn 进行中性或微碱性还原,可使还原停止在羟胺阶段。

（2）酸性介质中的还原

Zn 的酸性还原可在 HCl、H_2SO_4、HAc 中进行，锌汞齐与盐酸是特种还原剂，可将醛、酮中的羰基还原为亚甲基，该方法为 Clemmensen 还原法。

本法宜用于对酸稳定的羰基化合物的还原，若被还原物为对酸敏感的羰基化合物，可改用 Wolff-Kishner-黄鸣龙法进行还原。

$$PhCoMe \xrightarrow{\text{Zn-Hg-HCl}} PhEt$$

$$MeCOCOOEt \xrightarrow{\text{Zn-Hg-HCl}} MeCHOHCOOEt$$

（3）碱性介质中的还原

Zn 在 NaOH 介质中可使芳香族硝基化合物发生还原生成氧化偶氮化合物、偶氮化合物与氢化偶氮化合物等还原产物。

氧化偶氮化合物可能是由还原的中间体亚硝基化合物脱水缩合而成的。

3. 铁屑

铁屑还原法虽然产生大量的铁泥和废水，但是铁屑价格低廉，对反应设备要求低，生产较易控制，产品质量好，副反应少，可以将硝基还原为氨基，而卤基、烯基、羰基等存在对其无影响，选择性高，曾得到广泛应用。

铁屑在金属盐如氯化亚铁、氯化铵等存在下，在水介质中使硝基物还原，通过下列两个基本反应来完成。

$$ArNO_2 + 3Fe + 4H_2O \xrightarrow{FeCl_3} ArNH_2 + 3Fe(OH)_2$$

$$ArNO_2 + 6Fe(OH)_2 + 4H_2O \longrightarrow ArNH_2 + 6Fe(OH)_3$$

生成的二价铁和三价铁按下式转变为黑色的磁性氧化铁（Fe_3O_4）：

$$Fe(OH)_2 + 2Fe(OH)_3 \longrightarrow Fe_3O_4 + 4H_2O$$

$$Fe + 8Fe(OH)_3 \longrightarrow 3Fe_3O_4 + 12H_2O$$

总方程式为：

$$ArNO_2 + 9Fe + 4H_2O \longrightarrow 4ArNH_2 + 3Fe_3O_4$$

其中 Fe_3O_4 俗称铁泥，为 FeO 与 Fe_2O_3 的混合物，其比例与还原条件及所用电解质有关。

铁屑还原法的适用范围较广，凡能用各种方法使与铁泥分离的芳胺均可采用铁屑还原法生产。因此，该方法的适用范围在很大程度上取决于还原产物的分离。

4. 锡和氯化亚锡

锡与乙酸或稀盐酸的混合物也可以用于硝基、氰基的还原，产物为胺，是实验室常用的方法。工业上不用锡而用廉价的铁粉。

使用计算量的氯化亚锡可选择性还原多硝基化合物中的一个硝基,且对羰基等无影响。

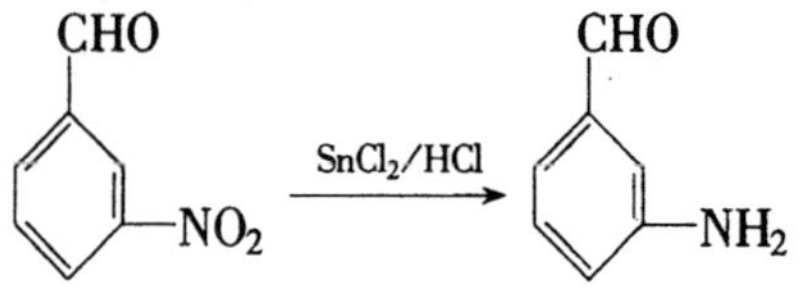

3.2.2 金属复氢化物的还原反应

金属复氢化物是能传递负氢离子的物质。例如,氢化铝锂（LiAlH$_4$）、硼氢化钠（NaBH$_4$）、硼氢化钾（KBH$_4$）等,应用最多的是 LiAlH$_4$、NaBH$_4$。这类还原剂选择性好、副反应少、还原速率快、条件较缓和、产品产率高,可将羧酸及其衍生物还原成醇,羰基还原为羟基,也可还原氰基、硝基、卤甲基、环氧基等,能还原碳杂不饱和键,而不能还原碳碳不饱和键。

1. 氢化铝锂（LiAlH$_4$）

LiAlH$_4$ 是还原性很强的金属复氢化物,用 LiAlH$_4$ 还原可获得较高收率。氢化铝锂的制备是在无水乙醚中,由 LiH$_4$ 粉末与无水 AlCl$_3$ 反应制得。

在水、酸、醇、硫醇等含活泼氢的化合物中,LiAlH$_4$ 易分解。因此用氢化铝锂还原,要求使用非质子溶剂,在无水、无氧和无二氧化碳条件下进行。无水乙醚、四氢呋喃是常用的溶剂。

四氢铝锂虽然还原能力较强,但价格比四氢硼钠和四氢硼钾贵,限制了它的使用范围。

2. 硼氢化钠和四氢硼钾

硼氢化钠是由氢化钠和硼酸甲酯反应制得。

四氢硼钠和四氢硼钾不溶于乙醚,在常温可溶于水、甲醇和乙醇而不分解,可以用无水甲醇、异丙醇或乙二醇二甲醚、二甲基甲酰胺等溶剂。四氢硼钠比四氢硼钾价廉,但较易潮解。其应用实例列举如下。

(1)环羰基还原成环羟基

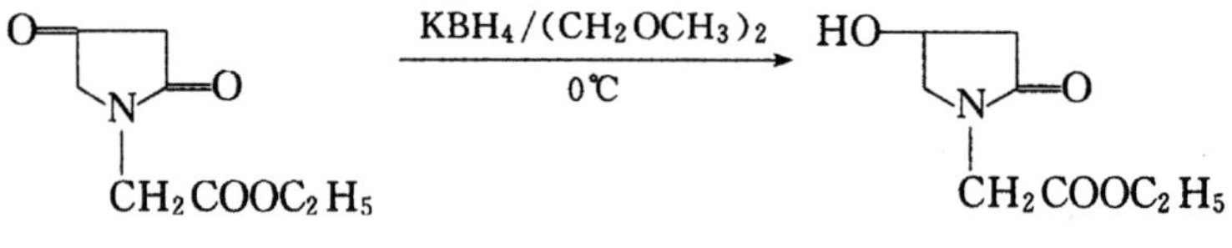

此例中,只选择性地还原了一个环羰基,而不影响另一个环羰基和羧酯基。

(2)醛羰基还原成醇羟基

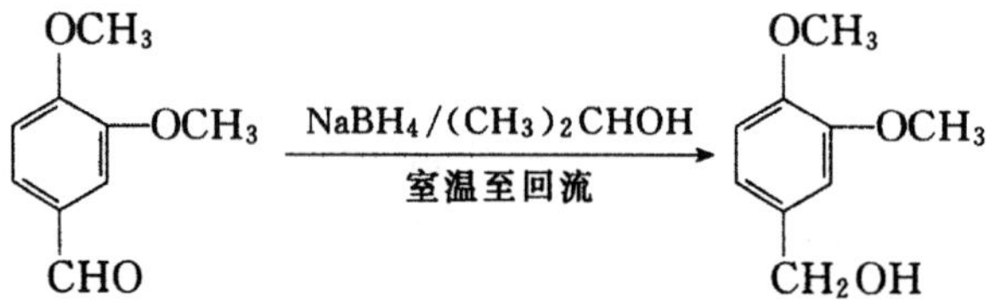

（3）亚氨基还原成氨基

$$(CH_3)_2CH-N\langle\text{piperidine}\rangle=N-\langle\text{benzene ring}\rangle-Cl \xrightarrow[\text{回流}]{\text{NaBH}_4/\text{CH}_3\text{OH}} (CH_3)_2CH-N\langle\text{piperidine}\rangle\overset{H}{\underset{NH}{|}}-\langle\text{benzene ring}\rangle-Cl$$

3. 用异丙醇铝-异丙醇还原

醛、酮化合物的专用还原剂，可将羰基还原为羟基，而不影响被还原物分子中的官能团，反应选择性好。异丙醇铝是催化剂，异丙醇是还原剂和溶剂。此类还原剂还有乙醇铝-乙醇、丁醇铝-丁醇等。

用异丙醇铝-异丙醇的还原操作：将异丙醇铝、异丙醇与羰基化合物共热回流，若羰基化合物难以还原，则加入共溶剂甲苯或二甲苯，以提高其回流温度。由于反应是可逆的，因而异丙醇铝和异丙醇需要大大过量。另外，加入适量氯化铝，可提高反应速率和收率。还原反应生成丙酮，需要不断蒸出，直至无丙酮蒸出即为终点。

异丙醇铝极易吸潮，遇水分解，反应要求无水条件。

由于 β-二酮及 β-二酮酯易烯醇化，含酚羟基或羧基的羰基化合物，其羟基容易与异丙醇铝生成铝盐，故不宜用此法还原；含氨基的羰基化合物与异丙醇铝能形成复盐，故用异丙醇钠；对热敏感的醛类还原，可改用乙醇铝-乙醇，在室温下，用氮气置换乙醛气体，使还原反应顺利进行。

3.2.3　含硫化合物的还原

含硫化合物一般为较缓和的还原剂，按其所含元素可以分为两类：一类是硫化物、硫氢化物以及多硫化物即含硫化合物；另一类是亚硫酸盐、亚硫酸氢盐和保险粉等含氧硫化物。

1. 硫化物的还原

使用硫化物的还原反应比较温和，常用的硫化物有：硫化钠（Na_2S）、硫氢化钠（$NaHS$）、硫化铵 $[(NH_4)_2S]$、多硫化物（Na_2S_x，x 为硫指数可取 $1\sim5$）。工业生产上主要用于硝基化合物的还原，可以使多硝基化合物中的硝基选择性地部分还原，或者还原硝基偶氮化合物中的硝基而不影响偶氮基，可从硝基化合物得到不溶于水的胺类。采用硫化物还原时，产物的分离比较方便，但收率较低，废水的处理比较麻烦。这种方法目前在工业上仍有一定的应用。

（1）反应历程

硫化物作为还原剂时，还原反应过程是电子得失的过程。其中硫化物是供电子者，水或者醇是供质子者。还原反应后硫化物被氧化成硫代硫酸盐。

硫化钠在水-乙醇介质中还原硝基物时，反应中生成的活泼硫原子将快速与 S^{2-} 生成更活泼的 S_2^{2-}，使反应大大加速，因此这是一个自动催化反应，其反应历程为：

$$ArNO_2 + 3S^{2-} + 4H_2O \longrightarrow ArNH_2 + 3S + 6OH^-$$

$$S + S^{2-} \longrightarrow S_2^{2-}$$

$$4S + 6OH^- \longrightarrow S_2O_3^{2-} + 2S^{2-} + 3H_2O$$

还原总反应式为：

$$4ArNO_2 + 6S^{2-} + 7H_2O \longrightarrow 4ArNH_2 + 3S_2O_3^{2-} + 6OH^-$$

用 NaHS 溶液还原硝基苯是一个双分子反应，最先得到的还原产物是苯基羟胺，进一步再被 HS_2^- 和 HS^- 还原成苯胺。

（2）影响因素

①被还原物的性质。

芳环上的取代基对硝基还原反应速率有很大的影响。芳环上含有吸电子基团，有利于还原反应的进行；芳环上含有供电子基团，将阻碍还原反应的进行。如间二硝基苯还原时，第一个硝基比第二个硝基快 1000 倍。因此可选择适当的条件实现多硝基化合物的部分还原。

②反应介质的碱性。

使用不同的硫化物，反应体系中介质的碱性差别很大。使用硫化钠、硫氢化钠和多硫化物为还原剂使硝基物还原的反应式分别为：

$$4ArNO_2 + 6Na_2S + 7H_2O \longrightarrow 4ArNH_2 + 3Na_2S_2O_3 + 6NaOH$$
$$4ArNO_2 + 6NaHS + H_2O \longrightarrow 4ArNH_2 + 3Na_2S_2O_3$$
$$ArNO_2 + Na_2S_2 + H_2O \longrightarrow ArNH_2 + Na_2S_2O_3$$
$$ArNO_2 + Na_2S_x + H_2O \longrightarrow ArNH_2 + Na_2S_2O_3 + (x-2)S$$

Na_2S 作还原剂时，随着还原反应的进行不断有氢氧化钠生成，使反应介质的 pH 值不断升高，将发生双分子还原生成氧化偶氮化合物、偶氮化合物、氢化偶氮化合物等副产物。为了减少副反应的发生，在反应体系中加入氯化铵、硫酸镁、氯化镁等来降低介质的碱性。

2. 含氧硫化物的还原

常用的含氧硫化物还原剂是亚硫酸盐、亚硫酸氢盐和连二亚硫酸盐。连二亚硫酸钠在稀碱性介质中是一种强还原剂，反应条件较为温和、反应速率快、收率较高，可以把硝基还原成氨基，但是保险粉价格高且不易保存，主要用于蒽醌及还原染料的还原。

亚硫酸盐和亚硫酸氢盐为还原剂主要用于对硝基、亚硝基、羟氨基和偶氮基中的不饱和键进行的加成反应，反应后生成的加成还原产物 N-氨基磺酸，经酸性水解得到氨基化合物或肼。

其中亚硫酸钠将重氮盐还原成肼的反应历程如下：

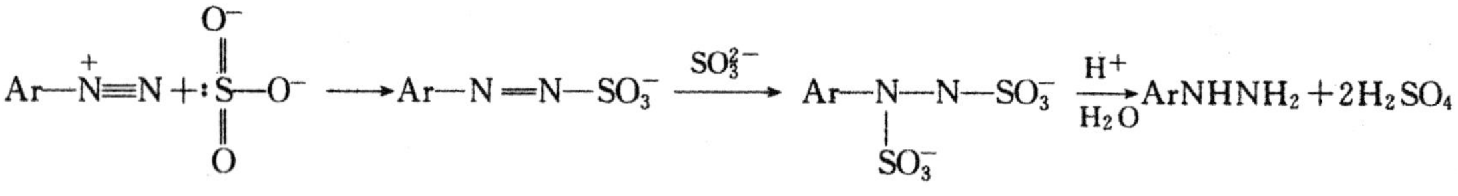

亚硫酸盐与芳香族硝基物反应，可以得到氨基磺酸化合物。在硝基还原的同时，还会发生环上磺化反应，这种还原磺化的方法在工业生产中具有一定的重要性。而亚硫酸氢钠与硝基物的摩尔比为 $(4.5\sim6):1$，为了加快反应速率常加入溶剂乙醇或吡啶。

间二硝基苯与亚硫酸钠溶液共热，然后酸化煮沸，得到 3-硝基苯胺-4-磺酸。

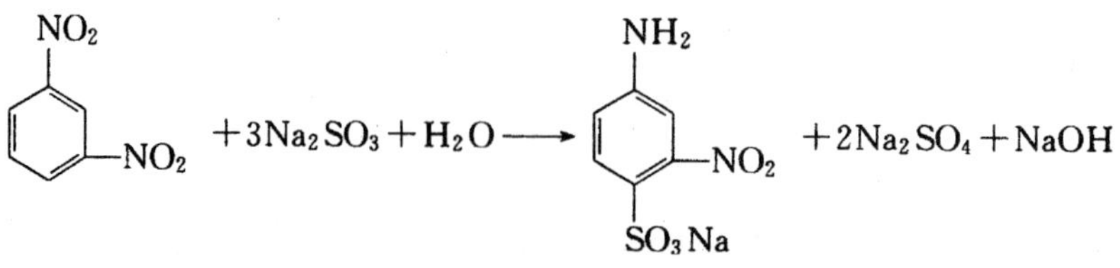

3.2.4　其他化学还原反应

1. 醇铝还原

醇铝也称为烷氧基铝,这是一类重要的有机还原剂,工业上常用的还原剂是异丙醇铝 $[Al(OCHMe_2)_3]$ 和乙基铝 $[Al(OEt)_3]$。醇铝的选择性高、反应速率快、作用缓和、副反应少、收率高。它是将羰基化合物还原成为相应醇的专一性很高的试剂。只能够使羰基被还原成羟基,对于硝基、氯基、碳碳双键、叁键等均没有还原能力。

麦尔外因-彭道夫-维兰反应即异丙醇铝能使羰基化合物还原成醇,该反应是可逆的。通过反应可使醛转化为伯醇,酮转化为仲醇,一般情况下产率均很高。例如,苯甲酰甲基溴还原为 β-溴-α-苯乙醇,反应具有很好的选择性,用于选择性地还原羰基,且不影响烯烃的双键和许多其他的不饱和官能团。例如:

$$PhCH=CHCHO \xrightarrow{Al(OPr\text{-}i)_3} PhCH=CHCH_2OH$$

$$\text{—}COCH_2Br \xrightarrow{Al(OPr\text{-}i)_3} \text{—}CH(OH)CH_2Br$$

反应可能是由负氢离子通过六元环过渡态转移到羰基化合物上进行的。例如:

$$R'RCH(OH) + AlCl_3 + Me_2CH(OH)$$

采用其他金属烷氧化合物也能发生这类反应,然而醇铝最为合适。其原因在于它既能溶解于醇,也能溶解于烃;另外,由于其碱性较弱,不容易导致羰基化合物发生缩合副反应。

2. 水合肼还原反应

肼的水溶液呈弱碱性,它与水组成的水合肼是较强的还原剂。

$$N_2H_4 + 4OH^- \longrightarrow N_2\uparrow + 4H_2O + 4e$$

水合肼作为还原剂在还原过程中自身被氧化成氮气而逸出反应体系,于是不会给反应产物带来杂质。同时水合肼能使羰基还原成亚甲基,在催化剂作用下,可发生催化还原。

(1)W-K-黄鸣龙还原

水合肼对羰基化合物的还原称为 Wolff-Kishner 还原。

$$\underset{\diagup}{\overset{\diagdown}{C}}=O \xrightarrow{NH_2NH_2} \underset{\diagup}{\overset{\diagdown}{C}}=N-NH_2 \xrightarrow{OH^-} \underset{\diagup}{\overset{\diagdown}{C}}H_2 + N_2\uparrow$$

此反应是在高温下于管式反应器或高压釜内进行的,这使其应用范围受到限制。我国有机化学家黄鸣龙对该过程进行了改进,采用高沸点的溶剂如乙二醇替代乙醇,使该还原反应可以在常压下进行。此方法简便、经济、安全、收率高,在工业上的应用十分广泛,因而称为Wolff-Kishner-黄鸣龙还原法,它是直链烷基芳烃的一种合成方法。例如:

$$CH_3-C=O \xrightarrow[KOH]{NH_2-NH_2} CH_2CH_3$$

（2）水合肼催化还原

水合肼在 Pd-C、Pt-C 或骨架镍等催化剂的作用下能使硝基和亚硝基化合物还原成相应的氨基化合物,而对硝基化合物中所含羰基、氰基、非活化碳碳双键不具备还原能力。该方法只需将硝基化合物与过量水合肼溶于甲醇或乙醇中,再在催化剂存在下加热,还原反应即可进行,无需加压,操作方便,反应速率快且温和,选择性好。

水合肼在不同贵金属催化剂上的分解过程,取决于介质的 pH 值,1 mol 肼所产生的 H_2 随着介质 pH 值的升高而增加,在弱碱性或中性条件下可以产生 1 mol H_2。

$$3N_2H_4 \xrightarrow{Pt、Pd、Ni} 2NH_3 + 2N_2 + 3H_2$$

在碱性条件下如果加入氢氧化钡或碳酸钙则可以产生 2 mol H_2。

芳香族硝基化合物用水合肼还原时,可以用 Fe^{3+} 盐和活性炭作为催化剂,反应条件较为温和。间硝基苯甲腈在 $FeCl_3$ 和活性炭催化作用下,用水合肼还原制得间氨基苯甲腈。

3. 金属氢化物转移试剂还原

金属氢化物还原剂最常用的是氢化锂铝和硼氢化钠,可以将其看作如下反应过程:

$$LiH + AlH_3 \longrightarrow LiAl\overset{+}{}\overset{-}{H_4}$$

$$NaH + BH_3 \longrightarrow NaB\overset{+}{}\overset{-}{H_4}$$

这两种复合氢化物的负离子是亲核试剂,它们一般情况下进攻 C=O 或 C=N 极性重键,然后将负离子转移到正电性较强的原子上,通常情况不还原孤立的 C=O 键或 C≡C 键。

每种试剂的四个氢原子均可用于还原反应。氢化锂铝比硼氢化钠的还原性强,可还原大多数官能团。

$LiAlH_4$ 易与含活泼氢的化合物反应,所以需在无水或非羟基溶剂中使用。$NaBH_4$ 与水或大多数醇在室温下缓慢反应,所以此种试剂可在醇液中使用。$NaBH_4$ 的活性低于 $LiAlH_4$,因此其选择性高于 $LiAlH_4$,在室温下很易还原醛和酮,然而一般不与酯或酰胺作用,采用该种试剂能在多数官能团存在下选择性地还原醛和酮。例如:

$$CH_2=CHCH=CHCHO \xrightarrow[\text{或 } NaBH_4]{LiAlH_4} CH_2=CHCH=CHCH_2OH$$

$$\xrightarrow[THF,0\ ℃]{LiAlH_4}$$

98%

$$NC\text{—}\bigcirc\text{=}O \xrightarrow[H_2O]{NaBH_4} NC\text{—}\bigcirc\text{—}OH$$

$$O_2N\text{—}CH_2CH_2CH_2\text{—}CHO \xrightarrow{NaBH_4,EtOH} O_2N\text{—}CH_2CH_2CH_2\text{—}CH_2OH$$

$LiAlH_4$ 也能还原与羟基相连的叁键,所以使用该反应可用来制备标记的烯丙醇类化合物。例如:

$$CH\equiv C(CH_2)_2C\equiv CCOOEt \xrightarrow{LiAlH_4} CH\equiv C(CH_2)_2CH=CHCH_2OH$$

$$HC\equiv CCH(OH)C_4H_9 \xrightarrow[②\ D_2O]{①\ LiAlH_4}$$

一般条件下,烯烃双键不能被氢化物还原剂还原,然而在用 $LiAlH_4$ 还原 β-芳基-α,β-不饱和羰基化合物时,$C=C$ 和 $C=O$ 一起被还原,但是在该情况下降温,缩短反应时间,采用 $LiAlH_4$ 或者 $NaBH_4$ 能将羰基选择性地还原。例如:

$$PhCH=CHCHO \begin{cases} \xrightarrow[35\ ℃]{\text{过量 } LiAlH_4,\text{乙醚}} PhCH_2CH_2CH_2OH \\ \xrightarrow[-10\ ℃]{NaBH_4 \text{ 或 } LiAlH_4,\text{乙醚}} PhCH=CHCH_2OH \end{cases}$$

$$CH_3CH=CHCHO \xrightarrow[\text{低温}]{LiAlH_4} CH_3CH=CHCH_2OH$$

82%

$$\xrightarrow[\text{低温}]{LiAlH_4}$$

98%

烷基氢化锂铝试剂是比较温和的选择性还原剂,该试剂一个最有效的应用是还原酰氯或二烷基酰胺选择性制备醛。而酰氯与氢化锂铝反应得到相应的醇。例如:

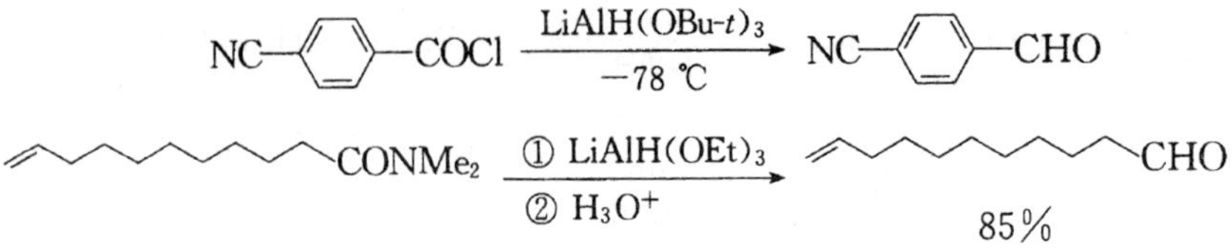

$$NC-\!\!\!\bigcirc\!\!\!-COCl \xrightarrow[-78\,℃]{LiAlH(OBu\text{-}t)_3} NC-\!\!\!\bigcirc\!\!\!-CHO$$

$$\diagdown\!\!\!\!\diagup\!\!\!\!\diagdown\!\!\!\!\diagup CONMe_2 \xrightarrow[②\ H_3O^+]{①\ LiAlH(OEt)_3} \diagdown\!\!\!\!\diagup\!\!\!\!\diagdown\!\!\!\!\diagup CHO \quad 85\%$$

乙酰乙酸乙酯含有酯基和酮基两类官能团,采用下列方法可选择性地得到还原产物,反应式如下:

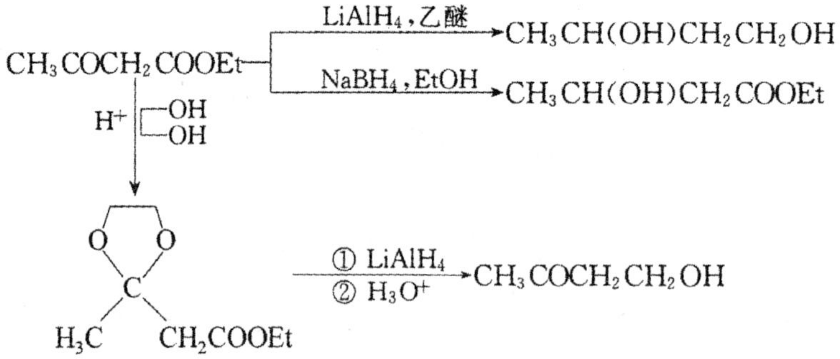

一般不对称酮羰基的还原反应生成的是外消旋醇。但是对于含有手性中心的酮来说,生成的两种醇的量是不相同。例如,用 $LiAlH_4$ 还原酮时,主要生成苏式醇,反应式如下:

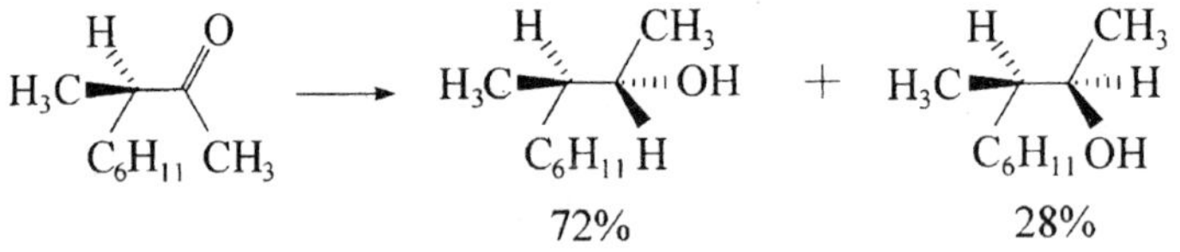

3.3 催化氢化反应

在所有还原有机物的方法中较方便的方法之一为催化氢化。其主要原因为还原操作很简单,只要在合适的溶剂及氢气中,使反应物与催化剂一起搅拌或者振摇就可以进行反应。利用仪器可测量吸氢量,反应结束时将催化剂过滤掉,产物从滤液中分离出来,通常就具有较高的纯度。

催化氢化只是简单地将氢原子加到一个或多个不饱和基团上,有时也会伴随键的断裂,此时称为氢解。有机化学中绝大多数不饱和基团,都可在适当的条件下被催化还原,然而难易程度不尽相同。某些基团,特别是烯丙羟基、苄基羟基以及氨基和碳-卤单键等,很容易进行氢解反应,导致碳—杂原子键的断裂。

多数情况下,反应所需要的压力在标准大气压或稍高于标准大气压下就可以顺利进行,反应温度在室温或接近室温。而在其他情况下,则需要高温高压条件,这时需要特殊的高压仪器。

催化氢转移反应为另一种还原反应,即氢原子从另一个有机化合物转移到反应底物上。该类反应操作简单,只需在催化剂存在下,一起加热底物和氢供体,催化剂通常为钯。

催化氢化的应用范围很广,从双键到三键,从芳环到杂环,都可以被还原成饱和结构。在一定条件下,可以优先选择对氢化催化活性高的基团。不同基团被催化氢化的大致难易次序为:

$$RCOCl(\longrightarrow RCHO) > RNO_2(\longrightarrow RNH_2) > -C\equiv C-(\longrightarrow -CH=CH-) >$$

$$RCHO(\longrightarrow RCH_2OH) > -CH=CH-(\longrightarrow -CH-CH-) > R-\overset{O}{\overset{\|}{C}}-R(\longrightarrow RCHOHR) >$$

$$PhCH_2OR(\longrightarrow PhCH_3 + ROH) > RCN(\longrightarrow$$

$$RCH_2NH_2) > \text{（萘）} > RCOOR' > RCONHR' > \text{（苯）} > RCOOH$$

3.3.1　多相催化氢化反应

多相催化氢化反应通常指在不溶于反应体系中的固体催化剂的作用下,氢气还原液相中的底物的反应,主要包括碳—碳、碳—氧、碳—氮等不饱和重键的加氢和某些单键发生的裂解反应。

1. 碳—碳不饱和重键的加氢反应

(1)烯烃和炔烃的氢化反应

烯烃和炔烃的氢化反应几乎能使各种类型的碳—碳双键或叁键以不同的难易程度加氢成为饱和键。钯、铂、镍为常用的催化剂。该这种方法具有如下优点:成本低;操作简便;产率高;产品质量好;选择性好。所以其成为精细有机合成和工业生产中广泛采用的方法。

具有两个烯键的亚油酸酯比只有一个烯键的油酸酯或异油酸酯更易氢化。在工业上一般采用镍作催化剂,在温度为200℃、氢气压力0.9~1.0 MPa的条件下进行氢化生产硬脂酸酯,其具体反应式如下:

亚油酸酯

$$CH_3(CH_2)_4CH=CHCH_2CH=CH(CH_2)_7COOR$$

$$\downarrow H_2/Ni$$

$$CH_3(CH_2)_7CH=CH(CH_2)_7COOR + CH_3(CH_2)_4CH=CH(CH_2)_{10}COOR$$

油酸酯　　　　　　　　　　　　　异油酸酯

$$\downarrow H_2/Ni$$

$$CH_3(CH_2)_{16}COOR$$

在烯烃化合物中,双键上取代基的数目不同,相应地被还原的速率也不同,取代基数目越多,则越难被还原,所以产生了下述由易到难的反应大致活性顺序:

$$RCH=CH_2 > RCH=CHR' \sim R'RC=CH_2 > R'RC=CHR'' > R_2C=CR_2$$

在同样的条件下,催化剂采用 Pt-SiO$_2$,反应温度控制在 20℃,观察发现在环状化合物中也有类似情况:

非共轭的多烯烃的氢化与单烯烃相似,同样受到取代基的影响,然而随着取代基数目的增多,反应变得比较困难,所以可在多烯分子中有选择性地还原其中的一个双键。

共轭双烯在催化剂表面上的吸附能力比其他烯烃强,因此首先受到催化剂的作用,其具有更快的氢化速率。当氢化成孤立的烯键后,速率明显下降。示意如下:

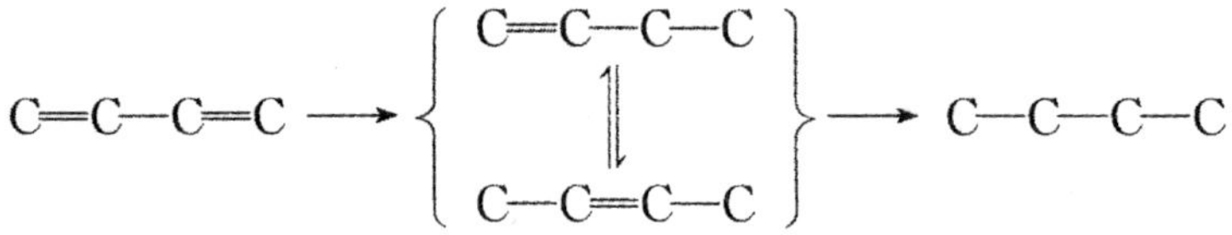

$$C=C-C=C \longrightarrow \left\{ \begin{array}{c} C=C-C-C \\ \updownarrow \\ C-C-C=C \end{array} \right\} \longrightarrow C-C-C-C$$

当烯烃和炔烃共存时,催化剂的表面首先吸附炔烃,炔烃被活化,能与吸附在催化剂表面上的氢发生反应。然而烯烃由于吸附能力不如炔烃,而被排斥在催化剂表面之外,从而不能发生催化氢化反应。仅当其中的炔烃被全部氢化后,烯烃才有可能被吸附在催化剂的表面,开始进行氢化反应。

对于既含有双键又含有炔键的化合物,若双键和叁键不共轭,选择氢化其中的叁键成为双键并不困难。当烯键和炔键共轭时,通常采用林德拉催化剂能氢化多种分子中的炔键成为烯键,然而不影响其他烯键。林德拉催化剂是用乙酸铅处理钯-碳酸钙催化剂使之钝化。加入喹啉还可进一步提高选择性。该法在维生素 A 的合成中发挥了重要作用,反应式如下:

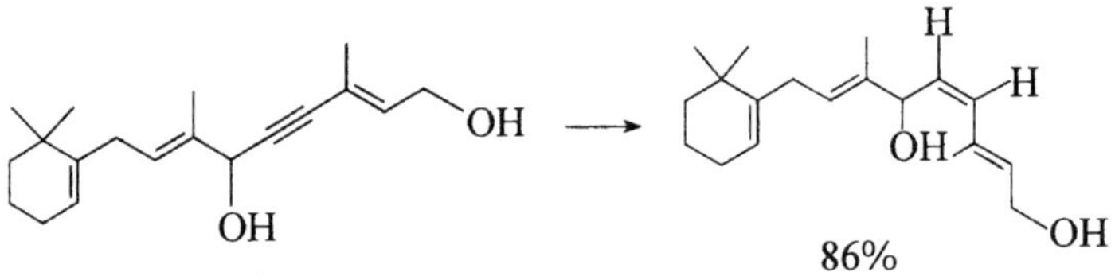

Raney Ni 采用乙酸锌处理也具有类似的作用。

催化氢化反应也是合成顺式取代的乙烯衍生物的重要方法。二取代的炔经部分氢化产生顺式取代的烯烃衍生物。原因为两个氢原子在炔分子的同一侧同时加成。环状烯烃同样具有相似的情况。例如,1,2-二甲基环己烯在乙酸中用氢和 PtO_2 还原时主要生成顺式 1,2-甲环己烷,反应式如下:

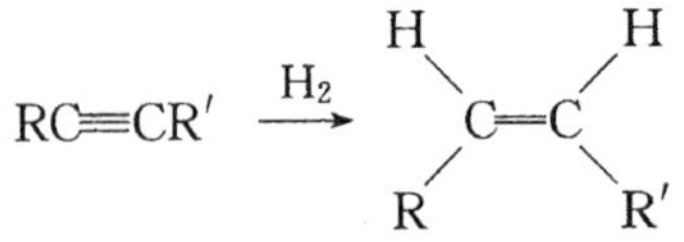

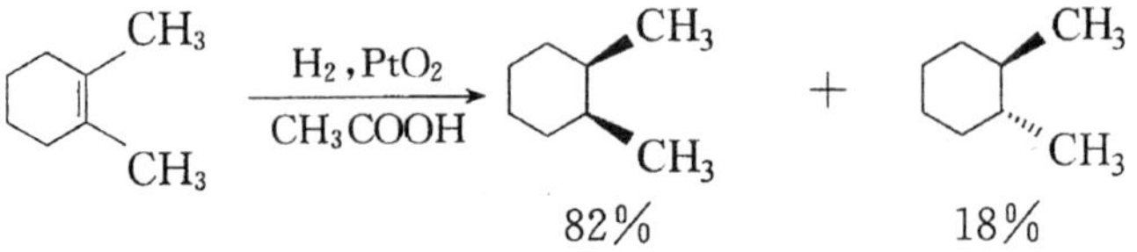

烯烃用钯系金属催化剂进行催化氢化时常伴随双键的位移。例如,四环三萜烯衍生物与氧化铂和氘在氘代乙酸中反应生成它的异构体,从产物中氘原子的位置可推知原来双键所在的位置,反应式如下:

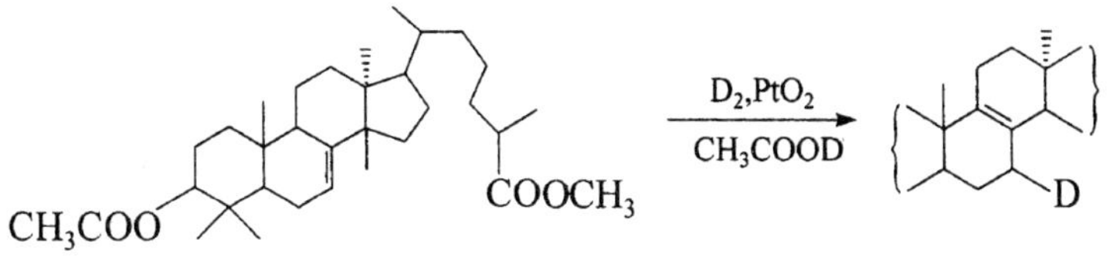

实验结果表明催化氘化反应产物的分子中通常都是多于或少于两个氘原子,因此可进一步证明烯烃的催化氢化反应并不是两个氢原子对原有双键的简单加成。

烯烃双键催化氢化顺式加成现象、发生异构化以及催化氘化生成的产物中每个分子含有多于或少于两个氘原子的问题。有一种机理认为氢原子从催化剂上转移到被吸附的反应物上是分步进行的,该反应过程涉及 π 键形式的 A 和 B 与半氢化形式的 C 之间的平衡。其中 C 既能吸收另一个氢原子又能重新转化成起始原料或异构化的烯烃 D。该机理表示如下:

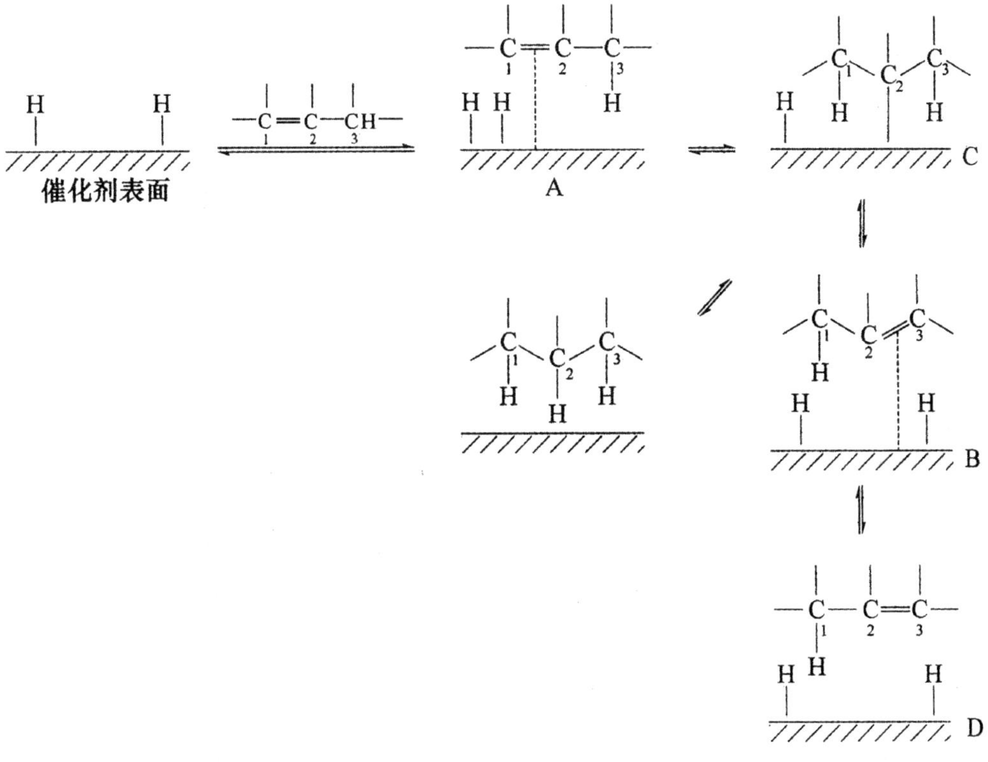

钯催化下,除了分子中含有芳香烃硝基、叁键和酰氯外,其他不饱和基团一般不影响对烯烃双键的选择性还原。例如:

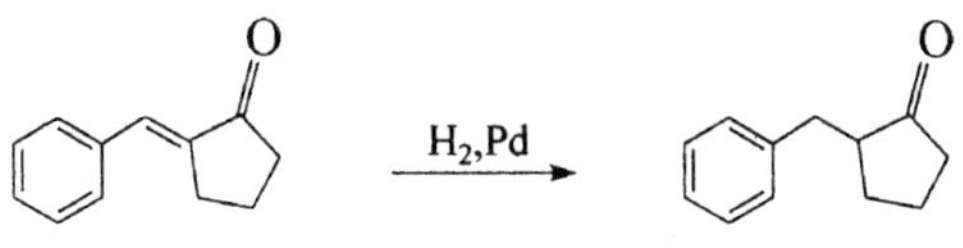

使用 Pd/C 催化剂催化氢化酮的碳—碳双键、α,β-不饱和醛具有很高的区域和立体选择性。例如:

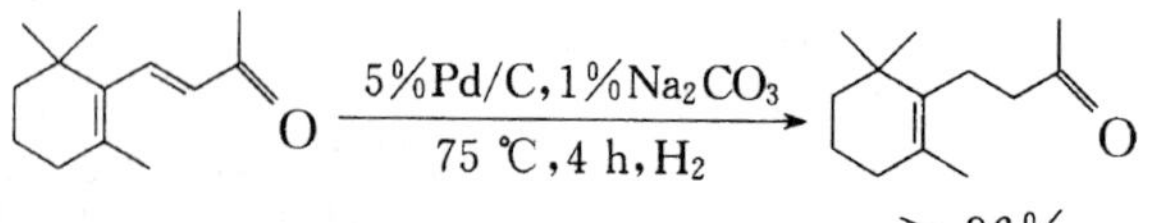

甲醇和镁在回流中催化还原 α,β-不饱和酯可定量给出口,α,β-碳—碳双键还原产物。例如:

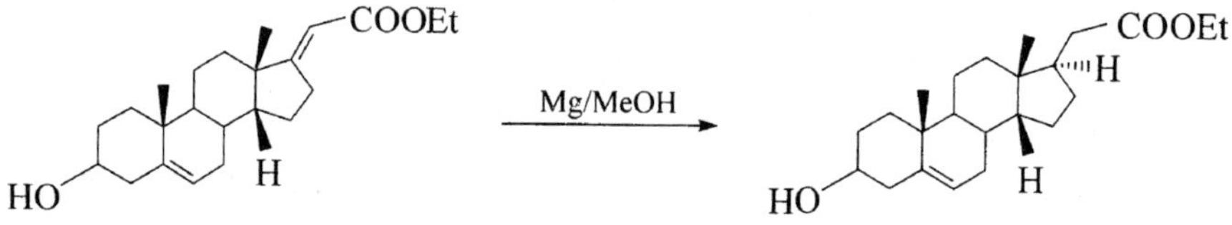

RhCl$_3$ 在相转移催化条件下可催化选择还原 α,β-不饱和酮的碳—碳双键,并且具有高立体选择性。例如:

$$4\text{-}CH_3C_6H_4COCH = CHC_6H_5 \xrightarrow[\text{H}_2\text{O}/(\text{CH}_2\text{Cl})_2,\text{H}_2,4\text{ h},室温]{[(C_8H_{17})_3NCH_3]^+[RhCl_4]^-} 4\text{-}CH_3C_6H_4CO(CH_2)_2C_6H_5$$
$$96\%$$

RuCl$_2$ 催化还原查尔酮,碳—碳双键选择性 100%,其反应速度极快。例如:

$$C_6H_5HC = CHCOC_6H_5 \xrightarrow[\text{PTC},\text{H}_2\text{O},10\text{ min},109\ ℃]{RuCl_2(PPh_3)_3,HCOONa} C_6H_5(CH_2)_2COC_6H_5$$

铜负载于无机载体 SiO$_2$ 或 Al$_2$O$_3$ 上,催化氢化 α,β-不饱和酮的碳—碳双键,然而分子中其他的双键不受影响。例如:

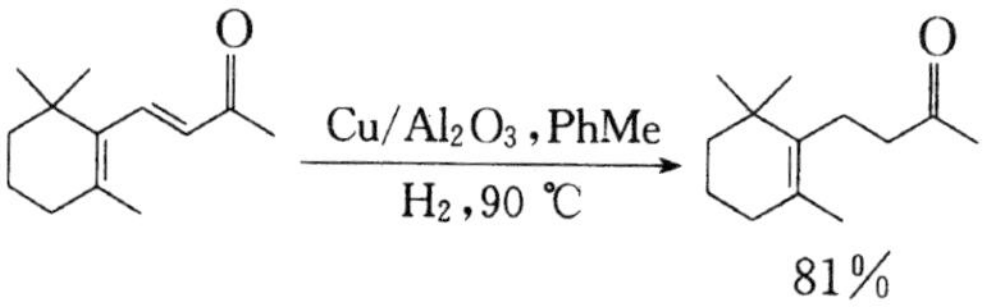

含有腈基、酯基和双键官能团的化合物,碳—碳双键优先催化氢化。例如:

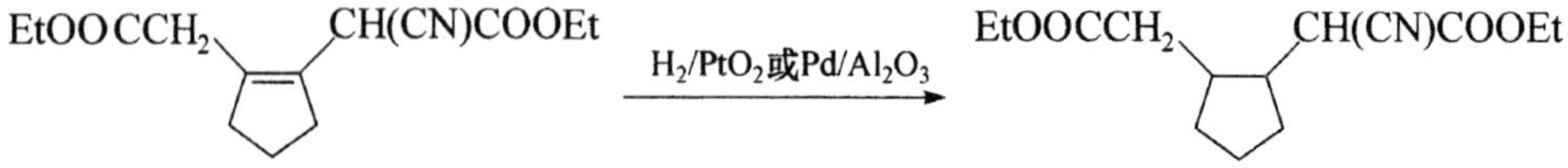

合成高聚物与天然高聚物均作为钯的载体,因为高聚物上有多种可与金属配位的官能团,从而增加了负载型催化剂配体的可调范围及幅度,继而提高了催化剂的活性和选择性。

(2)芳香环系的加氢反应

芳香族化合物也可进行催化氢化,转变成饱和的脂肪族环系,然而这要比脂肪族化合物中的烯键氢化困难很多。例如,异丙烯基苯在常温、常压下,其侧链上的烯键则可被氢化,而苯环保持不变,其反应式如下:

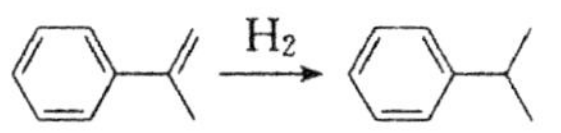

这种催化氢化的差别不仅能用于合成,也可用于定量分析测定非芳环的不饱和键。

1,1-二苯基-2-(2′-吡啶基)乙烯是一个共轭体系很大的化合物其乙醇溶液用钯-碳催化,在 10 MPa 氢气压力下,于 200℃反应 2 h 后即吸收 10 mol H_2,生成完全饱和的 1,1-二环己基-2-(2′-哌啶基)乙烷,反应式如下:

芳香杂环体系在比较温和的条件下就能实现氢化。

苄基位上带有含氧或含氮官能团的苯衍生物还原时,这些基团容易发生氢解,特别是用钯作催化剂时更是这样。

苯环上烃基取代基的数目和位置对催化氢化反应同样存在影响。

在多核芳烃中,催化氢化可控制在中间阶段。例如,联苯可氢化为环己基苯,在更强烈的条件下才能完全氢化,成为环己基环己烷,这表明环己基苯比联苯更难氢化,反应式如下:

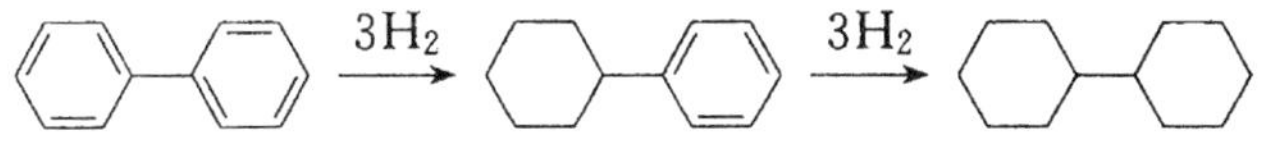

在稠环化合物中也有类似的情况。起始化合物比中间产物更容易氢化,从而可以达到合成中间产物的目的。例如:

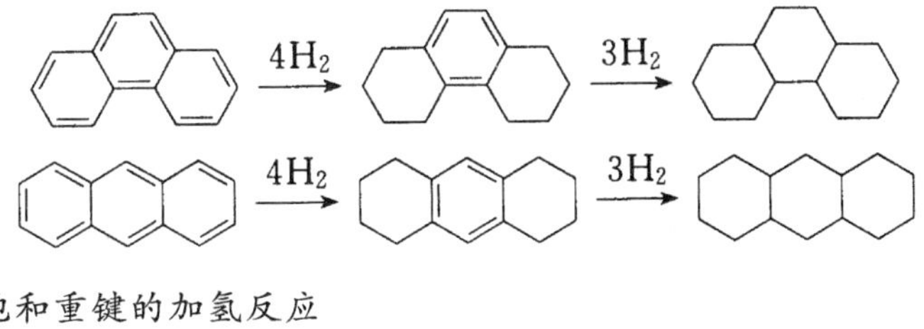

2. 碳—氧不饱和重键的加氢反应

(1)脂肪醛酮的加氢

饱和脂肪醛或酮加氢只发生在羰基部分,生成与醛或酮相应的伯醇或仲醇。

$$RCHO + H_2 \rightarrow RCH_2OH$$

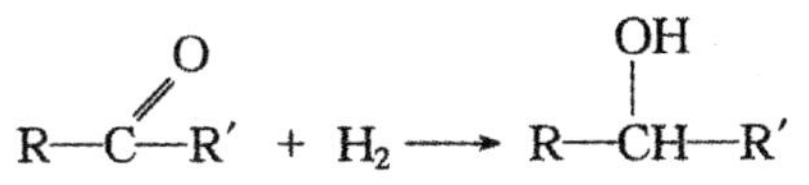

在这一反应中常用负载型镍、铜催化剂或铜-铬催化剂。若原料含硫,则需采用镍、钨或钴的氧化物或硫化物催化剂。

醛基更易加氢,因此条件较为缓和,一般温度为 50℃～150℃（采用镍或铬催化剂）或

200℃～250℃（采用硫化物催化剂）；而酮基加氢相应条件为 150℃～250℃及 300℃～350℃。为了加速反应及提高平衡转化率，此类反应通常在加压下反应，铬催化剂为 5～20 MPa，镍催化剂为 1～2 MPa，硫化物催化剂为 30 MPa。

醛加氢时生成的醇会与醛缩合成半缩醛及醛缩醇。

$$RCHO + RCH_2OH \rightleftharpoons RHC\begin{matrix} OCH_2R \\ \\ OH \end{matrix} \xrightarrow{+ RCH_2OH} RHC\begin{matrix} OCH_2R \\ \\ OCH_2R \end{matrix} + H_2O$$

这些副产物的加氢比醛要困难得多。若反应温度过低或催化剂活性低时会出现这些副产物。但温度过高时醛易发生缩合，然后加氢为二元醇。

$$2RCH_2CHO \longrightarrow RCH_2\underset{\underset{OH}{|}}{CH}\underset{\underset{R}{|}}{CH}CHO \xrightarrow{+ H_2} RCH_2\underset{\underset{OH}{|}}{CH}\underset{\underset{R}{|}}{CH}CH_2OH$$

为避免或减少此副反应，需选择适宜的反应温度，并可用醇进行稀释。

饱和脂肪醛加氢是工业上生产伯醇的重要方法，如正丙醇、正丁醇以及高级伯醇。

$$CH_2{=}CH_2 + CO + H_2 \xrightarrow{Co} CH_3CH_2CHO \xrightarrow{+H_2} CH_3CH_2CH_2CH_2OH$$

利用醛缩合后加氢是工业上制取二元醇的方法之一。例如由乙醛合成 1,3-丁二醇：

$$2CH_3CHO \longrightarrow CH_3CH(OH){-}CH_2CHO \xrightarrow{+ H_2O} CH_3\underset{\underset{OH}{|}}{CH}CH_2CH_2OH$$

对不饱和醛或酮进行加氢时，反应可有三种方式。

①保留羰基而使不饱和双键加氢生成饱和醛或酮。

②保留不饱和双键，将羰基加氢生成不饱和醇。

③不饱和双键与羰基同时加氢生成饱和醇。

$$RCH{=}CHCHO \xrightarrow{+ H_2} \begin{matrix} (1) \rightarrow RCH_2CH_2CHO \\ \\ (2) \rightarrow RCH{=}CHCH_2OH \end{matrix} \begin{matrix} \xrightarrow{+ H_2} \\ \\ \xrightarrow{+ H_2} \end{matrix} (3) \rightarrow RCH_2CH_2CH_2OH$$

由于酮基不如醛基活泼，不饱和酮双键选择加氢比较容易，采用的催化剂与烯烃加氢催化剂基本相同，主要是镍、铂、铜以及其他金属催化剂。反应条件也与烯烃加氢相似，但必须控制酮基加氢的副反应。不饱和醛双键加氢比较困难，催化剂和加氢条件选择都要特别注意，以避免醛基加氢。如丙烯醛加氢，需在控制加氢量的条件下进行，采用铜催化剂。

$$CH_2{=}CHCHO + H_2 \xrightarrow{Cu} CH_3CH_2CHO$$

此反应的选择性只能达到 70%，有大量饱和醇副产物的生成。

若要得到不饱和醇，应选用金属氧化物催化剂，但反应时有可能发生氢转移生成饱和醛，因此必须采用缓和的加氢条件。

$$RCH{=}CHCHO \xrightarrow{+H_2} RCH{=}CHCH_2OH \rightarrow RCH_2CH_2CHO \xrightarrow{+H_2} RCH_2CH_2CH_2OH$$

不饱和双键与羰基同时加氢比较容易实现。可用金属或金属氧化物催化剂,反应条件可以较为激烈,只要避免氢解反应即可。

（2）脂肪酸及脂的加氢

脂肪酸中的羧基可以经多步加氢直至生成烷烃。

$$RCOOH \xrightarrow[-H_2O]{+H_2} RCHO \xrightarrow{+H_2} RCH_2OH \xrightarrow[-H_2O]{+H_2} RCH_3$$

醛比酸更易加氢,故最终产品中通常不含有醛。工业上脂肪酸加氢是制备高碳醇的重要工艺。烷烃是不希望的副产物。

脂肪酸加氢在工业上具有广泛的应用价值,它是由天然油脂生产直链高级脂肪醇的重要工艺。而直链高级脂肪醇是合成表面活性剂的主要原料。脂肪酸直接加氢条件不如相应的酯缓和。因而目前在工业上常采用脂肪酸的酯,最常用的是甲酯进行加氢制备脂肪醇。

$$RCOOH + CH_3OH \xrightarrow[-H_2O]{} RCOOCH_3 \xrightarrow{+2H_2} RCH_2OH + CH_3OH$$

采用天然油脂为原料时,用甲醇进行酯交换而制得甲酯。

羧基加氢催化剂通常采用金属氧化物,最常用的为 Cu、Zn、Cr 氧化物催化剂。如 $CuO\text{-}Cr_2O_3$、$ZnO\text{-}Cr_2O_3$ 和 $CuO\text{-}ZnO\text{-}Cr_2O_3$。

这种反应的条件比较苛刻,通常为 $250℃\sim350℃$、$25\sim30$ MPa。

在此反应体系中主要有两种副反应:

$$RCOOCH_3 + RCH_2OH \rightleftharpoons RCOOCH_2R + CH_3OH$$
$$RCH_2OH + H_2 \rightarrow RCH_3 + H_2O$$

①不饱和键加氢。采用负载型镍催化剂,其反应条件较烯烃加氢时高,工业上应用的实例是硬化油的生产。将液体不饱和油脂加氢制成固体脂,即人造奶油。

$$
\begin{array}{l}
CH_2{-}OCO{-}C_{17}H_{33} \\
| \\
CH{-}OCO{-}C_{17}H_{33} \\
| \\
CH_2{-}OCO{-}C_{17}H_{33}
\end{array}
+ 3H_2 \xrightarrow{Ni}
\begin{array}{l}
CH_2{-}OCO{-}C_{17}H_{35} \\
| \\
CH{-}OCO{-}C_{17}H_{35} \\
| \\
CH_2{-}OCO{-}C_{17}H_{35}
\end{array}
$$

②羧基加氢。采用与饱和酸加氢相同的催化剂。最常用的为 $ZnO\text{-}Cr_2O_3$。主要用于制取不饱和醇。如:

$$C_{17}H_{33}\text{-}COOCH_3 + 2H_2 \xrightarrow{ZnO\text{-}Cr_2O_3} C_{17}H_{33}\text{-}CH_2OH + CH_3OH$$

③同时加氢。可采用金属催化剂。一般为分步加氢。如顺酐加氢:

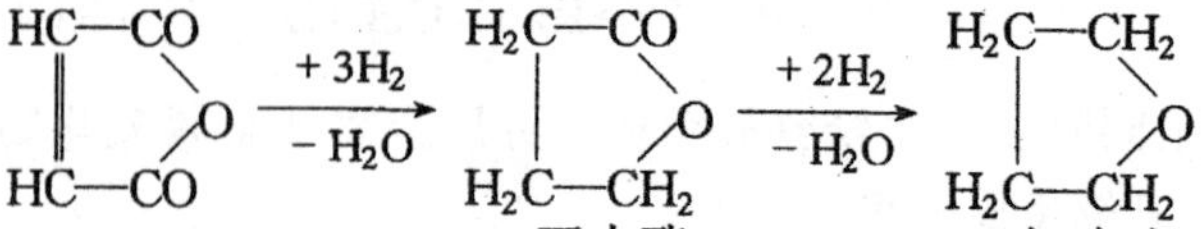

γ-丁内酯　　　　四氢呋喃

可改变反应条件获得不同的产物。γ-丁内酯的用途为合成吡咯烷酮,而四氢呋喃是良好的溶剂。

(3)芳香族含氧化合物的加氢

酚类、芳醛、芳酮或芳基羧酸的加氢有两种可能,即芳环加氢或含氧基团加氢。

苯酚在镍催化剂存在下,于 130℃～150℃,0.5～2 MPa 的条件下加氢可转化为环己醇。

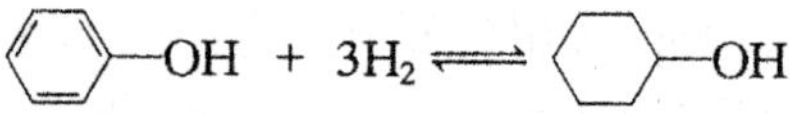

若增高反应温度、降低压力,可有环己酮生成,这一副反应可认为是环己醇脱氢引起的。另外还可能有其他一些副反应:

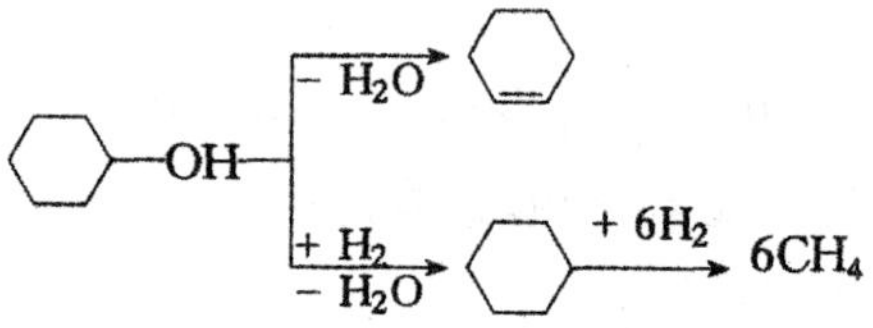

苯酚的同系物,如甲酚以及其他稠环酚也可发生环上加氢的反应。

苯酚也可在加氢时保持芳环不破坏。

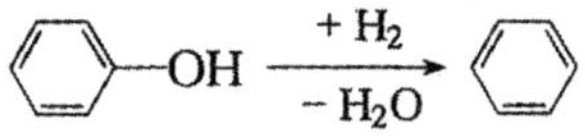

与脂肪醇不同的是芳醇类很容易转化成为碳氢化合物。这样若要用芳酮制备相应的醇,必须采用十分缓和的反应条件,否则就不能得到醇类。

芳醛加氢只局限于相应醇的制备,这是由于芳醛与芳酮的加氢能力有很大的差别。

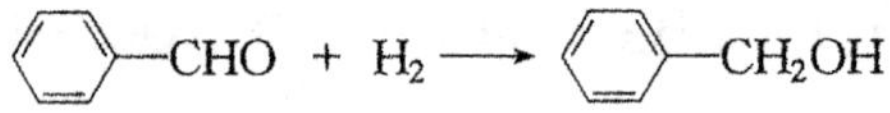

芳醛、芳酮和芳醇不可能在保持含氧基团不反应的情况下进行环上加氢。只有在对基团进行保护后才能进行环上加氢。但芳基羧酸可以进行以下两种反应。

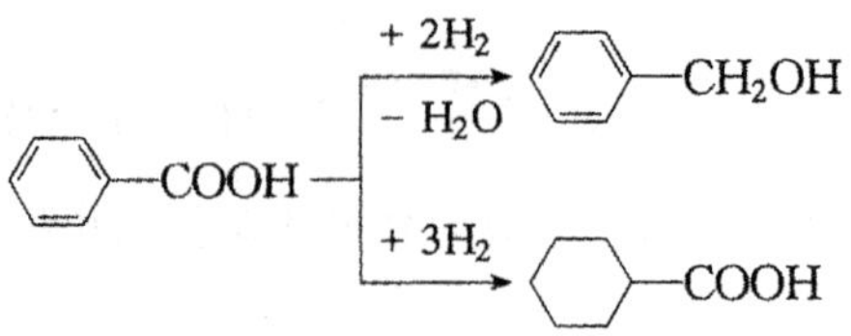

上式中第一个反应与脂肪羧酸加氢类似,催化剂也基本相同;第二个反应采用芳环加氢的一般条件(镍催化剂,160℃～200℃),但其加氢难度比苯或苯酚加氢要大。

3. 碳—氮不饱和重键的加氢反应

(1)腈的加氢

腈加氢作为制取胺类化合物的重要方法,采用 Ni、Co、Cu 等典型的加氢催化剂,在加压下进行反应。

$$RCN + 2H_2 \xrightarrow{\text{催化剂}} RCH_2NH_2$$

这是脂肪胺生产的一个主要来源。脂肪胺生产的途径有两种。

①由油脂直接制取。

$$
\begin{array}{l}
CH_2OCOR \\
| \\
CHOCOR \\
| \\
CH_2OCOR
\end{array}
+ 3NH_3 \longrightarrow 3RCN + 3H_2O +
\begin{array}{l}
CH_2{-}OH \\
| \\
CH{-}OH \\
| \\
CH_2{-}OH
\end{array}
$$

此法为油脂与氨在 220℃～290℃用特殊催化剂在常压下进行。

②由脂肪胺制备。

$$RCOOH + NH_3 \rightarrow RCOONH_4 \xrightarrow{-H_2O} RCONH_2 \xrightarrow{-H_2O} RCN$$

此方法可在 280℃～360℃低压下进行。

腈类化合物加氢制胺的过程中有中间产物亚胺的生成,并且有二胺、仲铵和叔胺等副产品的生成:

$$RCN \xrightarrow{H_2} RCH{=}NH \xrightarrow{H_2} RCH_2NH_2$$

$$RCH{=}NCH_2R + H_2 \rightarrow RCH_2NHCH_2R$$

$$RCH{=}NH + RCH_2NH_2 \rightleftharpoons \underset{\underset{HNCH_2R}{|}}{HNCH_2R} \rightleftharpoons RCH{=}NCH_2R + NH_3$$

氨的过量存在可抑制仲胺和叔胺的产生。

工业上典型的过程是己二腈加氢制己二胺及间苯二甲胺的生产。

$$N{\equiv}C{\left(CH_2\right)}_4 C{\equiv}N + 4H_2 \longrightarrow H_2N{\left(CH_2\right)}_6NH_2$$

(2)硝基苯的催化氢化

①4-氨基二苯胺的制备。

苯胺的工业生产方法之一是苯酚的氨解法。用 $SiO_2\text{-}Al_2O_3$ 系催化剂,在 400℃～480℃、0.98～2.9 MPa 反应,以苯酚计收率 90%～95%。有大量廉价苯酚时,采用此法是经济的,在日本建有年产 3 万吨的生产装置。

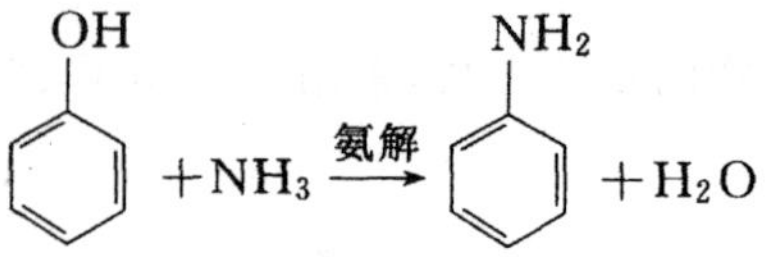

1975 年杜邦公司开发了苯与氨的直接氨化法。

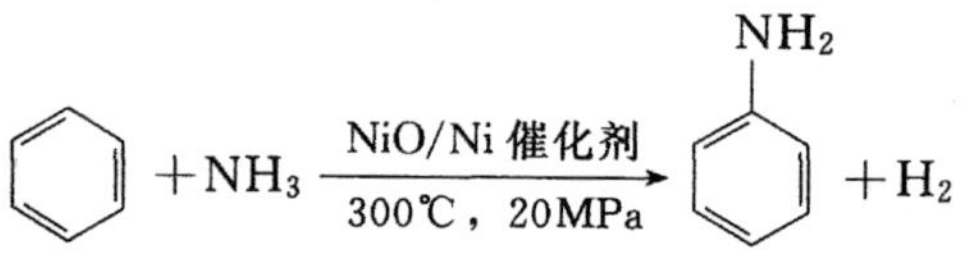

由于反应生成的氢使 NiO 还原为 Ni,需要将催化剂部分氧化再生,此法虽然原料价廉,选择性 97%,但苯的转化率只有 13%,未能工业化。

日本还开发了氯苯的氨解法,苯胺选择性 91%,但 1966 年已停止使用。

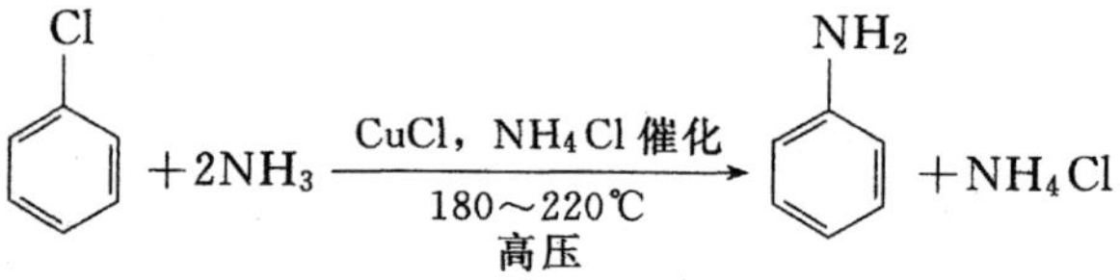

②N-单烷基苯胺的制备。

N,N-二甲基苯胺在稀盐酸中、0℃左右与亚硝酸钠反应得 4-亚硝基-N,N-二甲基苯胺。

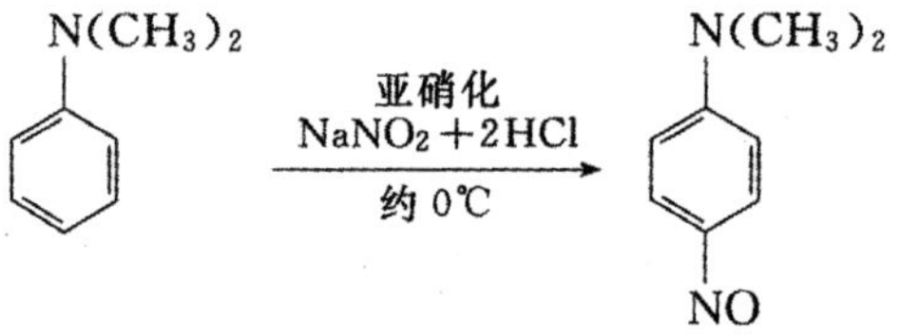

③苯胺的制备。

制备纯的 N-单烷基苯胺的传统方法是先将苯胺与醛或酮反应生成亚胺(Schiff′s 碱),然后再还原成 N-单烷基苯胺。

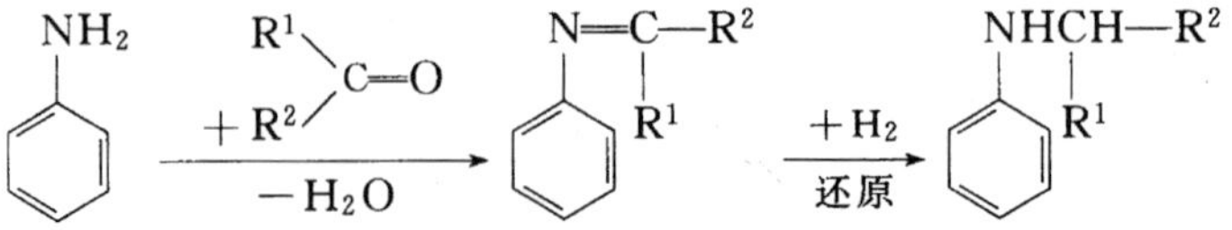

R^1,R^2=H、烷基或芳基

3.3.2 均相催化氢化反应

均相催化氢化反应的催化剂都是第Ⅷ族元素的金属络合物,它们带有多种有机配体。这些配体能促进络合物在有机溶剂中的溶解度,使反应体系成为均相,从而提高了催化效率。反应可以在较低温度、较低氢气压力下进行,并具有很高的选择性。

可溶性催化剂有多种。这里我们只对三氯化铑[$(Ph_3P)_3RhCl$,TTC]和五氰基氢化钴络合物[$HCo(CN)_5^{3-}$]进行讨论。

三氯化铑催化剂可由三氯化铑与三苯基膦在乙醇中加热制得,反应式如下:

$$RhCl_3 \cdot 3H_2O + 4PPh_3 \longrightarrow (Ph_3P)_3RhCl + Ph_3PCl_2$$

在常温、常压下,以苯或类似物作溶剂,TTC 是非共轭的烯烃和炔烃进行均相氢化的非常有效的催化剂。其催化特点为选择氢化碳—碳双键和碳—碳叁键,羰基、氰基、硝基、氯、叠氮等官能团都不发生还原。单取代和双取代的双键比三取代或四取代的双键还原快得多,因而含有不同类型双键的化合物可部分氢化。例如,氢对里哪醇的乙烯基选择加成,可得到产率为 90% 的二氢化物;同样香芹酮转化为香芹鞣酮,反应式如下:

里哪醇

香芹酮

根据 ω-硝基苯乙烯还原为苯基硝基乙烷的该奇特反应可进一步显示出催化剂的选择性。例如:

$$PhCH{=}CHNO_2 \xrightarrow[C_6H_6]{H_2,(Ph_3P)_3RhCl} PhCH_2CH_2NO_2$$

对马来酸的催化氘化生成内消旋二氘代琥珀酸,而富马酸的催化氘化则生成外消旋化合物的反应研究可证明:在均相催化反应中氢是以顺式对双键加成的。该试剂的另一个突出优点是氘化反应很规则地进行,即每个双键上只引入两个氘原子,而且是在原来双键的位置上。

这种催化剂另外一个非常有价值的特点,就是不发生氢解反应。所以,烯键可选择性地氢化,而分子中其他敏感基团并不发生氢解。

三氯化铑能使醛脱去羰基,因而含有醛基的烯烃化合物在通常的条件下不能用该种催化剂进行氢化。例如:

$$PhCH{=}CHCHO \xrightarrow[]{H_2,(Ph_3P)_3RhCl} PhCH{=}CH_2 + CO$$
$$65\%$$

$$PhCOCl \xrightarrow[]{H_2,(Ph_3P)_3RhCl} PhCl + CO$$
$$90\%$$

这是因为三氯化铑对一氧化碳具有很强的亲和性。

研究人员采用羰基铑络合物与 α,β-不饱和醛在一定条件下反应,不是脱去羰基,而是高区域选择性还原醛基为醇。例如:

$$Ph\diagdown\diagup\overset{O}{\underset{H}{\diagup}} \xrightarrow[\text{H}_2/\text{CO},30\ ℃]{\text{Rh}_6(\text{CO})_{16},苯} Ph\diagdown\diagup\diagdown OH$$

88%

五氰基氢化钴络合物可用三氯化钴、氰化钾和氢作用制得,反应式如下:

$$\text{CoCl}_3+\text{KCN}+\text{H}_2 \xrightarrow{\text{水或乙醇}} \text{HCo(CN)}_5^{3-}+\text{KCl}$$

它具有部分氢化共轭双键的特殊催化功能。例如,丁二烯的部分氢化,首先与催化剂加成生成丁烯基钴中间体,然后与第二分子催化剂作用,裂解成 1-丁烯,反应式如下:

$$\text{CH}_2{=}\text{CH}{-}\text{CH}{=}\text{CH}_2+\text{HCo(CN)}_5^{3-} \longrightarrow \text{CH}_2{=}\text{CH}{-}\overset{\overset{\text{CH}_3}{|}}{\underset{\underset{\text{H}}{|}}{\text{C}}}{-}\text{Co(CN)}_5^{3-}$$

$$\xrightarrow{\text{HCo(CN)}_5^{3-}} \text{CH}_2{=}\text{CH}{-}\overset{\overset{\text{CH}_3}{|}}{\text{CH}_2} + 2\text{Co(CN)}_5^{3-}$$

$$2\text{Co(CN)}_5^{3-}+\text{H}_2 \longrightarrow 2\text{HCo(CN)}_5^{3-}$$

均相催化剂具有如下优点:效率高;选择性好;反应方向容易控制等。

其缺点为:均相催化剂与溶剂、反应物等呈均相,难以分离。近年来,结合多相催化剂和均相催化剂的优点,出现了均相催化剂固相化。使均相催化剂沉积在多孔载体上,或者结合到无机、有机高分子上成为固体均相催化剂,这样既保留了均相催化剂的性能,又具有多相催化剂容易分离的长处。

3.4　电解还原反应

3.4.1　电解还原方法的特点与影响因素

1. 电解还原反应的特点

电解还原是一种重要的还原方法。它是电化学反应的重要部分。

电解还原产生于电解池的阴极。在阴极上,电解液离解产生的氢离子接受电子,形成原子氢,再由原子氢还原有机化合物,此类还原方法称为电解还原。电极的不同和电解液的不同,就会有不同的还原反应。

例如,用 Pt/Pt 电极或用 Ni/Ni 电极的还原反应为催化氢化反应;而以汞为电极,以钠盐为电解液时,还原反应则是钠汞齐的作用。因而电解还原在不同的情况下有不同的反应机理,产生不同的还原效果。

但是电解还原反应速度缓慢,设备投资和维修费用庞大,耗电量大,电池的设计和材料问题较难解决。此外,影响反应的因素比较复杂,除影响热化学反应的反应参数,如温度、压力、时间、pH、溶剂和试剂浓度等因素仍然起作用外,还必须考虑电流密度、电极电势、电极材料、支持电解质、隔膜、双电层以及吸附和解吸等因素的影响。因而电解还原的发展受到了诸多条件的限制。

电解还原还用于硝基化合物、酯、酰胺、腈、羰基等化合物的还原,还可使羧酸还原成醛、醇甚至烃,炔还原成烯,共扼烯烃还原成烃等反应。在国外已有一些产品实现了工业化,如丙烯腈电解还原法生产己二腈。

2. 电解还原方法的影响因素

影响电解还原的反应机理和最终产物的因素很多,主要有阴极电位、阴极材料和电解液等。

(1)阴极电位

阴极电位是影响电解还原的最重要因素。对于同一被还原物,如果阴极电位不同,则能生成不同的产物。例如:

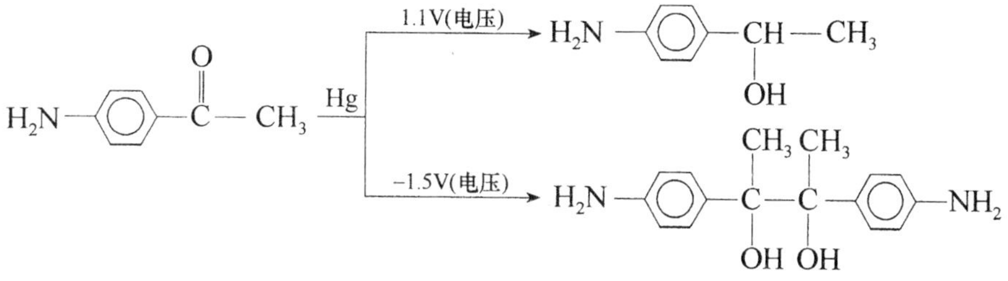

(2)阴极材料

阴极材料对还原反应有决定性的影响。通常电极的材料不同,不仅还原能力有限,而且还可能影响产物的组成和构型。例如:

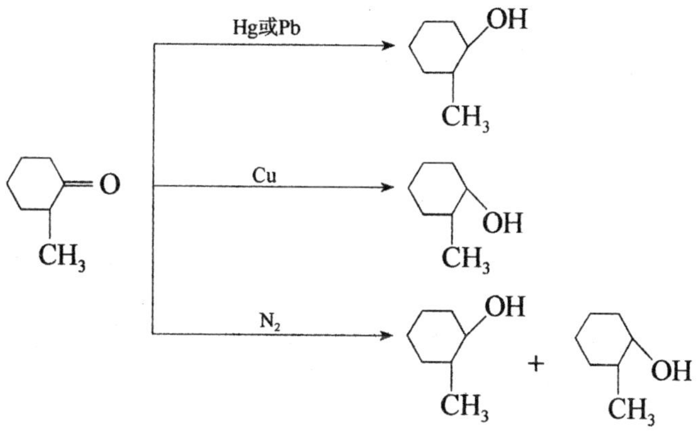

阴极材料最常用的是纯汞和铅,其次是铂和镍。

(3)电解液

电解液最好采用水或某些盐类的水溶液。对于难溶于水的有机物,可以使用水-有机溶剂混合物,常用乙醇、乙酸、丙酮、乙腈、二噁烷、N,N-二甲基甲酰胺等。也可直接采用介电常数较大的有机溶剂作为电解液,如乙醇、乙酸、吡啶、二甲基甲酰胺等。

3.4.2 电解还原方法的应用

1. 己二腈的生产

纯的己二腈为无色透明油状液体,溶于甲醇、乙醇、乙醚和氯仿,微溶与水和四氯化碳,主要用于生产尼龙-66 的中间体己二胺。己二腈可由丙烯腈电解二聚法制得。

该生产采用丙烯腈电解二聚法,其反应式为:

$$2CH_2{=}CH{-}CN \xrightarrow[\text{电解二聚}]{\text{Pb}} NC(CH_2)_4CN$$

电解池的阴极为铅板,阳极为特殊合金。阴极液为 60% 的对甲苯三乙铵硫酸盐的水溶液,阳极液为稀硫酸。阴极室与阳极室之间用阳离子交换膜隔开。电解槽采用聚丙烯材料组装成的立式板框型结构。

将丙烯腈溶于电解液中,再导入电解槽阴极室。电流密度为 $15\sim30$ A/dm^2,电解槽温度 $50℃$,阴极电解液的 pH 为 $7.0\sim9.5$。丙烯腈通过电解液的还原发生二聚作用,生成己二腈,收率可达 90% 以上。

2. 偶氮苯的生产

偶氮苯为黄色或橙黄色片状结晶。易溶于醇、醚、苯和冰乙酸,但不溶于水。主要用做染料中间体,也用于制备橡胶促进剂。它可由硝基苯电解还原制得。

该生产采用电解还原法,其反应式为:

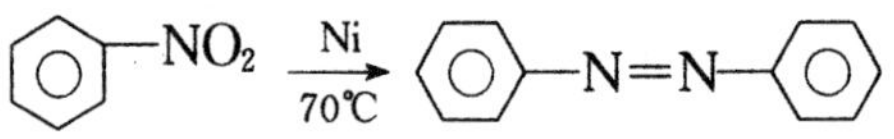

电解池内设有素瓷筒将阳极和阴极隔开。阳极是由 1 mm 厚铅片筒状放于素瓷筒内;阴极是由镍网环绕在素瓷筒外,下缘比素瓷筒略长一些。

阴极液为硝基苯、乙醇和醋酸钠组成的液体,阳极液是碳酸钠的饱和水溶液。在 70℃ 水浴中温热,通以 $16\sim20$ A 电流,直到阴极上有氢气放出。电解过程中应随时补充挥发掉的乙醇。电解结束后,取出阴极液,通入空气以氧化可能生成的氢化偶氮苯。待溶液冷却后,偶氮苯呈红色晶体析出。

第4章　重氮化与偶合反应

4.1　概述

4.1.1　重氮化反应及其特点

芳伯胺（ArNH$_2$）在无机酸存在下与亚硝酸作用，生成重氮盐（ArN$_2^+$X）的反应称为重氮化反应。由于亚硝酸易分解，故反应中通常用 NaNO$_2$ 与无机酸作用生成 HNO$_2$，再与 ArNH$_2$ 反应，其反应通式为：

$$ArNH_2 + NaNO_2 + 2HX \longrightarrow ArN_2^+X + 2H_2O + NaX$$

该反应中，无机酸可以是 HCl、HBr、HNO$_3$、H$_2$SO$_4$ 等。工业上常采用盐酸。

在重氮化过程中和反应终了，要始终保持反应介质对刚果红试纸呈强酸性，如果酸量不足，可能导致生成的重氮盐与没有起反应的芳胺生成重氮氨基化合物。反应式为：

$$ArN_2X + ArNH_2 \longrightarrow ArN{=}NNHAr + HX$$

在重氮化反应过程中，HNO$_2$ 要过量或加入 NaNO$_2$ 溶液的速率要适当，不能太慢，否则，也会生成重氮氨基化合物。在反应过程中，可用碘化钾淀粉试纸检验 HNO$_2$ 是否过量，微过量的 HNO$_2$ 可使试纸变蓝。

重氮化反应是放热反应，必须及时移除反应热。一般在 0℃～10℃进行，温度过高，会使 HNO$_2$ 分解，同时加速重氮化合物的分解。重氮化反应结束时，通常加入尿素或氨基磺酸将过量的 HNO$_2$ 分解掉，或加入少量芳胺，使之与过量的 HNO$_2$ 作用。

4.1.2　重氮盐结构与性质

重氮盐由重氮正离子和强酸负离子构成，其结构式为 ArN$_2^+$X$^-$，X$^-$ 表示一价酸根。

重氮盐易溶丁水，在水溶液中呈离了状态，类似铵盐性质，故称重氮盐。在水中，重氮盐的结构随 pH 值大小而变，如图 4-1 所示。

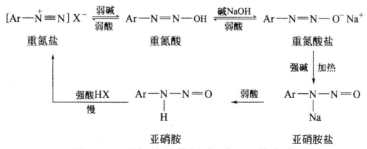

图 4-1　重氮盐结构随介质 pH 值变化

其中,亚硝胺和亚硝胺盐比较稳定,重氮盐、重氮酸和重氮酸盐比较活泼。故重氮盐反应在强酸性至弱碱性的介质中进行。

在酸性溶液中,重氮盐比较稳定;在中性或碱性介质中易与芳胺反应,生成重氮氨基化合物或偶氮化合物。反应式为:

$$ArN_2^+X^- + ArNH_2 \longrightarrow ArN=NNHAr + HX$$
$$ArN_2^+X^- + ArNH_2 \longrightarrow ArN=NNHAr + HX$$

重氮盐在低温水溶液中比较稳定,反应活性较高。重氮化后不必分离,可直接用于下一转化反应。重氮盐不溶于有机溶剂,根据重氮化反应液澄清与否,可判别重氮化反应是否正常。

重氮盐性质非常活泼,干燥的重氮盐极不稳定,受热或摩擦、震动、撞击等因素,使其剧烈分解出氮气,甚至会发生爆炸事故。在一定条件下铜、铁、铅等及其盐类,某些氧化剂、还原剂,能加速重氮化物分解。因此,残留重氮盐的设备,停用时必须清洗干净。生产或处理重氮化合物,需用清洁设备或容器,避免外来杂质,忌用金属设备,而常用衬搪瓷或衬玻璃的设备容器。

重氮盐自身无使用价值,但在一定条件下,重氮基转化为偶氮基(偶合)、肼基(还原),或被羟基、烷氧基、卤基、氰基、芳基等取代基置换,制得一系列重要的有机合成中间体、偶氮染料和试剂等。

4.1.3　重氮盐应用

重氮盐能发生置换、还原、偶合、加成等多种反应。因此,通过重氮盐可以进行许多有价值的转化反应。

1. 制备偶氮染料

重氮盐经偶合反应制得的偶氮染料,其品种居现代合成染料之首。它包括了适用于各种用途的几乎全部色谱。

例如,对氨基苯磺酸重氮化后得到的重氮盐与 2-萘酚-6-磺酸钠偶合,得到食用色素黄 6。

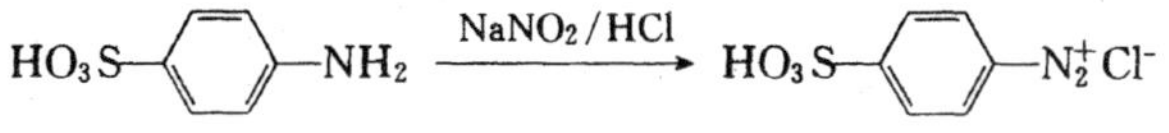

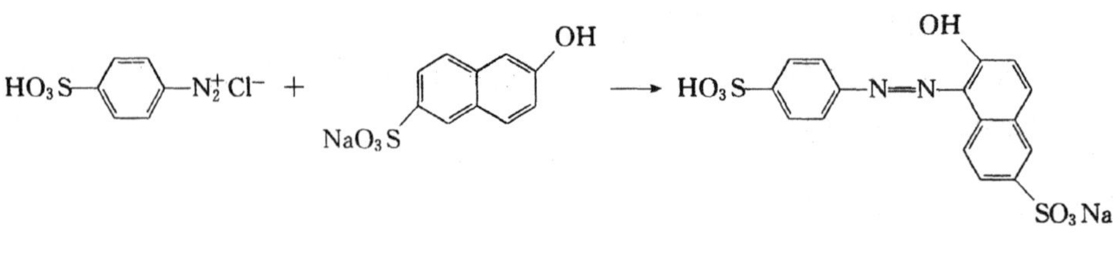

2. 制备中间体

例如,重氮盐还原制备苯肼中间体。

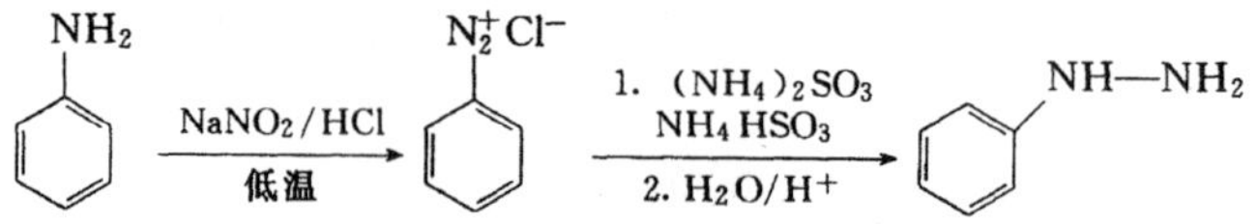

又如,重氮盐置换得对氯甲苯中间体。

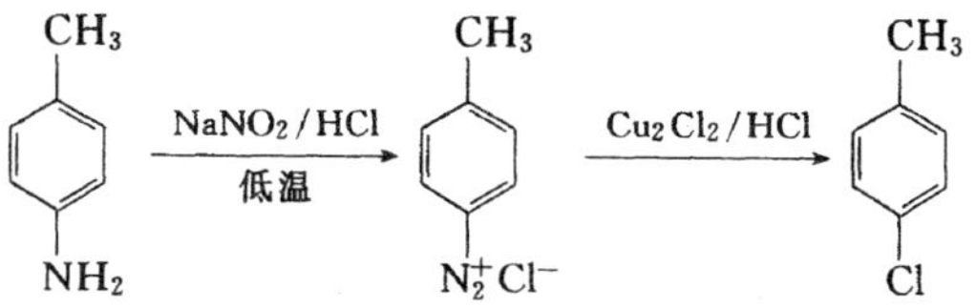

若用甲苯直接氯化,产物为邻氯甲苯和对氯甲苯的混合物。两者物理性质相近,很难分离。

由此可见,利用重氮盐的活性,可转化成许多重要的、用其他方法难以制得的产品或中间体,这也是在精细有机合成中重氮化反应被广泛应用的原因。

4.2　重氮化反应

4.2.1　重氮化反应原理

1. 重氮化反应机理

(1)成盐学说

根据重氮化反应均在过量酸液中进行,且弱碱性芳胺如 2,4-二硝基-6-溴苯胺必先溶解在浓酸中才能重氮化的事实,学者们提出了重氮反应的成盐学说。该学说认为苯胺在酸液中先生成铵盐后,铵盐再和亚硝酸作用生成重氮盐。其步骤是:

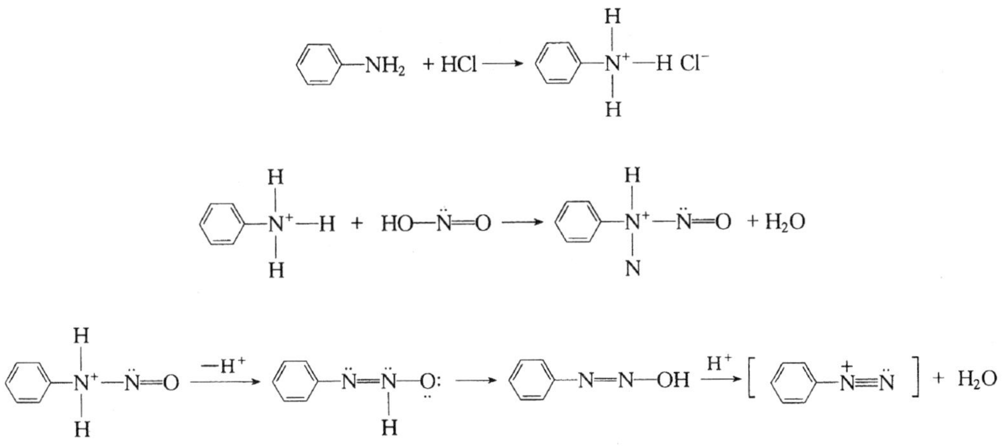

但是成盐学说无法解释在大量酸分子存在下苯胺重氮化反应速度反而降低这一事实,这说明了参加重氮化反应的并不是芳胺的铵盐。在后来的研究中成盐学说被否定,现在普遍接受的是重氮化反应的亚硝化学说。

(2)亚硝化学说

重氮化反应的亚硝化学说认为:游离的芳胺首先发生 N-亚硝化反应,然后 N-亚硝化物在酸液中迅速转化生成重氮盐。

$$\text{（苯胺-NH）} \xrightarrow{\text{亚硝化}} \text{（苯胺-N-N=O）} \xrightarrow{\text{HCl}} \left[\text{（苯胺-N=N）} \right] Cl^- + H_2O$$

真正参加重氮化反应的是溶解的游离胺而不是芳胺的铵盐,这个机理和从反应动力学得到的结论是一致的。

$$\text{（苯胺-NH}_2\text{）} \xrightarrow[\text{慢}]{\text{HNO}} \text{（苯胺-NHNO）} \xrightarrow{\text{快}} \text{（苯胺-N=N-OH）} \xrightarrow[\text{快}]{\text{HCl}} \left[\text{（苯胺-N=N）} \right]$$

2. 影响重氮化反应的因素

重氮化影响因素,除温度、加料次序、冷却措施、设备等外,无机酸性质及浓度、芳伯胺的结构及性质等是主要影响因素。

（1）无机酸性质

不同性质的无机酸,在重氮化反应中向芳胺进攻的亲电质点也不同。在稀硫酸中反应质点为亚硝酸酐,在浓硫酸中则为亚硝基正离子。过程如下：

$$O=N-OH+2H_2SO_4 \rightleftharpoons NO^+ + 2HSO_4^- + H_3^+O$$

在盐酸中,除亚硝酸酐外还有亚硝酰氯。在盐酸介质中重氮化时,如果添加少量溴化物,由于溴离子存在则有亚硝酰溴生成：

$$HO-NO+H_3^+O+Br^- \rightleftharpoons ONBr+2H_2O$$

各种反应质点亲电性大小的顺序如下：

$$NO^+ > ONBr > ONCl > ON-NO_2 > ON-OH$$

对于碱性很弱的芳胺,不能用一般方法进行重氮化,只有采用浓硫酸作介质。浓硫酸不仅可以溶解芳胺,更主要的是它与亚硝酸钠可生成亲电性最强的亚硝基正离子（$NO^+ HSO_4^-$）。作为重氮化剂,NO^+可以在电子云密度低的氨基上发生 N-亚硝化反应,然后再转化为重氮盐。在盐酸介质中重氮化,加入适量的溴化钾,生成高活性亚硝酰溴（ONBr）。在相同条件下,亚硝酰溴的浓度要比亚硝酰氯的浓度大 300 倍左右,提高了重氮化反应速度。

（2）无机酸浓度

加入无机酸可使原来不溶性芳胺变成季铵盐而溶解,但铵盐是由弱碱性的芳胺和强酸生成的盐类,它在溶液中水解生成游离的胺类。

$$\text{（苯胺-NH}_2\text{）} + H_3O^+ \rightleftharpoons \text{（苯胺-N}^+\text{H}_3\text{）} + H_2O$$

当无机酸浓度增加时,平衡向铵盐方向移动,游离胺的浓度降低,因而重氮化速度变慢。另外,反应中还存在着亚硝酸的电离平衡。

$$HNO_2 + H_2O \rightleftharpoons H_3^+O + NO_2^-$$

无机酸浓度增加可抑制亚硝酸的电离而加速重氮化,若无机酸为盐酸,增加酸浓度则有利于亚硝酰氯的生成。

通常,当无机酸浓度较低时,前一影响是次要的,因此随着酸浓度的增加,重氮化速度加快;随着酸浓度的继续增加,前一影响逐渐显著而变为主要的,这时继续增加酸的浓度,便降低了游离胺的浓度,使反应速度下降。

(3)芳胺碱性强弱

芳伯胺的碱性反映其接受亲电质点的能力,芳伯胺氮原子的电子云密度越高,部分负电荷越高,碱性越强,重氮化速率越快,反之亦然。芳环上的给电子基团增强芳胺碱性;吸电子基团削弱芳胺碱性。

芳伯胺碱性强弱影响重氮化反应。芳伯胺碱性强,有利于重氮化。强碱性的芳胺与无机酸生成的盐不易水解,降低了游离胺的浓度,影响重氮化反应速率。无机酸浓度较低时,胺的碱性愈强,重氮化反应速率愈快;无机酸浓度较高时,胺的碱性愈弱,重氮化反应速率愈快;碱性很弱的芳胺,宜在浓硫酸中反应。根据芳伯胺碱性强弱,选择确定无机酸的浓度。

(4)反应温度

重氮化反应速率随温度升高而加快,如在10℃时反应速率较0℃时的反应速率增加3～4倍。但因重氮化反应是放热反应,生成的重氮盐对热不稳定,亚硝酸在较高温度下亦易分解,因此反应温度常在低温进行,在该温度范围内,亚硝酸的溶解度较大,而且生成的重氮盐也不致分解。

为保持此适宜温度范围,通常在稀盐酸或稀硫酸介质中重氮化时,可采取直接加冰冷却法;在浓硫酸介质中重氮化时,则需要用冷冻氯化钙水溶液或冷冻盐水间接冷却。

(5)亚硝酸钠用量及其加料速度

亚硝酸不稳定、易分解,重氮化过程中不断加入亚硝酸钠,使其与无机酸(盐酸或硫酸等)作用,获得重氮化需要的新生态亚硝酸。

$$NaNO_2 + HCl \rightarrow HNO_2 + NaCl$$
$$NaNO_2 + H_2SO_4 \rightarrow HNO_2 + NaHSO_4$$

亚硝酸钠用量要稍高于理论用量,通常使用30%的亚硝酸钠溶液。亚硝酸钠加料进度取决于重氮化反应速率,以使重氮化全过程不缺少亚硝酸钠,防止生成重氮氨基物黄色沉淀。亚硝酸钠加料过快,亚硝酸的生成速率大于重氮化反应速率,部分亚硝酸分解产生氧化氮有毒气体。

$$2HNO_2 \rightarrow NO_2 + NO + H_2O$$
$$2NO + O_2 \rightarrow 2NO_2$$
$$NO_2 + H_2O \rightarrow HNO_3$$

这不仅浪费亚硝酸钠,二氧化氮气体与水形成硝酸还会腐蚀设备。故亚硝酸钠用量及其加料速度是重氮化操作的重要工艺指标。

4.2.2　重氮化反应动力学

1. 稀硫酸中苯胺重氮化

在稀硫酸中苯胺重氮化速度和苯胺浓度与亚硝酸浓度的平方乘积成正比。

$$r = \frac{\mathrm{d}\left[C_6H_5N_2^+\right]}{\mathrm{d}t} = k\left[C_6H_5N_2\right]\left[HNO_2\right]^2$$

先是两个亚硝酸分子作用生成中间产物 N_2O_3，然后和苯胺分子作用，转化为重氮盐。

$$2HNO_2 \rightleftharpoons N_2O_3 + H_2O$$

$$\text{⬡—NH}_2 + N_2O_3 \xrightarrow{\text{慢}} \text{⬡—NHNO} \longrightarrow \text{⬡—N}=\text{N—OH} \longrightarrow \left[\text{⬡—}\overset{+}{\text{N}}\equiv\text{N}\right]HSO_4^-$$

真正参加反应的是游离苯胺与亚硝酸酐，从动力学方程式的表面形式来看，是一个三级反应。当反应介质的酸性降低至某一值时，重氮化反应速度和胺的浓度无关。

$$r = k_1\left[HNO_2\right]^2$$

此时反应速度的决定步骤为亚硝化试剂 N_2O_3 的生成，N_2O_3 生成后，立即和游离胺反应。

2. 盐酸中苯胺重氮化

盐酸中苯胺重氮化动力学方程式可表示为：

$$r = k_1\left[C_6H_5NH_2\right]\left[HNO_2\right]^2 + k_2\left[C_6H_5NH_2\right]\left[HNO_2\right]\left[HNO_2\right]\left[H^+\right]\left[Cl^-\right]$$

式中，k_1、k_2 为常数，$k_2 \gg k_1$。

此为两个平行反应，其一和在稀硫酸中相同，是游离苯胺和亚硝酸酐的反应；其二是苯胺、亚硝酸和盐酸的反应。真正向苯胺分子进攻的质点是亚硝酸和盐酸反应的产物亚硝酰氯分子。由于亚硝酰氯是比亚硝酸酐还强的亲电子试剂，所以可认为苯胺在盐酸中的反应，主要是与亚硝酰氯反应。

盐酸中苯胺的重氮化反应，需经两步，首先是亚硝化反应生成不稳定的中间产物，然后是不稳定中间产物迅速分解，整个反应受第一步控制。

$$HNO_2 + HCl \rightleftharpoons NOCl + H_2O$$

$$\text{⬡—NH}_2 + NOCl \xrightarrow{\text{慢}} \text{⬡—NHNO} \xrightarrow{\text{快}} \text{⬡—N}=\text{N—OH} \xrightarrow[\text{快}]{H^+} \left[\text{⬡—}\overset{+}{\text{N}}\equiv\text{N}\right]Cl^-$$

4.2.3 重氮化种类

由于芳胺结构的不同和所生成重氮盐性质的不同，采用的重氮化主要有以下六种。

1. 碱性较强的芳胺重氮化

类芳胺分子中不含有吸电基，例如苯胺、联苯胺以及带有—CH_3、—OCH_3 等基团的芳胺衍生物。它们与无机酸生成易溶于水而难以水解的稳定铵盐。重氮化时通常先将芳胺溶于稀的无机酸水溶液，冷却并于搅拌下慢慢加入亚硝酸钠的水溶液，称为正法重氮化法。

2. 碱性较弱的芳胺的重氮化

这种方法适用于硝基芳胺和多氯基芳胺，如邻位（对位和间位）硝基苯胺、硝基甲苯胺、2，5-二氯苯胺等重氮化。此类芳胺碱性较弱，难与无机酸成盐，所生成的铵盐也难溶于水，易水解释放游离胺，重氮盐易与游离胺生成重氮氨基化合物。

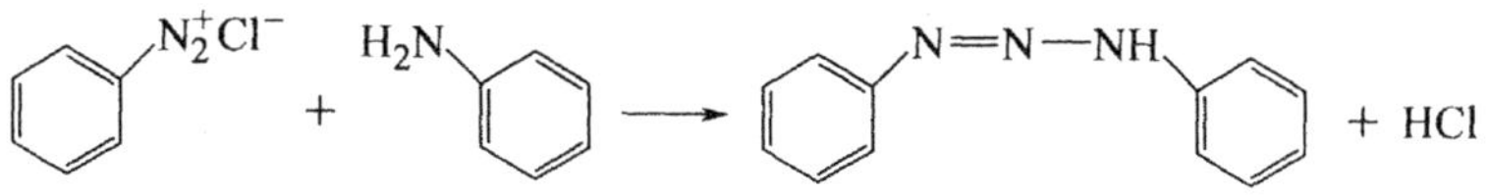

3. 弱碱性芳伯胺的重氮化

属于碱性很弱的芳伯胺有 2,4-二硝基苯胺、2-氰基-4-硝基苯胺、1-氨基蒽醌、2-氨基苯并噻唑等。这类芳伯胺的特点是碱性很弱,不溶于稀无机酸,但能溶于浓硫酸,它们的浓硫酸溶液不能用水稀释,因为它们的酸性硫酸盐在稀硫酸中会转变成游离胺析出。这类芳伯胺在浓硫酸中并未完全转变为酸性硫酸盐,仍有一部分是游离胺,所以在浓硫酸中很容易重氮化,而且生成的重氮盐也不会与尚未重氮化的芳伯胺相作用而生成重氮氨基化合物。其重氮化方法通常是先将芳伯胺溶解于 4～5 倍质量的浓硫酸中,然后在一定温度下加入微过量的亚硝酰硫酸溶液。为了节省硫酸用量,简化工艺,也可以向芳伯胺的浓硫酸溶液中直接加入干燥的粉状亚硝酸钠。

4. 氨基磺酸和氨基羧酸的重氮化

此类芳胺有氨基苯磺酸、氨基苯甲酸、1-氨基萘-4-磺酸等。它们本身在酸性溶液中生成两性离子的内盐沉淀,故不溶于酸,因而很难重氮化。

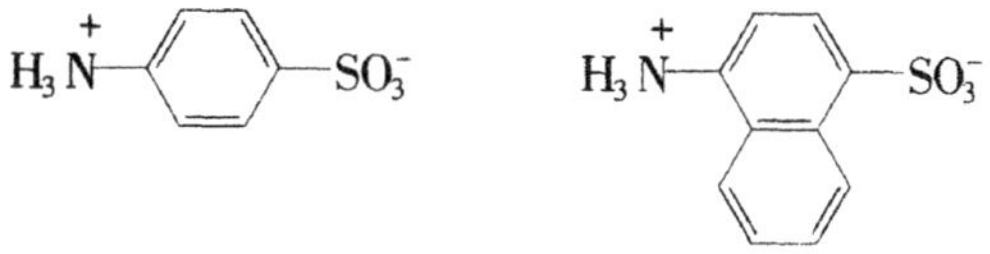

对于溶解度更小的 1-氨基萘-4-磺酸,可把等摩尔比的芳胺和亚硝酸钠混合物在良好搅拌下,加到冷的稀盐酸中进行反法重氮化。

5. 易氧化的氨基酚类的重氮化

这种方法适用于易氧化的氨基酚类,包括邻位(对位)氨基苯酚及其硝基、氯基衍生物。在无机酸中氨基酚被亚硝酸氧化,生成醌亚胺型化合物:

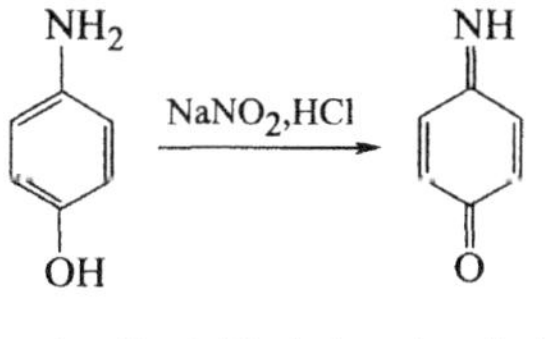

为了防止这一反应发生,常用乙酸、草酸等有机酸,或在 $ZnSO_4$、$CuSO_4$ 等金属盐存在下,用亚硝酸钠重氮化。例如,1-氨基-2-萘酚-4-磺酸(1,2,4-酸)重氮化,将结晶硫酸铜饱和溶液与 5℃ 的 1,2,4-酸糊状物混合,以 31%$NaNO_2$ 溶液重氮化:

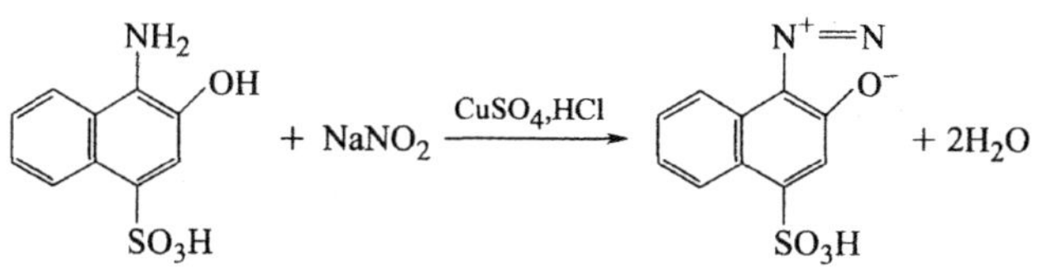

6. 二胺类化合物重氮化

(1)邻二胺类的重氮化

它和亚硝酸作用时一个氨基先被重氮化,然后该重氮基又与未重氮化的氨基作用,生成不具有偶合能力的三氮化合物,即

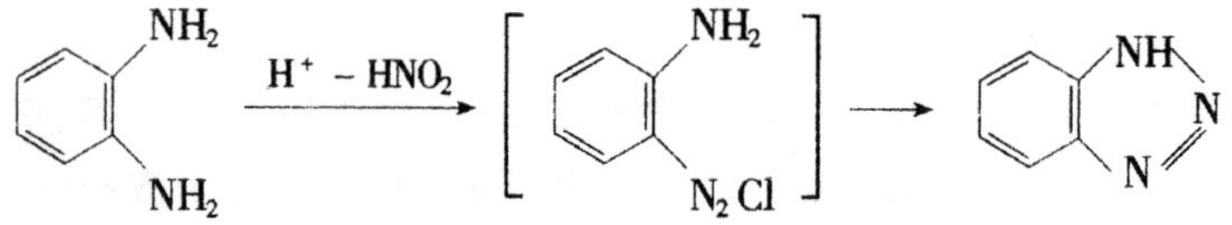

(2)间二胺类的重氮化

其特点是极易重氮化及与重氮化合物偶合。例如,一个分子中的两个氨基同时被重氮化,接着与未起作用的二胺发生自身偶合,如俾士麦棕 G 偶氮染料的制备。反应为:

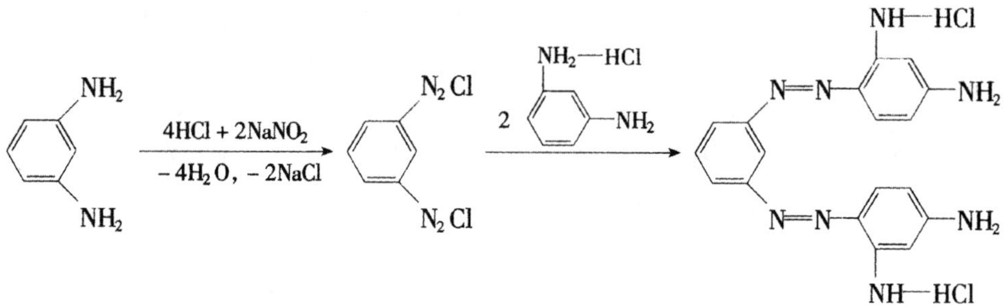

(3)对二胺类的重氮化

该类化合物用正法重氮化可顺利地将其中一个氨基重氮化,得到对氨基重氮苯,即

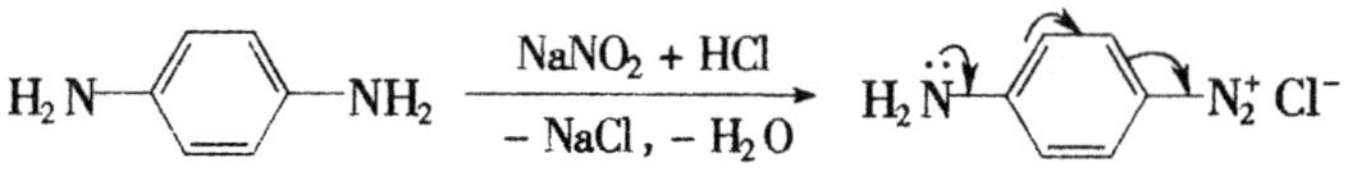

重氮基为强吸电基,它与氨基共处于共轭体系中时,将减弱未被重氮化的氨基的碱性,使进一步重氮化产生困难,如果将两个氨基都重氮化则需在浓硫酸中进行。

4.2.4 重氮化操作方法

在重氮化反应中,由于副反应多,亚硝酸也具有氧化作用,而不同的芳胺所形成盐的溶解度也各有不同。

1. 直接法

直接法又称顺重氮化法或正重氮化法。这是最常用的一种方法,是把亚硝酸钠水溶液,在低温下加到胺盐的酸性水溶液中进行重氮化。

本法适用于碱性较强的芳胺,或含有给电子基团的芳胺,包括苯胺、甲苯胺、甲氧基苯胺、二甲苯胺、甲基萘胺、联苯胺和联甲氧苯胺等。盐酸用量一般为芳伯胺的 3～4 倍(物质的量)为宜。这些胺类可与无机酸生成易溶于水,但难以水解的稳定铵盐。水的用量一般应控制在到反应结束时,反应液总体积为胺量的 10～12 倍。应控制亚硝酸钠的加料速率,以确保反应正常进行。

其操作方法为:将计算量的亚硝酸钠水溶液在冷却搅拌下,先快后慢地滴加到芳胺的稀酸水溶液中,进行重氮化,直到亚硝酸钠稍微过量为止。

2．反加法

反加法又称反式法或反重氮化法,适用于在酸中溶解度极小,生成的重氮盐也非常难溶解的一些氨基磺酸类。

其操作方法是:先用碱溶解氨基物,再与亚硝酸钠溶液混合,最后把这个混合液加到无机酸的冰水中进行重氮化。

3．连续操作法

连续操作法也是适用于弱碱性芳伯胺的重氮化。由于反应过程的连续性,可较大地提高重氮化反应的温度以增加反应速率。工业上以重氮盐为合成中间体时多采用这一方法。

重氮化反应通常在低温下进行,以避免生成的重氮盐发生分解和破坏。采用连续化操作时,可使生成的重氮盐立即进入下步反应系统中,而转变为较稳定的化合物。这种转化反应的速率常大于重氮盐的分解速率。连续操作可以利用反应产生的热量提高温度,加快反应速率,缩短反应时间,适合于大规模生产。

例如,对氨基偶氮苯的生产中,由于苯胺重氮化反应及产物与苯胺进行偶合反应相继进行,可使重氮化反应的温度提高到 90℃左右而不至于引起重氮盐的分解,大大提高生产效率。

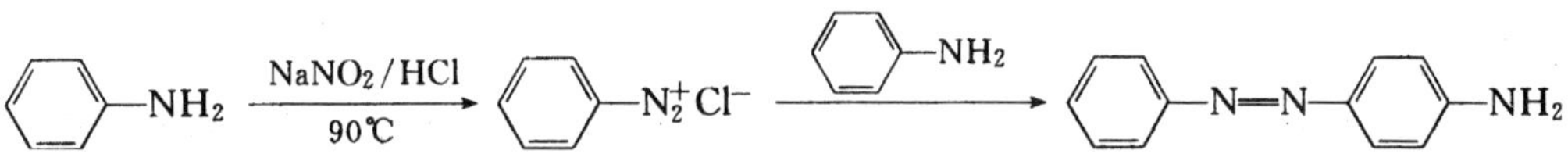

4．亚硝酰硫酸法

亚硝酰硫酸法是把干燥的亚硝酸钠粉末加到 70% 以上的浓硫酸中,在搅拌下升温到 70℃ 制得的。亚硝酰硫酸法适用于一些在水、盐酸或碱的水溶液中都难溶解的胺类。该法是借助于最强的重氮化活泼质点(NO^+),才使电子云密度显著降低的芳伯胺氮原子能够进行反应。

由于亚硝酰硫酸放出亚硝酰正离子(NO^+)较慢,可加入冰醋酸或磷酸以加快亚硝酰正离子的释放而使反应加速,如:

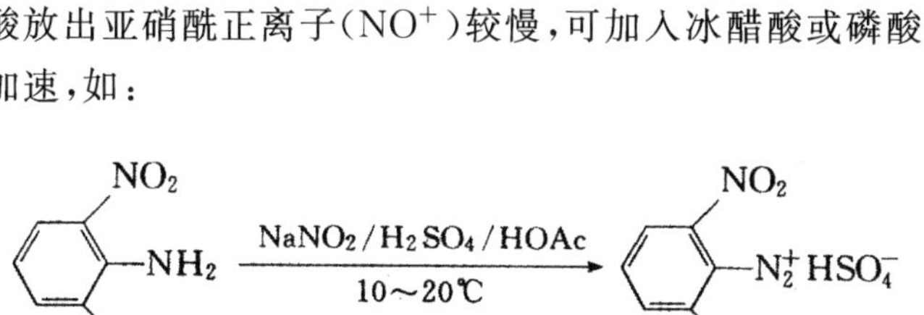

5．硫酸铜触媒法

此法适用于容易被氧化的氨基苯酚和氨基萘酚及其衍生物的重氮化。例如,邻间氨基苯酚等。若用直接重氮化时,这种胺类很易被亚硝酸氧化成醌,无法进行重氮化。所以要用弱酸或易于水解的无机盐($ZnCl_2$),在硫酸铜存在下,和亚硝酸钠作用,缓慢放出亚硝酸进行重氮化。

6．亚硝酸酯法

亚硝酸酯法是将芳伯胺盐溶于醇、冰醋酸或其他有机溶剂中,用亚硝酸酯进行重氮化。常用的亚硝酸酯有亚硝酸戊酯、亚硝酸丁酯等。此法制成的重氮盐,可在反应结束后加入大量乙醚,使其从有机溶剂中析出,再用水溶解,可得到纯度很高的重氮盐。

7. 盐析法

在生产多偶氮染料时,要先制成带氨基的单偶氮染料,然后再进行重氮化、偶合反应。部分氨基偶氮化合物要采用盐析法进行重氮化。例如,4-苯偶氮基-1-萘胺-6-磺酸等。

其操作方法为:把氨基偶氮化合物溶于苛性钠水溶液后,进行盐析,再往这个悬浮液中加入亚硝酸钠溶液,最后把这个混合液倾到含酸的冰水中进行重氮化。

4.3 保留氮的重氮基转化反应

4.3.1 偶合反应

1. 偶合反应及其特点

偶合反应指的是重氮化合物与酚类、胺类等(偶合组分)相互作用,形成带有偶氮基(—N=N—)化合物的反应。

$$Ar—N_2Cl + Ar'OH \rightarrow Ar—N=N—Ar'—OH$$
$$Ar—N_2Cl + Ar'NH_2 \rightarrow Ar—N=N—Ar'—NH_2$$

①酚。如苯酚、萘酚及其衍生物。

②芳胺。如苯胺、萘胺及其衍生物。

③氨基萘酚磺酚。如 H 酸、J 酸、芝加哥 SS 酸等。

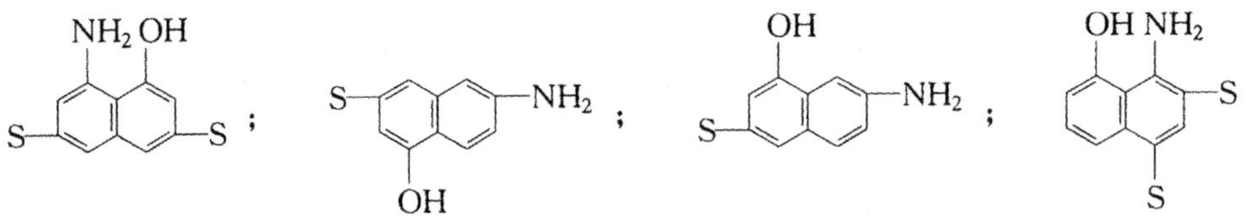

H 酸   J 酸   γ 酸   芝加哥 SS 酸

④活泼的亚甲基化合物。如乙酰苯胺等。

2. 偶合反应机理

偶合反应是一个亲电取代反应,由于重氮正离子中氮原子上的正电荷可以离域到苯环上,因此它是一个很弱的亲电试剂,只能与高度活化的苯环才能发生偶合反应。

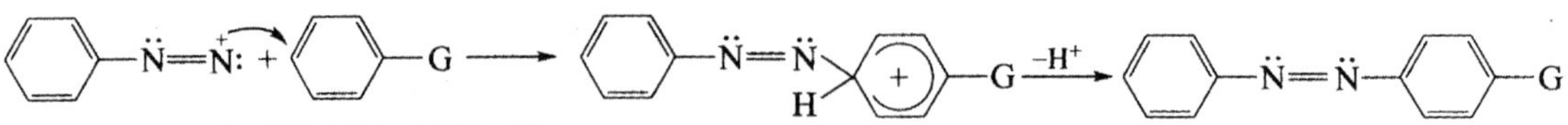

G=OH、NH₂、NHR、NR₂

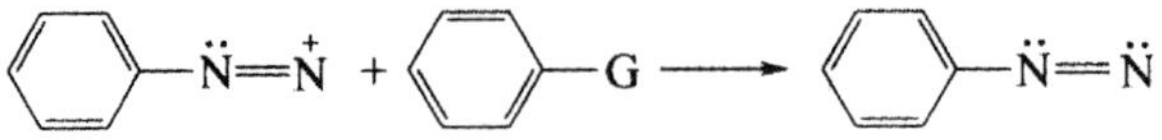

对重氮盐而言,当芳环上连有吸电子基团时,将使其亲电能力增加,加速反应的进行;反

之,将不利于反应的进行。对偶合组分而言,能使芳环电子云密度增大的因素将有利于反应的进行。在进行偶合反应时,要考虑到多种因素,选择最适宜的反应条件,才能收到预期的效果。

3. 偶合反应动力学

当重氮盐和酚类在碱性介质中偶合时,参加反应的具体形式是重氮盐阳离子 ArN_2^+ 和酚盐阳离子 ArO^-,反应速度公式为

$$r = k[ArN_2^+][ArO^-]$$

式中,k 为反应速度常数。

测定反应物浓度时,酚类除活泼形式 $Ar'O^-$ 外还包括有 $Ar'OH$,重氮盐除活泼形式 ArN_2^+ 外,还包括 ArN_2O^-,所以实际测定的反应速度常数 k_p 应符合下列方程式:

$$r = k_p[ArN_2^+ + ArN_2O^-][Ar'O^- + Ar'OH]$$

在水溶液中,ArO^- 及 $ArOH$ 之间存在下列平衡:

$$Ar'OH \rightleftharpoons Ar'O^- + H^+$$

得平衡常数

$$K_p = \frac{[Ar'O^-][H^+]}{[Ar'OH]}$$

即

$$[Ar'OH] = \frac{[Ar'O^-][H^+]}{K_p}$$

在水溶液中,重氮盐及重氮酸盐间也存在着下列平衡:

$$ArN_2^+ + H_2O \rightleftharpoons ArN_2O^- + 2H^+$$

由此

$$k_d = \frac{[ArN_2O^-][H^+]^2}{[ArN_2^+]}$$

即

$$[ArN_2O^-] = \frac{[ArN_2^+]K_d}{[H^+]^2}$$

由以上各式联立,得

$$k[ArN_2^+][Ar'O] = k_p\left\{[ArN_2^+] + \frac{[ArN_2^+]k_d}{[H^+]^2}\right\}\left\{[Ar'O^-] + \frac{[Ar'O^-][H^+]^2}{k_p}\right\}$$

即

$$k = k_p\left(1 + \frac{K_d}{[H^+]^2}\right)\left(1 + \frac{[H^+]}{K_p}\right)$$

当酸浓度较大时，$\dfrac{K_d}{[H^+]^2}\to 0,1+\dfrac{[H^+]}{K_p}\to\dfrac{[H^+]}{K_d}$，于是上式变为：

$$k_p=\frac{K_p}{[H^+]}$$

即

$$\lg k_p=\lg K_p-\lg[H^+]$$

或

$$\lg k_p=a+pH$$

式中 a 为常数。此式反映了当酸浓度较大时，反应速度常数和 pH 成线型关系，pH 增加反应速度也上升。

当酸浓度较小时，$1+\dfrac{K_d}{[H^+]^2}\to\dfrac{K_d}{[H^+]^2}$；$\dfrac{[H^+]}{K_p}\to 0$，于是有：

$$k_p=\frac{k[H^+]^2}{K_d}$$

即

$$\lg k_p=\lg\frac{k}{K_d}+2\lg[H^+]$$

或

$$\lg k_p=b-2pH$$

式中，b 为常数。此式反映了当酸浓度较小时，增加介质 pH，反应速度下降。

当重氮盐和胺类在酸性介质中偶合时，参加反应的具体形式是重氮盐阳离子 ArN_2^+ 和游离胺 $ArNH_2$，反应速度公式为：

$$r=k'[ArN_2^+][ArNH_2]$$

式中，k' 为反应速度常数。

在水溶液中 $Ar'NH_2$ 和 H^+ 间存在着下列平衡：

$$Ar'NH_3^+\rightleftharpoons Ar'NH_2+H^+$$

所以

$$K_a=平衡常数=\frac{[Ar'NH_2][H^+]}{[Ar'NH_3^+]}$$

用同样方法处理可得：

$$k=k_p\left(1+\frac{K_d}{[H^+]^2}\right)\left(1+\frac{[H^+]}{K_a}\right)$$

式中，k_p 为实际测定的反应速度常数。

当酸浓度较大时,可得:

$$\lg k_p = a' + pH$$

当酸浓度较小时,可得:

$$\lg k_p = b' - 2pH$$

以上两式中 a' 和 b' 均为常数。

对大多数芳铵盐及重氮盐来说, $K_a = 10^{-5}$, $K_d = 10^{-24}$,故有 $K_a \gg K_d^{1/2}$ 。

在相当宽的范围内 $\dfrac{K_d}{[H^+]^2}$ 及 $\dfrac{[H^+]}{K_a}$ 均 $\ll 1$ 。

于是有式 $k' = k_p$,在这种情况下,芳胺的偶合反应速度常数和介质 pH 值无关。

4. 偶合反应的影响因素

(1)偶合剂

芳环上取代基的性质对偶合反应有显著影响。给电子取代基如—OH、—NH₂、—OCH₃等,能增强芳环上电子云密度,偶合反应易于进行。重氮盐正离子进攻电子云密度较高的邻或对位碳原子,当与羟基或氨基定位作用一致时,反应活性非常高,可多次偶合;吸电子取代基导致偶合剂活性下降,偶合反应不易进行,需要高活性重氮剂和强碱性介质。偶合剂的反应活性顺序如下:

$$ArO^- > ArNR_2 > ArNHR > ArNH_2 > ArOR > ArNH_3^+$$

偶合的位置常是偶合剂羟基或氨基的对位,若对位被占据,则进入邻位,或重氮基置换对位取代基。

(2)重氮剂

重氮剂的化学结构对偶合反应有影响。重氮盐芳环上的吸电子基,如—COOH、—NO₂、—SO₃H、—Cl 等,可增强重氮基正电性,有利于亲点取代反应;给电子取代基,如—NH₂、—OH、—CH₃、—OCH₃ 等,可削弱重氮基正电性,降低反应活性。取代基不同的芳胺重氮盐,偶合反应速率的次序如下:

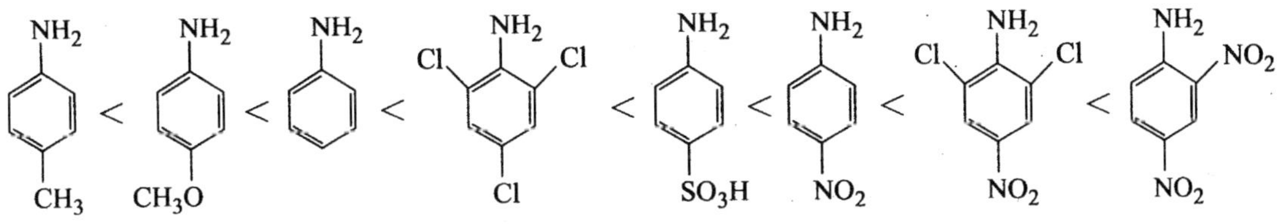

(3)介质的 pH 值

介质的 pH 值影响偶合反应速率和定位。动力学研究表明,酚和芳胺类的偶合反应速率和介质 pH 值的关系如图 4-2 所示。

图 4-2 中,对酚类偶合剂,介质酸度较大时,偶合速率和 pH 值呈线性关系。pH 值升高,偶合速率直线上升,当 pH=9 时,偶合速率达最大值。pH>9 时,偶合速率下降,最佳 pH 值为 9~11。故重氮剂与酚类的偶合,常在弱碱性介质(碳酸钠溶液,pH=9~10)中进行。在相当宽的 pH 值范围(pH=4~9)内,芳胺类偶合速率与介质 pH 值无关,在 pH<4 和 pH>9

时,反应速率分别随 pH 值增大而上升和下降,最佳 pH 值为 4~9。

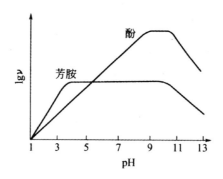

图 4-2　偶合介质反应速率与介质 pH 值的关系

(4)温度

由于重氮盐极易分解,故在偶合反应同时必然伴有重氮盐分解的副反应。若提高温度,会使重氮盐的分解速率大于偶合反应速率。因此偶合反应通常在较低温度下(0℃~15℃)进行。

此外,催化剂种类及用量、反应中的盐效应等对偶合也有一定的影响。

5. 偶合反应终点控制

图 4-3 偶合反应进行时,要不断地检查反应液中重氮盐和偶合组分存在的情况,一般要求在反应终点重氮盐消失,剩余的偶合组分仅有微量。例如,苯胺重氮盐和 G 盐的偶合,用玻璃棒蘸反应液 1 滴于滤纸上,染料沉淀的周围生成无色润圈,其中溶有重氮盐或偶合组分,以对硝基苯胺重氮盐溶液在润圈旁点 1 滴,也生成润圈,若有 G 盐存在,则两润圈相交处形成橙色;同样以 H 酸试验检查,若生成红色,则表示有苯胺重氮盐存在。

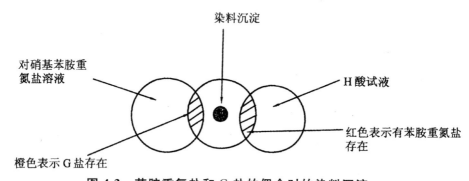

图 4-3　苯胺重氮盐和 G 盐的偶合时的染料沉淀

如此每隔数分钟检查一次,直至重氮盐完全消失,反应中仅余微量偶合组分为止。有时重氮盐本身颜色较深,溶解度不大,偶合速度很慢,在这种情况下,如果用一般指示剂效果不明显,需要采用更活泼的偶合组分如间苯二酚、间苯二胺作指示剂。

偶合反应生成的染料溶解度如果太小,滴在滤纸上不能得到无色润圈,在这种情况下可在滤纸上先放一小堆食盐,将反应液滴在食盐上,染料就会沉淀生成无色润圈;也可以取出少量反应液置于小烧杯中,加入食盐或醋酸钠盐析,然后点滴试验,就可得到明确指示。

6. 偶合反应的应用

(1)酸性嫩黄 G 的合成

酸性嫩黄 G 的合成分为重氮化和偶合两步,反应式如下:

重氮化:

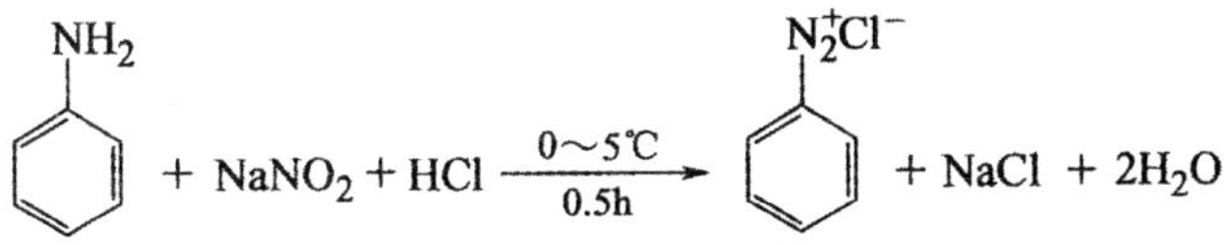

偶合:

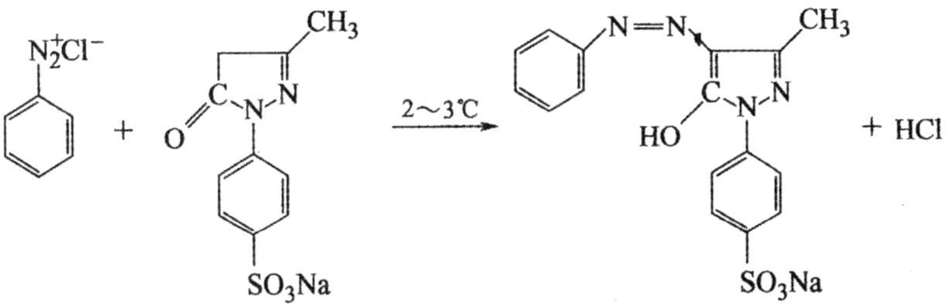

酸性嫩黄 G

①重氮化。

在重氮釜加水 560 L、30％盐酸 163 kg、100％苯胺 55.8 kg,搅拌溶解,加冰降温至 0℃,在液面下加入 30％亚硝酸钠溶液 41.4 kg,温度为 0℃～2℃,时间为 30 min,重氮化反应至刚果红试纸呈蓝色,碘化钾淀粉试纸呈微蓝色,调整体积至 1100 L。

②偶合。

在偶合釜中加水 900 L,加热至 40℃,加纯碱 60 kg,搅拌至溶解,然后加入 1-(4′-磺酸基)苯基-3-甲基-5-吡唑啉酮 154.2 kg,溶解后加 10％纯碱溶液,加冰及水调整体积至 2400 L,调整温度至 2℃～3℃,加重氮液过滤放置 40 min。整个过程保持 pH 值为 8～8.4,温度不超过 5℃,偶合完毕,1-(4′-磺酸基)苯基-3-甲基-5-吡唑啉酮应过量,pH 在 8.0 以下,如 pH 值较低,应补纯碱溶液,继续搅拌 2 h,升温至 80℃,体积约 4000 L,按体积 20％～21％计算加入食盐量,盐析,搅拌冷却至 45℃以下,过滤、干燥,干燥温度为 80℃,产量为 460 kg(100％)。

(2)酸性橙Ⅱ的合成

由对氨基苯磺酸钠重氮化,与 2-萘酚偶合,盐析而得:

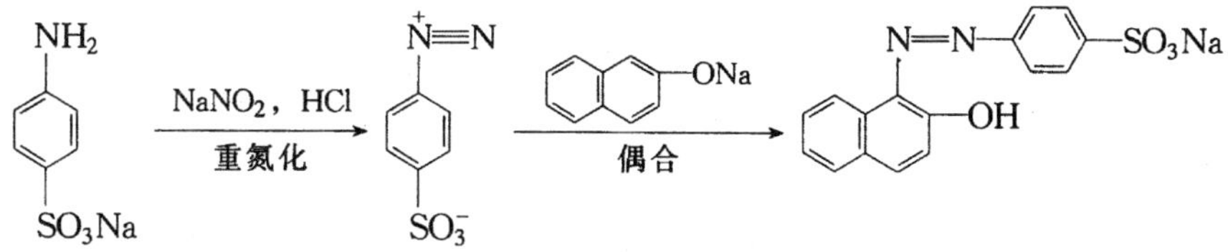

将 15％左右质量分数的对氨基苯磺酸钠溶液和质量分数为 30％～35％的亚硝酸钠溶液加入混合桶内搅匀。在重氮桶内加水,再加入适量的冰,搅拌下加入 30％盐酸,控制温度 10℃～15℃,将混合桶的物料于 10 min 左右均匀加入重氮桶,于 10℃～15℃保持酸过量,亚硝酸微过

量的条件下搅拌半小时,得重氮物为悬浮体。于偶合桶内加水,2-萘酚,搅拌下将液碱(30%)加入,升温到45℃～50℃,使之溶解后加冰冷却至8℃,加盐,快速加入重氮盐全量的一半。再加盐,然后将另一半重氮盐在1h内均匀加完,并调整pH7.1,搅拌1h,再加盐,继续搅拌至重氮盐消失为偶合终点(约1h)。压滤,滤饼于100℃～105℃烘干。

酸性橙Ⅱ主要用于蚕丝、羊毛织品的染色,也用于皮革和纸张的染色。在甲酸浴中可染锦纶。在毛、丝、锦纶上直接印花,也可用于指标剂和生物着色。

4.3.2 重氮盐还原成芳肼

在合成药物和染料中,肼类有重要用途。重氮化物还原的另一用途是制取芳肼。

$$\text{ArN}_2^+\text{X}^- + \text{Na}_2\text{SO}_3 \xrightarrow{-\text{NaX}} \text{ArN}{=}\text{N}{-}\text{SO}_3\text{Na} \xrightarrow{\text{NaHSO}_3} \overset{\displaystyle \text{SO}_3\text{Na} \atop |}{\text{ArN}}{-}\text{NH}{-}\text{SO}_3\text{Na}$$

$$\xrightarrow[-\text{NaHSO}_3]{\text{H}_2\text{O}} \text{ArNHNHSO}_3\text{Na} \xrightarrow[-\text{NaHSO}_3]{\text{HCl, H}_2\text{O}} \text{ArNHNH}_2 \cdot \text{HCl}$$

还原剂是亚硫酸盐与亚硫酸氢盐(1∶1)的混合物,其中亚硫酸盐稍过量。还原终了时,可加少量锌粉以使反应完全。

工业上最实用的还原剂是亚硫酸钠和亚硫酸氢钠。实际上,整个反应是先发生N-加成磺化反应(Ⅰ)和(Ⅱ),然后再发生水解一脱磺基反应(Ⅲ)和(Ⅳ),而得到芳肼盐酸盐,当芳环上有磺基时,则生成芳肼磺酸内盐。

$$\underset{}{\text{Ar}{-}\overset{+}{\text{N}}{\equiv}\text{NCl}^-} \xrightarrow[\text{N-加成磺化 (Ⅰ)}]{+\text{Na}_2\text{SO}_3/-\text{NaCl}} \underset{\text{重氮-N-磺酸钠}}{\text{Ar}{-}\text{N}{=}\text{N}{-}\text{SO}_3\text{Na}} \xrightarrow[\text{N-加成磺化 (Ⅱ)}]{+\text{NaHSO}_3} \underset{\text{芳肼-}N,N'\text{-二磺酸二钠}}{\overset{\displaystyle |\atop \text{SO}_3\text{Na}}{\text{Ar}{-}\text{N}{-}\text{NHSO}_3\text{Na}}}$$

$$\xrightarrow[\text{水解-脱磺基(Ⅲ)}]{+\text{H}_2\text{O} \atop -\text{NaHSO}_4} \underset{\text{芳肼-N-磺酸钠}}{\text{Ar}{-}\text{NH}{-}\text{NHSO}_3\text{Na}} \xrightarrow[\text{水解-脱磺基(Ⅳ)}]{+\text{H}_2\text{O},\ +\text{HCl} \atop -\text{NaHSO}_4} \underset{\text{芳肼盐酸盐}}{\text{Ar}{-}\text{NHNH}_2 \cdot \text{HCl}}$$

N-加成磺化反应(Ⅰ)和(Ⅱ)要在弱酸性或弱碱性水介质(pH值6～8)中进行。如果酸性太强,会失去氮原子,并发生硫原子与芳环相连生成亚磺酸等一系列副反应,使芳肼的收率下降。如果在强碱性水介质中还原,则重氮盐将发生被氢置换而失去两个氮原子的副反应。加成磺化的反应条件一般是NaHSO$_3$/ArNH$_2$(摩尔比)为(2.08～2.80)∶1;pH值6～8;温度0℃～80℃;时间2～24h。当芳环上有吸电基时,NaHSO$_3$/ArNH$_2$摩尔比较大,反应时间较长。必要时可在重氮盐完全消失后,加入少量锌粉使重氮-N-磺酸钠完全还原。

芳肼-N,N′-二磺酸的水解-脱磺基反应(Ⅲ)和(Ⅳ)是在pH<2的强酸性水介质中在60℃～90℃,加热数小时而完成的。芳环上有吸电基时水解脱磺基较难。

芳肼可以盐酸盐或硫酸盐的形式盐析出来,也可以芳肼磺酸内盐的形式析出。另外,也可以将芳肼盐酸盐、硫酸盐的水溶液直接用于下一步反应。

下面给出一些重要的芳肼:

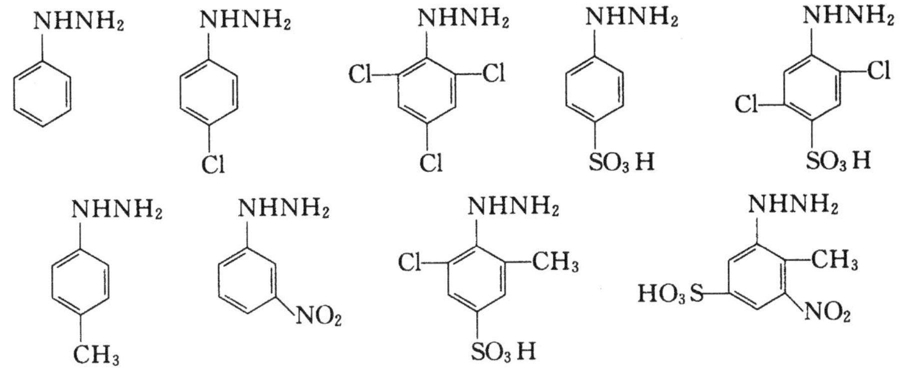

用上述方法制备芳肼时,芳环上的硝基可以不受影响。

4.4　放出氮的重氮基转化反应

重氮盐在一定条件下可被其他取代基置换,并放出氮气。

4.4.1　重氮基置换为卤基

由芳胺重氮盐的重氮基置换成卤基,对于制备一些不能采用卤化法或者卤化后所得异构体难以分离的卤化物很有价值。

1. 桑德迈耶尔反应

在氯化亚铜存在下,重氮基被置换为氯、溴或氰基的反应称桑德迈耶尔(Sandmeyer)反应,将重氮盐溶液加入到卤化亚铜的相应卤化氢溶液中,经分解即释放出氮气而生成 ArX。反应为:

$$ArN_2^+ X^- \xrightarrow{\text{CuX,HX}} ArX + N_2 \uparrow + CuX$$

亚铜盐的卤离子必须与氢卤酸的卤离子一致才可以得到单一的卤化物。但是碘化亚铜不溶于氢碘酸中无法反应。而氟化亚铜性质很不稳定,在室温下即迅速自身氧化还原,得到铜和氟化铜,因此,不适用于氟化物和碘化物的制备。

桑德迈耶尔反应历程很复杂,现在公认的历程是重氮盐首先和亚铜盐形成配合物 $A_1N\equiv N \rightarrow CuCl_2^-$,经电子转移生成自由基,而后进行自由基偶联得反应产物。其中,配合物 $ArN\equiv N \rightarrow CuCl_2^-$ 与重氮盐结构有关,重氮基对位上有不同取代基,其反应速率按下列次序递减:

$$-NO_2 > -Cl > -H > -CH_3 > -OCH_3$$

此顺序与取代基对偶合反应速度的影响是一致的,因此重氮基转化卤基的桑德迈耶尔反应速度是随着与重氮基相连碳原子上的正电荷增加而增大。此外,还与反应组分的浓度、加料方式和反应温度等有关。

重氮盐溶液加至氯化亚铜盐酸溶液,温度为 50℃～60℃。反应完毕,蒸出二氯甲苯,分出水层,油层用硫酸洗、水洗和碱洗后得粗品,经分馏得 2,6-二氯甲苯成品。

2. 希曼(Schiemann)反应

重氮盐转化为芳香氟化物是芳环上引入氟基的有效方法,反应称希曼(Schiemann)反应。

$$Ar\text{-}N_2^+ \ X^- \xrightarrow{BF_4^-} Ar\text{-}N_2^+ \ BF_4^- \xrightarrow{\Delta} ArF + N_2 \uparrow + BF_3$$

重氮基的氟硼酸配盐分解,需在无水条件下进行,否则易分解成酚类和树脂状物。

$$ArN_2^+ BF_4^- + H_2O \xrightarrow{\Delta} ArOH + N_2 + HF + BF_3 + 树脂物$$

重氮络盐分解收率与其芳环上取代基性质有关,一般芳环没有取代基或有供电性取代基时,分解收率较高,而有吸电性取代基分解收率则较低。重氮络盐中其络盐性质不同,分解后产物收率也不同。例如邻溴氟苯的制备,其络盐若采用氟硼酸络盐,反应收率只有 37%,而改用六氟化磷络盐,收率可提高到 73%～75%。

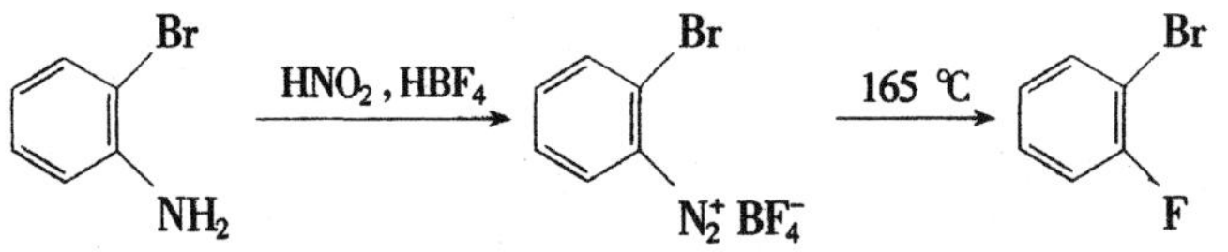

芳环上无取代基或有第一类取代基的芳胺重氮盐,制备相应的氟苯衍生物时,多采用氟硼酸络盐法。

制备氟硼酸络盐时,可以将一般方法制得的重氮盐溶液加入氟硼酸进行转化,也可以采用芳胺在氟硼酸存在下进行重氮化。

3. 盖特曼反应

除用亚铜盐作催化剂外,也可将铜粉加入重氮盐的氢卤酸溶液中反应,用铜粉催化重氮基转化为卤基的反应称为盖特曼(Gatteman)反应。在亚铜盐较难得到时,本反应有特殊意义。例如:

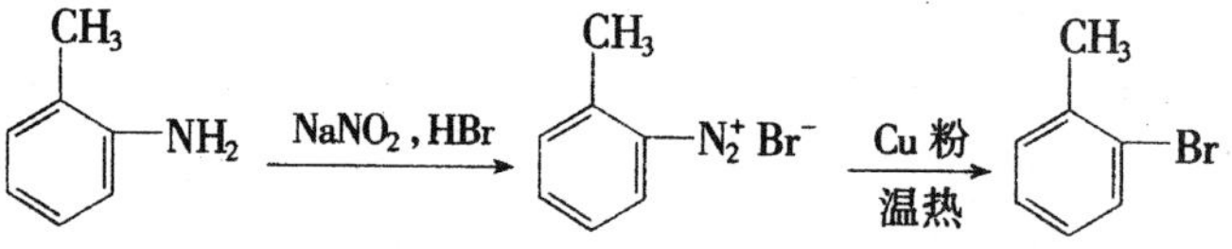

将铜粉加入到 0℃～5℃ 的邻甲苯胺重氮盐溶液中,升温使反应温度不超过 50℃,蒸出油状物即为产品。邻溴甲苯用作有机合成原料,医药工业用于制备溴得胺。

由重氮盐转化为芳碘化合物,可将碘化钾直接加入到重氮盐溶液中分解而得,邻、间和对碘苯甲酸,都是由相应的氨基苯甲酸制得的。例如:

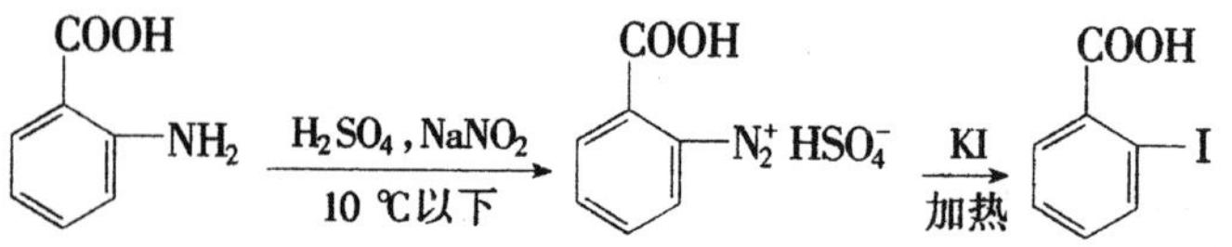

用于转化为碘化物重氮盐的制备,最好在硫酸介质中进行,若用盐酸则有氯化物杂质。

某些反应速度较慢的碘置换反应,可以加入铜粉作催化剂,如制备对羟基碘苯:

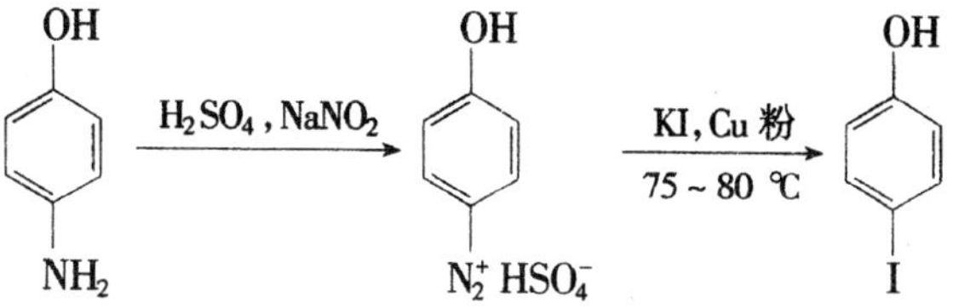

4.4.2　重氮基置换为氰基

重氮基置换为氰基与转化为卤基的方法相似,也是桑德迈耶尔反应,氰化亚铜配盐为催化剂,其制备由氯化亚铜与氰化钠溶液作用。

$$CuCl + 2NaCN \longrightarrow Na[Cu(CN_2)] + NaCl$$

该转化反应的催化剂除上述络盐外,还可用四氰氨络铜钠盐、四氰氨络铜钾盐、氰化镍络盐。四氰氨络铜的络盐为催化剂的转化反应可表示为:

$$2CuSO_4 + NaCu(CN)_4NH_3 \longrightarrow 2ArCN + 2NaCl + NH_3 + CuCN + 2N_2 \uparrow$$

重氮化物与氰化亚铜配盐合成芳腈,此法用于靛族染料中间体的制备。例如,邻氨基苯甲醚盐酸盐的重氮化,重氮盐与氰化亚铜反应,产物邻氰基苯甲醚用于制造偶氮染料。

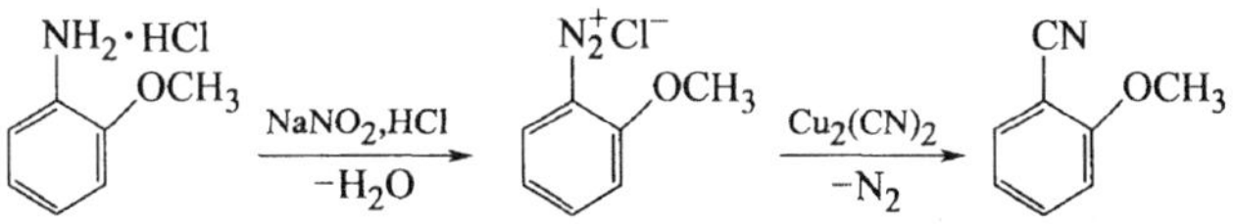

制备的化合物如对甲基苯腈,是合成1,4-二酮吡咯并吡咯(DPP)类颜料、C.I. 颜料红 272 的专用中间体。

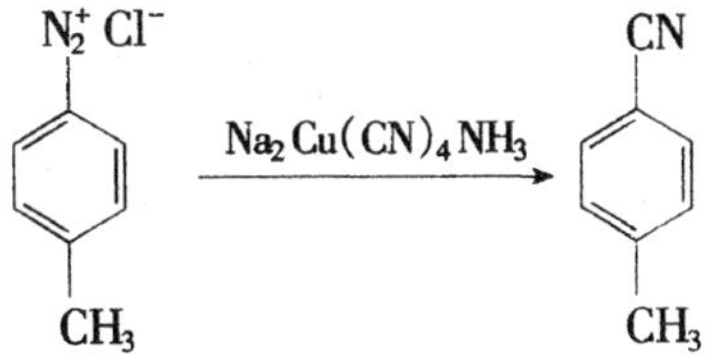

反应中用氰化亚铜催化,收率仅为 64% ~ 70%;用四氰氨络铜钠盐催化,收率可提高到 83.4%。如果氰化亚铜改为氰化镍络盐,在某些情况下也可以提高产物收率。例如对氰基苯甲酸的制备,当采用氰化亚铜催化时,产物收率仅为 30%;改用氰化镍络盐催化时,产物收率可达到 59% ~ 62%。

氰基易水解为酰胺基(—CONH$_2$)和羧基(—COOH),该反应也是在芳环上引入酰胺基和羧基的一个方法。

在芳环上引入氰基,还可以氰基取代氯素或磺酸基,以及酰胺基脱水的方法。

4.4.3 重氮基置换为巯基

重氮盐与含硫化合物反应，重氮基被巯基置换。重氮盐与烷基黄原酸钾(ROCSSK)作用，制备邻甲基苯硫酚、间甲基苯硫酚和间溴苯硫酚等，例如：

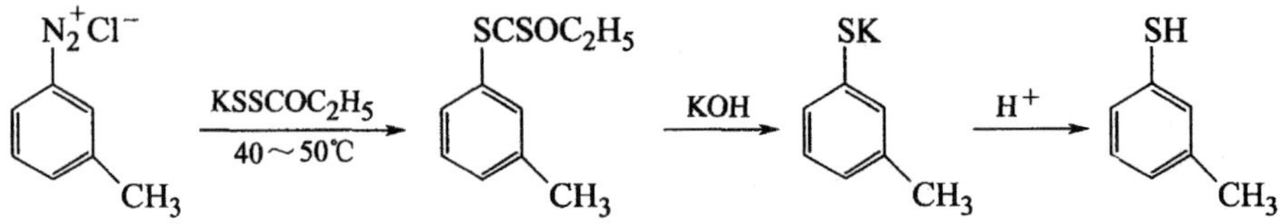

反应用二硫化钠，将重氮盐缓慢加入二硫化钠与苛性钠的混合溶液，得产物芳烃二硫化物(Ar-S-S-Ar)，用二硫化钠将芳烃二硫化物还原为硫酚。利用该反应，可由邻氨基苯甲酸制取硫代水杨酸。

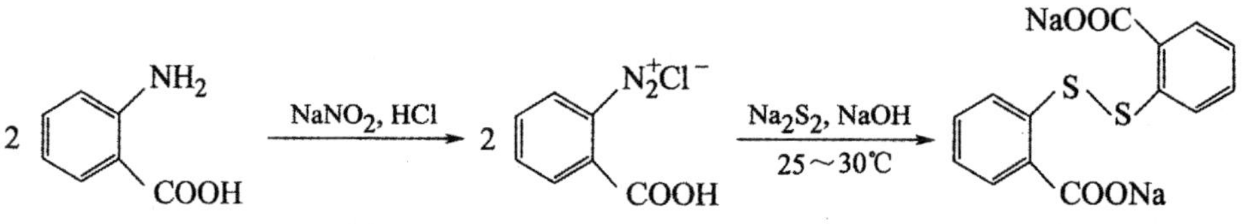

重氮化　　　　还原　　　　(二硫代水杨酸)

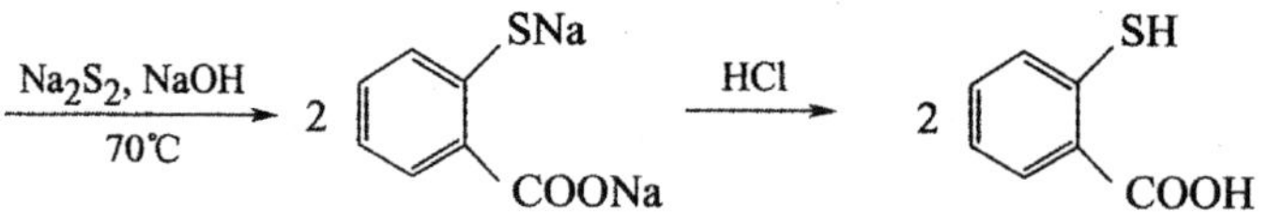

还原　　　　酸化　　　　(硫代水杨酸)

硫代水杨酸是合成硫靛染料的重要中间体。

4.4.4 重氮基置换为芳基

重氮盐在碱性溶液中形成重氮氢氧化物，它可以裂解为重氮自由基，再失去氮形成芳基自由基。

$$ArN^+\equiv NCl^- \xrightarrow{NaOH} ArN^+\equiv NOH^- \xrightarrow{NaOH} ArN=N-OH$$

$$ArN=N-OH \longrightarrow ArN=N\cdot + \cdot OH$$

$$ArN=N\cdot \longrightarrow Ar\cdot + N_2\uparrow$$

生成的自由基可以与不饱和烃类或芳族化合物进行如下芳基化反应。

1. 迈尔瓦音(Weerwein)芳基化反应

重氮盐在铜盐催化下与具有吸电性取代基的活性烯烃作用，重氮盐的芳烃取代了活性烯烃的 β-氢原子或在双键上加成，同时放出氮。其反应为：

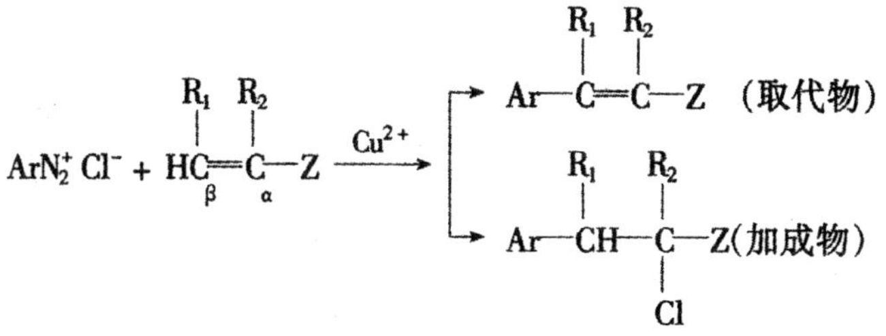

生成取代产物还是加成产物取决于反应物结构和反应条件,但加成产物仍可以消除,得到取代产物。其中,Z 一般为—NO$_2$、—CO—、—COOR、—CN、—COOH 和共轭双键等。

2. 贡贝格(Gomberg)反应

贡贝格(Gomberg)反应是由芳胺重氮化合物制备不对称联芳基衍生物的方法。

$$ArN=N-OH+Ar'H \longrightarrow Ar-Ar'$$

按常规方法进行芳胺重氮化,但要求尽可能少的水和较浓的酸,用饱和的亚硝酸钠溶液重氮化,把重氮盐加入到待芳基化的芳族化合物中,通过该转化方法可制备如 4-甲基联苯、对溴联苯等化合物。

3. 盖特曼(Gattermann)反应

重氮盐在弱碱性溶液中用铜粉还原,即发生脱氮偶联反应,形成对称的联芳基衍生物。反应式如下:

$$2ArN_2Cl+Cu \longrightarrow Ar\text{-}Ar+N_2\uparrow+CuCl_2$$

反应用的铜是在把锌粉加到硫酸铜溶液中得到的泥状铜沉淀。铜粉的效果不如沉淀铜。锌粉、铁粉也可还原重氮盐成联芳基化合物,但产率低,锌铜齐较好。重氮盐如果是盐酸盐,产物中将混有氯化物,所以最好用硫酸盐。

4.4.5　重氮基置换为含氧基

1. 重氮基置换为羟基

将重氮硫酸盐溶液慢慢加至热或沸腾的稀硫酸中,重氮基水解为羟基。

$$ArN_2^+ HSO_4^- +H_2O \xrightarrow{\text{稀 } H_2SO_4} ArOH+H_2SO_4+N_2\uparrow$$

为使重氮盐迅速水解,避免与酚类偶合,要保持较低的重氮盐浓度,水蒸气蒸馏法移除产物酚,如果不能蒸出酚,可加入二甲苯、氯苯等溶剂,使生成的酚转移到有机相,减少副反应。反应中硝酸存在,重氮盐水解成硝基酚,例如:

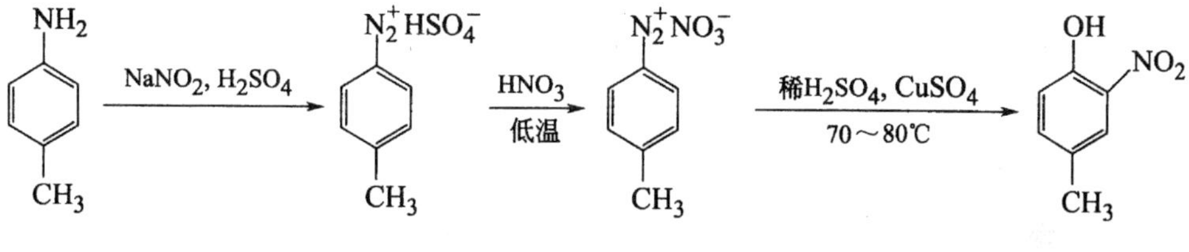

在反应液中加入硫酸钠,可提高反应温度,有利于重氮基水解。

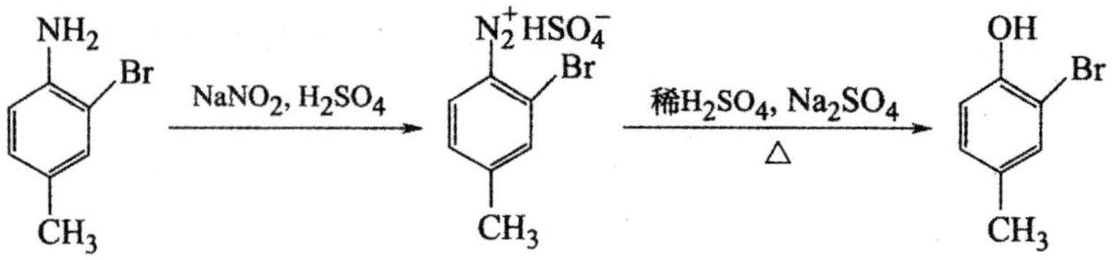

铜离子对水解反应有催化作用,硫酸铜可降低反应温度,如愈创木酚的合成:

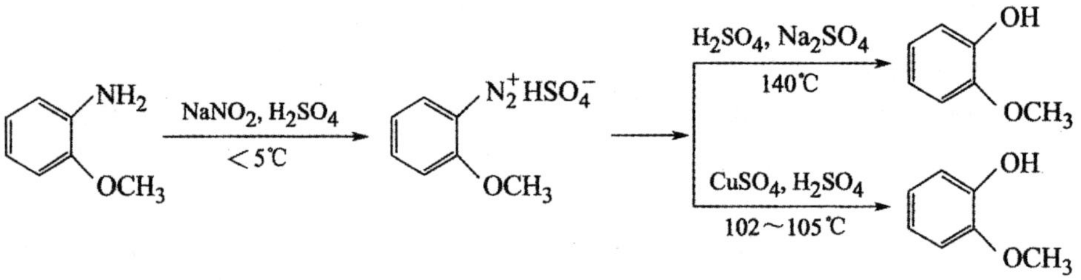

2. 重氮基置换为烷氧基

用干燥的重氮盐和乙醇加热,反应的主要产物是烷氧基取代了重氮基,成为酚醚。反应为:

$$ArN_2X + C_2H_5OH \rightarrow ArOC_2H_5 + HX + N_2 \uparrow$$

重氮盐仍以硫酸盐为好,不致于有卤化物产生。水要尽量少,甚至用干燥重氮盐和无水乙醇反应,因此,用稳定的重氮盐比较方便。所用的醇可以是乙醇,也可以是甲醇、异戊醇、苯酚等,它们可以与重氮盐反应分别得甲氧基、异戊氧基和苯氧基化合物。例如,邻羧基苯胺重氮盐与甲醇加热,制得邻羧基苯甲醚:

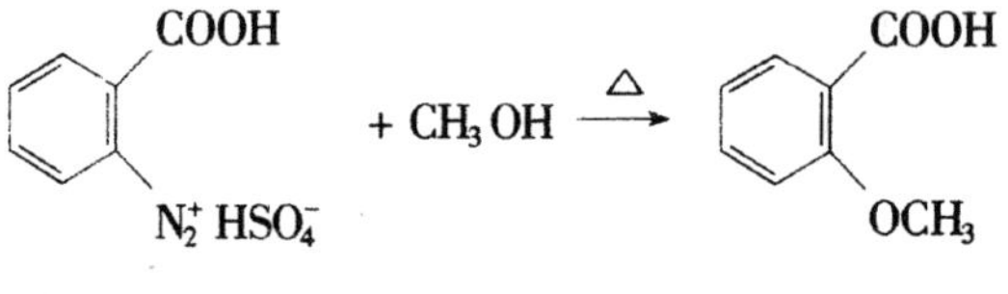

邻甲基苯胺重氮盐可制得邻甲基苯甲醚:

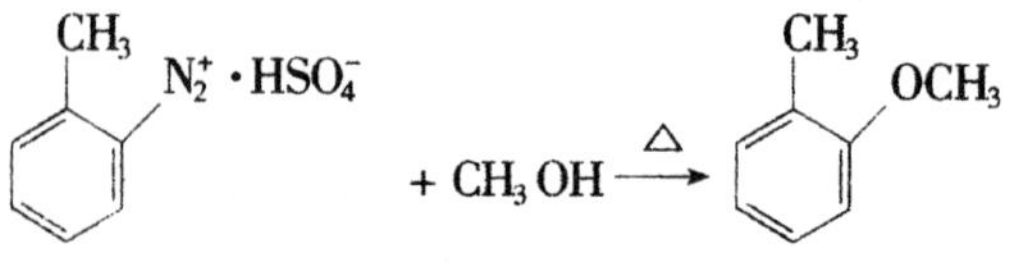

某些重氮盐和乙醇加热也可以制得乙氧基的衍生物:

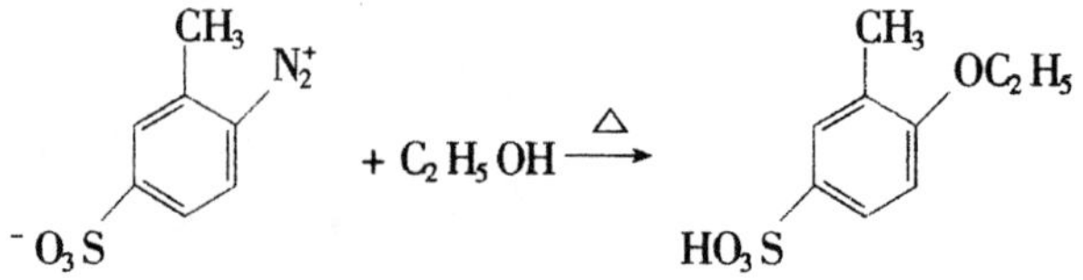

如果这类反应是在加压下进行的,则随着醇沸点的升高,对烷氧基的置换反应反而有利。

第5章　缩合反应

5.1　概述

5.1.1　缩合反应的定义与类型

缩合反应是指两个或两个以上分子经由失去某一简单分子形成较大的单一分子的反应，是形成新的碳—碳键来合成目的产物的化学反应。

缩合反应一般分为非成环缩合和成环缩合。非成环缩合包括 C-烷基化、C-酰化、脂肪链中亚甲基和甲基的活泼氢被取代，形成碳碳链的缩合。成环缩合包括形成五元及六元碳环、五元及六元杂环的缩合。

缩合反应可分酸催化反应和碱催化反应。酸催化缩合反应包括芳烃、烯烃、醛、酮和醇等在催化剂无机酸或 Lewis 酸催化下，生成正离子并与亲核试剂作用，从而生成碳—碳键或碳—氮键等的反应。碱催化缩合反应或碱催化烃基化反应是指含活泼氢的化合物在碱催化下失去质子形成碳负离子并与亲电试剂的反应。碱催化反应可以用来增长碳链和合成环状化合物。

除生成结构比较复杂的目的产物外，缩合过程还常有结构比较简单的副产物生成，如水、卤化氢、氨、醇等小分子。脱除并回收这些小分子产物，不仅可以提高产品质量、降低生产成本，而且还能改善工作环境、避免环境污染。

缩合是使用结构比较简单的一种或多种原料，通过缩合反应，合成结构较为复杂或具有某种特定功能的化合物。缩合在有机合成中占有十分重要地位。

缩合的主要原料包括以下几类：
①醛类及其衍生物，如甲醛、乙醛、苯甲醛等。
②酮类及其衍生物，如丙酮、甲基乙基酮、苯甲酮等。
③羧酸及其衍生物，如乙酸、醋酸酐、乙酸乙酯、丙二酸、丙二酸乙酯、邻苯二甲酸酐等。
④烯烃及其衍生物，如丙烯腈、丙烯醛、丙烯酸、顺丁烯二酸酐、丁二烯等。
缩合常用的溶剂有乙醇、乙醚、苯、甲苯、二甲苯、四氢呋喃、环己烷等。

缩合的主要辅料包括缩合溶剂、催化剂等。碱性催化剂主要有氢氧化钠、氢氧化钙、碳酸钾、氢化钾或钠、氢化钠/乙醇、甲醇钠/乙醇钠、叔丁醇钠、甲氨基钠、吡啶、哌啶等；酸性催化剂主要有硫酸、盐酸、对甲苯磺酸、阳离子交换树脂、柠檬酸、三氟化硼、三氯化钛、羧酸钾或钠盐等。

缩合生产涉及的原辅料及产品，其化学加工程度深，生产成本高，并且多为低或中闪点的液体，其燃烧性、爆炸性和毒害性较强，因此应严格依照生产工艺规程、安全操作规程实施操作，避免物料泄漏，减少废物料排放，保护环境，避免生产事故。

5.1.2 缩合反应历程

1. 酸性条件下的反应历程

在酸催化下的缩合反应首先是醛、酮分子中的羰基质子化成为碳正离子,再与另一分子醛、酮发生亲电加成。丙酮以酸催化的缩合反应历程为:

$$CH_3C\!=\!O + H^+ \underset{\quad}{\overset{快}{\rightleftharpoons}} \left[CH_3\!-\!\underset{CH_3}{\overset{|}{C}}\!=\!OH^+ \longleftrightarrow CH_3\!-\!\underset{CH_3}{\overset{|}{\overset{+}{C}}}\!-\!OH \right]$$

$$CH_3\!-\!\underset{CH_3}{\overset{OH}{\overset{|}{\overset{+}{C}}}}\!+\!CH_2\!=\!\overset{OH}{\underset{}{\overset{|}{C}}}\!-\!CH_3 \underset{\quad}{\overset{慢}{\rightleftharpoons}} CH_3\!-\!\underset{CH_3}{\overset{OH}{\overset{|}{C}}}\!-\!CH_2\!-\!\overset{\overset{+}{OH}}{\overset{||}{C}}\!-\!CH_3 \rightleftharpoons CH_3\!-\!\underset{CH_3}{\overset{OH}{\overset{|}{C}}}\!-\!CH_2\!-\!\overset{O}{\overset{||}{C}}\!-\!CH_3 + H^+$$

$$\rightleftharpoons CH_3\!-\!\underset{CH_3}{\overset{\overset{+}{OH_2}}{\overset{|}{C}}}\!-\!CH_2\!-\!\overset{O}{\overset{||}{C}}\!-\!CH_3 \overset{H_2O,H^+}{\rightleftharpoons} CH_3\!-\!\underset{CH_3}{\overset{}{C}}\!=\!CH_2\!-\!\overset{O}{\overset{||}{C}}\!-\!CH_3$$

对于不同的缩合反应需要使用不同的催化剂。

2. 碱性条件下的反应历程

碳氧双键在进行加成反应时,带负电荷的氧总是要比带正电荷的碳原子稳定得多,因此在碱性催化剂存在下,总是带正电荷的碳原子与带负电的亲核试剂发生反应,即碳氧双键易于发生亲核加成反应。醛、酮、羧酸及其衍生物和亚砜等因 α-碳原子连有吸电子基,使其 α-氢具有一定的酸性,因此在碱的催化作用下,可脱去质子而形成碳负离子。碳负离子与羰基化合物容易发生亲核加成反应。

这种碳负离子即可以与醛、酮、羧酸酯、羧酸酐以及烯键、炔键和卤烷发生亲核加成反应,形成新的碳—碳键而得到多种类型的产物。例如:

$$CH_3C\overset{\overset{O}{\diagup}}{\underset{\diagdown H}{}} + OH^- \underset{\quad}{\overset{慢}{\rightleftharpoons}} \left[\bar{C}H_2C\overset{\overset{O}{\diagup}}{\underset{\diagdown H}{}} \longleftrightarrow CH_2\!=\!C\overset{\overset{O^-}{\diagup}}{\underset{\diagdown H}{}} \right] + H_2O$$

$$CH_3C\overset{\overset{O}{\diagup}}{\underset{\diagdown H}{}} + \bar{C}H_2C\overset{\overset{O}{\diagup}}{\underset{\diagdown H}{}} \overset{快}{\rightleftharpoons} CH_3\overset{O^-}{\overset{|}{CH}}\!-\!CH_2C\overset{\overset{O}{\diagup}}{\underset{\diagdown H}{}} \overset{+H_2O}{\rightleftharpoons} CH_3\overset{OH}{\overset{|}{CH}}\!-\!CH_2C\overset{\overset{O}{\diagup}}{\underset{\diagdown H}{}} + OH^-$$

含 α-氢的醛、酮在碱的催化作用下,可脱去质子而形成碳负离子,碳负离子很快与另一分子醛、酮的羰基发生亲核加成反应而得到产物 β-羟基丁醛。

5.2　醛酮缩合

醛或酮在一定条件下可以发生缩合反应。缩合反应包括自身缩合和交叉缩合两种情况。自身缩合是相同的醛或酮分子间的缩合,交叉缩合是不同的醛或酮分子间的缩合。

5.2.1　醛或酮的自身缩合

1. 含活泼氢的醛或酮的自身缩合

在碱或酸的催化下,含有活泼 α-H 氢的醛或酮,生成 β-羟基醛或酮类化合物的反应,称为羟醛或醇醛缩合反应。β-羟基醛或酮经脱水消除便成 α,β-不饱和醛或酮。这类缩合反应需要碱(如苛性钾、醇钠、叔丁醇铝等)的催化,也可用酸作催化。羟醛缩合反应的通式如下:

$$2RCH_2COR' \rightleftharpoons RCH_2\underset{\underset{R'}{|}}{\overset{\overset{OH}{|}}{C}}\text{—}\underset{\underset{R}{|}}{CH}COR' \xrightarrow{-H_2O} RCH_2\underset{\underset{R'}{|}}{C}\text{=}\underset{\underset{R}{|}}{C}COR'$$

羟醛缩合反应中应用的碱催化较多,有利于夺取活泼氢形成碳负离子,提高试剂的亲核活性,并且和另一分子醛或酮的羰基进行加成,得到的加成物在碱的存在下可进行脱水反应,生产 α,β-不饱和醛或酮类化合物。其反应机理如下:

$$RCH_2COR' + B^- \rightleftharpoons RC^-HCOR' + HB$$

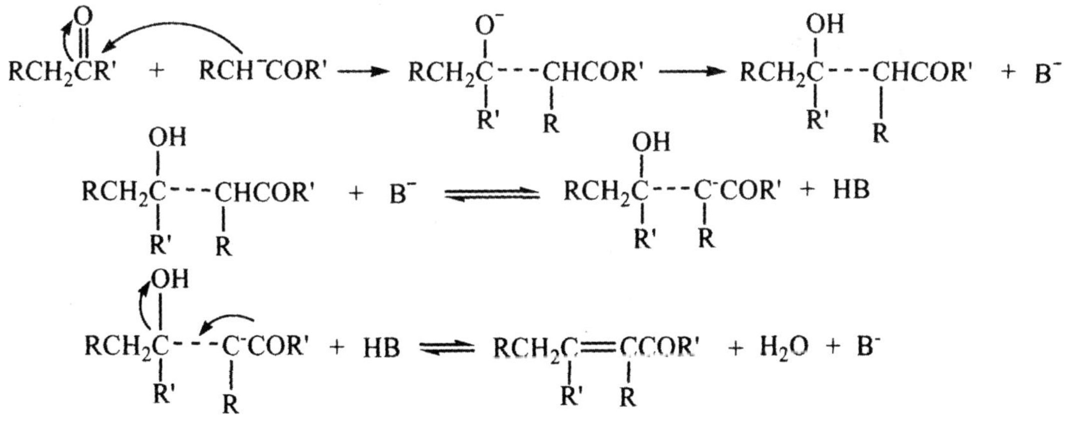

在羟醛缩合中,转变成碳负离子的醛或酮称为亚甲基组分;提供羰基的称为羰基组分。

酸催化作用下的羟醛缩合反应的第一步是羰基的质子化生成碳正离子。这不仅提高了羰基碳原子的亲电性;同时碳正离子进一步转化成烯醇式结构,也增加了羰基化合物的亲核活性,使反应进行更容易。

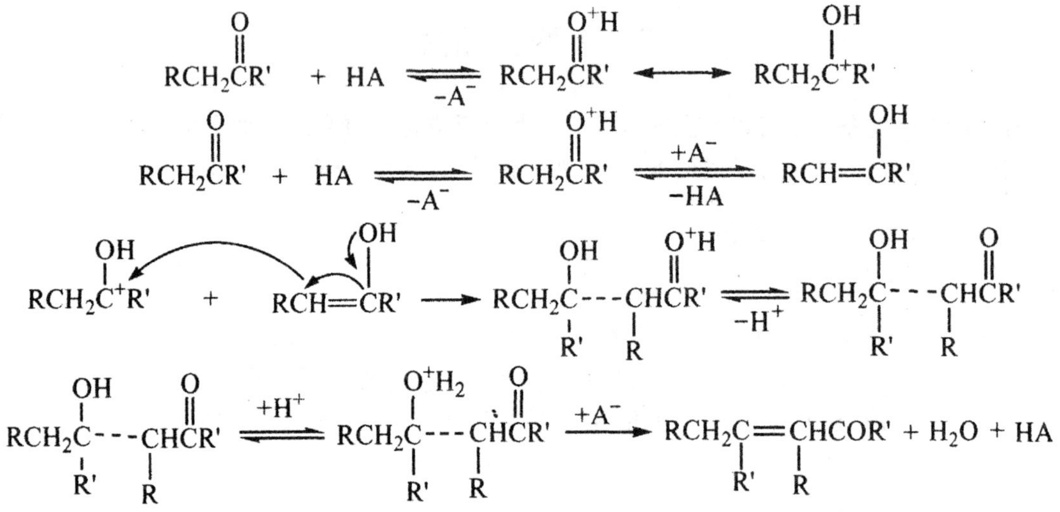

羟醛自身缩合可使产物的碳链长度增加一倍，工业上可利用这种缩合反应来制备高级醇。如以丙烯为起始原料，首先经羰基化合成为正丁醛，再在氢氧化钠溶液或碱性离子交换树脂催化下成为 β 羰基醛，这样就具有了两倍于原料醛正丁醛的碳原子数，再经脱水和加氢还原可转化成 2-乙基己醇。

$$CH_3—CH═CH_2+CO+H_2 \xrightarrow{Co催化剂} CH_3CH_2CH_2CHO \xrightarrow{OH^-} CH_3CH_2CH_2\underset{HO}{\underset{|}{C}}H\underset{CH_2CH_3}{\underset{|}{C}}HCHO$$

$$\xrightarrow[-H_2O]{} CH_3CH_2CH_2CH═\underset{CH_2CH_3}{\underset{|}{C}}CHO \xrightarrow{+H_2,Ni催化剂} CH_3CH_2CH_2CH_2\underset{CH_2CH_3}{\underset{|}{C}}HCH_2OH$$

在工业上 2-乙基己醇常用来大量合成邻苯二甲酸二辛酯，作为聚氯乙烯的增塑剂。

2. 芳醛的自身缩合

芳醛不含 α-活泼氢，不能在酸或碱催化下缩合。但是，在含水乙醇中，芳醛能够以氰化钠或氰化钾为催化剂，加热后可以发生自身缩合，生成 α-羟酮。该反应称为安息香缩合反应，也称为苯偶姻反应。反应通式如下：

$$2ArCHO \xrightarrow{NaCN或KCN} Ar—\overset{O}{\overset{\|}{C}}—\overset{OH}{\overset{|}{C}}H—Ar$$

具体的反应步骤如下：

①氰根离子对羰基进行亲核加成，形成氰醇负离子，由于氰基不仅是良好的亲核试剂和易于脱离的基团，而且具有很强的吸电子能力，因此，连有氰基的碳原子上的氢酸性很强，在碱性介质中立即形成氰醇碳负离子，它被氰基和芳基组成的共轭体系所稳定。

②氰醇碳负离子向另一分子的芳醛进行亲核加成，加成产物经质子迁移后再脱去氰基，生成 α 羟基酮，即安息香。

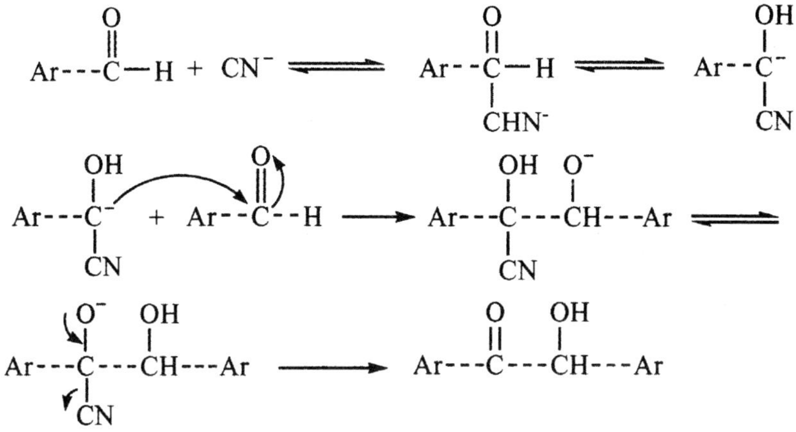

上述反应为氰醇碳负离子向另一分子芳醛进行亲核加成反应。需要注意的是，由于氰化物是剧毒品，对人体易产生危害，且“三废”处理困难，因此在 20 世纪 70 年代后期开始采用具有生物学活性的辅酶纤维素 B_1 代替氰化物作催化剂进行缩合反应。

5.2.2　醛或酮的交叉缩合

利用不同的醛或酮进行交叉缩合，得到各种不同的 α,β-不饱和醛或酮可以看做是羟醛缩合反应更大的用途。

1. 含有活泼氢的醛或酮的交叉缩合

含 α-氢原子的不同醛或酮分子间的缩合情况是极其复杂的，它可能产生 4 种或 4 种以上的产物。根据反应性质，通过对反应条件的控制可使某一产物占优势。

在碱催化的作用下，当两个不同的醛缩合时，一般由 α-碳上含有较多取代基的醛形成碳负离子向 α-碳原子上取代基较少的醛进行亲核加成，生成 β 羟基醛或 α,β 不饱和醛：

$$CH_3CHO+CH_3CH_2CHO \xrightarrow{KOH} CH_3-\underset{\displaystyle OH}{\underset{|}{CH}}-\underset{\displaystyle CHO}{\underset{|}{CH}}-CH_3 \xrightarrow{-H_2O} CH_3CH{=}\underset{\displaystyle CHO}{\underset{|}{C}}-CH_3$$

在含有 α-氢原子的醛和酮缩合时，醛容易进行自缩合反应。当醛与甲基酮反应时，常是在碱催化下甲基酮的甲基形成碳负离子，该碳负离子与醛羰基进行亲核加成，最终得到 α,β-不饱和酮：

$$(CH_3)_2CHCHO+CH_3\overset{\displaystyle O}{\overset{\|}{C}}C_2H_5 \xrightarrow{NaOEt} (CH_3)_2CHCH=CH\overset{\displaystyle O}{\overset{\|}{C}}C_2H_5$$

当两种不同的酮之间进行缩合反应时，需要至少有一种甲基酮或脂环酮反应才能进行：

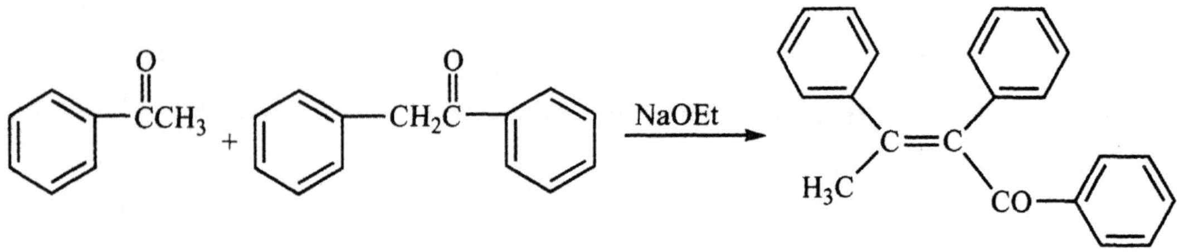

2. Cannizzaro 反应

没有 α-H 的醛,如甲醛、苯甲醛、2,2-二甲基丙醛和糠醛等,尽管其不能发生自身缩合反应,但是在碱的催化作用下可以发生歧化反应,生成等摩尔比的羧酸和醇。其中一摩尔醛作为氢供给体,自身被氧化成酸;另一摩尔醛则作为氢接受体,自身被还原成醇。其反应历程如下:

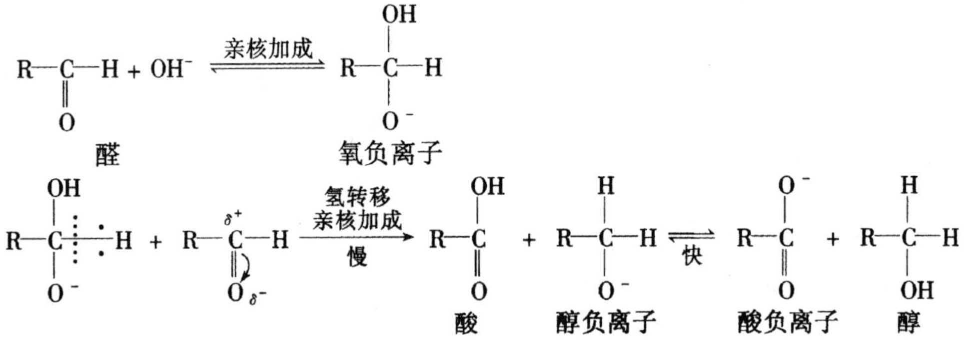

Cannizzaro 反应既是形成 C—O 键的亲核加成反应,又是形成 C—H 键的亲核加成反应。若 annizzaro 反应发生在两个不同的没有及氢的醛分子之间,则称为交叉 annizzaro 反应。

3. 甲醛与含有 α-H 的醛、酮的缩合

甲醛不含 α-氢原子,它不能自身缩合,但是甲醛分子中的羰基却很容易和含有活泼 α-H 的醛所生成的碳负离子发生交叉缩合反应,主要生成 β-羧甲基醛。例如,甲醛与异丁醛缩合可制得 2,2-二甲基-2-羟甲基乙醛:

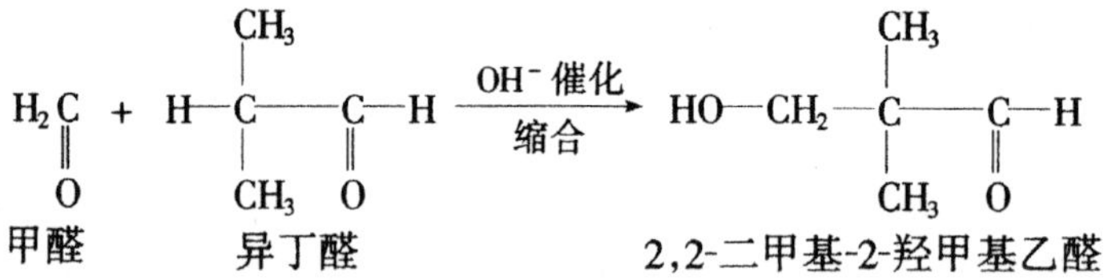

在碱性介质中,上述这个没有 α-H 的高碳醛可以与甲醛进一步发生交叉 Cannizzaro 反应。这时高碳醛中的醛基被还原成羟甲基(醇基),而甲醛则被氧化成甲酸。例如,异丁醛与过量的甲醛作用,可直接制得 2,2-二甲基-1,3-丙二醇(季戊二醇):

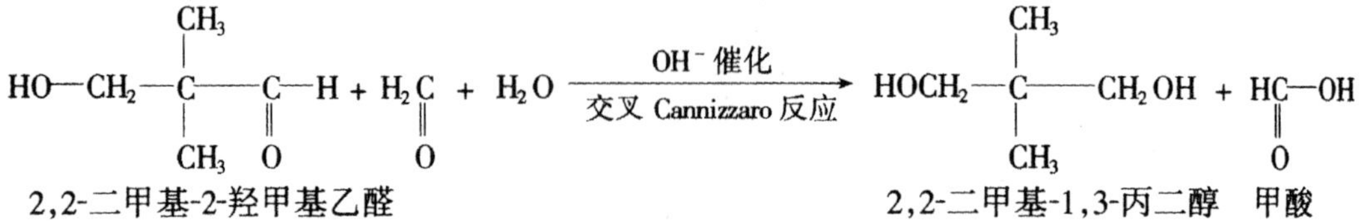

利用甲醛向醛或酮分子中的羰基 α-碳原子上引入一个或多个羟甲基的反应叫做羟甲基化或 Tollens 缩合。利用这个反应可以制备多羟基化合物。例如,过量甲醛在碱的催化作用下与含有三个活泼 α-H 的乙醛结合可制得三羟甲基乙醛,它再被过量的甲醛还原即得到季戊四醇:

$$3\ H_2C{=}O + H{-}\overset{\overset{H}{|}}{\underset{\underset{O}{\parallel}}{C}}{-}\overset{\overset{H}{|}}{\underset{\underset{H O}{}}{C}}{-}H \xrightarrow[\text{缩合}]{OH^- \text{催化}} (HOCH_2)_3{-}\overset{}{\underset{\underset{O}{\parallel}}{C}}{-}\overset{}{\underset{\underset{O}{\parallel}}{C}}{-}H \xrightarrow[-HCOOH]{+H_2C{=}O\ \text{还原}} \underset{\text{季戊四醇}}{C(CH_2OH)_4}$$

4. 芳醛与含有 α-H 的醛、酮的缩合

芳醛也没有羰基 α-H,但是它可以与含有活泼 α-H 的脂醛缩合,然后消除脱水生成 β-苯基 α,β 不饱和醛。这个反应又叫做 Claisen-Schimidt 反应。例如,苯甲醛与乙醛缩合可制得 β-苯基丙烯醛(肉桂醛):

$$\underset{\text{苯甲醛}}{\text{PhC}(=\!O)\text{H}} + \underset{\text{乙醛}}{CH_3{-}C(=\!O){-}H} \xrightarrow[\text{缩合}]{OH^- \text{催化}} \left[\text{Ph}{-}\overset{}{\underset{\underset{OH}{}}{CH}}{-}CH{-}\underset{\underset{O}{\parallel}}{C}{-}H \right]$$

$$\xrightarrow[\text{消除脱水}]{-H_2O} \underset{\beta\text{-苯基丙烯醛(肉桂醛)}}{\text{Ph}{-}CH{=}CH{-}\underset{\underset{O}{\parallel}}{C}{-}H}$$

5.3　羧酸及其衍生物缩合

5.3.1　Perkin 反应

Perkin 反应指的是在强碱弱酸盐的催化下,不含 α-H 的芳香醛加热与含 α-H 的脂肪酸酐脱水缩合,生成 β-芳基 α,β-不饱和羧酸的反应。通常使用与脂肪酸酐相对应的脂肪酸盐为催化剂,产物为较大基团处于反位的烯烃。以脂肪酸盐为催化剂时,反应的通式为:

$$\underset{\text{ArC}}{\overset{O}{\overset{\parallel}{\text{ArC}}}}{-}H + CH_3COOCOCH_3 \xrightarrow[\triangle]{CH_3COONa} ArCH{=}CHCOOH$$

式中,Ar 为芳基。反应的机理表示如下:

$$CH_3COOCOCH_3 \underset{}{\overset{CH_3COONa}{\rightleftharpoons}} \bar{C}H_2COOCOCH_3$$

$$\overset{O}{\overset{\parallel}{\text{ArC}}}{-}H + \bar{C}H_2COOCOCH_3 \longrightarrow \underset{\underset{H}{|}}{Ar\overset{\overset{O^-}{|}}{C}}{-}CH_2COOCOCH_3 \longrightarrow \underset{\underset{H}{|}}{Ar\overset{\overset{OH}{|}}{C}}{-}CH_2COOCOCH_3$$

$$\xrightarrow{-H_2O} ArCH{=}CHCOOCOCH_3 \xrightarrow{H_2O} ArCH{=}CHCOOH$$

取代基对 Perkin 反应的难易有影响,如果芳基上连有吸电子基团会增加醛羰基的正电性,易于受到碳负离子的进攻,使反应易于进行,产率较高。如果芳基上连有供电子基团会降低醛羰基的正电性,碳负离子不易进攻醛羰基上的碳原子,使反应难以进行,则产率较低。

由于脂肪酸酐的 α-H 的酸性很弱,反应需要在较高的温度和较长的时间下进行,但由于原料易得,目前仍广泛用于有机合成中。例如,苯甲醛与乙酸酐在乙酸钠催化下在 170℃～180℃温度下加热 5 h,得到肉桂酸。若苯甲醛与丙酸酐在丙酸钠催化下反应则可以合成带有取代基的肉桂酸。

$$PhC\overset{O}{-}H + CH_3COOCOCH_3 \xrightarrow[\triangle]{CH_3COONa} PhCH=CHCOOH$$

$$PhC\overset{O}{-}H + CH_3CH_2COOCOCH_2CH_3 \xrightarrow[\triangle]{CH_3CH_2COONa} PhCH=\overset{CH_3}{\underset{|}{C}}COOH$$

Perkin 反应的主要应用是合成香料-香豆素,在乙酸钠催化下,水杨醛可以与乙酸酐反应一步合成香豆素。反应分两个阶段:①生成丙烯酸类的衍生物,②发生内酯化进行环合。

Perkin 反应一般只限于芳香醛类。但某些杂环醛,如呋喃甲醛也能发生 Perkin 反应产生呋喃丙烯酸,这个产物是医治血吸虫病药物呋喃丙胺的原料。

与脂肪酸酐相比,乙酸和取代乙酸具有更活泼的 α-H,也可以发生 Perkin 反应。如取代苯乙酸类化合物在三乙胺、乙酸酐存在下,与芳醛发生缩合反应生成取代 α-H 苯基肉桂酸类化合物,该产物为一种心血管药物的中间体。

5.3.2 Darzens 反应

Darzens 反应指的是 α-卤代羧酸酯在强碱的作用下活泼 α 氢脱质子生成碳负离子,然再与醛或酮的羰基碳原子进行亲核加成,最后脱卤素负离子而生成 α,β-环氧羧酸酯的反应。其反应通式为:

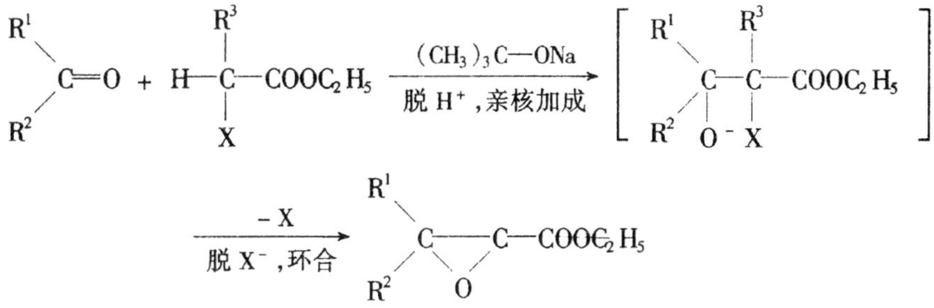

常用的强碱有醇钠、氨基钠和叔丁醇钾等。其中,叔丁醇钾的碱性很强,效果最好。缩合反应发生时,为了避免卤基和酯基的水解,要在无水介质中进行。这个反应中所用的 α-卤代羧酸酯一般都是 α-氯代羧酸酯,也可用于 α-氯代酮的缩合。除用于脂醛时收率不高外,用于芳醛、脂酮、脂环酮以及 α,β-不饱和酮时都可得到良好结果。

由 Darzens 缩合制得的 α,β-环氧酸酯用碱性水溶液使酯基水解,再酸化成游离羧酸,并加热脱羧可制得比原料所用的酮(或醛)多一个碳原子的酮(或醛)。其反应通式:

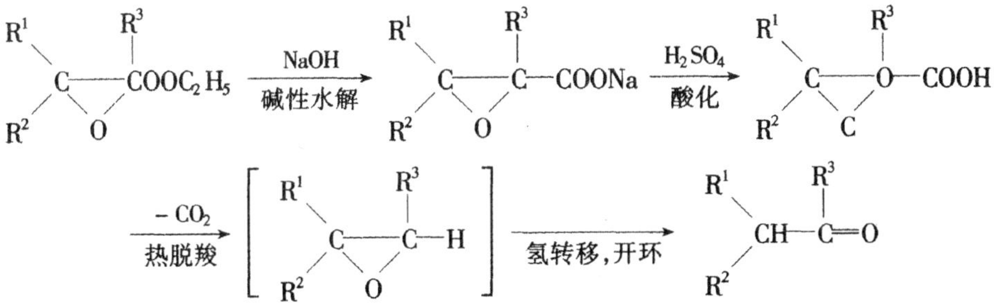

该反应对于某些酮或醛的制备有一定的用途。例如由 2-十一酮与氯乙酸乙酯综合、水解、酸化、热脱羧可制得 2-甲基十一醛:

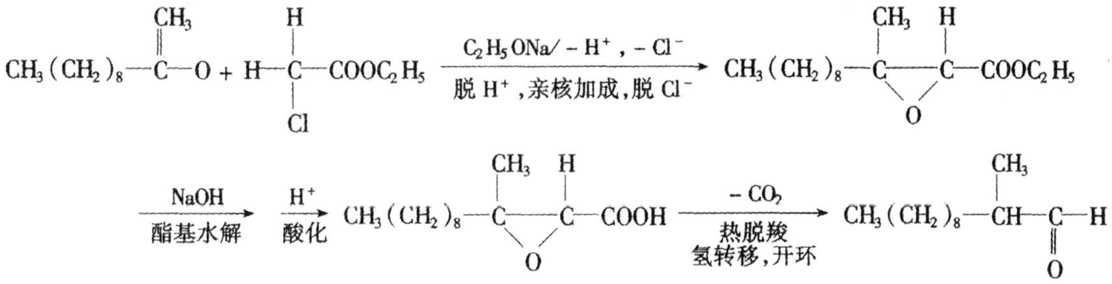

5.3.3 Knoevenagel 反应

Knoevenagel 反应是指在氨、胺或它们的羧酸盐等弱碱性催化剂的作用下,醛、酮与含活泼亚甲基的化合物(如丙二酸、丙二酸酯、氰乙酸酯等)将发生缩合反应,生成 α,β-不饱和化合物的反应。该缩合反应通式为:

式中,R、R′为脂烃基、芳烃基或氢;X、Y为吸电子基团。

这个反应的机理解释主要有以下两种:

①类似羟醛缩合反应机理。具有活泼亚甲基的化合物在碱性催化剂(B)存在下,首先形成碳负离子,然后向醛、酮羰基进行亲核加成,加成物消除水分子,形成不饱和化合物。

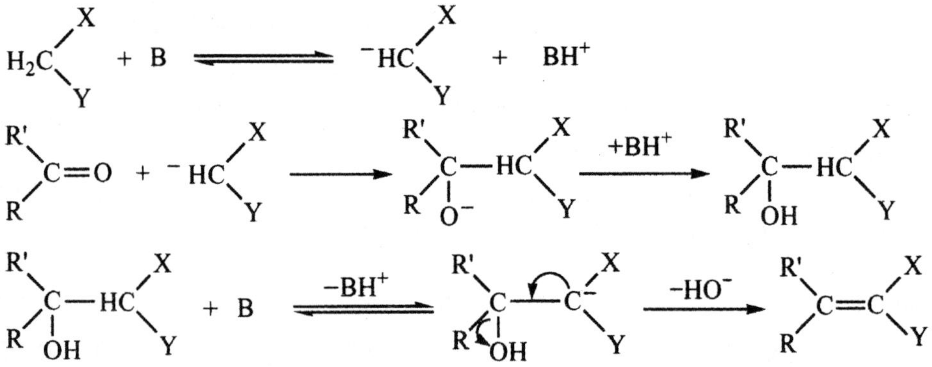

②亚胺过渡态机理。在铵盐、伯胺、仲胺催化下,醛或酮形成亚胺过渡态后,再与活泼亚甲基的碳负离子加成,加成物在酸的作用下消除氨分子,得不饱和化合物。

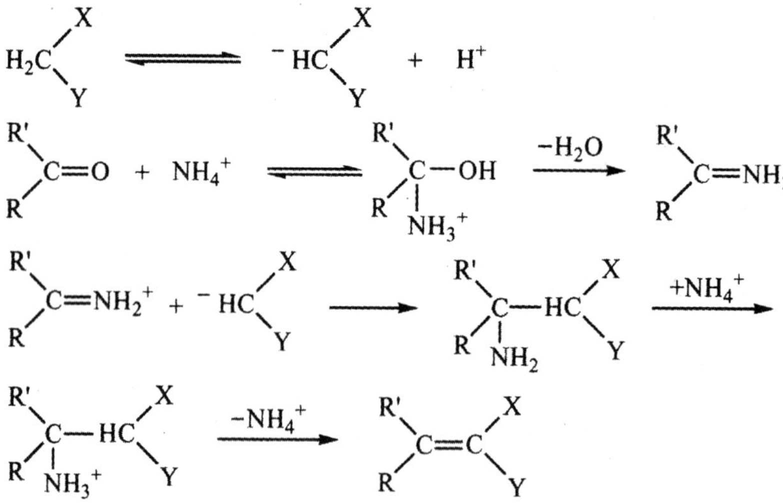

Knoevenagel反应在有机合成中,尤其在药物合成中应用很广。例如,丙二酸在吡啶的催化下与醛缩合、脱羧可制得 β-取代丙烯酸。

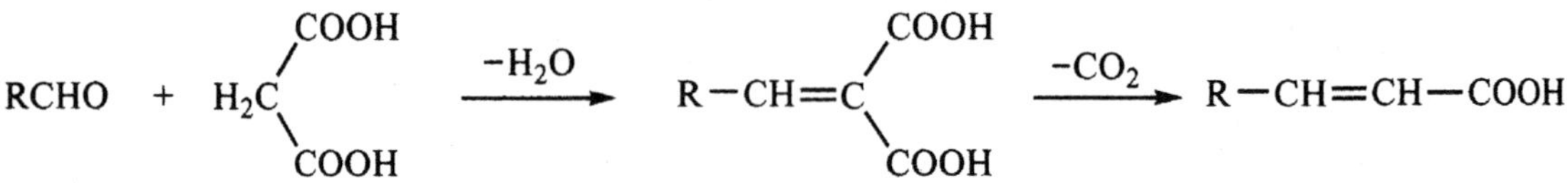

采用该反应制备 β-取代丙烯酸适用于有取代基的芳醛或酯醛的缩合，反应条件温和，速度快，收率高，产品纯度高。但是，丙二酸的价格比乙酸酐贵得多，在制备 β-取代丙烯酸时，经济方面不如 Perkin 反应。

这类反应是以 Lewis 酸或碱为催化剂的，在液相中，特别是在有机溶剂中通过加热来进行，也可采用胺、氨、吡啶、哌啶等有机碱或它们的羧酸盐等作为催化剂，在均相或非均相中反应，一般需要时间较长，而且产率较低。随着新技术、新试剂及新体系的引入，对此类反应也不断出现新的研究成果。

5.3.4　Stobbe 反应

Stobbe 反应是指在强碱的催化作用下，丁二酸二乙酯与醛、酮羰基发生缩合，生成 α-亚烃基丁二酸单酯的反应。Stobbe 缩合主要用于酮类反应物。该反应常用的催化剂为醇钠、醇钾、氢化钠等。反应的通式为：

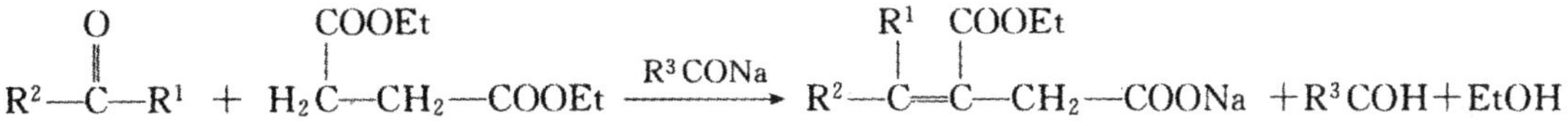

O
R²—C—R¹
+
COOEt
H₂C—CH₂—COOEt
R³CONa
R¹
COOEt
R²—C═C—CH₂—COONa
+R³COH+EtOH

式中，R^1、R^2 为烷基、芳基或氢；R^3 为烷基。

在强碱的催化作用下，丁二酸二酯上的活泼 α-H 脱去，生成碳负离子，然后亲核进攻醛、酮羰基的碳原子。

α-萘满酮是生产选矿阻浮剂和杀虫剂的重要中间体，以苯甲醛为原料，通过 Stobbe 反应进行合成。

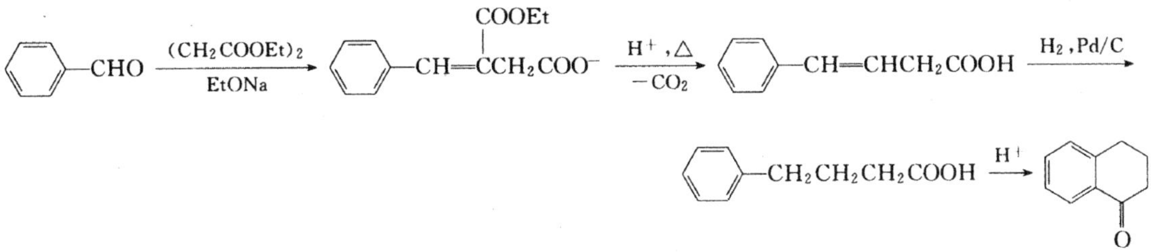

CHO
(CH₂COOEt)₂
EtONa
COOEt
CH═CCH₂COO⁻
H⁺,△
−CO₂
CH═CHCH₂COOH
H₂,Pd/C
CH₂CH₂CH₂COOH
H⁺
O

α-亚烃基丁二酸单酯盐在稀酸中可以酸化成羧酸酯，如果在强酸中加热，则可发生水解并脱羧的反应，产物为比原来的醛酮多三个碳的 β,γ-不饱和酸。

R¹
R²
C═C
CH₂COO⁻
COOEt
H₃O⁺
CH₂COOH
COOEt
H⁺,△
−CO₂
C═CHCH₂COOH

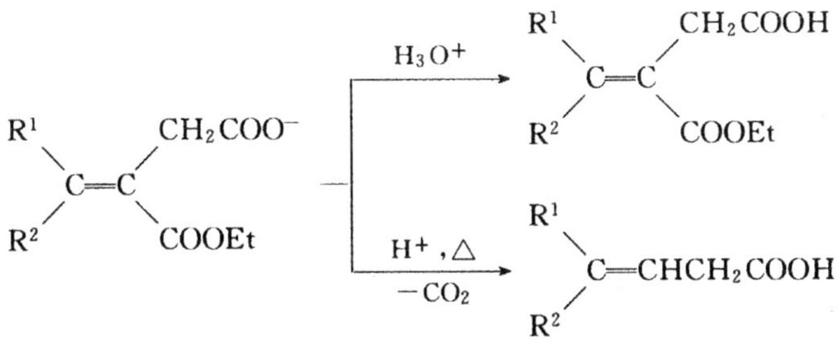

5.3.5 Wittig 反应

Wittig 反应是形成碳碳双键的一个重要方法,它指的是羰基化合物与 Wittig 试剂(烃代亚甲基三苯基膦)反应合成烯类化合物的反应。该反应的结果是把烃代亚甲基三苯基膦的烃代亚甲基与醛、酮的氧原子交换,产生一个烯烃。

$$(C_6H_5)_3P=C\underset{R}{\overset{R'}{<}} \quad + \quad \underset{R'''}{\overset{R''}{>}}C=O \quad \longrightarrow \quad \underset{R'''}{\overset{R''}{>}}C=C\underset{R}{\overset{R'}{<}} \quad + \quad (C_6H_5)_3P=O$$

烃代亚甲基三苯基膦是一种黄红色的化合物,由三苯基膦与卤代烷反应得到。根据 R、R′ 结构的不同,可将磷叶立德分为三类:当 R、R′为强吸电子基团(如—COOCH₃、—CN 等时,为稳定的叶立德;当 R、R′为烷基时,为活泼的叶立德;当 R、R′为烯基或芳基时,为中等活度的叶立德。磷叶立德是由三苯基膦和卤代烷反应而得。在制备活泼的叶立德时必须用丁基锂、苯基锂、氨基锂和氨基钠等强碱;而制备稳定的叶立德,由于季磷盐 α-H 酸性较大,用醇钠甚至氢氧化钠即可,反应式为:

$$(C_6H_5)_3P \; + \; \underset{R}{\overset{R'}{>}}CH-X \; \longrightarrow \; \left[(C_6H_5)_3\overset{+}{P}-CH\underset{R}{\overset{R'}{<}}\right]X^- \; \overset{碱}{\longrightarrow} \; (C_6H_5)_3P=C\underset{R}{\overset{R'}{<}}$$

基于 Wittig 反应产率好、立体选择性高且反应条件温和的特点,它在有机合成中的应用较为广泛,尤其在合成某些天然有机化合物(如萜类、甾体、维生素 A 和 D、植物色素、昆虫信息素等)领域内,具有独特的作用。例如,维生素 D₂ 的合成:

在荧光增白剂的生产和合成研究中 Wittig 反应的应用也比较广泛,如聚合型荧光增白剂中的带水溶性基团的聚酯型共聚物,其中间体就是通过 Wittig 反应来制备的。

5.4　醛酮与醇的缩合

在酸性催化剂作用下,醛、酮很容易与两分子醇缩合,失水变为缩醛或缩酮类化合物。这个反应常被用于工业制备中保护羰基。其反应通式如下:

$$\begin{array}{c} R \\ C=O \\ R' \end{array} + 2R''CH_2OH \rightleftharpoons \begin{array}{c} R \quad OCH_2R'' \\ C \\ R' \quad OCH_2R'' \end{array} + H_2O$$

当 R' 为 H 时,为缩醛;当 R'＝R 时,为缩酮;当两个 R'' 一起共同构成—CH₂CH₂—时,为茂烷类;当两个 R'' 一起共同构成—CH₂CH₂CH₂—时,为噁烷类。这种缩合反应需用无水醇类和无水酸类作催化剂,常用的是干燥氯化氢气体或对甲苯磺酸,也有采用草酸、柠檬酸、磷酸或阳离子交换树脂等。

在制备缩醛二乙醇时,常常利用乙醇、水和苯的共沸原理,帮助去除反应生成的水。形成缩醛要经过许多中间步骤,其反应历程如下:

$$\begin{array}{c} R \\ C=O \\ H \end{array} + H^+ \rightleftharpoons \left[\begin{array}{c} R \\ C=\overset{+}{O}H \\ H \end{array} \right] \xrightarrow{R'OH,-H^+} \begin{array}{c} OR' \\ R-C-OH \\ H \end{array} \xrightarrow{H^+} \left[\begin{array}{c} H \overset{+}{O} R' \\ R-C-OH \\ H \end{array} \right]$$

$$\rightleftharpoons \left[\begin{array}{c} OR' \quad H \\ R-C-\overset{+}{O} \\ H \quad H \end{array} \right] \rightleftharpoons \begin{array}{c} R \\ C=\overset{+}{O}R' \\ H \end{array} \xrightarrow{R'OH,-H^+} \begin{array}{c} OR' \\ R-C-OR' \\ H \end{array}$$

上面各反应步骤均是可逆反应,酸催化下可以生成缩醛,缩醛也可被酸分解为原来的醛和醇。需要注意的是,为了使平衡有利于缩醛的生成,还必须及时去除反应生成的水。

在上述反应条件下,基于平衡反应偏向于反应物方面,酮通常是不能生成缩酮。为了制备缩酮应设法把反应生成的水除去,使平衡移向缩酮产物。此外,另一种制备缩酮的方法是用原甲酸酯而不是不用醇进行反应的,这样可以保证得到较高的产率。例如,酮和原甲酸乙酯的反应式:

$$\begin{array}{c} R \\ C=O \\ H \end{array} + HC(OC_2H_5)_3 \longrightarrow \begin{array}{c} R \quad OC_2H_5 \\ C \\ R \quad OC_2H_5 \end{array} + HCOOC_2H_5$$

在工业上,醛和酮的二醇缩合具有重要用途,如性能优良的维尼纶合成纤维就是利用上述缩合原理,使水溶性聚乙烯醇在硫酸催化下与甲醛反应,生成缩醛,变为不溶于水。精细有机合成中也常用此类反应来制备缩羰基类化合物,这是一类合成香料。例如,柠檬醛和原甲酸三乙酯在对甲苯磺酸催化下可以缩合成二乙缩柠檬醛,收率可达 $85\% \sim 92\%$。

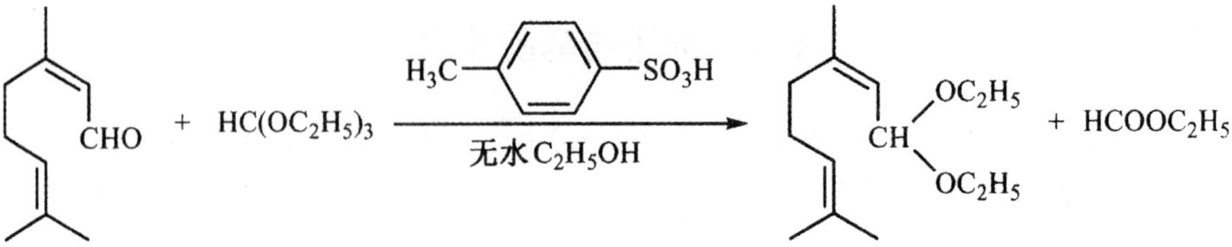

5.5 酯的缩合

酯与具有活泼亚甲基的化合物在适宜的碱催化下脱醇缩合,生成 β 羰基类化合物的反应称为酯缩合反应,又称 Claisen 缩合。具有活泼亚甲基的化合物可以是酯、酮、腈,其中以酯与酯的缩合较为重要,应用广泛。

脂和含有活性甲基或亚甲基的羰基化合物在强碱作用下,羰基化合物生成 α-碳负离子或烯醇盐。碳负离子作为亲核试剂进攻脂的羰基发生亲核加成-消去反应,生成 β-羟基化合物。该反应是 Claisen 缩合反应。反应机理如下:

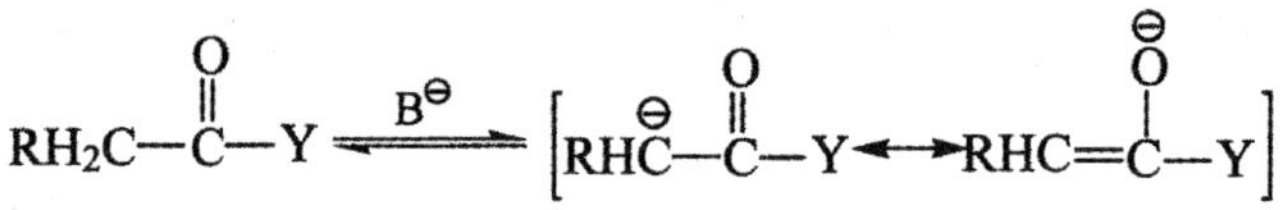

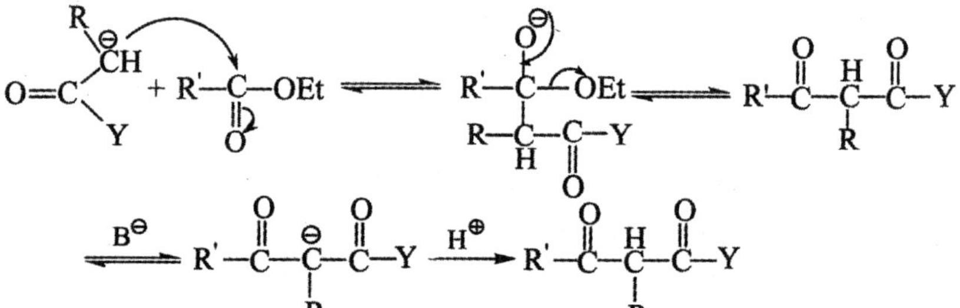

Y 为烃基或烷氧基,该缩合反应的催化剂可以是 RONa、NaNH$_2$、NaH 等强碱催化剂。Claisen 缩合反应又可分为脂-脂合反应和羰-脂缩合反应两类。

5.5.1 脂-脂缩合反应

脂-脂缩合反应是指在醇钠的催化作用下,酯分子中的 α-活泼氢可与另一分子酯脱去一分子醇而互相缩合的反应。例如,两分子乙酸乙酯在乙醇钠作用下脱去一分子乙醇而生成乙酰乙酸乙酯。

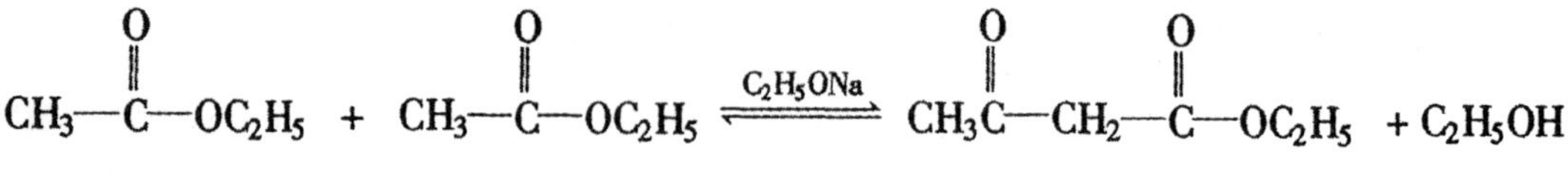

$$\underset{\substack{\| \\ \text{O}}}{\text{R—C—Y}} \quad + \quad \underset{\substack{| \quad \| \\ \quad \text{O}}}{\text{H—C—C—}} \longrightarrow \underset{\substack{\| \quad | \quad \| \\ \text{O} \quad \quad \text{O}}}{\text{R—C—C—C—}} + \text{HY}$$

（酯、酰卤或酸酐等提供酰基）（酯、醛或酮等提供 α – H）（β – 二羰基化合物）

上述类型反应总称为克莱森（Claise）缩合反应，常用于 β-酮酸酯和 β-二酮的制取。

酯与酯的缩合大致可分三种类型：

①相同的酯分子间的缩合称为同酯缩合。

②不同的酯分子间的缩合称为异酯缩合。

③二元羧酸分子内进行的缩合。

（1）酯的自身缩合

酯分子中活泼 α-H 的酸性不如醛、酮大，酯羰基碳上的正电荷也比醛、酮小，加上酯易发生水解的特点，故在一般羟醛缩合反应条件下，酯不能发生类似的缩合。

在无水条件下，使用活性更强的碱作催化剂，两分子的酯可以通过消除一分子的醇缩合在一起，总反应式如下：

$$\underset{\substack{\| \\ \text{O}}}{\text{RCH}_2\text{—C—OC}_2\text{H}_5} + \underset{\substack{| \\ \text{R}}}{\text{HCH—COOC}_2\text{H}_5} \xrightarrow[\text{2) H}^+]{\text{1) EtONa}} \underset{\substack{\| \quad \quad | \\ \text{O} \quad \quad \text{R}}}{\text{RCH}_2\text{—C—CH—COOC}_2\text{H}_5} + \text{C}_2\text{H}_5\text{OH}$$

其反应历程为：在催化剂乙醇钠的作用下，酯先生成负碳离子，并向另一分子酯的羰基碳原子进行亲核进攻，得初始加成物；初始加成物消除烷氧负离子，生成 β-酮酸酯。反应历程为：

$$\text{RCH}_2\text{COOC}_2\text{H}_5 + \text{C}_2\text{H}_5\text{ONa} \rightleftharpoons \left[\underset{\substack{| \\ \text{OC}_2\text{H}_5}}{\overset{-}{\text{RCH}}\text{—}\underset{\substack{\| \\ \text{O}}}{\text{C}}} \longleftrightarrow \text{RCH}=\underset{\substack{| \\ \text{OC}_2\text{H}_5}}{\overset{\overset{\text{O}^-}{\|}}{\text{C}}} \right] \text{Na}^+ + \text{C}_2\text{H}_5\text{OH}$$

$$\underset{\substack{| \\ \text{OC}_2\text{H}_5}}{\underset{\substack{\| \\ \text{O}}}{\text{RCH}_2\text{—C}}} + \left[\underset{\substack{| \\ \text{R}}}{\overset{-}{\text{CH}}\text{—}\underset{\substack{\| \\ \text{O}}}{\text{C}}\text{—OC}_2\text{H}_5} \right] \text{Na}^+ \rightleftharpoons \text{RCH}_2\text{—}\underset{\substack{| \\ \text{OC}_2\text{H}_5}}{\overset{\overset{\text{O}^-\text{Na}^+}{|}}{\text{C}}}\text{—}\underset{\substack{| \\ \text{R}}}{\text{CH}}\text{—COOC}_2\text{H}_5$$

$$\rightleftharpoons \underset{\substack{\| \quad \quad | \\ \text{O} \quad \quad \text{R}}}{\text{RCH}_2\text{—C—CH—COOC}_2\text{H}_5} + \text{C}_2\text{H}_5\text{ONa}$$

一般来说，含有活泼 α-H 的酯均可发生自身缩合反应。当含两个或三个活泼 α-H 的酯缩合时，产物 β-酮酸酯的酸性比醇大得多，在有足够量的醇钠等碱性催化剂作用下，产物几乎可以全部转化成稳定的 β-酮酸酯钠盐，从而使反应平衡向右移动。当含一个活泼 α-H 的酯缩合时，因其缩合产物不能与醇钠等碱性催化剂成盐，不能使平衡右移，因此，必须使用比醇钠更强的碱,以促使反应顺利进行。

酯缩合反应需用强碱作催化剂,催化剂的碱性越强,越有利于酯形成负碳离子而使平衡向生成物方向移动。常用碱催化剂有醇钠、氨基钠、氢化钠和三苯甲基钠。碱强度按上述顺序渐强。催化剂的选择和用量因酯活泼 α-H 的酸度大小而定。活泼 α-H 酸性强,选用相对碱性较弱的醇钠,用量相对也较小;活泼 α-H 酸性弱,选用强碱,用量也增大。

酯缩合反应在非质子溶剂中进行比较顺利。常用的溶剂有乙醚、四氢呋喃、乙二醇二甲醚、苯及其同系物,二甲基亚砜(DMSO)、二甲基甲酰胺(DMF)等。有些反应也可以不用溶剂。酯合反应需在无水条件下完成,这是由于催化剂遇水容易分解并有氢氧化钠生成,后者可使酯水解皂化,从而影响酯缩合反应进行。

(2)混合酯缩合

类似于两个不同的但都含 α-活泼氢的醛进行醇醛缩合,如果使用两个不同的但都含有 α-活泼氢的酯进行混合缩合,理论上将得到四种不同的产物,且不容易分离,但这种合成产物并没有多大的价值。因此混合酯缩合一般采用一个含有活泼氢而另一个不含活泼氢的酯进行缩合,这样就能得到单一的产物。常用的不含 α-活泼氢的酯有甲酸酯、苯甲酸酯和乙二酸酯。

乙二酸酯由于有相邻的两个酯基而增加了羰基的活性,因此它和别的酯发生缩合反应相对比较容易。

$$C_2H_5OC-C-OC_2H_5 + CH_3CH_2C-OC_2H_5 \xrightarrow[②H^+]{①NaOC_2H_5} CH_3CHCOOC_2H_5 \ (COCOOC_2H_5)$$

与乙二酸酯缩合的是长碳链的脂肪酸酯时,其产率很低,若想提高产率,就可采用把产物乙醇蒸出反应系统的方法。

$$(COOC_2H_5)_2 + C_{16}H_{33}COOC_2H_5 \xrightarrow[②H^+]{①NaOC_2H_5} C_{15}H_{31}CHCOOC_2H_5 \ (COCOOC_2H_5)$$

乙二酸酯的缩合产物中含有一个 α-羧基酸酯的基团,加热时会失去一分子一氧化碳,成为取代的丙二酸酯。例如,苯基取代的丙二酸酯,不能用溴苯进行芳基化来制取,但可用下法制得。

$$C_6H_5CH_2COOC_2H_5 + (COOC_2H_5)_2 \xrightarrow[②H^+]{①C_2H_5ONa}$$

$$C_6H_5CHCO_2C_2H_5 \ (COCO_2C_2H_5) \xrightarrow[-CO]{175℃} C_6H_5-CHCO_2C_2H_5 \ (CO_2C_2H_5)$$

在醇钠催化作用下,用甲酸乙酯与苯乙酸乙酯缩合可得 β-甲酰苯乙酸乙酯,再经催化氢化,可得颠茄酸酯。

$$C_6H_5CH_2CO_2C_2H_5 + HCOOC_2H_5 \xrightarrow{CH_3ONa} C_6H_5CHCO_2C_2H_5 \ (CHO) \xrightarrow{H_2/Ni} C_6H_5CHCOOC_2H_5 \ (CH_2OH)$$

基于苯甲酸酯的羰基不够活泼这样特点,在缩合过程中需要用到更强的碱,如 NaH,以使含及一活泼氢的酯产生更多的负碳离子,保证反应能够顺利进行。

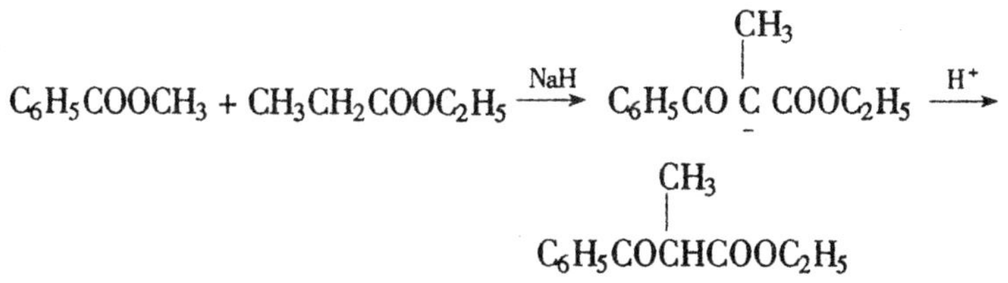

$$C_6H_5COOCH_3 + CH_3CH_2COOC_2H_5 \xrightarrow{NaH} C_6H_5CO\underset{\underset{CH_3}{|}}{\overset{\overset{CH_3}{|}}{C}}COOC_2H_5 \xrightarrow{H^+}$$

$$\underset{CH_3}{\overset{CH_3}{C_6H_5COCHCOOC_2H_5}}$$

(3)分子内酯酯缩合

二元酸酯可以发生分子内的和分子间的酯缩合反应。

当分子中的两个酯基被三个以上的上的碳原子隔开时,就会发生分子内的缩合反应,形成五员环或六员环的酯,这种环化酯缩合反应又称为狄克曼反应。例如

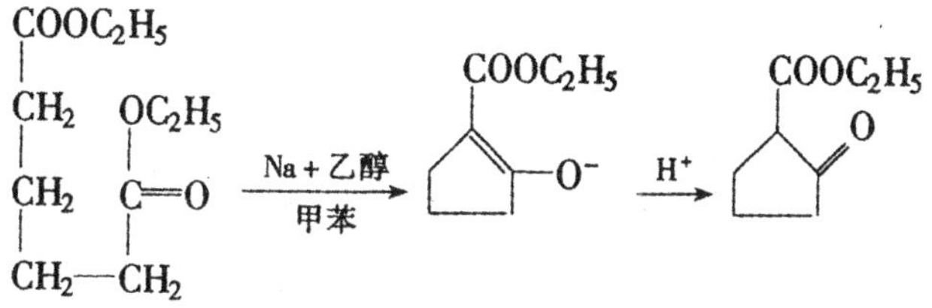

当两个酯基之间只被三个或三个以下的碳原子隔开时,就不能发生闭环酯缩合反应,而是形成四员环或小于四员环的体系。可以利用这种二元酸酯与不含 α-活泼氢的二元酸进行分子间缩合,同样也可得到环状羰基酯。例如,在合成樟脑时,其中有一步反应就是用 β—二甲基戊二酸酯与草酸酯缩合,得到五员环的二 β-羰基酯。

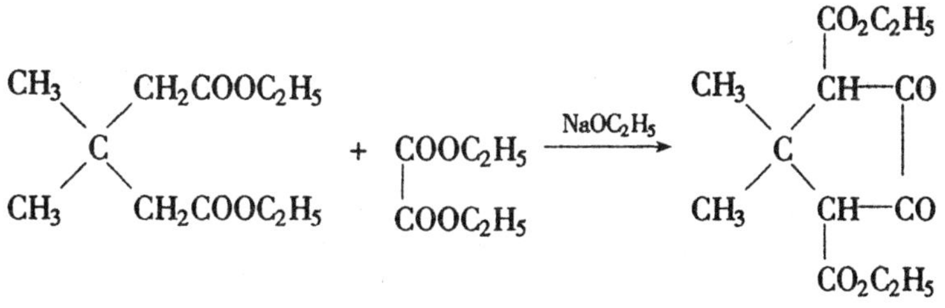

5.5.2　酯-酮缩合反应

酯-酮缩合的反应机理与酯-酯缩合类似。在碱性催化剂作用下,酮比酯更容易形成碳负离子,因此产物中常混有酮自身缩合的副产物;若酯比酮更容易形成碳负离子,则产物中混有酯自身缩合的副产物。显然,不含 α-活泼氢的酯与酮间的缩合所得到的产物纯度更高。

在碱性条件下,具有 α-H 的酮与酯缩合失去醇生成 β-二酮:

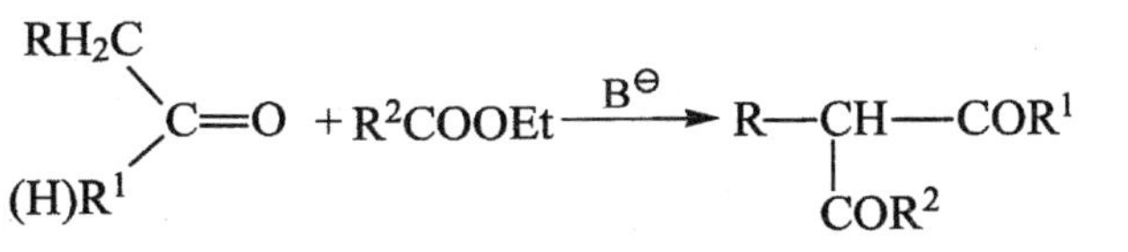

为了防止醛酮和酯都会发生自缩合反应,一般将反应物醛酮和酯的混合溶液在搅拌下滴加到含有碱催化剂的溶液中。醛酮的 α-碳负离子亲核进攻酯羰基的碳原子。由于位阻和电子效应两方面的原因,草酸酯、甲酸酯和苯甲酸酯比一般的羧酸酯活泼。

5.6 烯键参加的缩合反应

5.6.1 Prins 反应

烯烃与醛在酸催化下加成而得 1,3-二醇或其环状缩醛 1,3-二氧六环及 α-烯醇的反应称 Prins 反应,反应如下:

$$
\text{HCH} + \text{RCH}=\text{CH}_2 \xrightarrow{\text{H}^+/\text{H}_2\text{O}} \text{RCHCH}_2\text{CH}_2\text{OH} \quad \left(\text{或 RCH}=\text{CH}_2\text{CH}_2\text{OH 或} \right)
$$

甲醛在酸催化下被质子化形成碳正离子,然后与烯烃进行亲核加成。根据反应条件不同,加成物脱氢得 α-烯醇,或与水反应得 1,3-二醇,后者可与另一分子甲醛缩醛化得 1,3-二氧六环型产物。此反应可看作在不饱和烃上经加成引入一个羟甲基的反应。

$$
\text{H}-\overset{\text{O}}{\overset{\|}{\text{C}}}-\text{H} \xrightarrow{\text{H}^+} \text{H}-\overset{\text{OH}}{\overset{|}{\underset{+}{\text{C}}}}-\text{H} \xrightarrow{\text{RCH}=\text{CH}_2} \text{R}\overset{+}{\text{C}}\text{HCH}_2\text{CH}_2\text{OH} \xrightarrow{-\text{H}^+} \text{RCH}=\text{CHCH}_2\text{OH}
$$

$$
\xrightarrow{\text{H}_2\text{O}} \text{RCH}-\text{CH}_2-\text{CH}_2\text{OH} \xrightarrow[\text{-H}_2\text{O}]{\text{HCH}} \text{R}
$$

反应通常用稀硫酸催化,亦可用磷酸、强酸性离子交换树脂以及 BF_3、ZnCl_2 等 Lewis 酸作催化剂。如用盐酸催化,则可能产生严氯代醇的副反应,例如:

$$
+\text{HCl} \longrightarrow \text{RCH}-\text{CH}-\text{CH}_2\text{OH} \quad \left[\text{或 RCH}-\text{CH}-\text{CH}_2\text{Cl} \right]
$$

也能使生成的环状缩醛转化为 γ-氯代醇。

$$
+ \text{HCHO} \xrightarrow{\text{HCl/ZnCl}_2}
$$

生成 1,3-二醇和环状缩醛的比例取决于烯烃的结构、催化剂的浓度以及反应温度等因素。乙烯本身参加反应需要相当剧烈的条件,反应较难进行,而烃基取代的烯烃反应比较容易,RCH—CHR 型烯烃反应主要得到 1,3-二醇,但收率较低。而(R)$_2$C—CH$_2$ 或 RCH—CH$_2$ 型烯烃反应后主要得环状缩醛,收率也较好。反应条件也有一定影响,如果缩合反应在 25℃～26℃和质量分数为 20%～65%的硫酸溶液中进行,主要生成环状缩醛及少量 1,3-二醇副产物。

若提高反应温度,产物则以 1,3-二醇为主。例如,异丁烯与甲醛缩合,采用 25%的 H$_2$SO$_4$ 催化,配比为异丁烯:甲醛＝0.73:1,硫酸:甲醛＝0.073:1,主要产物为 1,3-二醇。

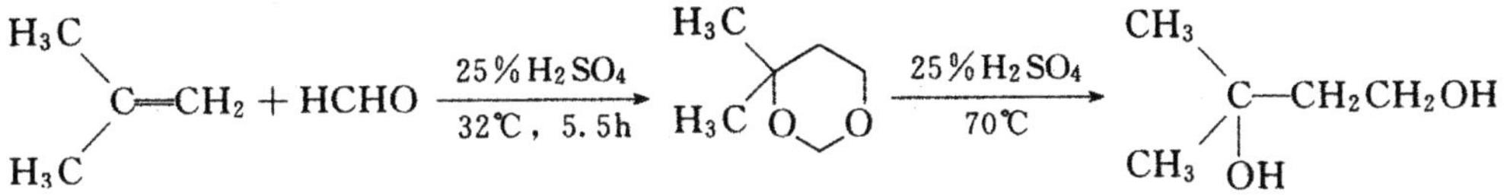

某些环状缩醛,特别是由 RCH═CH$_2$ 或 RCH-CHR$'$ 形成的环状缩醛,在酸液中较高温度下水解,或在浓硫酸中与甲醇在一起回流醇解均可得 1,3-二醇。

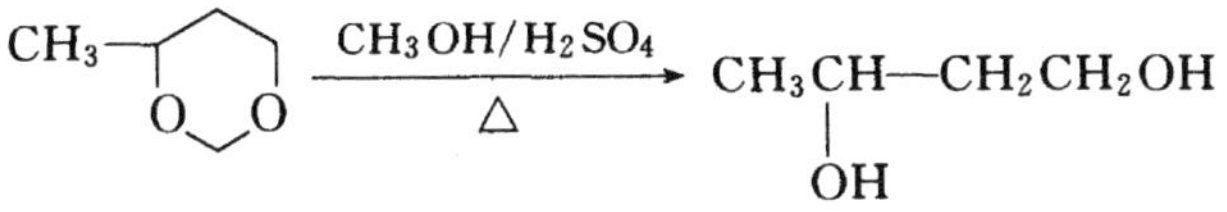

Prins 反应中,除使用甲醛外,亦可使用其他醛,例如:

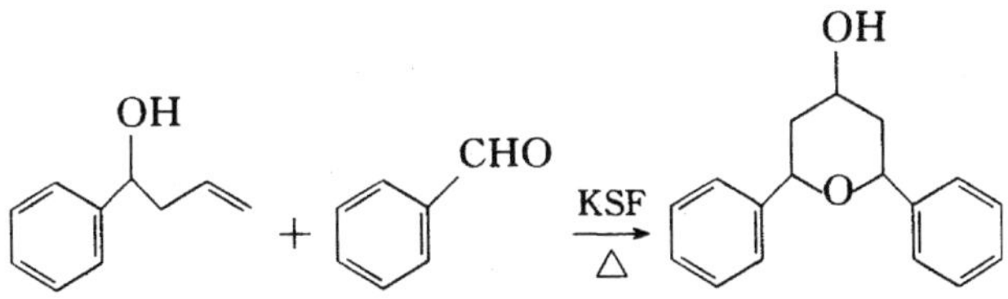

苯乙烯与甲醛亦可进行 Prins 缩合。

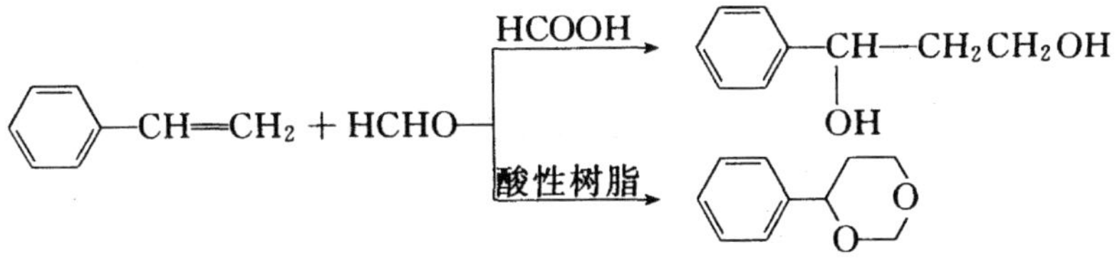

5.6.2　Diels-Alder 反应

共轭二烯与烯烃、炔烃进行加成,生成环己烯衍生物的反应称为 Diels-Alder 反应,也称为双烯合成反应。它是六个 π 电子参与的[4+2]环加成协同反应。共轭二烯简称二烯,而与其加成的烯烃、炔烃称为亲二烯。亲二烯加到二烯的 1,4-位上。

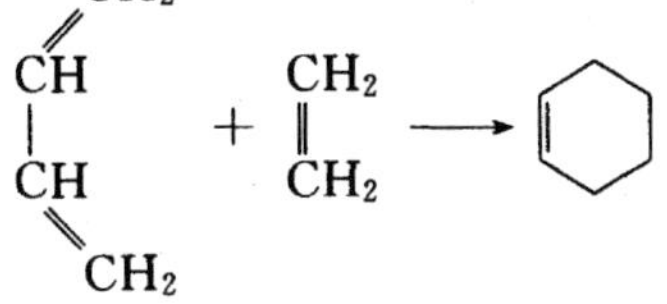

参加 Diels-Alder 反应的亲二烯,不饱和键上连有吸电子基团(—CHO、—COR、—COOH、—COCl、—COOR、—CN、—NO$_2$、—SO$_2$Ar 等)时容易进行反应,而且不饱和碳原子上吸电子基团越多,吸电子能力越强,反应速率亦越快。其中,α 不饱和羰基化合物与 β-不饱和羰基化合物为最重要的亲二烯。对于共轭二烯来说,分子中连有给电子基团时,可使反应速率加快,取代基的给电子能力越强,二烯的反应速率越快。另外,共轭二烯可以是开链的、环内的、环外的、环间的或环内-环外的。

发生 Diels-Alder 反应时,两个双键必须是顺式,或至少是能够在反应过程中通过单键旋转而转变为顺式构型。

顺式   反式

如果两个双键固定于反式的结构,则不能发生 Diels-A1der 反应。如 Diels-Alder 反应可被 A1Cl$_3$、BF$_3$、SnCl$_4$、TiCl$_4$ 等 Lewis 酸所催化,从而提高反应速率,降低反应条件。其反应式为:

含有杂原子的二烯或亲二烯也能发生 Diels-A1der 反应,生成杂环化合物,如:

此外分子内的 Diels-A1der 反应也能发生,可制备多环化合物。

由于二烯及亲二烯都可以是带有官能团的化合物,因此利用 Diels-Alder 反应可以合成带有不同官能团的环状化合物。

5.7 成环缩合反应

成环缩合反应称为环合或闭环反应,是指在有机化合物分子中形成新的碳环或杂环的反应。根据大量事实,成环缩合反应大致可以归纳出以下规律。

①具有芳香性的六元环和五元环都比较稳定,而且也比较容易形成。

②除了少数以双键加成方式形成环状结构外,大多数环合反应在形成环状结构时,总是脱落某些简单的小分子。

③为了促进上述小分子的脱落,常常需要使用环合促进剂。

④反应物分子中适当位置上必须有反应性基团,使易于发生内分子闭环反应。

杂环缩合反应是染料、农药、医药等精细化学品的合成中比较重要的成环反应。杂环缩合指的是通过碳—杂键、碳—碳键的形成,使开链化合物转变为杂环化合物的反应。杂环中的杂原子可以是 O、N、S、B、P 等,其中最常见的是 O、N、S。

5.7.1 五元杂环的环合反应

1. 含一个杂原子的五元杂环的环合反应

常见的有呋喃、吡咯、噻吩及其衍生物的合成反应。呋喃、吡咯和噻吩的合成方法很多,但可以从这些分子的骨架构成上,将其合成方法按组合方式分为以下几种类型来讨论。

（1）Knorr 反应

α-氨基酮和含活泼亚甲基的羰基化合物的缩合反应称为 Knorr 反应,这是合成吡咯衍生物的一种重要方法。

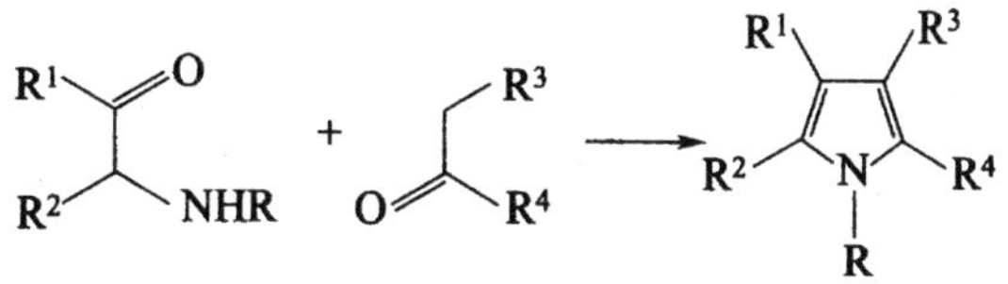

式中,R-H、烷基、芳基,例如:

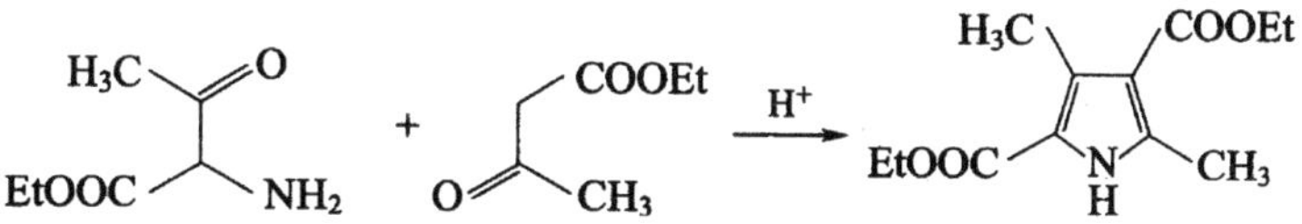

（2）Hinsberg 反应

α-二羰基化合物与活泼的硫醚二羧酸酯作用生成取代噻吩的反应称为 Hinsberg 反应,这是一个应用很广泛的反应。其反应历程表示为:

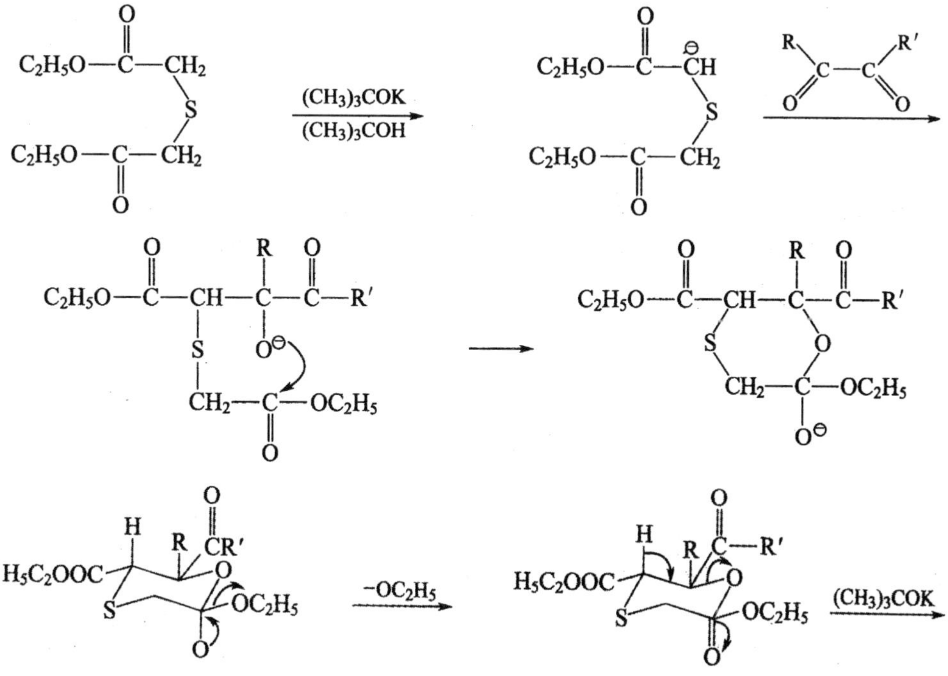

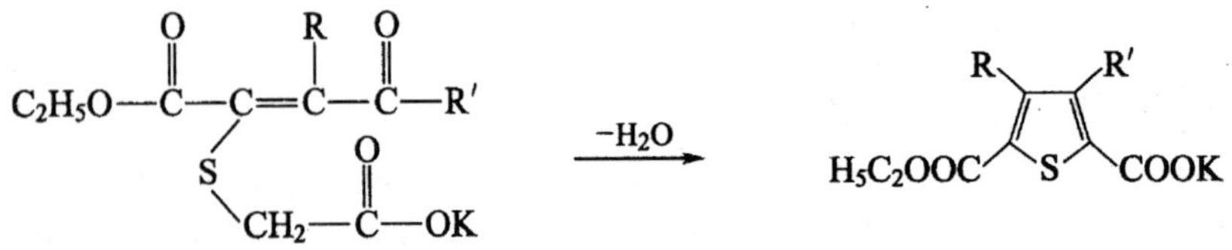

式中，R 和 R′为烷基、芳基、烷氧基、羟基、羧基和氢原子等。当 R＝R′＝C₆H₅ 时，产率为 93%，由上式可见，这个反应是硫醚分子中的 2 个活泼亚甲基对 α-二羰基的两次亲核的加成消除反应。

（3）Hantzsch、Feist-Benary 反应

α-卤代醛（或酮）与 β-羰基酯或其类似物在氨或胺存在下反应，生成吡咯衍生物的反应叫 Hantzsch 反应。

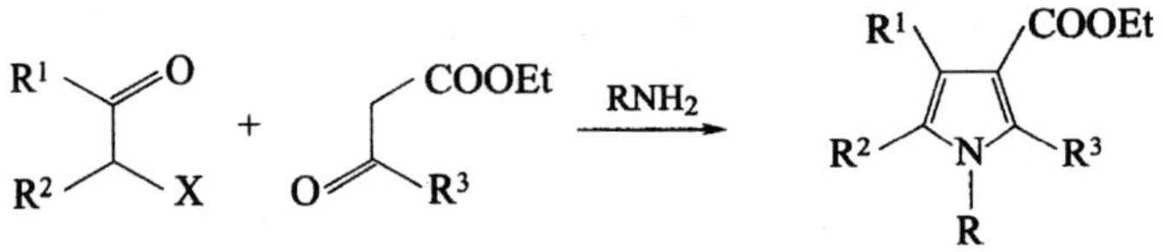

式中，R，R¹，R²，R³＝H、烷基或芳基；X＝Cl 或 Br，例如：

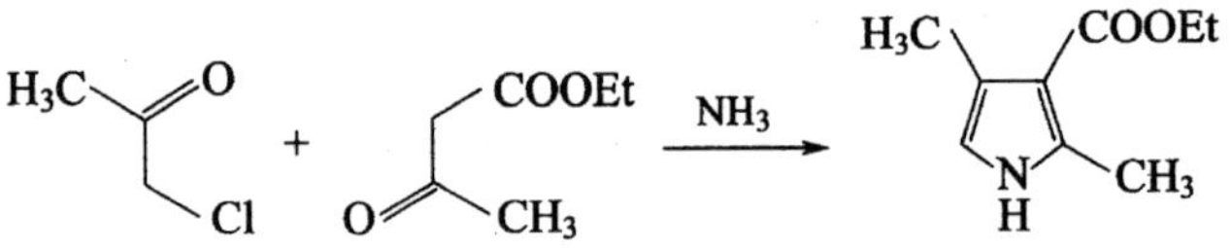

若将上述反应中的氨改为吡啶，则生成呋喃衍生物，该反应称为 Feist-Benary 反应。

（4）Paal-Knorr 反应

1,4-二羰基化合物与适当的试剂作用生成呋喃、吡咯、噻吩及其衍生物的反应称为 Paal-Knorr 反应。这种反应产率高、条件温和，是合成单杂原子五元杂环化合物的重要方法。把催化剂 Bi(OTf)₃ 固定在离子液体[Bmim]BF₄ 中，催化 1,4-二羰基化合物和相应原料选择性地发生 Paal-Knorr 缩合反应，可以高产率地合成吡咯、噻吩和呋喃等五元杂环化合物。

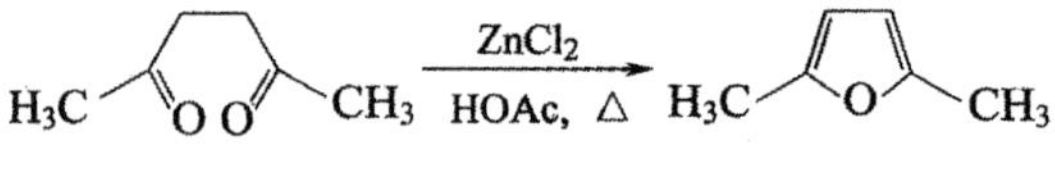

1,4-二羰基化合物与氨、碳酸铵、烷基伯胺、芳胺、杂环取代伯胺、肼和氨基酸等许多含氮化合物都能发生环合反应制得相应的吡咯或吡咯衍生物，例如：

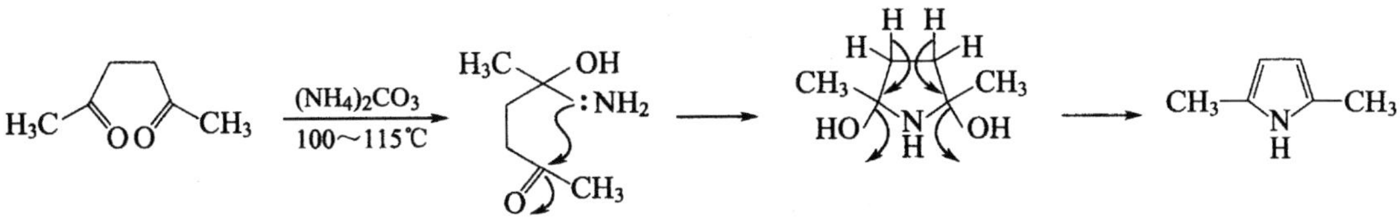

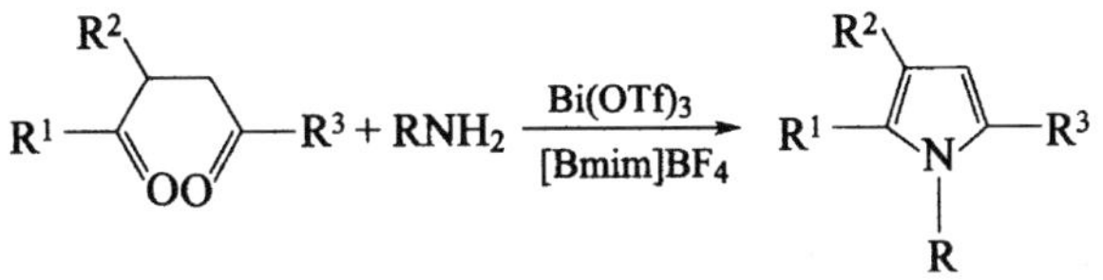

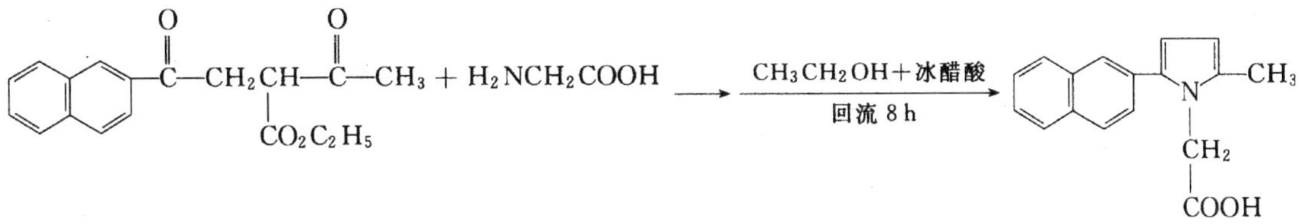

1,4-二羰基化合物与 P_2S_5 反应生成相应的噻吩衍生物,例如:

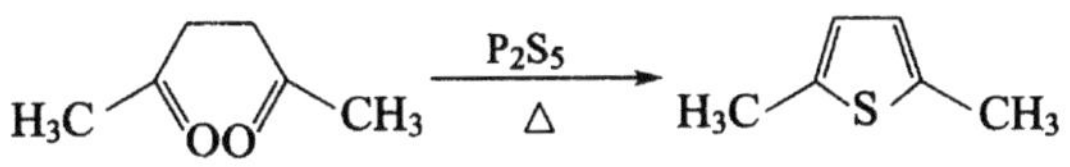

1,4-二羰基化合物本身在浓硫酸等脱水剂的作用下,生成相应的呋喃衍生物。

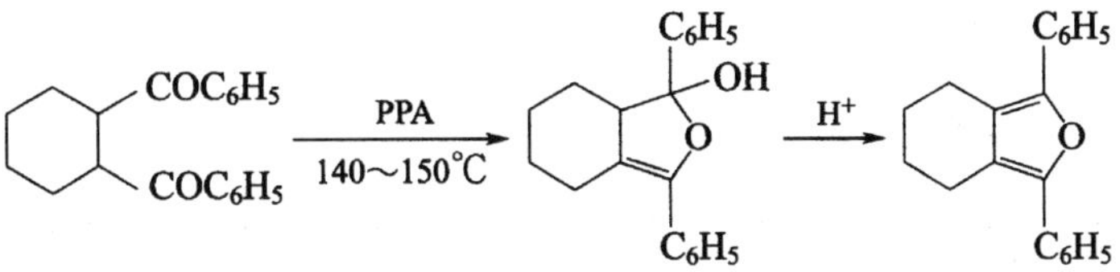

2. 含两个杂原子的五元杂环的环合反应

利用两个相应分子的缩合环化是制备咪唑及其衍生物的通用方法。根据所用原料的不同,可分为以下几种方法。

(1)[4＋1]型环合反应

由链状含氮原子的 1,4-二羰基化合物进行类似 Paal-Knorr 型的环化反应,这是合成咪唑、噻唑及其衍生物的常用方法。这种方法操作简便,产率高,主要原料易得。例如:

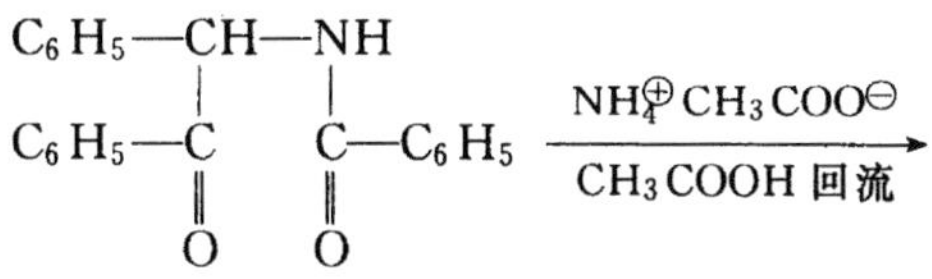

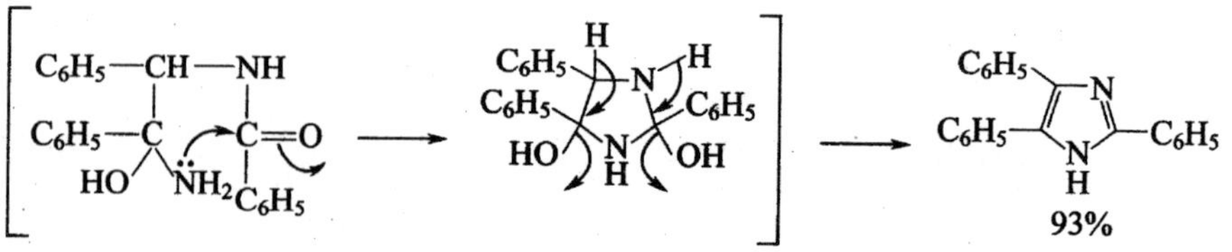

$$93\%$$

含氮原子的 1,4-二羰基化合物与 P_2S_5 反应可制得相应的噻唑。

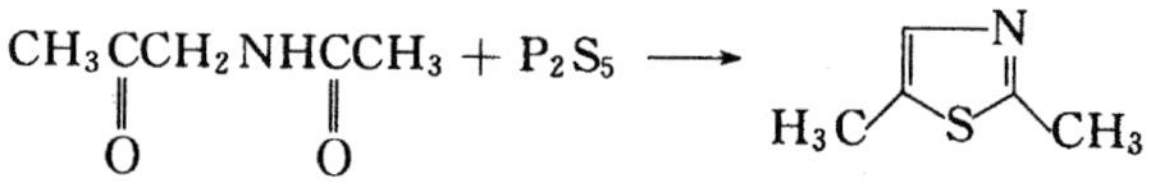

(2) [2+3] 型环合反应

α-取代的活泼羰基化合物与乙硫酰胺作用生成噻唑衍生物。

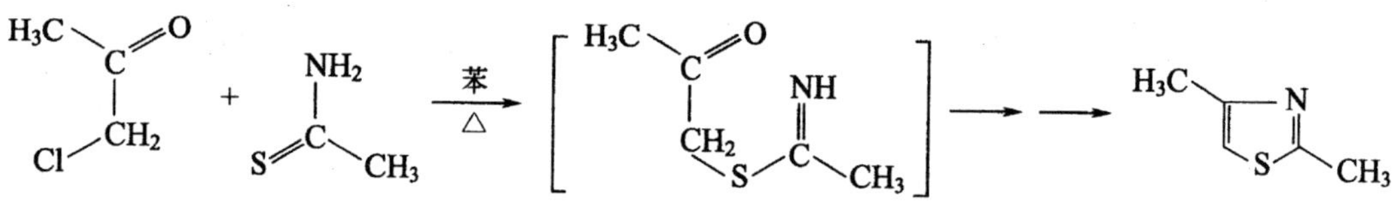

用 α-氨基酮或醛与硫氰酸钾共热，生成较高产率的咪唑。

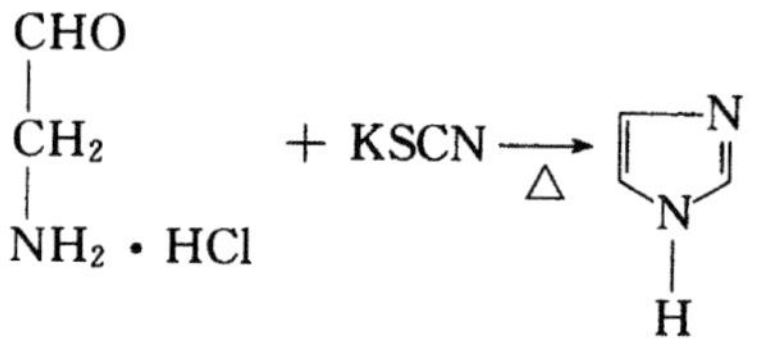

5.7.2 六元杂环的环合反应

1. 含一个杂原子的六元杂环的环合反应

吡啶是含一个杂原子的六元杂环中比较重要的一种，这里就对吡啶及其衍生物进行讨论。

吡啶最初是从煤焦油分离得到的，现在多采用合成法。工业上吡啶的合成方法是采用乙醛、甲醛与氨气相反应而得，其反应式为：

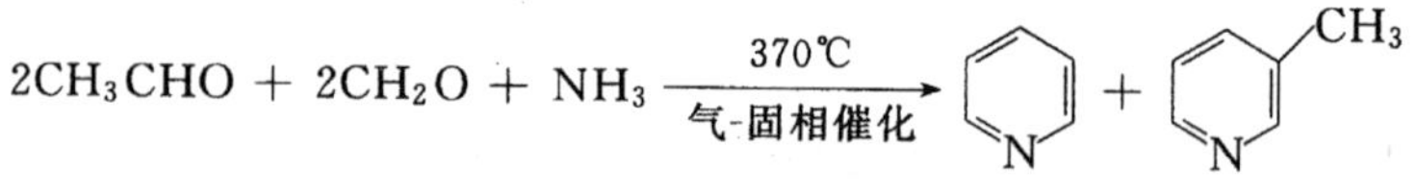

由 2 分子的 β-酮酸酯与 1 分子的醛和 1 分子的氨进行缩合，先得二氢吡啶环系，再经氧化脱氢，即生成一个相应的对称取代的吡啶，该反应称为 Hantzsch 反应。这个反应应用很广，是合成各种取代吡啶的最重要的方法之一，例如：

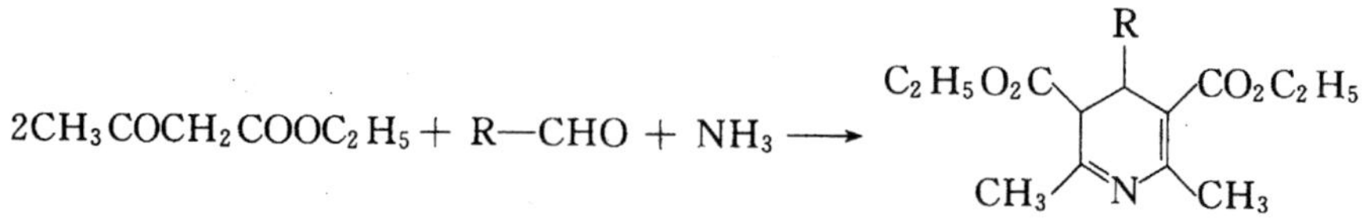

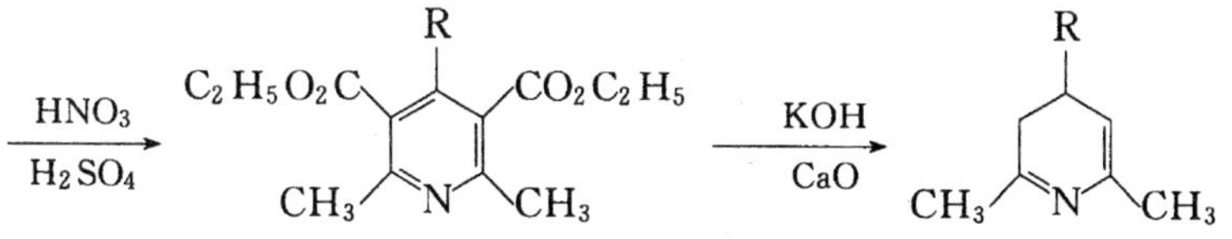

与 Hantzsch 反应类似,以各种不同的羰基化合物为原料,可以制得各种取代的吡啶衍生物。例如,β-二羰基化合物与 α-氰基乙酰胺反应,脱去两分子水后环合生成吡啶环系化合物,反应式为:

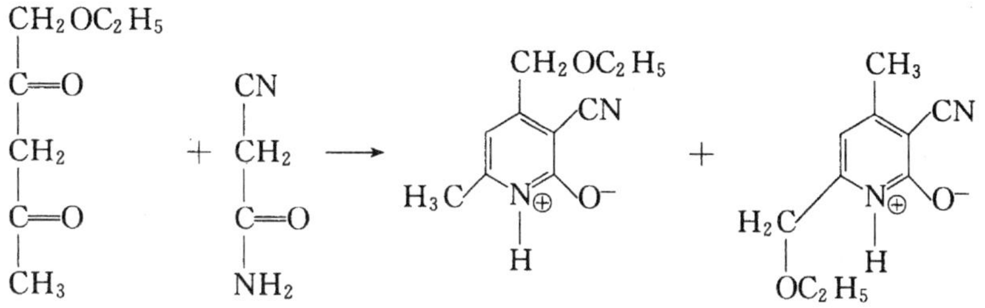

这个反应曾是合成维生素 B_6 的一种方法。

1,5-二羰基化合物与氨反应,中间可能先生成参氨基羰基化合物,然后发生加成消除反应得到吡啶或吡啶衍生物,可表示为:

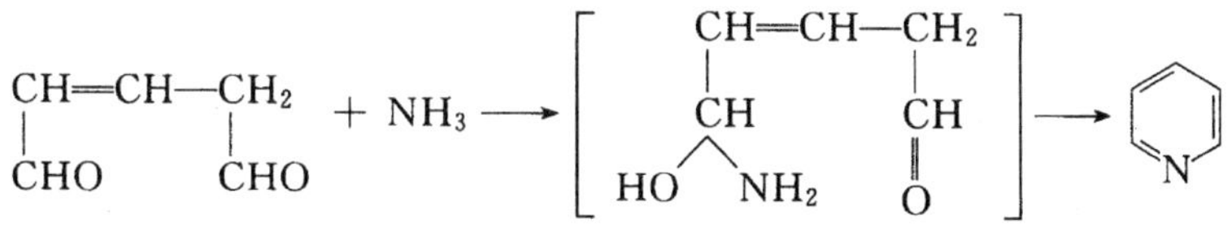

用含 4 个碳原子以上的链状 α,β-不饱和醛与甲醛缩合,然后在催化剂作用下和氨反应可得吡啶或吡啶衍生物,例如:

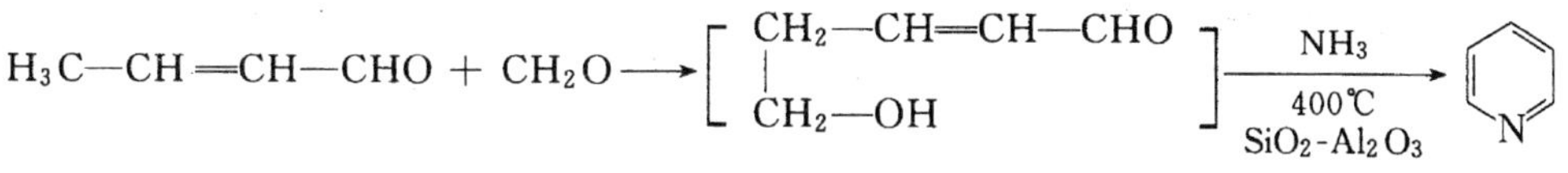

2. 含两个杂原子的六元杂环的环合反应

(1)[3+3]型环合反应

合成嘧啶最简便的方法是采用[3+3]型的环合方法,即由一个含三碳链单位和含一个 N～C～N 链单位缩合而成,可表示为

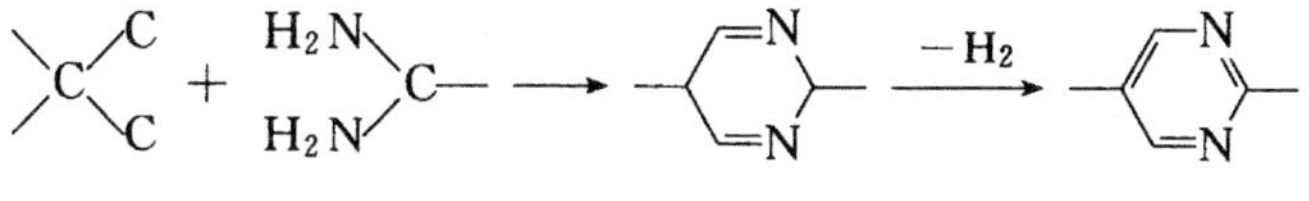

通常用于合成嘧啶的三碳链化合物有 1,3-丙二醛、β-酮醛、β-酮酯、β-酮腈、丙二酸酯、丙二腈等,含氮部分为尿素、硫脲等。例如:

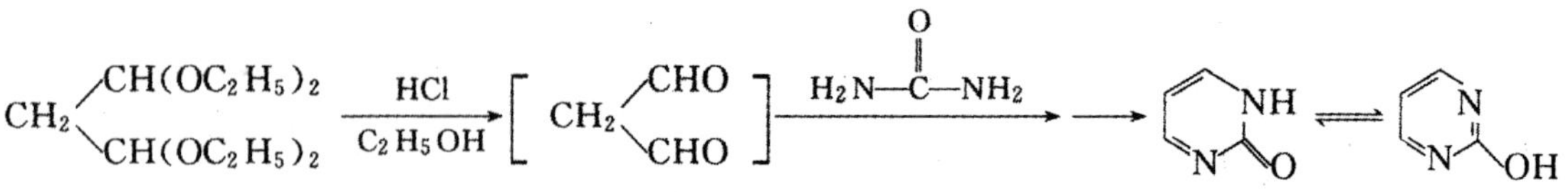

实验室合成嘧啶采用 β-羰基酸和尿素缩合,然后经卤代、氢化,脱卤反应制得。

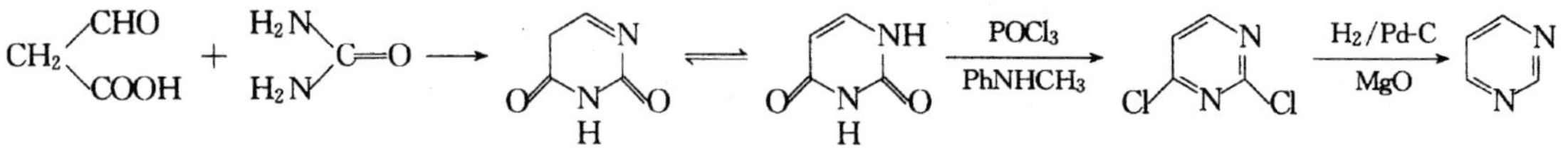

(2)[4+2]型环合反应

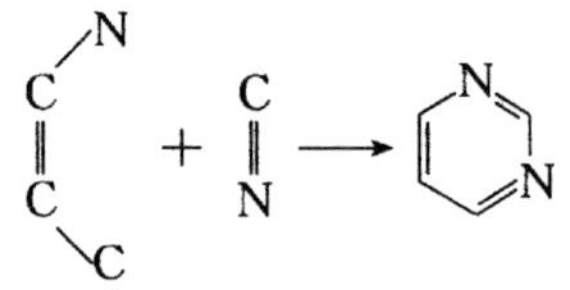

这里的"4"和"2"可以有各种不同结构类型的分子,例如:

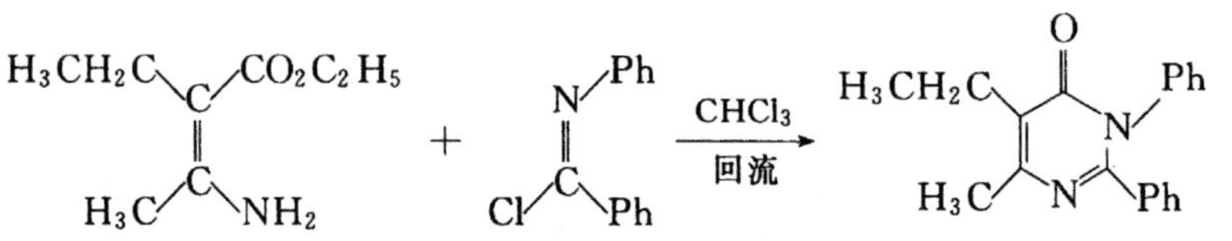

苯乙腈与甲酰胺缩合生成 α-氰基-β-氨基苯乙烯,然后再与一分子甲酰胺反应制得取代嘧啶,可表示为

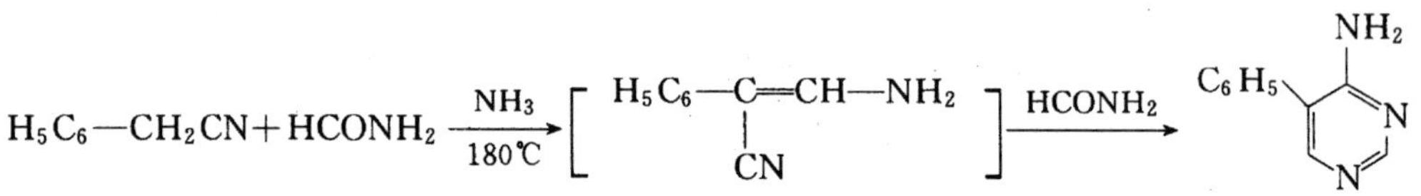

3. 苯并六元杂环的环合反应

这里主要就喹啉及其衍生物进行讨论。

(1)Combes 反应

1,3-二羰基化合物与芳胺缩合生成高收率的 β-氨基烯酮,然后它在浓酸条件下发生环合反应,反应式为:

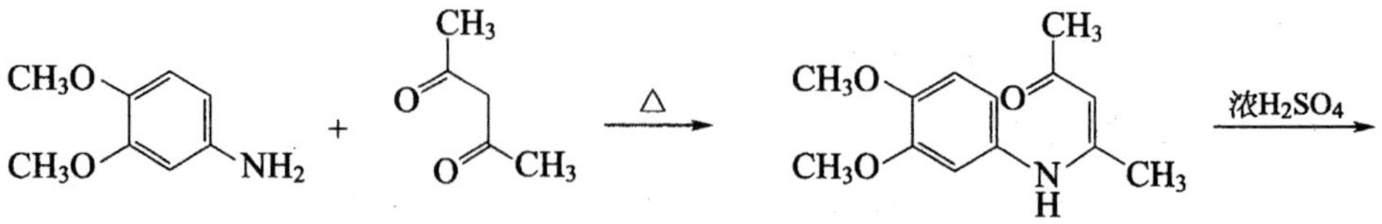

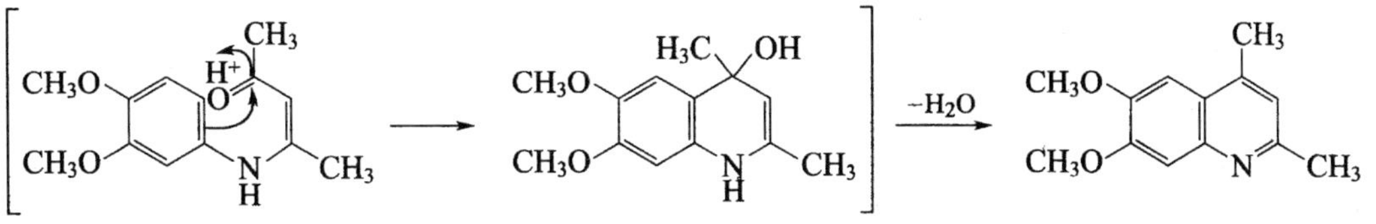

另外,β-酮酸酯(或丁炔二酸酯)与芳胺缩合,再经环合可制得喹啉衍生物,例如:

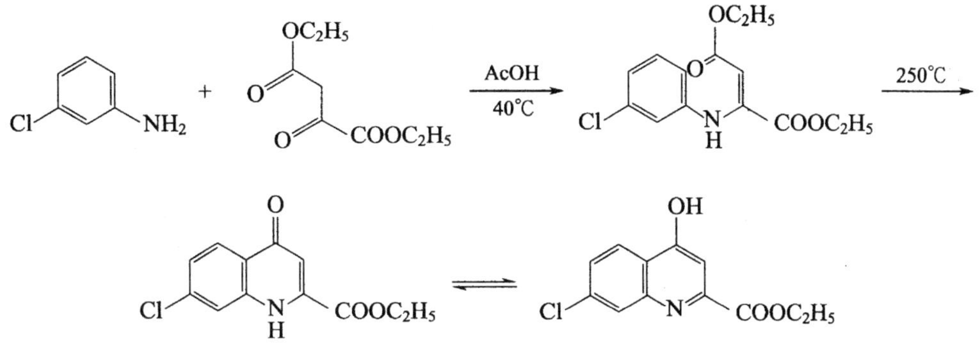

（2）Skraup 反应

将苯胺、甘油的混合物与硝基苯和浓硫酸一起加热生成喹啉的反应称为 Skraup 反应,例如:

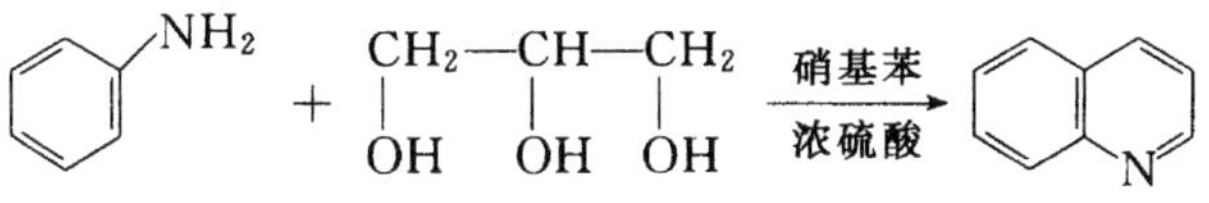

在这个反应中,首先甘油在浓硫酸作用下脱水生成丙烯醛,丙烯醛再与苯胺发生 Michael 加成,加成产物在酸作用下闭环生成 1,2-二氢喹啉,最终在氧化剂作用下脱氢生成喹啉,可表示为

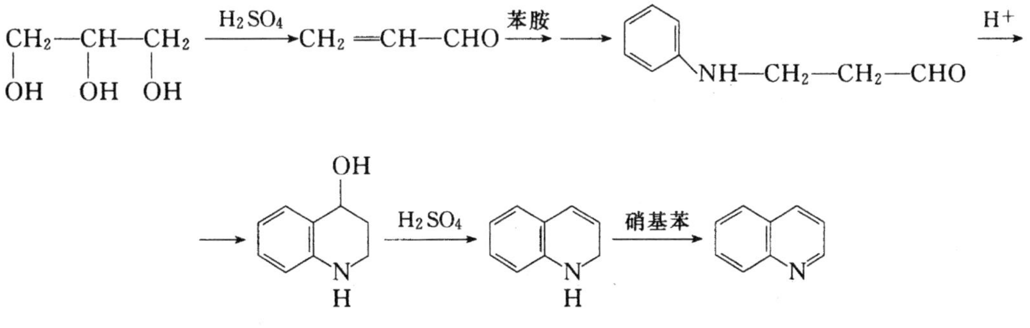

Skraup 反应是一个应用非常广泛的反应,通过选择不同的芳香胺和取代的 α,β-不饱和羰基化合物,能够合成各种喹啉衍生物,例如:

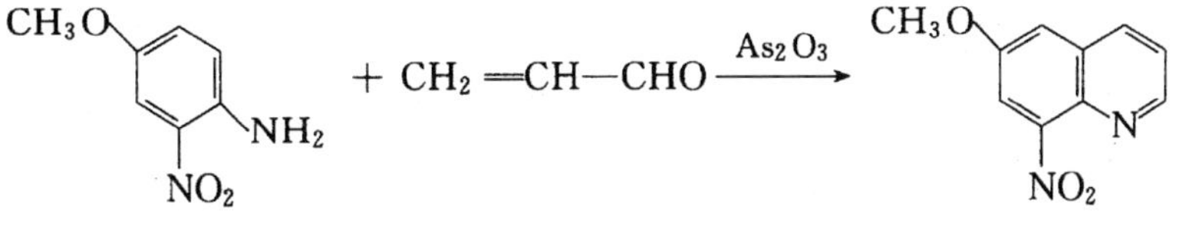

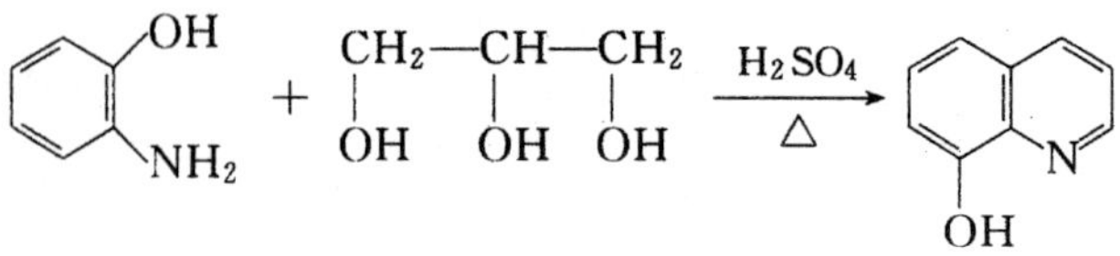

（3）Friedlander 反应

邻氨基苯甲醛类化合物与含有活泼亚甲基的醛、酮在酸或碱催化下发生缩合反应，可制得在杂环上有取代基的喹啉衍生物，例如：

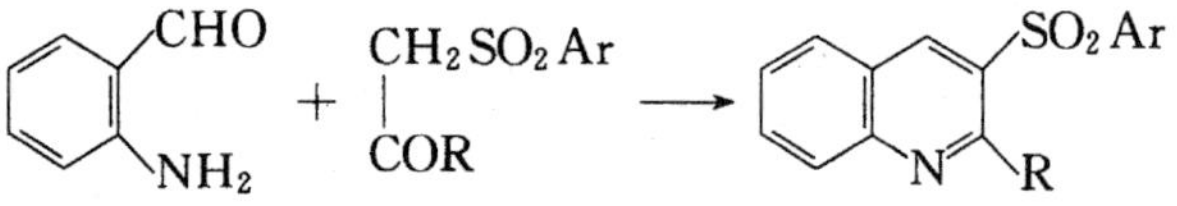

该类反应在离子液体催化下进行，产率高达 94%。

（4）Doebner-Von Miller 反应

这个反应是用芳香伯胺和一个醛在浓盐酸存在下共热，生成相应的取代喹啉，例如：

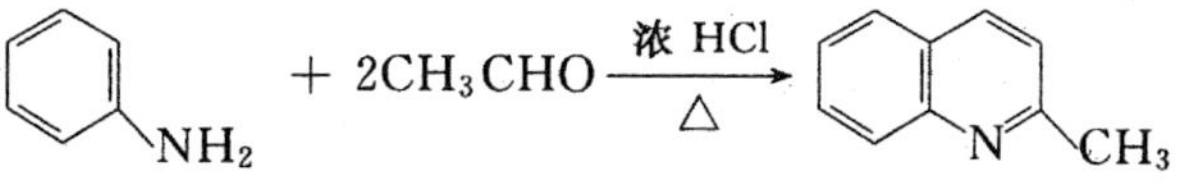

上述反应中改用一分子的醛和一分子的甲基酮与芳胺反应，可得 2,4-二取代喹啉。

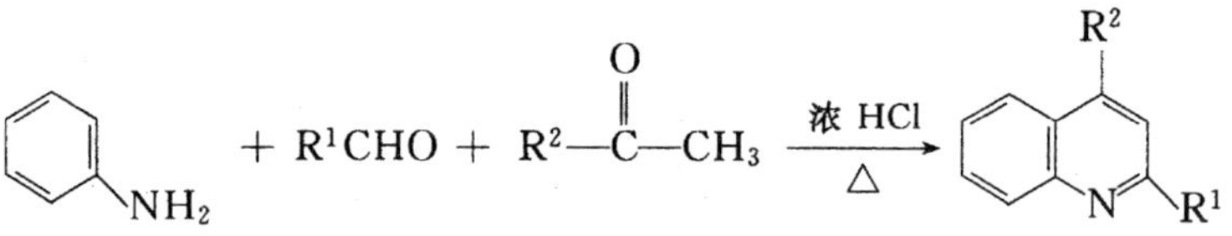

第 6 章　环化反应

6.1　概述

在有机化合物分子中形成新的碳环或杂环的反应称做环合反应，也称闭环或成环缩合。在形成碳环时，当然是以形成碳—碳键来完成环合反应的。在形成含有杂原子的环状结构时，它可以是以形成碳—碳键的方式来完成环合反应，也可以是以形成碳—杂原子键（C—N、C—O、C—S 键等）来完成环合反应，有时也可以是在两个杂原子之间成键（N—N、N—S 键等）来完成环合反应。例如：

N—N 键环合反应：

苯并三氮唑
（有机中间体，试剂）
(15-3)

C—C 键环合反应：

2-氯硫杂蒽酮
（医药中间体）

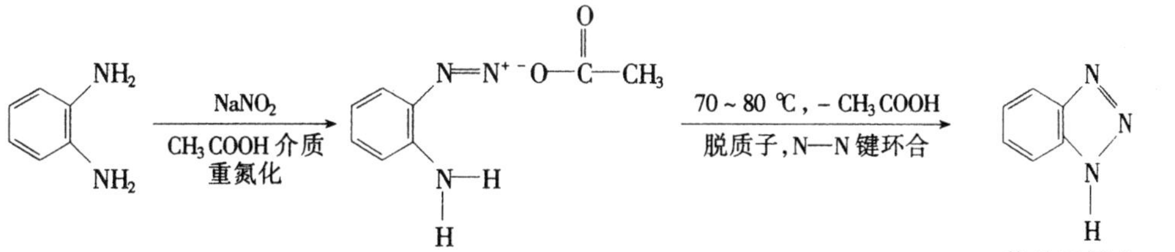

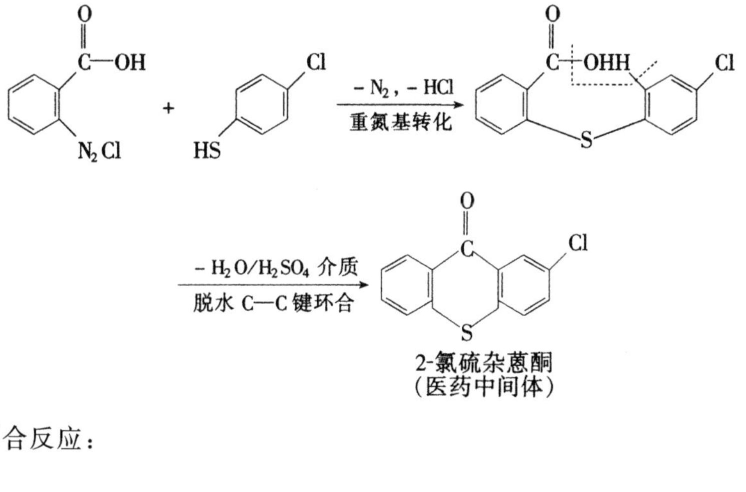

C—S 键环合反应：

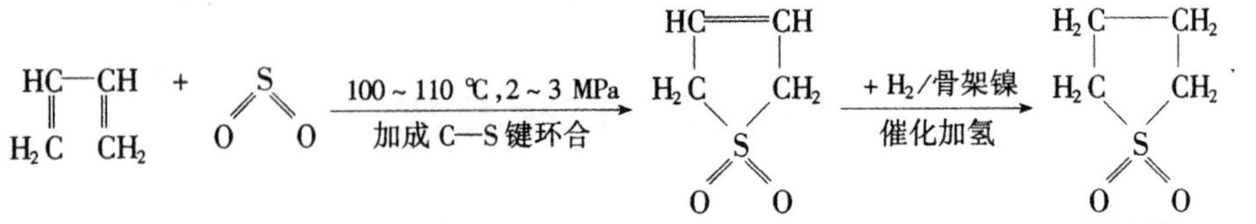

环丁砜
四氢噻吩砜
(优良溶剂)

环合反应的类型很多，且所用的反应剂也很多，因而没有统一的反应通式，也不能提出一般的反应历程和比较系统的一般规律。但是，根据大量事实可以归纳出以下规律：

①绝大多数环合反应都是由两个分子之间先在适当位置发生反应、成键、连接成一个分子，但是还没有形成新的环状结构。然后，在这个分子内部的适当位置发生环合反应而形成新的环状结构。

②具有芳香性的六元碳环以及五元和六元杂环都比较稳定，且易形成。

③有一些环合反应是由两个分子之间在两个适当位置同时发生反应，成键而形成新的环状结构，这类反应叫做协同反应。例如：

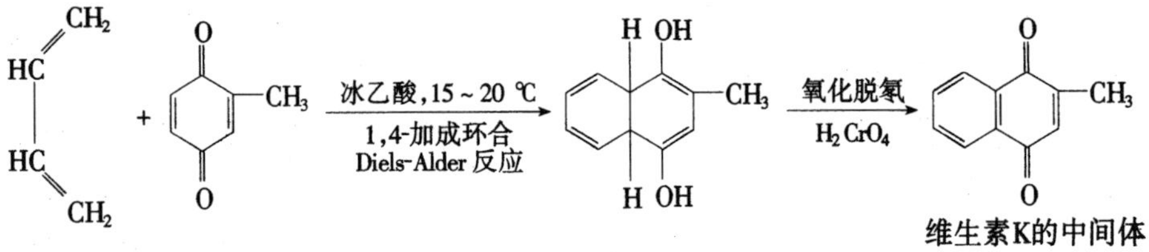

维生素K的中间体

除了少数以双键加成方式形成环状结构的环合反应以外，大多数环合反应在形成环状结构时，总是脱落某些简单的小分子。

④为了促进上述小分子的脱落，需要使用缩合促进剂。

⑤为了形成杂环，起始反应物之一必须含有杂原子。

6.2 六元环的合成

6.2.1 六元脂环化合物的合成

合成六元脂环化合物最常用的是 Diels-Alder 反应，此外分子内的取代反应、缩合反应等也是得到六元脂环化合物常用的方法。

1. Diels-Alder

Diels-Alder 反应是共轭二烯(双烯体)与烯、炔(亲双烯体)等进行环化加成生成环己烯及其衍生物的反应，简称 D-A 反应或双烯合成反应，此反应是合成六元环的较为常用的方法之一。例如：

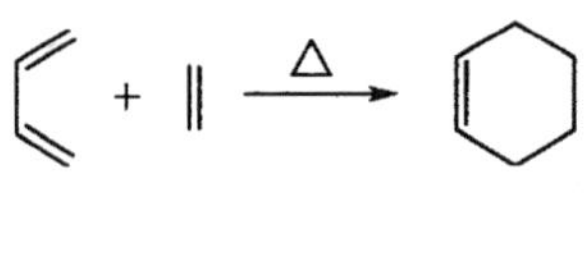

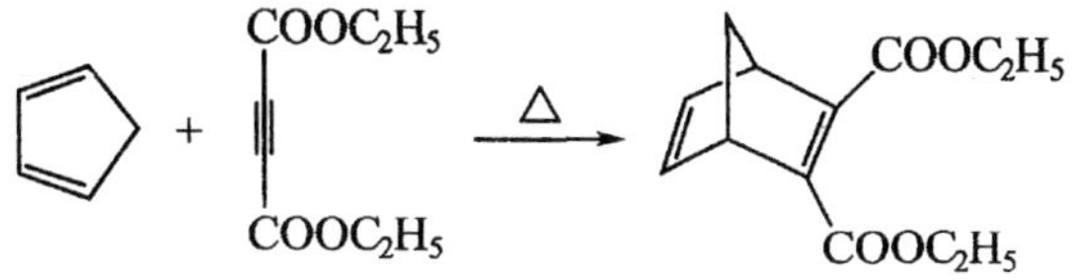

在反应过程中,反应物的 π 体系打开,形成两个新的 σ 键和一个新的 π 键,因此,它是六电子参加的[4+2]环加成反应,同时,其反应过程中旧键的断裂和新键的生成是在同一步骤中完成的,属于协同反应。但是,1,3-丁二烯与乙烯生成环己烯的产率很低。当双烯体上连有供电子基团或亲双烯体上连有吸电子基团时,产率会大幅度提高。例如:

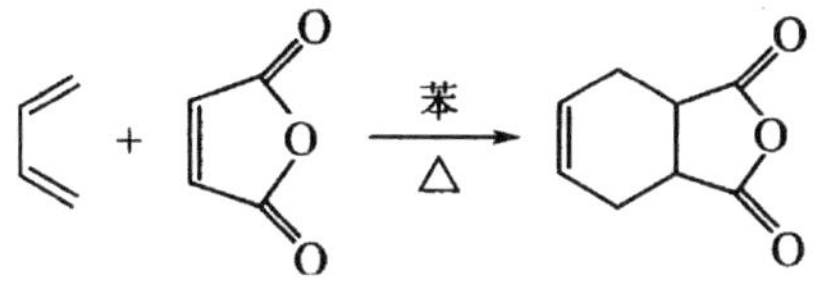

D-A 反应还要求双烯体的两个双键均为 S-顺式构象,如果双烯体的构型固定为 S-反式,如 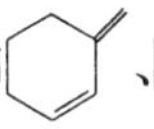 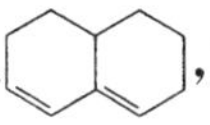 、 ,则双烯体不能进行双烯合成反应。而两个双键固定在顺位的共轭二烯烃在双烯合成中的活性特别高,如环戊二烯与马来酐起反应的速度为 1,3-丁二烯的 1000 倍:

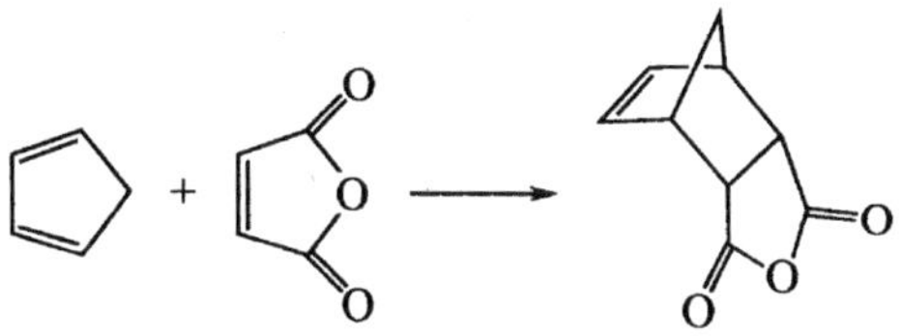

空间位阻对 D-A 反应也有影响,有些双烯体虽为 S-顺式构象,但由于 1,4-位取代基位阻较大,因而也不发生该类反应。

D-A 反应具有以下几个特点:

①D-A 反应是立体定向性很强的顺式加成反应。例如:

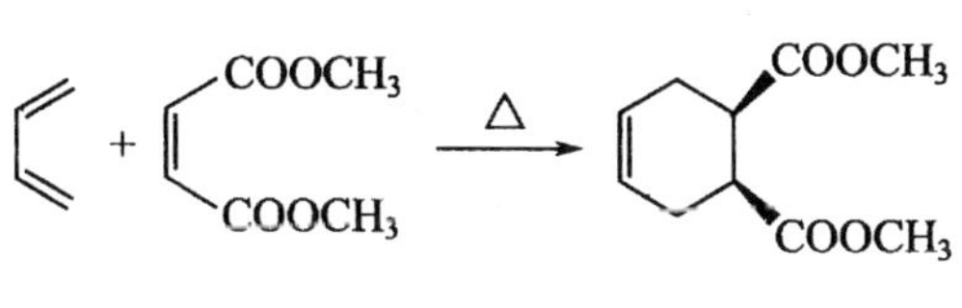

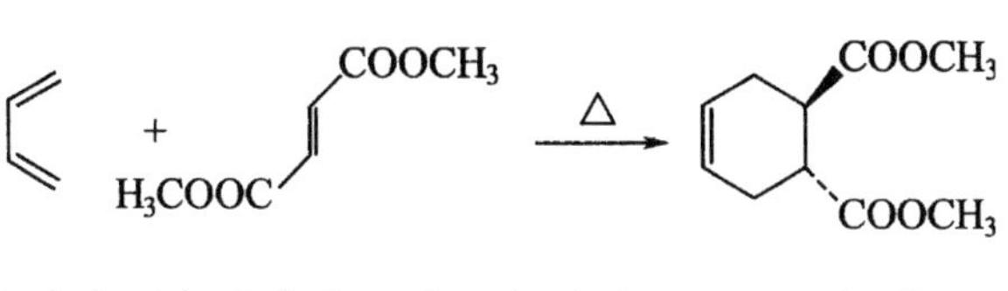

②D-A 反应优先生成内型加成产物。内型加成产物是指双烯体中的 C(2)-C(3) 键和亲双烯体中与烯键或炔键共轭的不饱和基团处于连接平面同侧时的生成物,两者处于异侧时的生成物则为外型产物。例如:

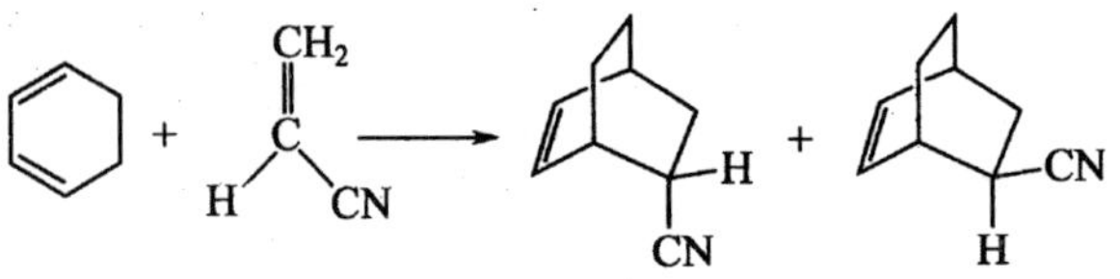

内型产物　　外型产物
主要产物　　次要产物

内型加成产物是动力学控制的，而外型加成产物是热力学控制的。内型产物在一定条件下放置若干时间，或通过加热等条件，可能转化为外型产物。

③D-A 反应是区域选择性很强的反应。当双烯体和亲双烯体是连有取代基的非对称化合物时，主要产物是邻位或对位定向。例如：

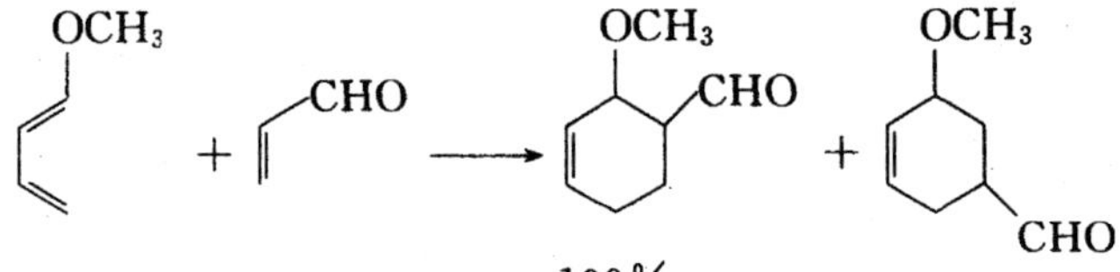

100%

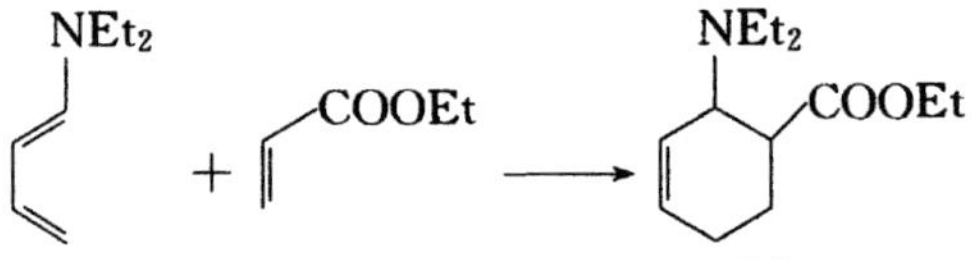

94%

D-A 反应是一个可逆反应。一般情况下，正向成环反应的反应温度相对较低，温度升高则发生逆向分解反应。这种可逆性在合成上很有用，它可以作为提纯双烯化合物的一种方法，也可用来制备少量不易保存的双烯体。

近年来，为了适应绿色化学的发展要求，人们研究了在水相、固相以及微波辐射下进行的 D-A 反应，都取得了很好的结果。

2. 分子内的取代反应

(1)分子内的亲电取代反应

芳环侧链适当位置上有酰卤基或羟基时，可以发生分子内的 Friedel-Crafts 反应，生成相应的环状化合物。例如：

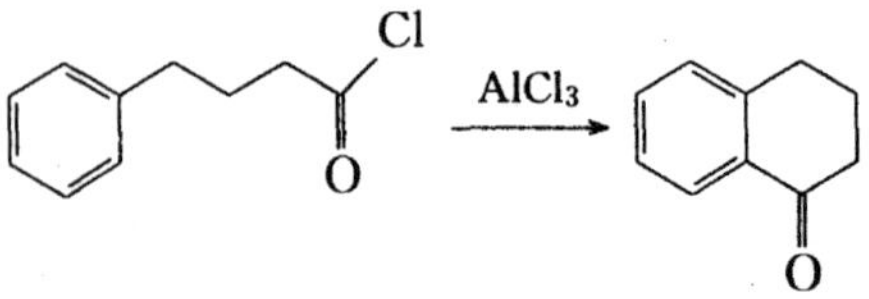

由苯合成四氢萘的过程为：

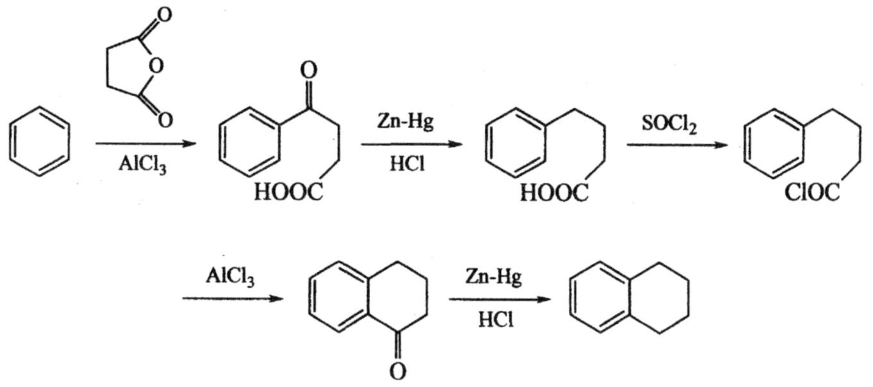

（2）分子内的亲核取代反应

含活泼氢的化合物如果碳链长度适当，也能够发生分子内的亲核取代反应，形成六元环状化合物。例如：

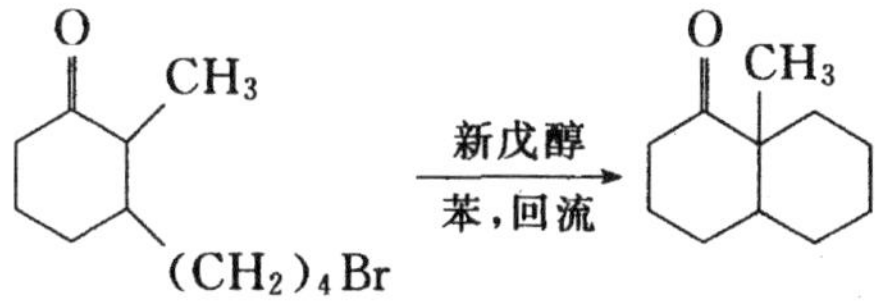

3. 分子内的缩合反应

（1）分子内的羟醛缩合

例如：

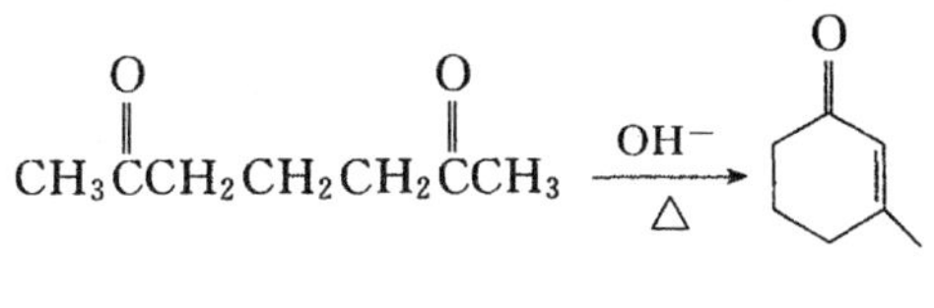

（2）分子内的酯缩合

Dieckmann 缩合反应即为分子内的酯缩合反应，例如：

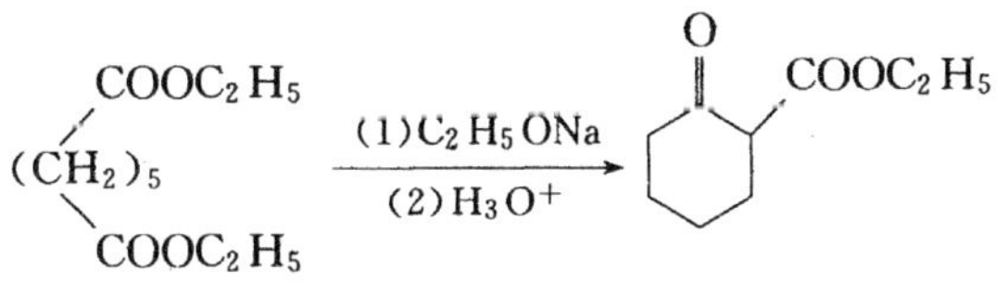

分子间的酯缩合也可用于制备环状化合物。例如：

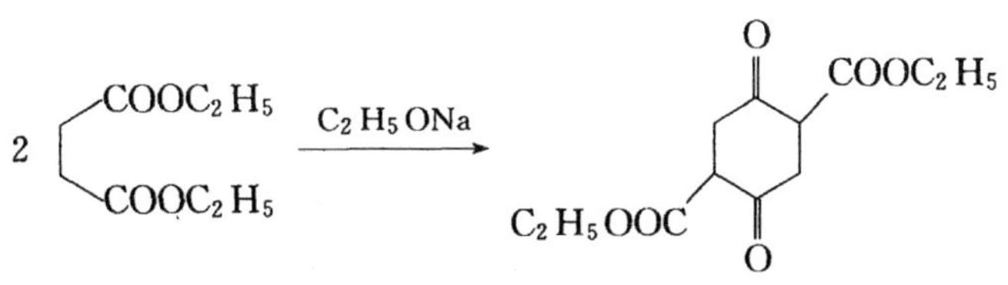

（3）Robinson 环合反应

利用 Michael 反应的产物进行分子内的羟醛缩合，形成一个新的六元环，再经消除脱水生成 α,β 不饱和环酮的反应称为 Robinson 环合反应，这是向六元环上并联另一个六元环的重要方法。例如：

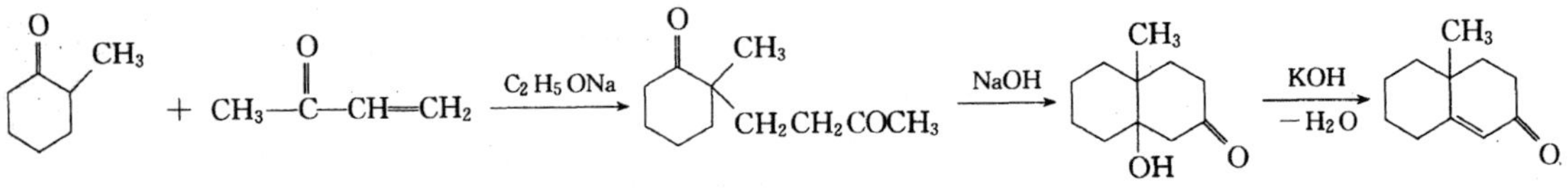

（4）分子内的酮醇缩合

酯和金属钠在乙醚、甲苯或二甲苯中发生双分子还原反应，得到 α-羟基酮，此反应称为酮醇缩合。例如：

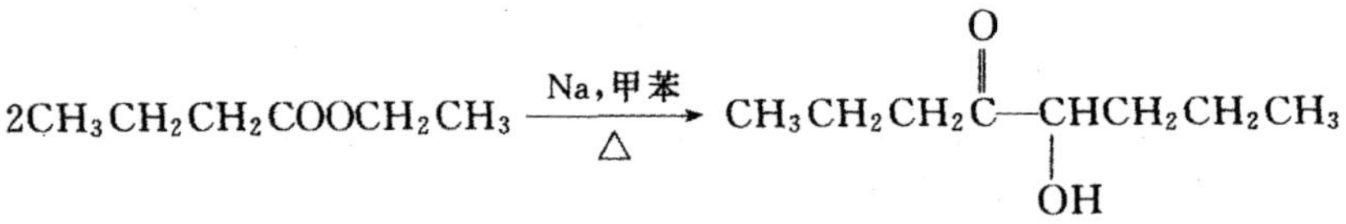

$$2CH_3CH_2CH_2COOCH_2CH_3 \xrightarrow[\triangle]{Na,\text{甲苯}} CH_3CH_2CH_2\overset{\overset{\displaystyle O}{\|}}{C}-\underset{\underset{\displaystyle OH}{|}}{C}HCH_2CH_2CH_3$$

二元酸酯发生分子内酮醇缩合也可生成环状酮醇：

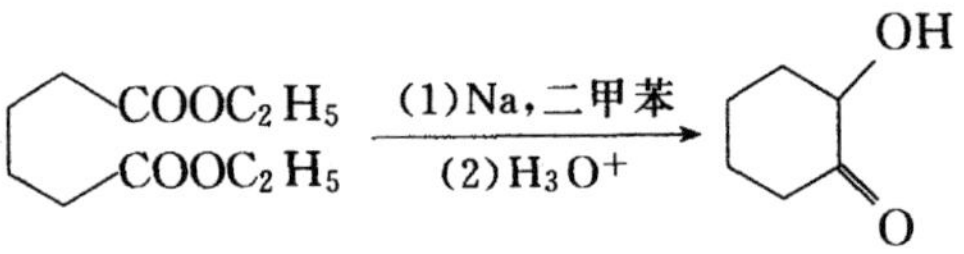

4. 二元羧酸受热、脱羧反应

对于二元羧酸，当两个羧基的相对位置不同时，受热后发生的反应和生成的产物也不同。戊二酸受热后发生分子内的脱水反应，生成六元环状的酸酐，而庚二酸在氢氧化钡存在下受热，既脱羧，又脱水，生成六元环酮：

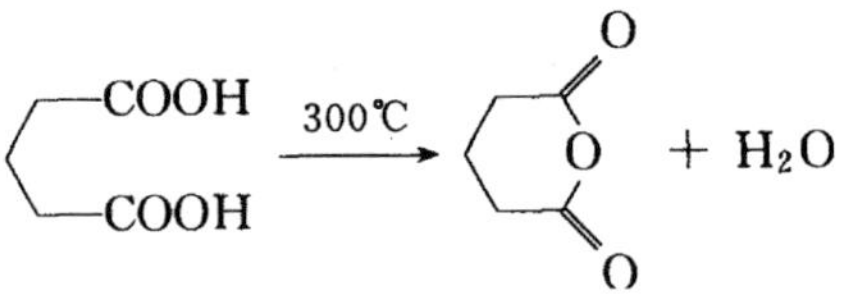

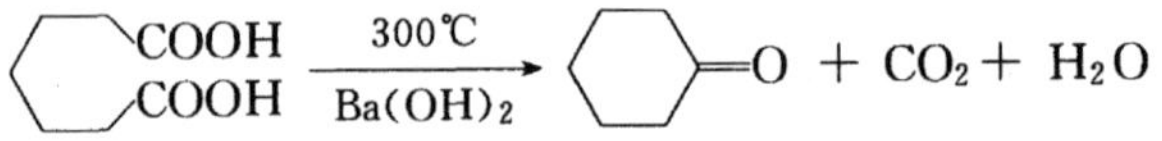

5. 由相应的本系衍生物制备

由相应的苯系衍生物制备六元环还可以由芳香族化合物还原得到。例如：

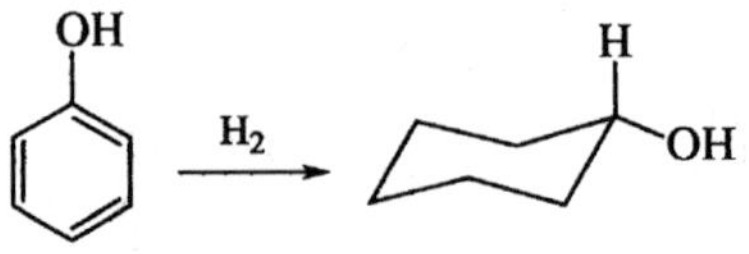

若用金属-氨(胺)-醇试剂还原芳烃(Birch 还原),则得到环己烯或环己烯衍生物。例如:

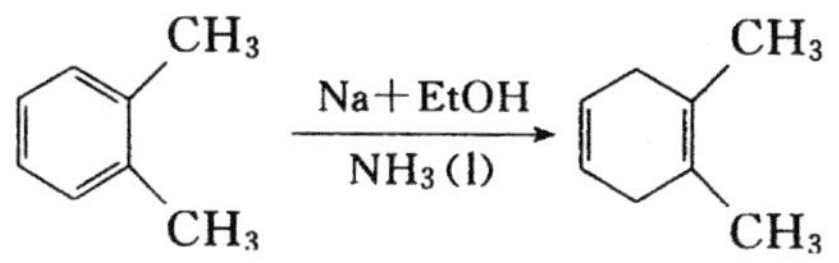

6.2.2　六元杂环化合物

1. 嘧啶的合成

两个氮原子互处 1,3 位的六元环化合物称为嘧啶。嘧啶衍生物在自然界中极为常见,如作为核苷酸碱基的胸腺嘧啶、脲嘧啶及胞嘧啶。维生素 B₁ 以及常用药磺胺均为嘧啶衍生物。

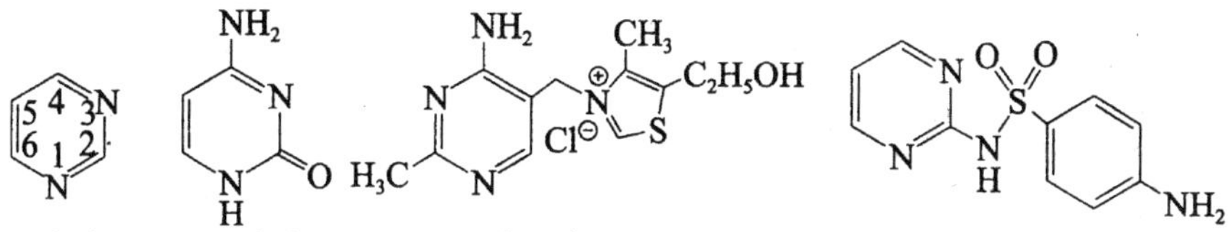

嘧啶　　脲嘧啶　　　　维生素B1　　　　　磺胺嘧啶

嘧啶的逆合成分析如下所示:

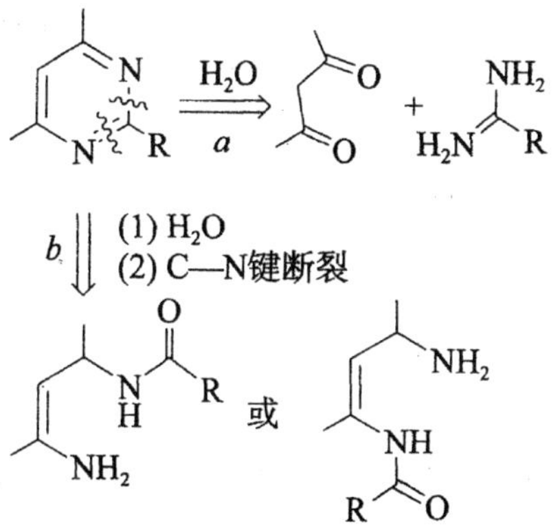

由此可知,按照路线 a 进行回推,首先断裂的是 C(4)-N 和 C(6)-N 键,得到的原料为 1,3-二羰基化合物和取代脒;按照路线 b 进行回推,首先断裂的则是 N(1)-C(2) 或 N(3)-C(2) 键,得到两个中间体。

基于以上的逆合成推导,介绍几种常见的合成方法。

(1)Pinner 合成法

该法是以 1,3-二酮为原料,分别与脒、酰胺、硫酰胺以及胍类化合物发生缩合反应,生成相应的 2,4,6-三取代嘧啶、2-嘧啶酮、2-硫代嘧啶酮以及 2-氨基嘧啶等嘧啶衍生物。

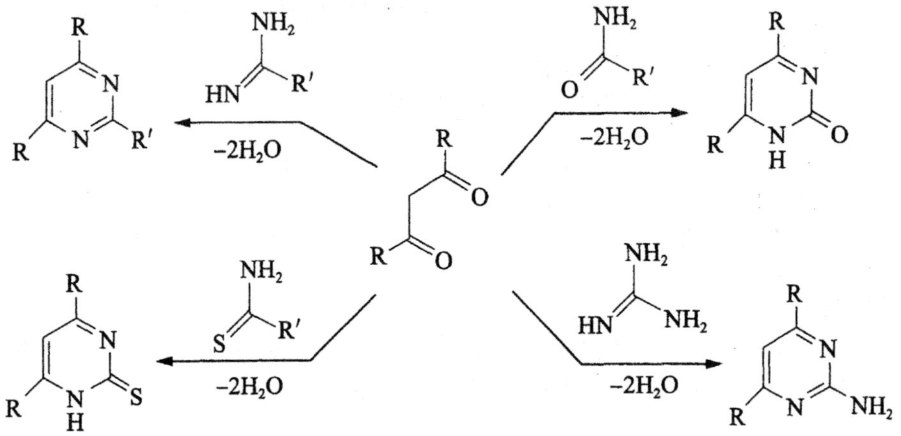

（2）氰基乙酸与 N-烷基化的氨基甲酸酯缩合环化制备

氰基乙酸与 N-烷基化的氨基甲酸酯缩合后与原甲酸酯进一步缩合生成烯醇醚，然后再进行氨解、环合得到脲嘧啶衍生物。合成过程如下：

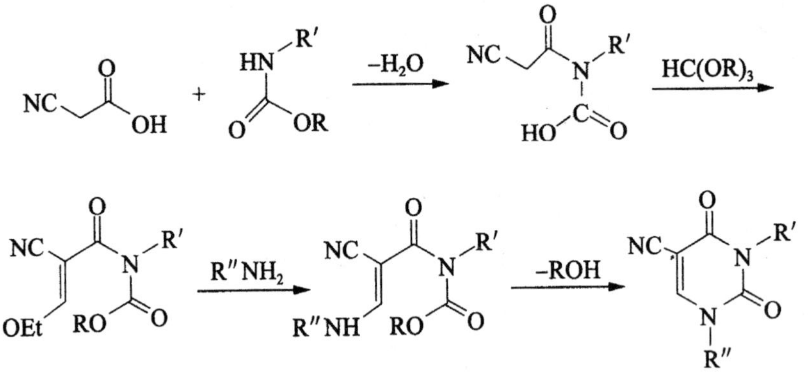

利用丁酮二羧酸二乙酯在原甲酸酯的存在下与尿素缩合，也可以制备嘧啶衍生物，如 4-羟基-4,5-嘧啶二羧酸二乙酯，反应过程如下：

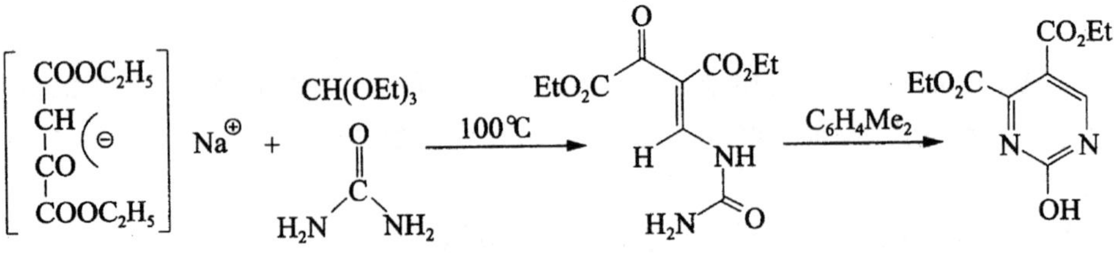

2. 吡啶的合成

（1）Krohnke 合成法

用吡啶叶立德对 α,β-不饱和羰基化合物进行共轭加成，先得到 1,5-二羰基化合物，然后与氨环合直接得到吡啶衍生物。

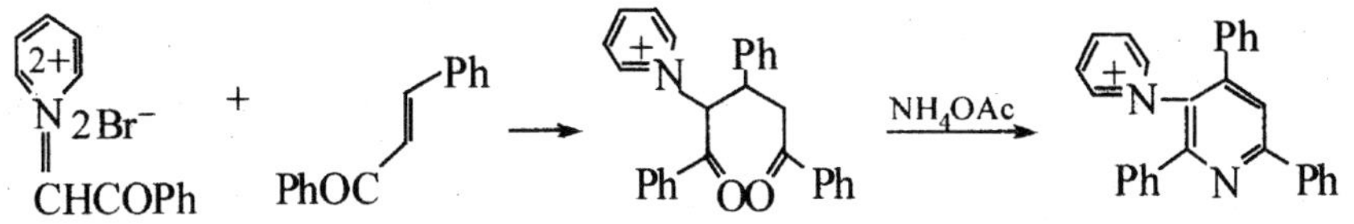

（2）Hantzsch 合成法

Hantzsch 合成法是最重要的合成各种取代吡啶的方法，是由两分子 β-酮酸酯与一分子醛和一分子氨进行缩合，先生成二氢吡啶环系，再经氧化脱氢而生成取代的吡啶：

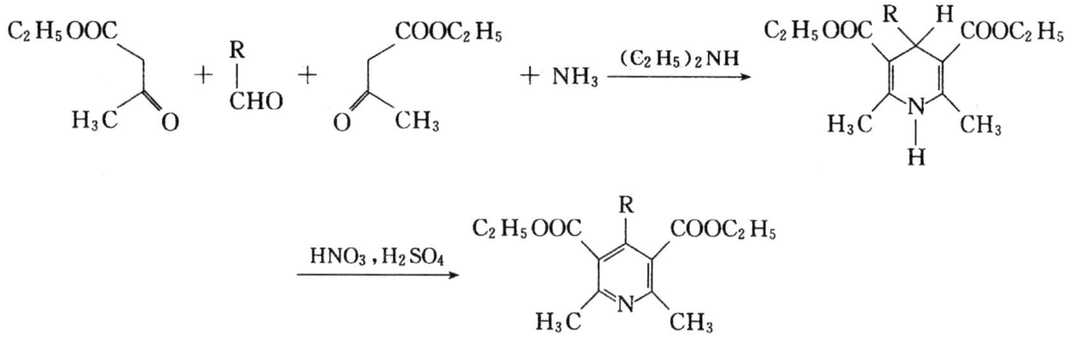

反应过程可能是一分子 β-酮酸酯和醛发生反应，另一分子 β-酮酸酯和氨反应生成 β-氨基烯酸酯：

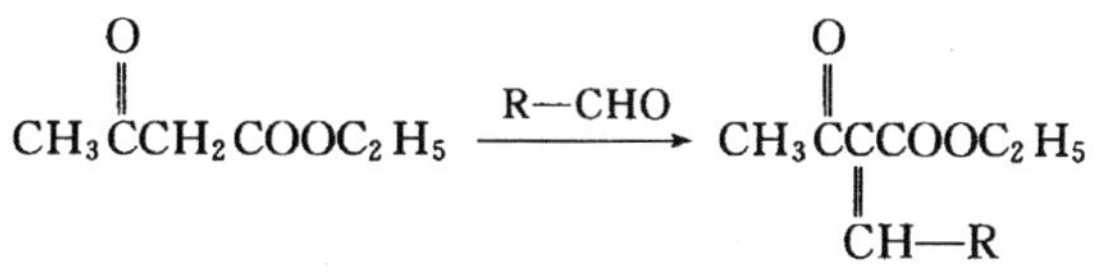

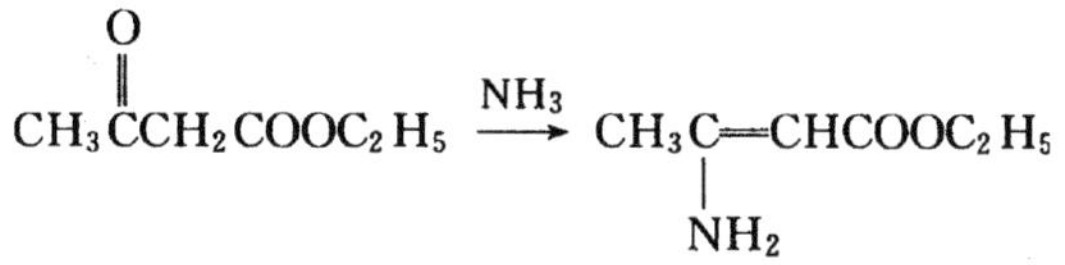

这两个化合物再发生 Michael 反应，然后关环，在氧化剂的作用下失去两个氢原子即得取代的吡啶：

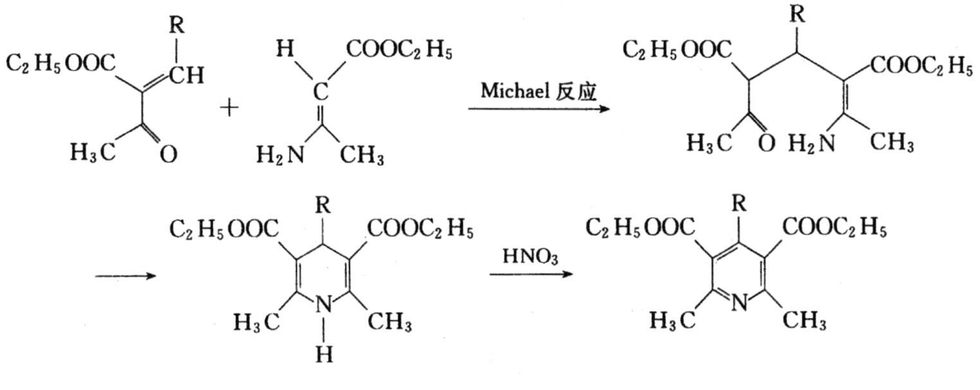

利用不同的醛及不同的 β-酮酸酯即产生不同取代的吡啶。

（3）维生素 B₆ 的合成

维生素 B₆ 是一个吡啶的衍生物，它在自然界分布很广，是维持蛋白质正常代谢必要的维生素。其合成方法如下：

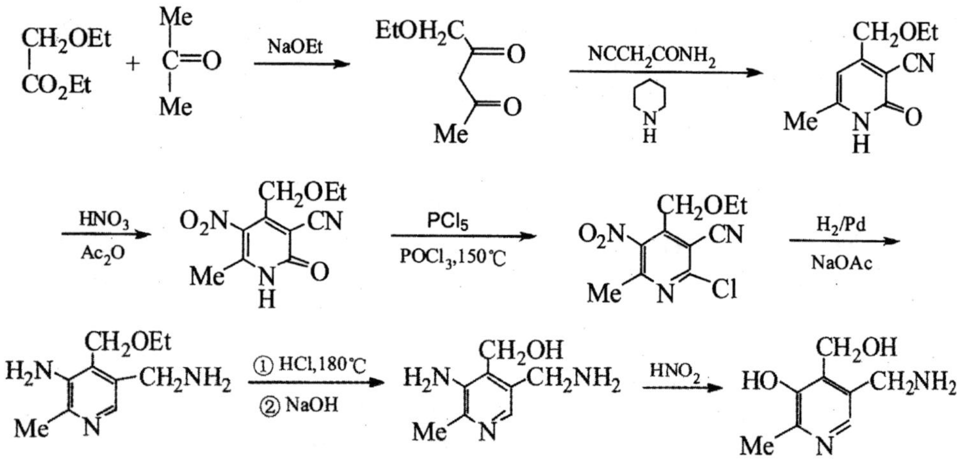

另外，常见的含有吡啶环的衍生物还有烟酸、烟碱（尼古丁）、异烟酰肼（雷米封）。

3. 吡嗪的合成

吡嗪的化学结构为：

两个氮原子互处 1,4 位的六元芳香杂环化合物称为吡嗪。热食品的香味组分中通常含有烷基吡嗪类化合物。

吡嗪的逆合成分析如下所示：

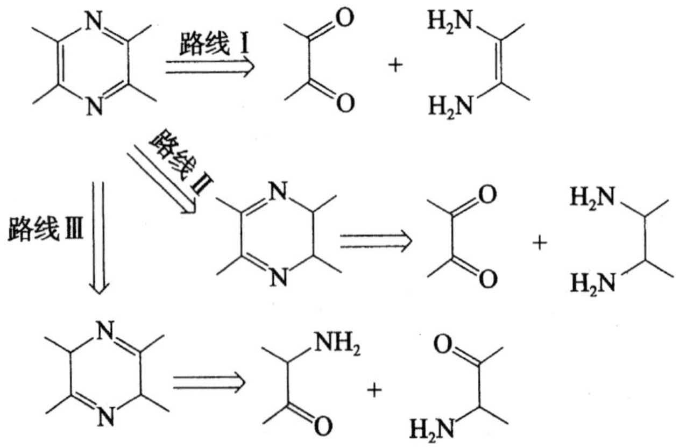

从以上的逆合成分析可以看出，若按路线 I 进行回推，可以得到起始原料 1,2-二羰基化合物和 1,2-二氨基乙烯；若按路线 II 和 III 两种形式回推，则可以分别得到不同的二氢吡嗪。

其中,路线Ⅱ中的二氢吡嗪可以由起始原料 1,2-二羰基化合物和 1,2-二氨基乙烯进行制备,而路线Ⅲ中的二氢吡嗪可以由两分子的 α-氨基酮自身缩合来制备。

1,2-二羰基化合物与 1,2-二氨基乙烷缩合环化制备。在氢氧化钠的乙醇溶液中,1,2-二羰基化合物与 1,2-二氨基乙烷缩合得到的 2,3-二氢吡嗪化合物在氧化铜或二氧化锰的作用下进行氧化脱氢,可以得到吡嗪化合物,反应过程为:

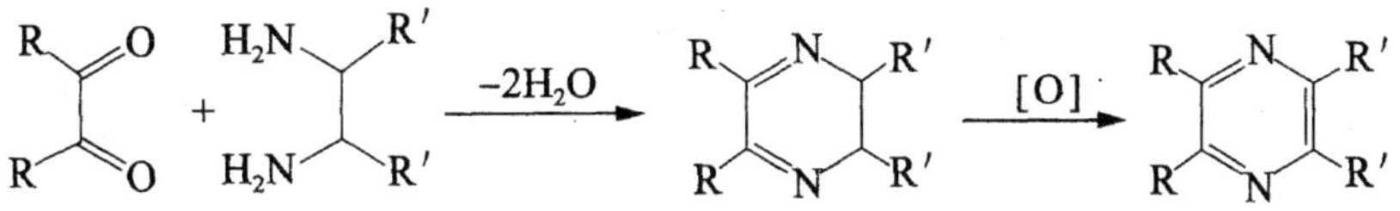

若选择对称的二氨基顺丁烯二腈与 1,2-二酮进行缩合,则可以得到 2,3-二氰基吡嗪化合物,反应式为:

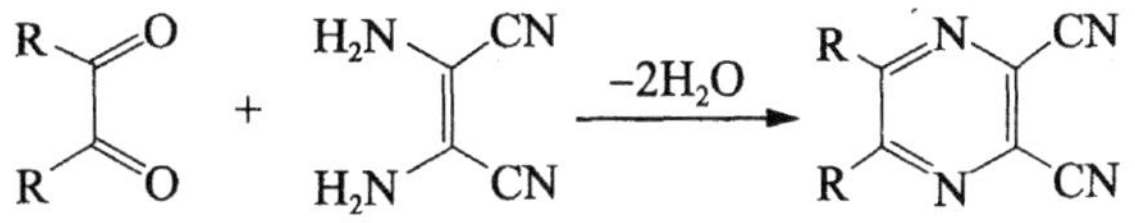

制备吡嗪的最经典合成方法是利用旷氨基羰基化合物的自缩合环化反应。在碱性条件下,旷氨基羰基化合物发生自缩合反应,然后再氧化脱氢可以得到取代吡嗪衍生物,反应式为:

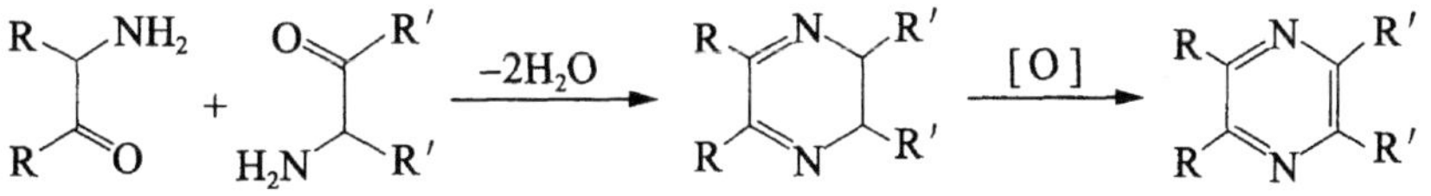

4. 三嗪的合成

依三个 N 原子互处位置的不同,三嗪化合物可以分为 1,2,3-三嗪、1,2,4-三嗪和 1,3,5-三嗪。典型的三嗪衍生物有 2,4,6-三聚氯氰、2,4,6-三聚氰胺和 2,4,6-三聚氰酸。其中,三聚氯氰是一种重要化工中间体,广泛应用于三嗪类除草剂以及染料的合成。此外,三聚氰胺本来也是一种重要的化工原料,但由于其氮元素的含量很高,因而被不法分子用作“蛋白精”添加到蛋白制品中,最终导致众所周知的三鹿奶粉事件的发生。

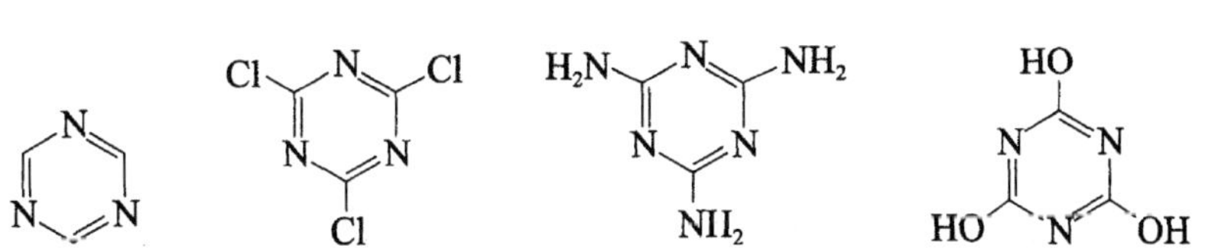

三嗪　　　三聚氯氰　　　三聚氰胺　　　三聚氰酸

例如,1,3,5-三嗪的逆合成反应过程如下所示:

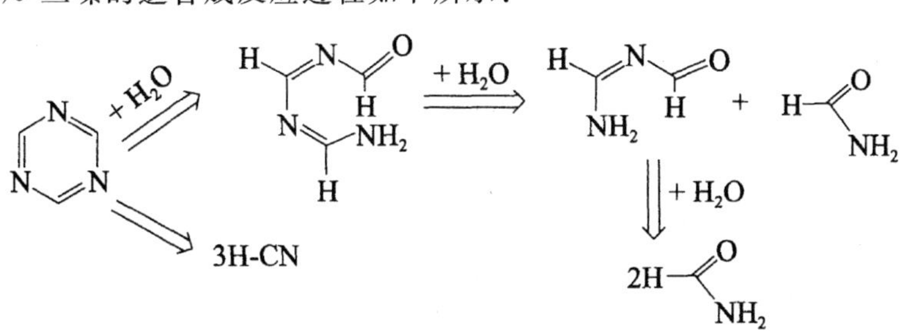

根据以上的逆合成分析可以看出,1,3,5-三嗪既可以氢氰酸作为起始原料来制备,也可以甲酰胺或其类似物为起始原料来制备。例如,原甲酸乙酯与甲咪乙酸盐在加热的条件下发生环缩合反应可以得到1,3,5-三嗪,反应式如下:

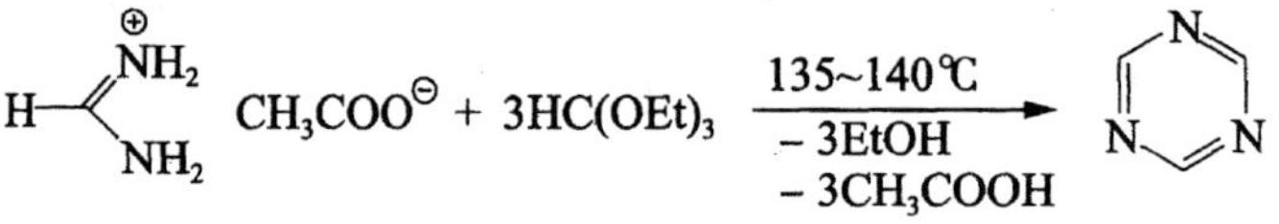

$$H-\overset{\overset{\oplus}{NH_2}}{\underset{NH_2}{C}} \ CH_3COO^{\ominus} + 3HC(OEt)_3 \xrightarrow[-3CH_3COOH]{\overset{135\sim140℃}{-3EtOH}}$$

在酸或碱催化下,腈类化合物发生环合三聚可以制得2,4,6-三取代1,3,5-三嗪类化合物,反应式为:

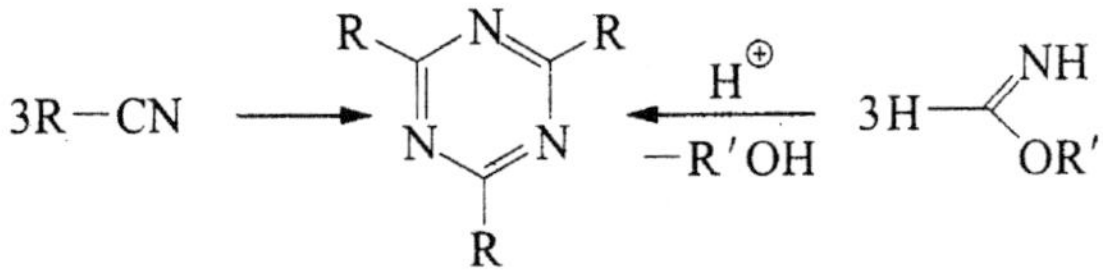

$$3R-CN \longrightarrow \text{(环)} \xleftarrow[-R'OH]{H^{\oplus}} 3H-\overset{NH}{\underset{OR'}{C}}$$

在三价镧离子催化下,腈类化合物还可以与氨气进行环化,制备烷基或芳基取代的2,4,6-三取代1,3,5-三嗪,反应式为:

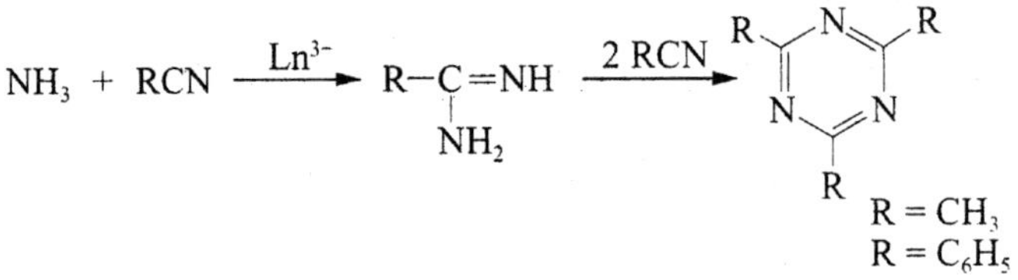

$$NH_3 + RCN \xrightarrow{Ln^{3-}} R-\overset{}{\underset{NH_2}{C}}=NH \xrightarrow{2RCN} \text{(环)}$$

R = CH_3
R = C_6H_5

6.3 五元环的合成

五元环化合物也分为五元脂环和五元杂环,其中五元脂环化合物的合成与前述的六元脂环的合成有许多相似之处,如分子内的羟醛缩合、酯缩合等。

6.3.1 五元脂环化合物的合成

1. 分子内的取代反应

(1)亲电取代

与六元环化合物的合成相似,芳香环侧链适当的位置有酰卤基、羟基或卤素时,可以发生分子内的傅-克反应生成五元环化合物,如:

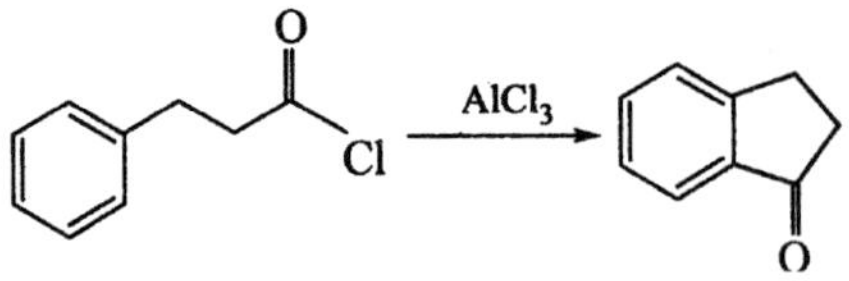

(2)亲核取代

丙二酸酯、乙酰乙酸乙酯等含活泼亚甲基的化合物中含有活泼的 α-H,在强碱如醇钠、醇钾等的作用下可形成碳负离子,而碳负离子是良好的亲核试剂,能够与卤代烃等发生亲核取代反应,将卤代烃中的烃基引入分子中。如果所用的卤代烃是二卤代烃,且两个卤原子位置适当,则可得到五元环状化合物,如:

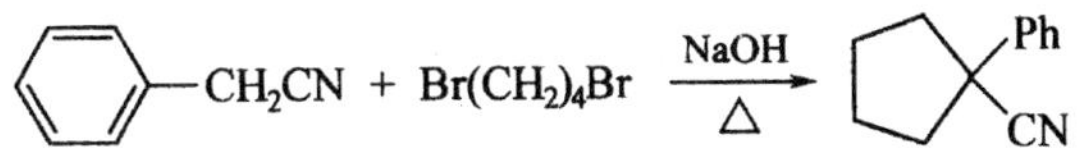

2. 分子内的缩合反应

同六元环化合物的合成相似,分子内的羟醛缩合、酯缩合等也可得到五元环状化合物。

(1)羟醛缩合

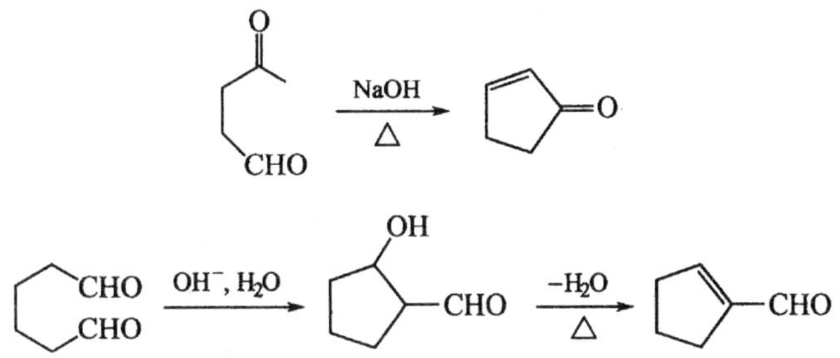

(2)酯缩合

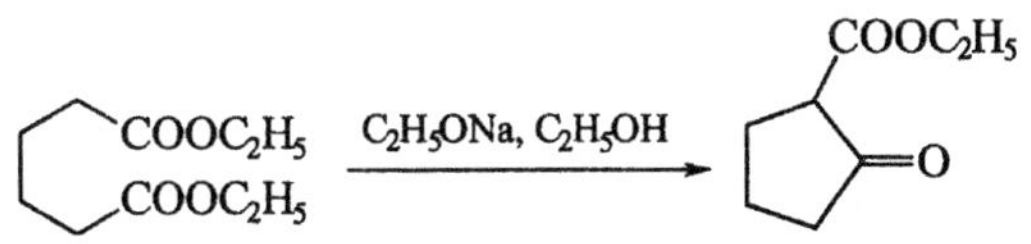

(3)二元羧酸受热脱水脱羧反应

对于二元羧酸,当两个羧基的相对位置适当时,受热后也可以生成相应的五元环状化合物:

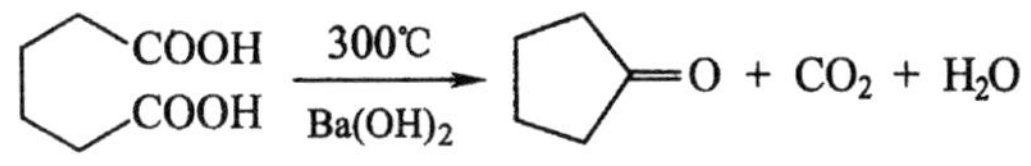

3. γ-羟基羧酸受热脱水反应

γ-羟基羧酸受热后脱水生成五元环状的内酯,其反应为:

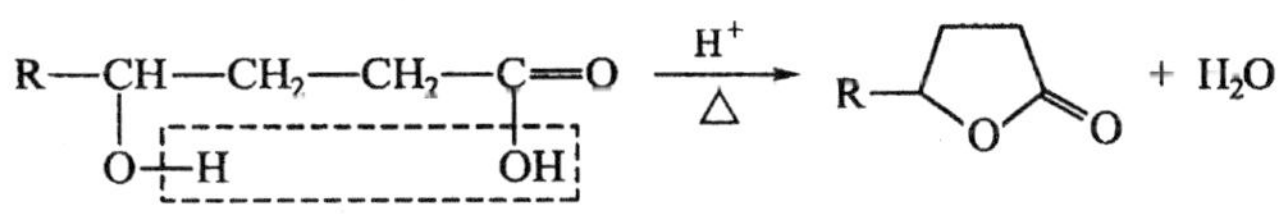

6.3.2 五元杂环的合成

1. 单杂原子单环化合物

这类化合物中最常见的是吡咯、呋喃和噻吩的衍生物。根据取代基的不同,构成它们骨架的方式有:

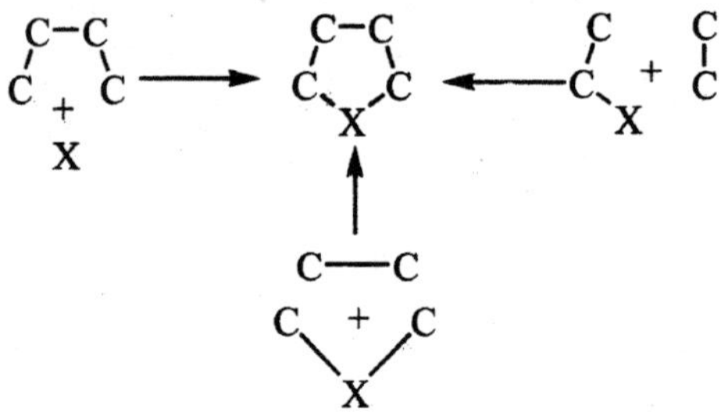

$$X = NR, O, S$$

(1)Knorr 合成法

在酸性条件下,由 α-氨基酮或 α-氨基酮酸酯与含有活泼叶亚甲基的酮反应,可制得吡咯衍生物:

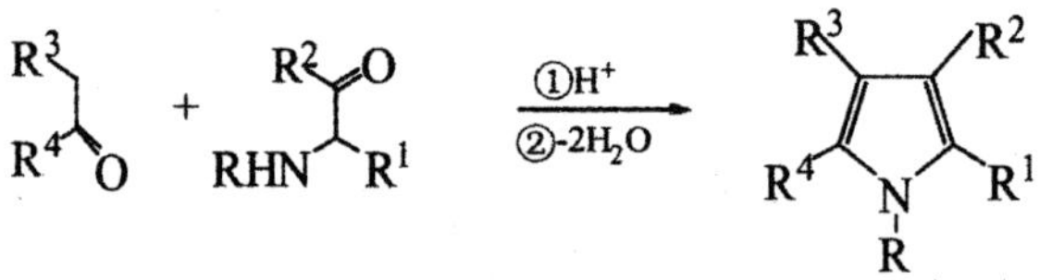

R= H,烷基,芳基;R³= 吸电子取代基

如果酯基不是最终产物所需要的,使用苄酯则更容易脱除。氨基酮酸酯可由相应的 β-羰基酯制得:

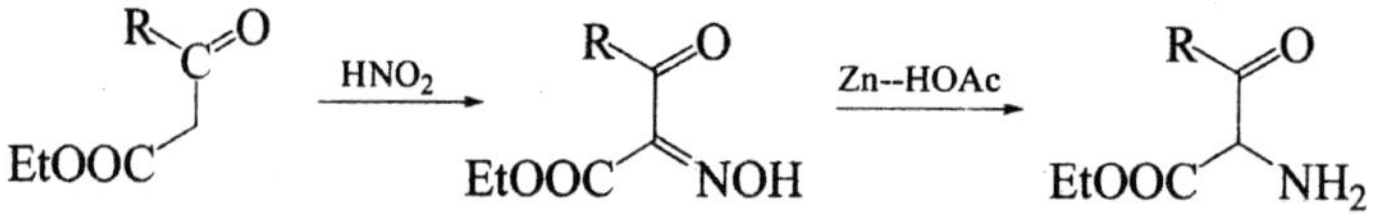

(2)Pall-Knorr 合成法

1,4-二羰基化合物在酸性条件下失水,可得到呋喃及其衍生物。1,4-二羰基化合物与氨或伯胺反应,则可生成吡咯衍生物。而 1,4-二羰基化合物与五硫化二磷反应可生成噻吩衍生物。此方法是制备单原子五元环化合物的一种重要方法。该方法的关键是合成合适的 1,4-二羰基化合物。反应式为:

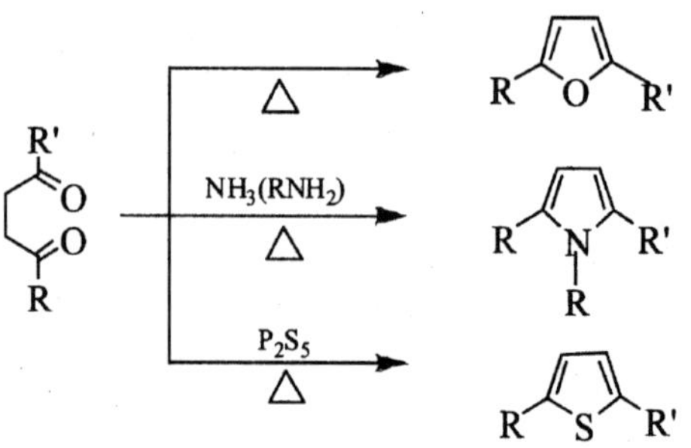

(3)Hinsberg 合成法

由 α-二羰基化合物与活泼的硫醚二羧酸酯作用生成取代噻吩,这是合成 3,4-二取代噻吩的好方法。例如：

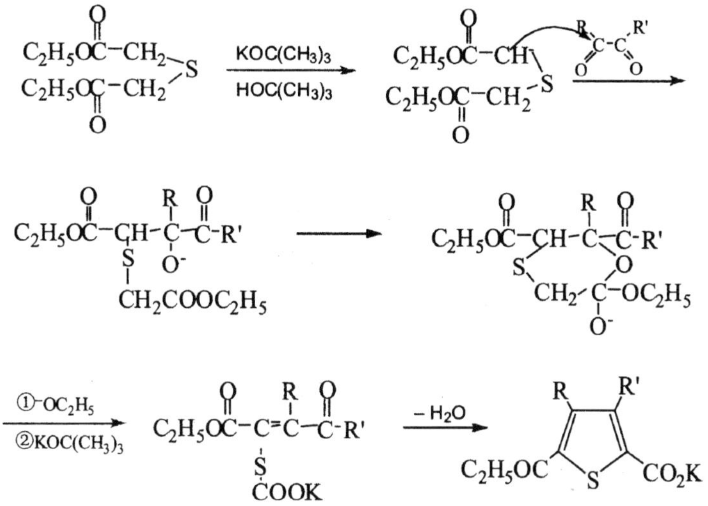

式中，R 和 R′为烷基、芳基、烷氧基、羟基或氢原子等，当 R＝R′＝Ph 时，产率为 93％。改进的 Hinsberg 反应是利用双叶立德活泼的硫醚二羧酸酯，以避免脱羧步骤。

（4）Hantzsch 合成法

在氨或伯胺存在下，α-卤代醛（或酮）与 β-酮酸酯反应，可生成吡咯衍生物。如果在吡啶存在下反应，则生成呋喃衍生物，此反应则称为 Feist-Benary 反应。例如：

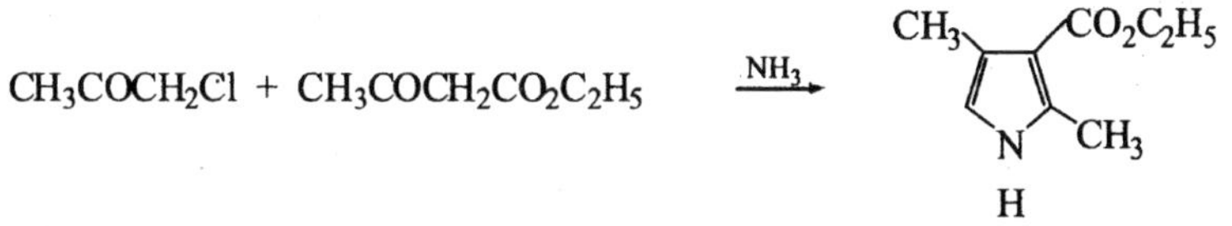

（5）吡咯的衍生物

吡咯的衍生物都极为重要，很多种生理上的重要物质都是由它的衍生物组成的，如叶绿素、血红蛋白及维生素 B_{12} 等都是吡咯的衍生物。

叶绿素存在于绿色细胞内的叶绿体内，和蛋白质结合成为一个复合体，但极易分解。它由蓝绿色的叶绿素 a 和黄绿色的叶绿色 b 组成，且 a、b 结构已测定，并于 1960 年合成了叶绿素 a。

血红蛋白质是高等动物血液输送氧气及二氧化碳的主要物质，由血球蛋白质和血红素结合而成的。

维生素 B_{12} 具有很强的医治贫血的效能。在维生素 B_{12} 的分子中含有一个钴原子，还含有一个氰基，因此维生素 B_{12} 也称为氰基钴胺。经 X 射线测定维生素 B_{12} 有一个大的共平面的基团，即包括 4 个还原的吡咯环的类似卟啉结构的环系。维生素 B_{12} 是自然界存在的结构非常复杂的有机化合物，经过十几年的研究，于 1973 年完成了它的全人工合成工作。这是迄今为止人工合成的最复杂的化合物，是有机合成艺术的一次伟大胜利。

目前工业上生产维生素 B_{12} 主要采用发酵法。

（6）吡咯、呋喃及噻吩的互变

佑尔业夫（Yupev）以氧化铝为催化剂，可以使三种五元杂环互为转变：

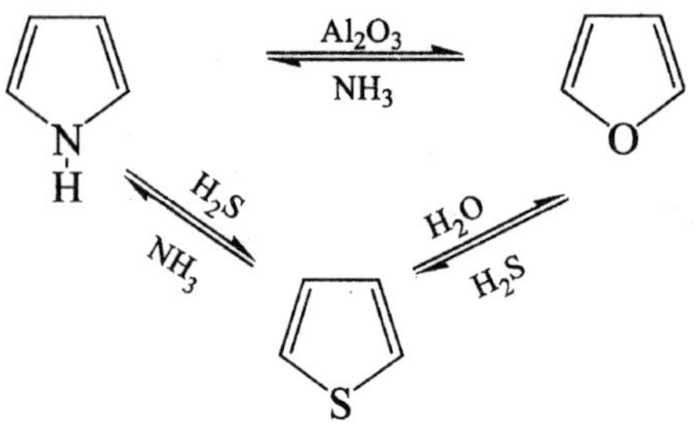

2. 苯并单杂原子五元环化合物

苯并单五元杂环体系包括苯并吡咯(吲哚)、苯并呋喃和苯并噻吩等类化合物,这里主要介绍吲哚类化合物的合成方法。

(1)Fischer 合成法

由醛或酮的苯腙,在 Lewis 酸催化下环合可制得各种吲哚衍生物。反应历程为:

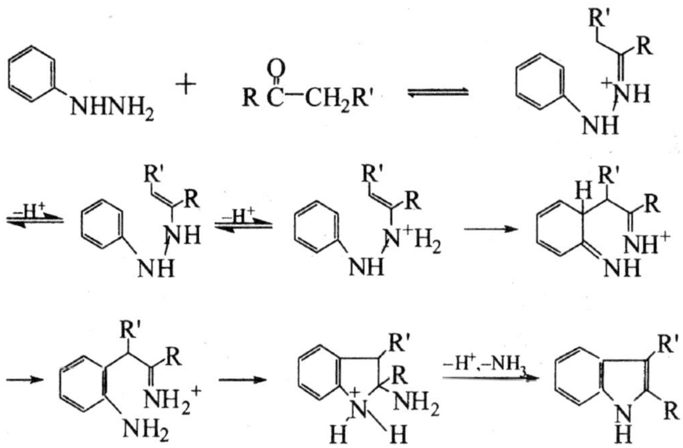

该反应中常用的催化剂是 $ZnCl_2$、PCl_3、PPA 等。羰基化合物可以是醛、酮、醛酸、酮酸以及它们的酯,反应的关键一步是环化反应。苯肼的芳环上可以连有各种取代基,但吸电子取代基对反应不利。间位取代的苯肼,有两种闭环方向,这决定于取代基的性质。给电子取代基,主要生成 6-取代吲哚(即对位闭环),而吸电子取代基时,主要生成 4-取代吲哚(邻位闭环)。

(2)Bischler 合成法

由等当量的 α-卤代酮和芳胺一起加热,先生成中间体 α-芳胺基酮,然后在酸存在下环化得相应的吲哚衍生物:

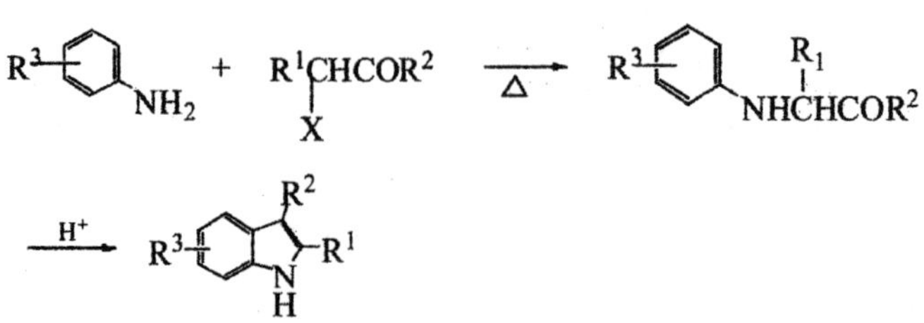

式中,R^1、R^2、R^3 = R,Ar,H;X = Br,Cl 等。

（3）Reisset 合成法

由邻硝基甲苯的活泼甲基与草酸酯反应，先生成邻硝基丙酮酸酯，硝基被还原后进而环化，最后得到吲哚-2-羧酸酯。常用的还原剂是 Zn 加醋酸、硫酸铁-氢氧化铵、锌汞齐-盐酸等。例如：

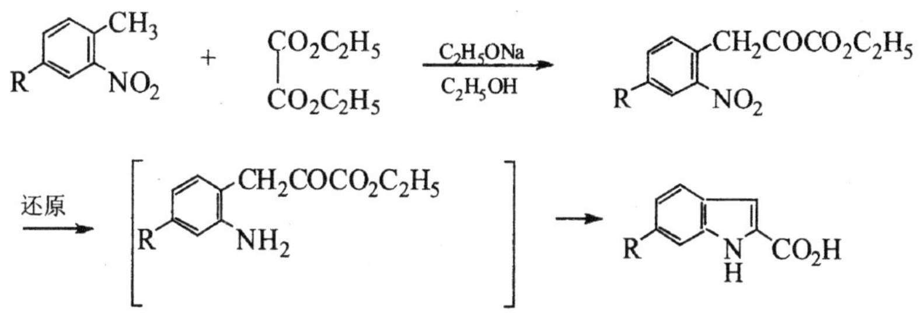

改进的 Reisset 合成法，可以直接得到五元环上无取代基的吲哚衍生物。方法如下：

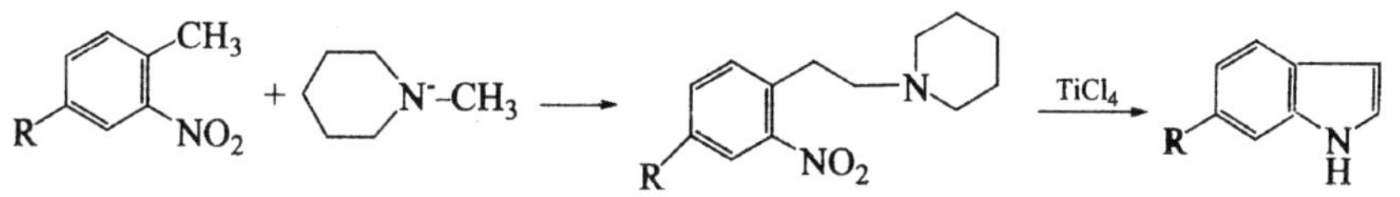

（4）消炎痛的合成法

消炎痛为吲哚的衍生物，具有显著镇痛和解热作用，用于各类炎症的镇痛解热。其合成方法如下：

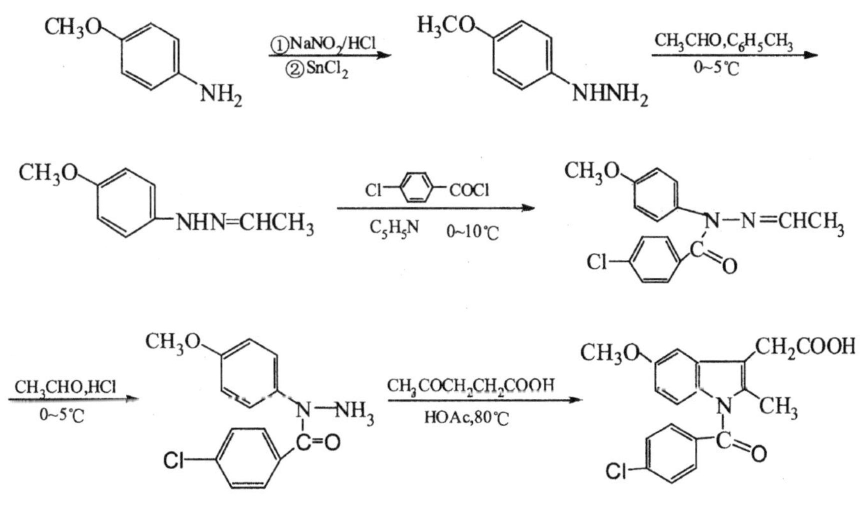

3. 含两个杂原子的五元单环化合物

含有两个杂原子的五元单杂环化合物，根据性质和结构的不同可分为三类，即唑、氢化唑和只含有氧或硫原子的非唑类。

（1）1,2-唑类（异唑类）化合物的合成

1,3-二羰基化合物与肼或羟胺反应，脱水环合可得到对应的吡唑或并嗯唑类化合物。其反应式为：

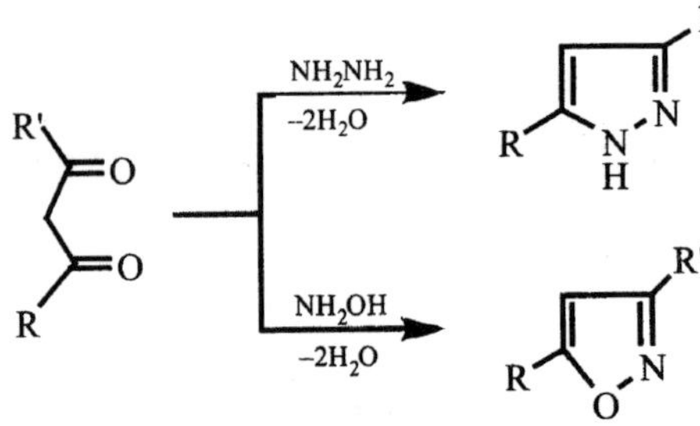

吡唑也可用乙炔或炔化物与重氮甲烷反应制得。

(2)1,3-唑类的合成

①[4+1]合成法。

由 α-酰基氨基酮与胺,五硫化二磷或脱水剂作用,环化成对应的咪唑、噻唑或噁唑类化合物。其反应式为:

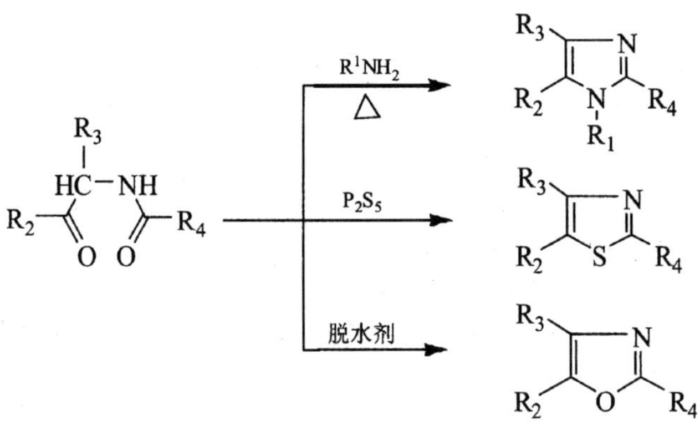

②[2C+3X]合成法。

这里 2C 通常是 α-羟基酮或 α-卤代酮,3X 为酰胺或硫代酰胺等。2C 和 3X 组分一起加热即可环化合成对应的噻唑或噁唑类衍生物。

③咪唑环的合成。

α-氨基醛或酮是合成咪唑类化合物的重要中间体,它们用热的硫氰酸钾水溶液处理,生成 α-巯基咪唑类化合物,巯基可被 Raney-Ni 还原,可得到咪唑类化合物。α-氨基醛或酮和氨基腈作用,生成 α-氨基咪唑类化合物。其反应式为:

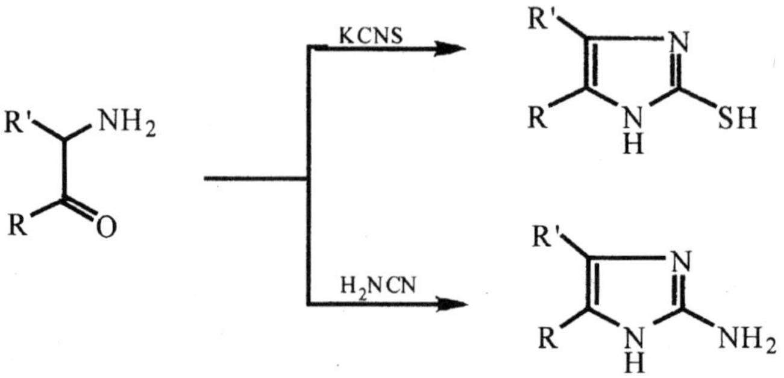

咪唑环本身可通过一个特别方法制备,即:

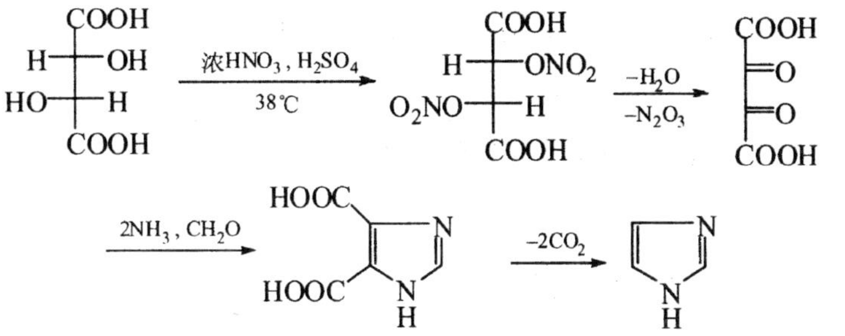

咪唑另一个比较简单制法是以缩醛为原料。例如：

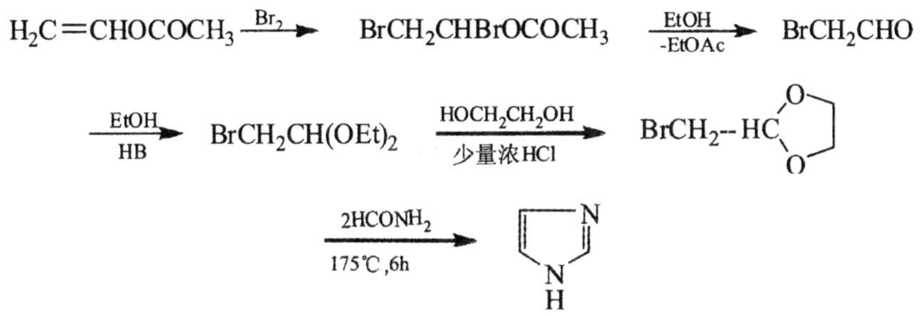

$$H_2C=CHOCOCH_3 \xrightarrow{Br_2} BrCH_2CHBrOCOCH_3 \xrightarrow[-EtOAc]{EtOH} BrCH_2CHO$$

$$\xrightarrow[HB]{EtOH} BrCH_2CH(OEt)_2 \xrightarrow[少量浓HCl]{HOCH_2CH_2OH} BrCH_2-HC$$

$$\xrightarrow[175℃,6h]{2HCONH_2}$$

（3）氢化唑类化合物的合成

1,2-二胺与羧酸、醛或酮反应,可分别得到咪唑啉和咪唑烷：

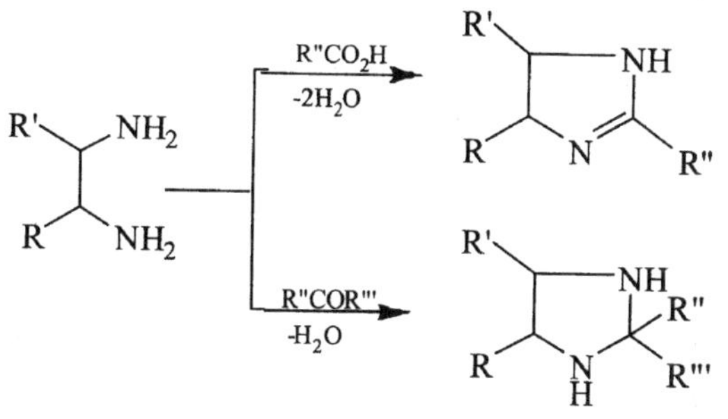

（4）合成方法的应用

①氨基比林的合成。

氨基比林主要用于发热、头痛、关节痛、神经痛、痛经及活动性风湿症。其反应过程如下：

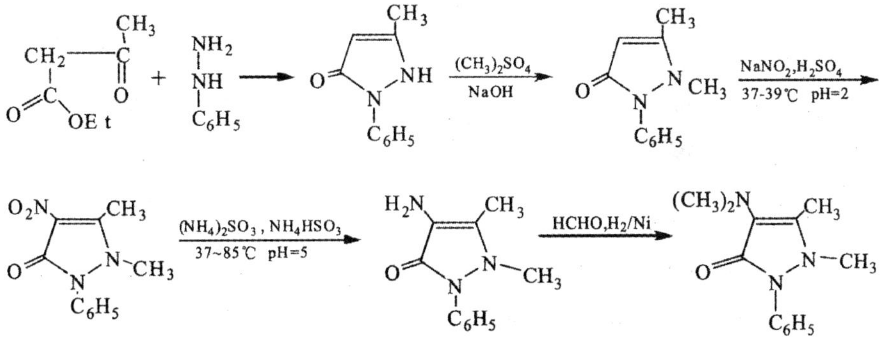

氨基比林

②驱虫净的合成（盐酸噻咪唑）。

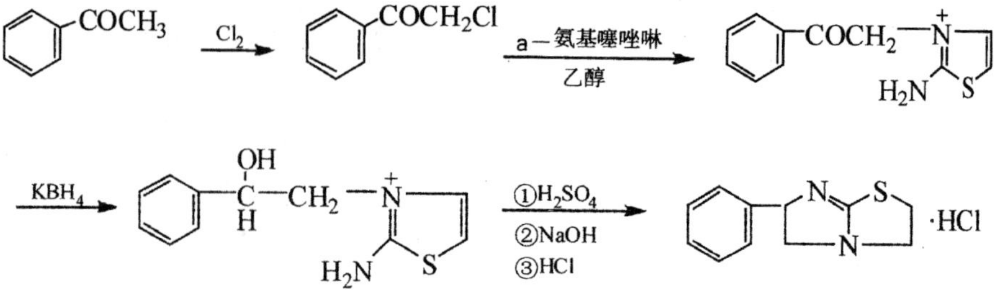

③酒石黄的合成。

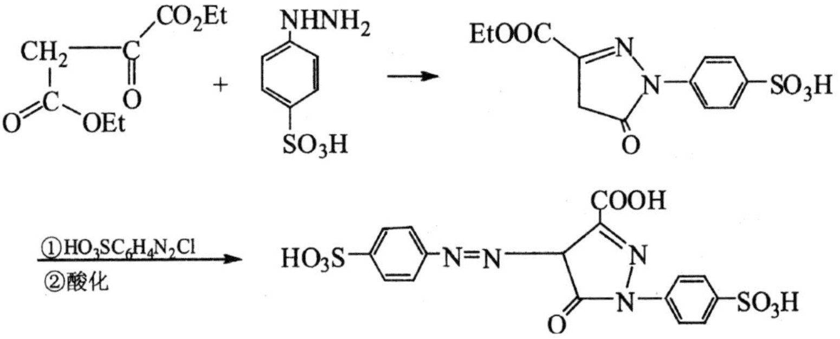

酒石黄是羊毛的一个黄色染料，与其他吡唑酮偶氮染料一样，近几年来在工业上的应用越来越多。

6.4　四元环的合成

四元环化合物可以由丙二酸二乙酯和适当的二卤代烷来合成，如：

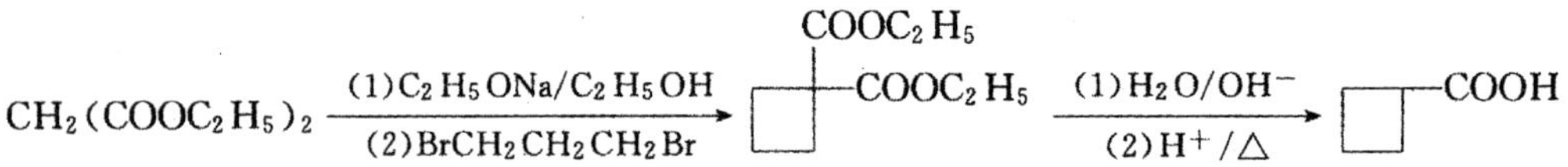

1,4-二卤代物在金属锌作用下脱去卤素也会得到四元环化合物，如：

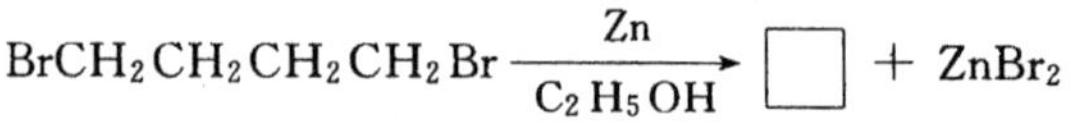

$$BrCH_2CH_2CH_2CH_2Br \xrightarrow[C_2H_5OH]{Zn} \Box + ZnBr_2$$

烯烃的[2+2]环加成反应是合成四元环化合物很有价值的合成法。某些烯类化合物在光、热和一些金属盐的影响下可二聚或和另一个烯类化合物进行环化加成，形成环丁烷系化合物；也可和一个炔类化合物加成，形成环丁烯系化合物，例如：

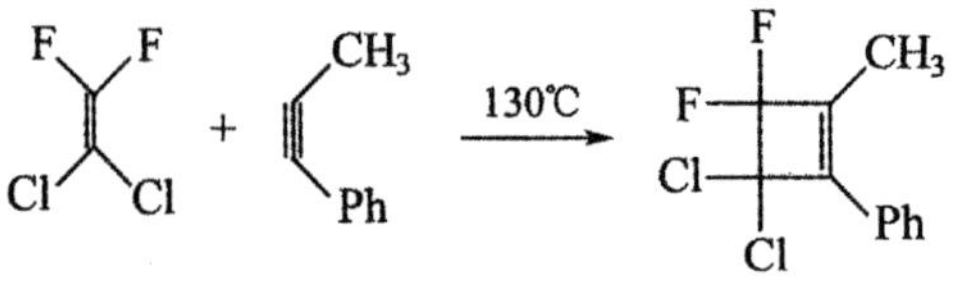

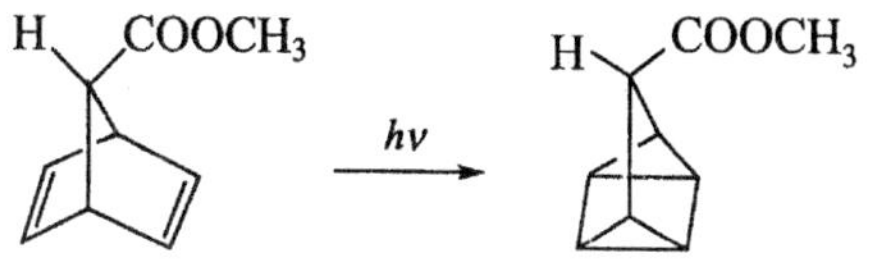

分子内的亲核取代反应有时也可以得到四元环化合物：

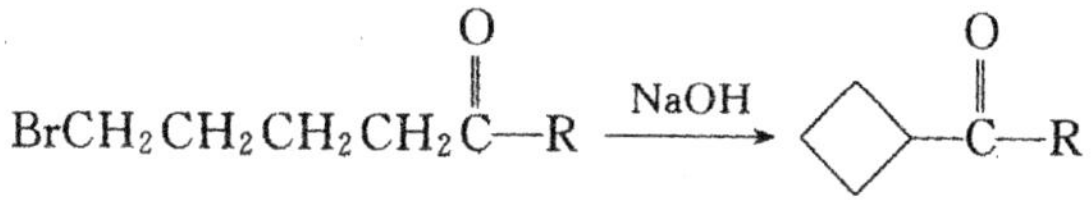

1,3-丁二烯的电环化反应也可以得到四元环的环烯：

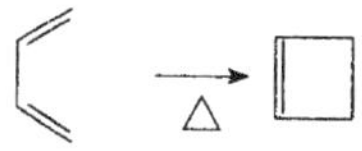

6.5　三元环的合成

三元环化合物可由分子内的取代反应得到，如：

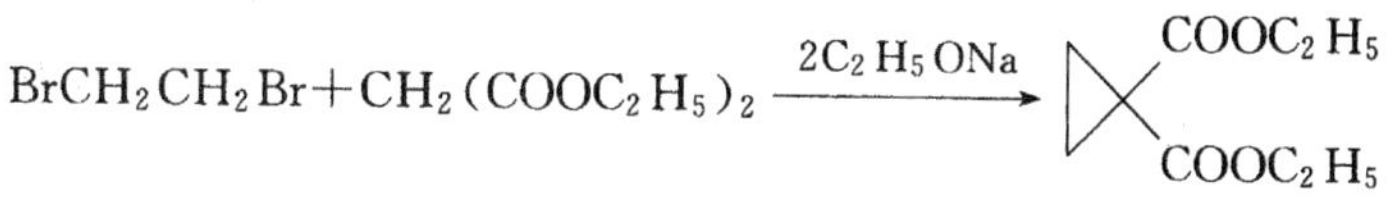

三元环除由分子内的取代反应合成外，用途较广的合成方法是烯烃与碳烯及类碳烯的加成。

碳烯也称卡宾，是次甲基及其衍生物的总称。碳烯是非常活泼的物质，在有机合成中是一类很重要的活性中间体，最简单的碳烯就是次甲基：CH_2。

碳烯中的碳原子是中性二价碳原子，最外层仅有六个价电子，其中四个价电子参与形成两个 σ 键，与两个氢原子或其他的基团相连，还有两个未成键的电子，这两个未成键的电子可能配对，也可能未配对。若是配对的，两个电子占据同一个轨道，自旋方向相反，总的自旋数为零，这种状态的碳烯称为单线态碳烯；若是未配对的，两个电子占据不同的轨道，自旋方向相同，总的自旋数为三，这种状态的碳烯称为三线态碳烯，单线态的碳原子采取的是 sp^2 杂化，三线态的碳原子采取 sp 杂化。

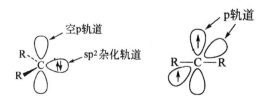

单线态碳烯（sp^2 杂化）　　三线态碳烯（sp 杂化）

碳烯可以与烯烃、炔烃等的 π 键进行加成生成，环丙烷和环丙烯衍生物，如：

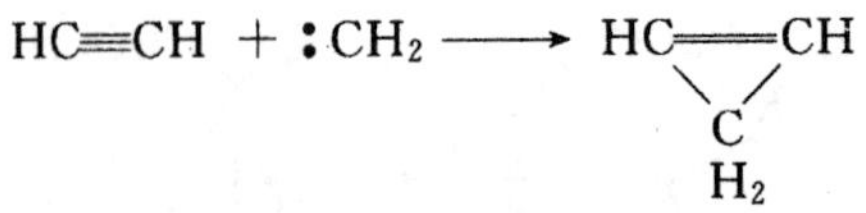

$$HC\equiv CH + :CH_2 \longrightarrow HC = CH$$

不同电子状态的碳烯和烯烃的加成方式是不同的,因此表现出不同的立体特征。单线态碳烯与烯烃的加成是一步过程,按协同机理进行,因此具有立体定向性,产物能够保持起始烯烃的构型;三线态碳烯与烯烃的加成是按分步完成的双自由基反应历程进行的,由于生成的中间体有足够的时间沿着 C—C 键旋转,因此可得顺反异构体的混合物。例如,顺-2-丁烯与单线态碳烯反应,得到的是顺-1,2-二甲基环丙烷,而与三线态碳烯反应得到的则是顺-1,2-二甲基环丙烷和反-1,2-二甲基环丙烷的混合物。

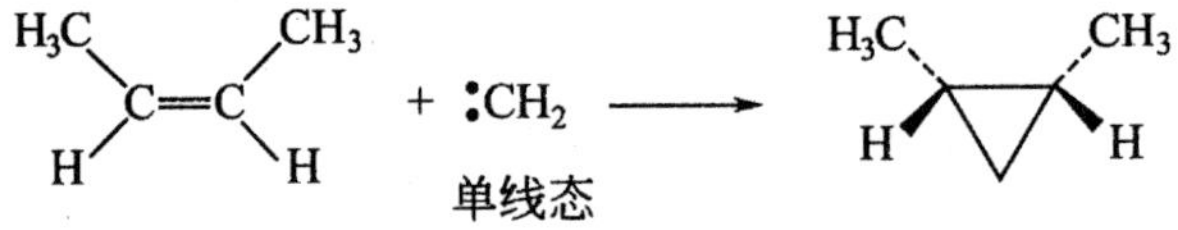

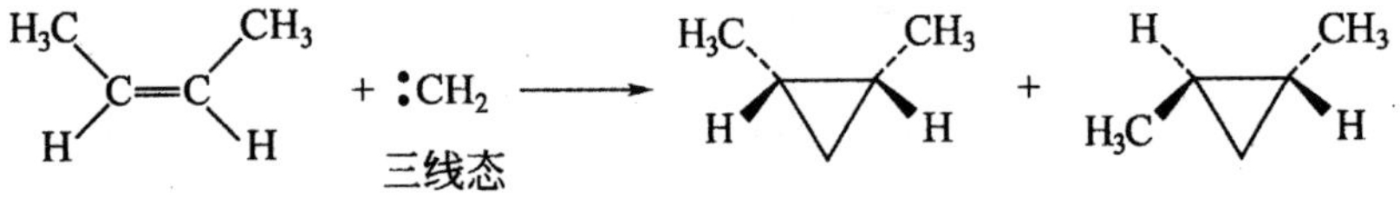

除与烯烃加成得到环丙烷系化合物之外,碳烯也可与苯环进行加成,得到与苯环并环的三元环,但加成产物随时异构化为扩环产物。

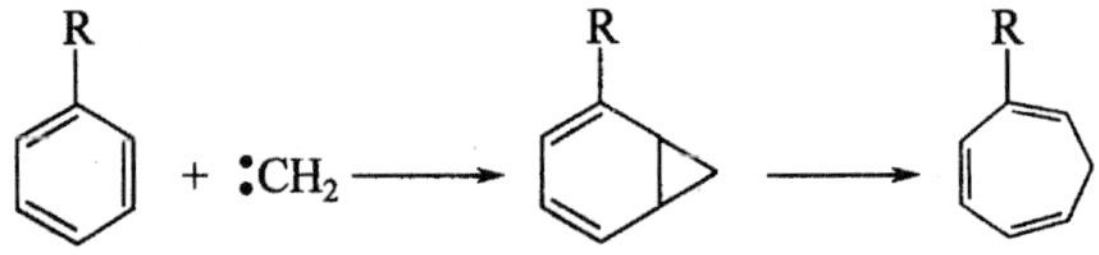

另二种制备环丙烷类化合物的方法是利用金属锌 Zn,例如:

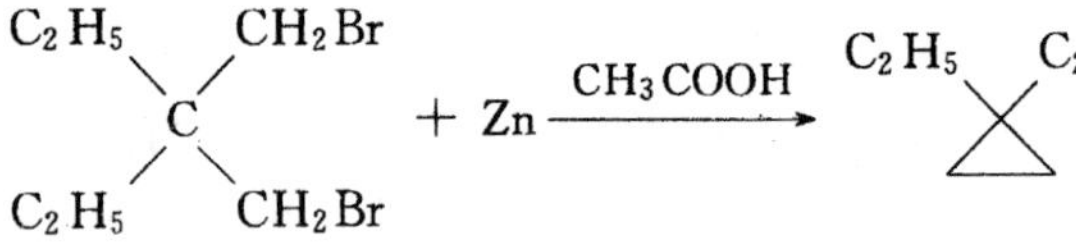

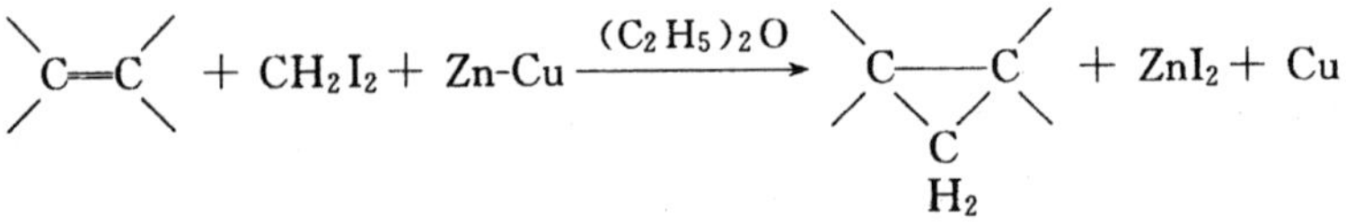

二碘甲烷与锌-铜偶合体制得的有机锌试剂与烯烃作用,生成环丙烷及其衍生物的反应称为 Simmons-Smith 反应,反应过程如下:

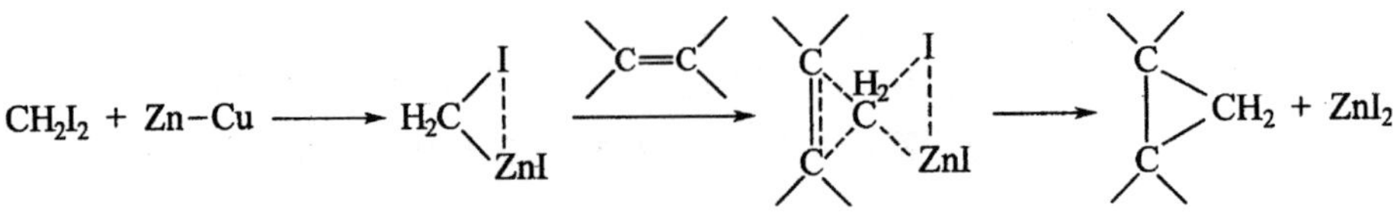

在反应过程中虽然没有产生碳烯,但是反应中产生的 ICH_2ZnI 具有类似碳烯的性质,因此,有机锌试剂 ICH_2ZnI 称为类碳烯。

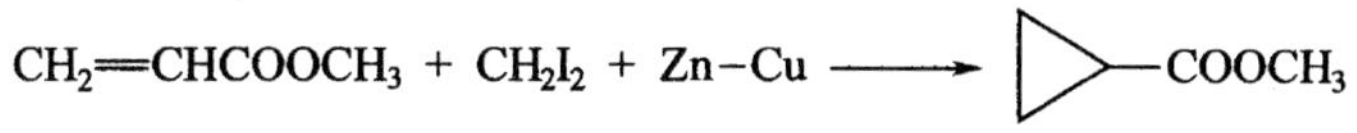

$$CH_2{=}CHCOOCH_3 \ + \ CH_2I_2 \ + \ Zn{-}Cu \ \longrightarrow \ \triangleright{-}COOCH_3$$

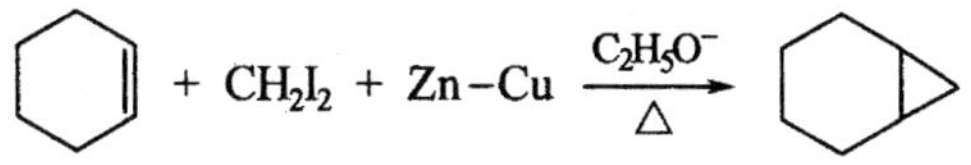

Simmons-Smith 反应条件温和,产率较高,且是立体专一的顺式加成反应。烯烃中若有其他基团如卤素、羟基、氨基、羰基、酯基等存在均不受影响。

第7章　不对称合成反应

7.1　概述

不对称合成反应是近年来有机化学中发展最为迅速也是最有成就的研究领域之一。研究不对称合成反应具有十分重要的实际意义和理论价值。对于不对称化合物而言,制备单一的对映体是非常重要的,因为对映体的生理作用往往有很大差别。许多药物都是手性的,只有一种对映体有效,另一种无效甚至起反作用。

在一个不对称反应物分子中形成一个新的不对称中心时,两种可能的构型在产物中的出现常常是不等量的。在有机合成化学中,就把这种反应称为不对称反应或不对称合成。

Morrison 和 Mosher 提出了"不对称合成"较为完整的定义:一个反应,其中底物分子整体中的非手性单元由反应剂以不等量地生成立体异构产物的途径转换为手性单元。也就是说,不对称合成是这样一个过程,它将潜手性单元转化为手性单元,使得产生不等量的立体异构产物。

不对称合成的发展,使药物合成和有机合成进入了一个新阶段。这类反应还广泛应用于有机化合物分子构型的测定和阐明、有机化学反应的机理、酶的催化活性等领域,丰富了有机化学、药物化学、有机合成化学和化学动力学,具有广泛的应用前景。

7.1.1　不对称合成的性质

1. 立体选择性

立体选择反应一般指反应能生成两种或两种以上的异构产物也有时可能会生成一种立体异构体,两种或两种以上异构体中其中只有一种异构体占优势的反应。这类反应一般包括羰基的还原反应和烯烃的加成反应。

羰基的还原反应:

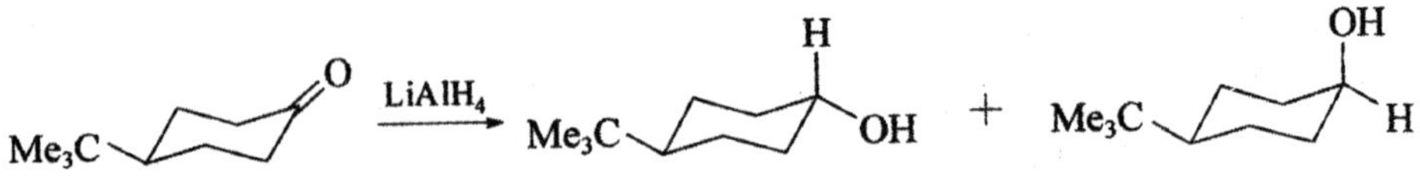

90%　　　　　　　　10%

烯烃的加成反应:

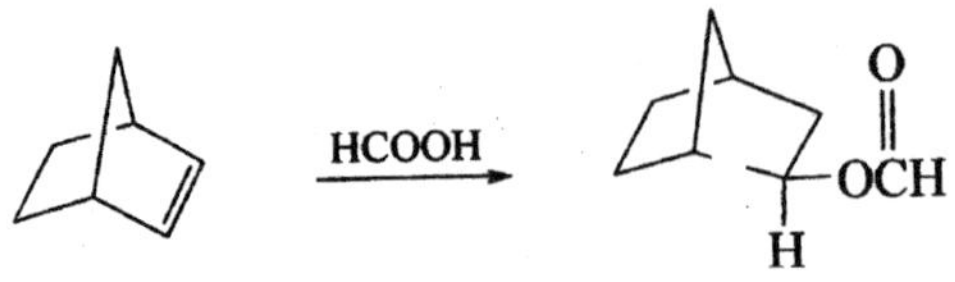

（单一立体异构）

Power 等利用大位阻的 Lewis 酸来制造过渡态中额外的空间因素而使反应的选择性发生扭转,得到立体选择性高的物质,反应过程下:

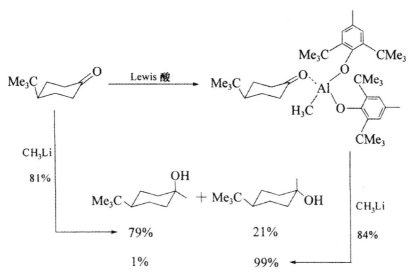

2. 立体专一性

在立体专一性反应中不同的立体异构体得到立体构型不同的产物,反映了反应底物的构型与反应产物的构型在反应机理上立体化学相对应的情况。以顺反异构体与同一试剂加成反应为例,若两异构体均为顺式加成,或均为反式加成,则得到的必然是立体构型不同的产物,即由一种异构体得到一种产物,由另一种异构体得到另一种构型的产物。如果顺反异构体之一进行顺式加成,而另一异构体则进行反式加成,得到相同的立体构型产物,为非立体专一性反应。

7.1.2　不对称合成的效率

不对称合成实际上是一种立体选择性反应,它的反应产物可以是对映体,也可以是非对映体,且两种异构体的量不同。立体选择性越高的不对称合成反应,产物中两种对映体或非对映体的数量差别越悬殊。正是用这种数量上的差别来表征不对称合成反应的效率。

不对称反应效率的表示方法有两种。一种是对应异构体过量百分数,如果产物互为对映体,则用某一对映体过量百分率(简写为%e. e.)来衡量其效率:

$$\% e. e. = \frac{[S]-[R]}{[S]+[R]} \times 100\%$$

或是非对应异构体表示方法,如果产物为非对映体,可用非对映体过量百分率(简写为%d. e.)表示其效率:

$$\% d. e. = \frac{[S^*S]-[S^*R]}{[S^*S]+[S^*R]} \times 100\%$$

上述两式中[S]和[R]分别表示主产物和次产物对应异构体的量;[S* S]和[S* R]分别表示主次要产物非对应异构体的量。

第二种不对称合成反应效率用产物的旋光纯度来表示,旋光性是手型化合物的基本属性,在一般情况下,可假定旋光度与立体异构体的组成成直线关系,不对称合成的对映体过量百分率常用测旋光度的实验方法直接测定,或者说,在实验误差可忽略不计时,不对称合成的效率用光学纯度百分数(简写为%o. p.)表示:

$$\%o.\ p = \frac{[\alpha]_{实测}}{[\alpha]_{纯样品}} \times 100\%$$

在实验误差范围内两种方法相等。若%e. e. 或旋光度%o. p. 为90%,则对映体的比例为95∶5 非对应异构体的量可以用^{1}H-NMR、GC 或 HPLC 来测定。

一个成功不对称合成的标准:

①对应异构体的量,对应异构体含量越高合成越成功。

②可以制备到 R 和 S 两种构型。

③手型辅助剂易于制备并能循环应用。

④最好是催化性的合成。

7.2　不对称合成的基本方法

7.2.1　催化法

催化法以光学活性物质作为催化剂来控制反应的对映体选择性。它可以分为两种:生物催化法和不对称化学催化法:

$$S+R \xrightarrow{\quad 酶 \quad} P^*$$
$$S+R \xrightarrow{\quad 手性催化剂 \quad} P^*$$

其中,S 为反应底物;R 为反应试剂;＊代表手性物质

1. 手性催化剂诱导醛的不对称烷基化

醛、酮分子中羰基醛、酮与 Grignard 试剂的反应生成相应醇是一个古老而经典的亲核加成反应。但由于 Grignard 试剂反应活性非常大,往往使潜手性的醛、酮转化为外消旋体,而像二烷基锌这样的有机金属化合物对于一般的羰基是惰性的,但就在 20 世纪的 80 年代,Oguni 发现几种手性化合物能够催化二烷基锌对醛的加成反应。例如,(S)-亮氨醇可催化二乙基锌与苯甲醛的反应,生成(R)- 1-苯基-1-丙醇,e. e. 值为 49%。从此这个领域的研究迅速发展,至今为止,以设计出许多新的手性配体,应用这些手性配体可促进醛与二烷基锌亲核加成,这些催化剂一般对芳香醛的烷基化也具有较高的立体选择性。

2. 酶催化法

酶催化法使用生物酶作为催化剂来实现有机反应。酶是大自然创造的精美的催化剂,它能够完美地控制生化反应的选择性。酶催化的普通不对称有机反应主要有水解、还原、氧化和碳—碳键形成反应等。早在 1921 年,Neuberg 等用苯甲醛和乙醛在酵母的作用下发生缩合反应,生成 D-(一)-乙酰基苯甲醇。用于急救的强心药物"阿拉明"的中间体 D-(一)-乙酰基间羟

基苯甲醇也是用这种方法合成的。1966 年,Cohen 采用 D-羟腈酶作催化剂,苯甲醛和 HCN 进行亲核加成反应,合成(R)-(+)-苦杏仁腈,具有很高的立体选择性,反应式如下:

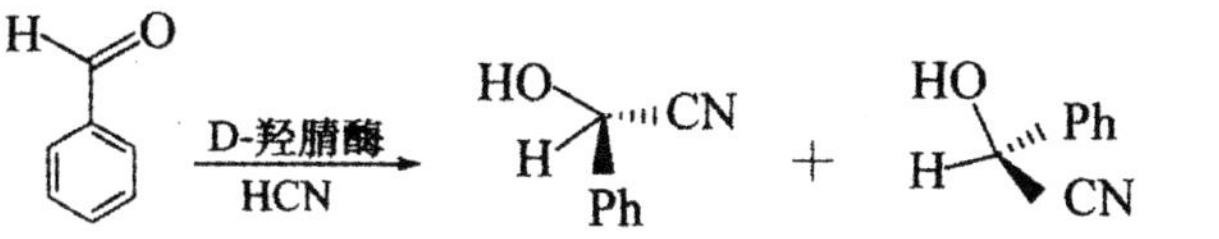

(R)-(+)苦杏仁腈　(S)-(−)苦杏仁腈
e.e 94%

目前内消旋化合物的对映选择性反应只有酶催化反应才能完成。马肝醇脱氢酶(HLADH)可选择性地将二醇氧化成光学活性内酯,猪肝酯酶(PLE)可使二酯选择性水解成光学活性产物 β-羧酸酯,反应式如下:

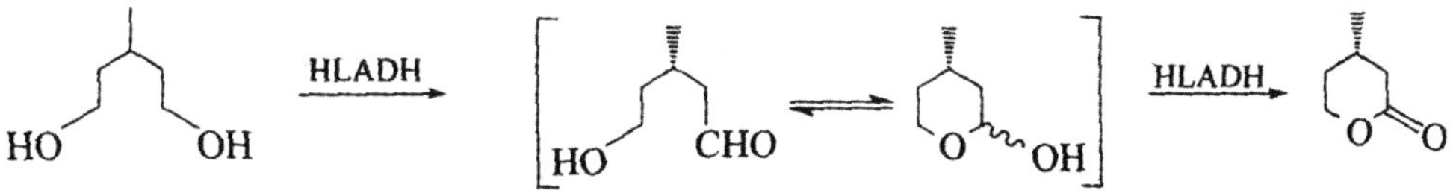

e.e 87%

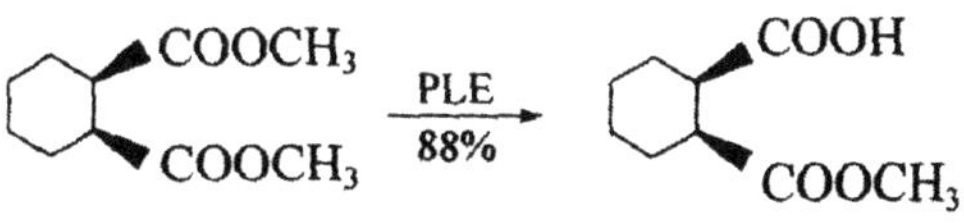

e.e>97%

部分蛋白质可以作为不对称合成的催化剂使用,例如,在碱性溶液中进行 Darzen 反应时,可用牛奶蛋清酶做催化剂,反应式如下:

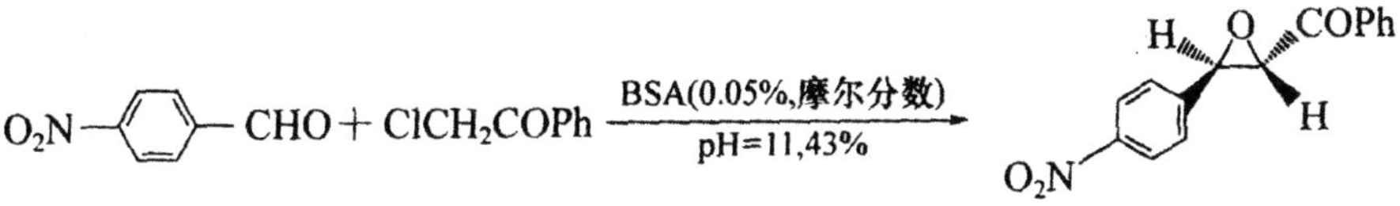

e.e 62%

手性化学催化剂控制对映体选择性的不对称催化能够手性增殖,仅用少量的手性催化剂,就可获取大量的光学纯物质。也避免了用一般方法所得外消旋体的拆分,又不像化学计量不对称合成那样需要大量的光学纯物质,它是最有发展前途的合成途径之一。尽管酶催化法也能手性增殖,但生物酶比较娇嫩,常因热、氧化和 PH 值不适而失活;而手性化学催化剂对环境有将强的适应性。

3. 有手性催化剂参与的不对称合成物的应用

1986 年,美国 Monsanto 公司的 Knowles 等和联邦德国的 Maize 等几乎同时报道了用光学活性膦化合物与铑生成的配位体作为均相催化剂进行不对称催化氢化反应。目前某些不对称催化反应其产物的 e.e 可达 90%,有的甚至达 100%,反应所使用的中心金属大多为铑和铱,手性配体基本为三价磷配体。

例如:

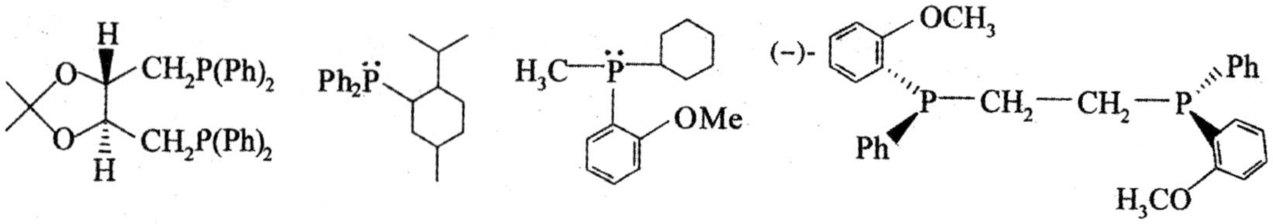

$$L_A^* \qquad L_B^* \qquad L_C^* \qquad L_D^*$$

具有这种手性配体的铑对碳—碳双键、碳—氧双键及碳—氮双键发生不对称催化氢化反应,用这类反应可以制备天然氨基酸。例如,烯胺类化合物碳—碳双键不对称氢化反应后得到天然氨基酸反应式如下:

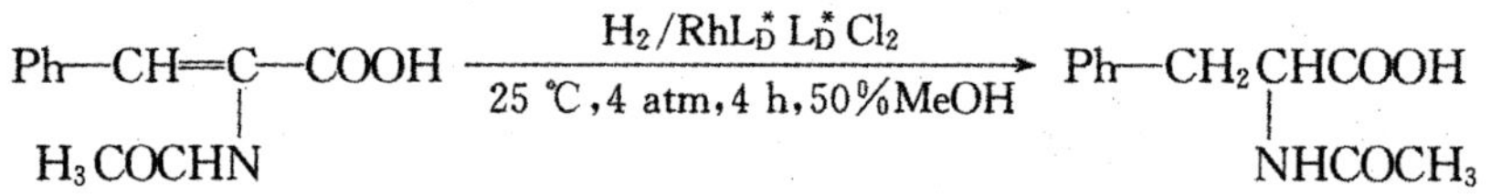

(Z)-α-乙酰氨基肉桂酸   (＋)-N-乙酰氨基苯丙氨酸

同样用手性膦催化剂进行不对称催化氢化来制备重要的抗震颤麻痹药物 L-多巴(3-羟基酪氨酸),反应式如下:

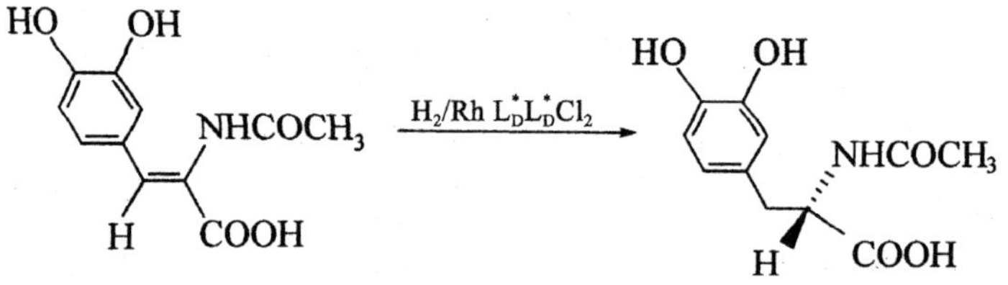

e. e 94%

Sharpless 研究组用酒石酸酯、四异丙氧基钛、过氧叔丁醇体系能对各类烯丙醇进行高对映选择性环氧化,可获得 e. e 值大于 90% 的羟基环氧化物,并且根据所用酒石酸二乙酯的构型可得到预期的立体构型的产物。

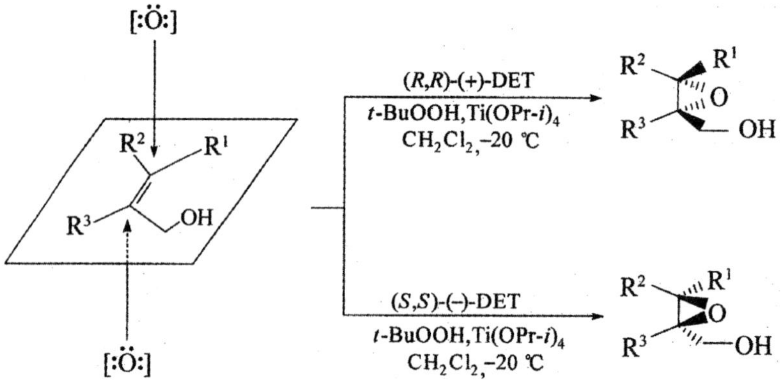

7.2.2　试剂控制法

在无手性的分子中通过化学反应产生手性中心,无手性分子的底物为潜手性化合物,通过光学活性反应试剂在不对称环境中,两者反应生成不等量的对应异构体产物。一个常用的方法是利用手性试剂对含有对映异构的原子、对映异构的基团或对映异构面的底物作用。手性诱导不对称合成的方法具有简单灵活且所得目标产物光化学纯度较高的特点。其不对称合成过程为:

$$S \xrightarrow{R^*} P^*$$

手性诱导试剂的种类很多,常见的有手性硼试剂、锂盐类试剂等。硼试剂在手性合成中具有硼氢化、还原、烷基化的作用,硼试剂中可通天然或合成的手性化合物引入手性,得到手性硼试剂。例如,将(-)或(＋)-α-蒎烯经硼氢化后得到的手性二蒎基硼烷是很好的手性硼试剂。

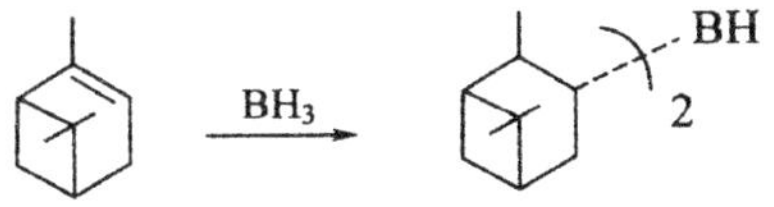

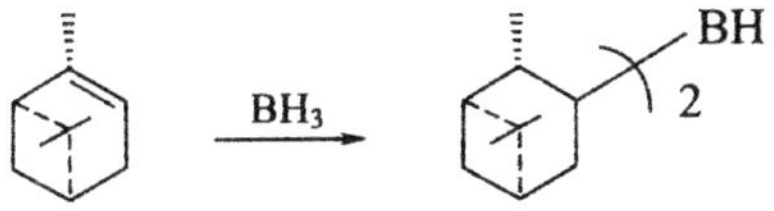

在手性硼试剂的作用下还可以完成羰基的不对称合成。例如,将 α-蒎烯用 9-BBN 进行硼氢化后得到 B-3-蒎基-9-BBN。

锂盐类的醇可以进行手性烷基化、氨基化、羟基化反应,手性氨基锂与酮羰基生产不对称的烯醇锂盐,再与亲电试剂反应可得氧取代或碳取代的化合物;手性氨基铜可以对烯酮进行烷基化。

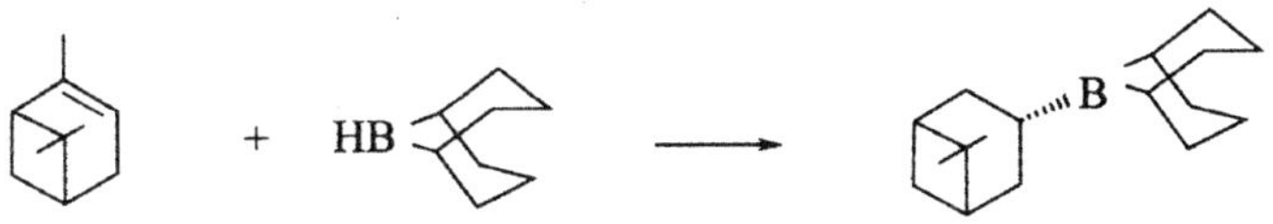

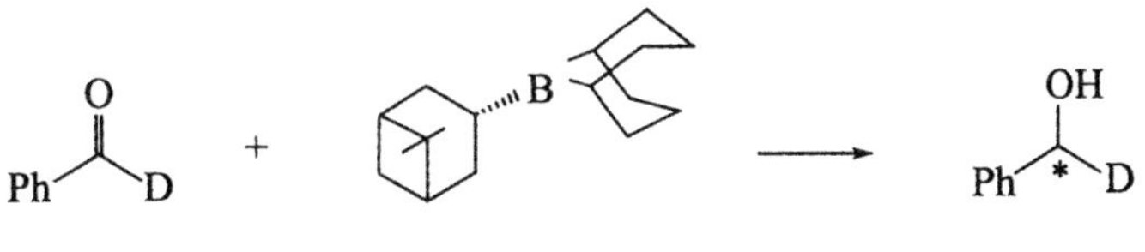

7.2.3　底物控制法

底物控制反应又称手性源不对称反应,其第一代不对称合成是通过手性底物中已经存在的手性单元进行分子内定向诱导。在底物中新的手性单元通过底物与非手性试剂反应而产生,此时反应点邻近的手性单元可以控制非对映面上的反应选择性。底物控制反应在环状及刚性分子上能发挥较好的作用。

底物控制法的反应底物具有两个特点:

①含有手性单元。

②含有潜手性反应单元。

在不对称反应中,已有的手性单元为潜手性单元创造手性环境,使潜手性单元的化学反应具有对映选择性。例如,Woodward 等人研究红诺霉素全合成全过程,在中间步骤,化合物 1 具有手性单元;受这个手性单元的影响,它上面的羰基能够被非手性试剂 NaBH₄ 有所选择地还原成单一构型,如图 7-1 所示。

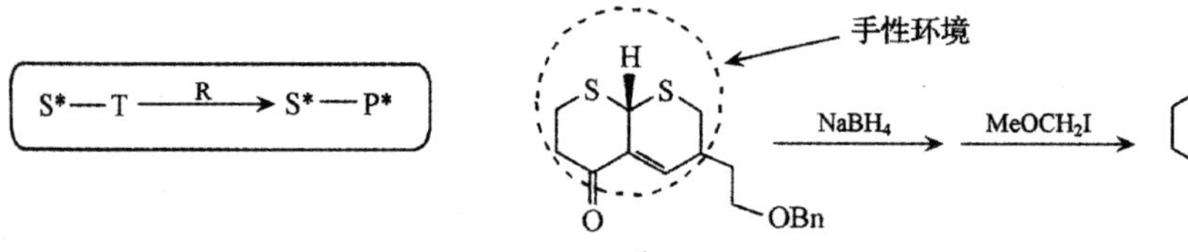

图 7-1　经手性底物诱导合成红诺霉素中间步骤图

S*—T 为反应底物;T 为潜手性单元;R 为反应试剂;* 为手性单元

手性底物控制不对称合成反应原料易得,但缺点是往往没有简捷、高效的方法将其转化为手性目标化合物。对于一些多手性中心有机化合物的合成,这种不对称合成思想尤为重要。只要在起始步骤中控制一个或几个手性中心的不对称合成,接下来就可能靠已有的手性单元来控制别的手性中心的单一形成,避免另外使用昂贵的手性物质。这类合成在药物合成上的应用研究比较多,有一些出色完成实际药物合成的实例。例如,青蒿霉素的合成。

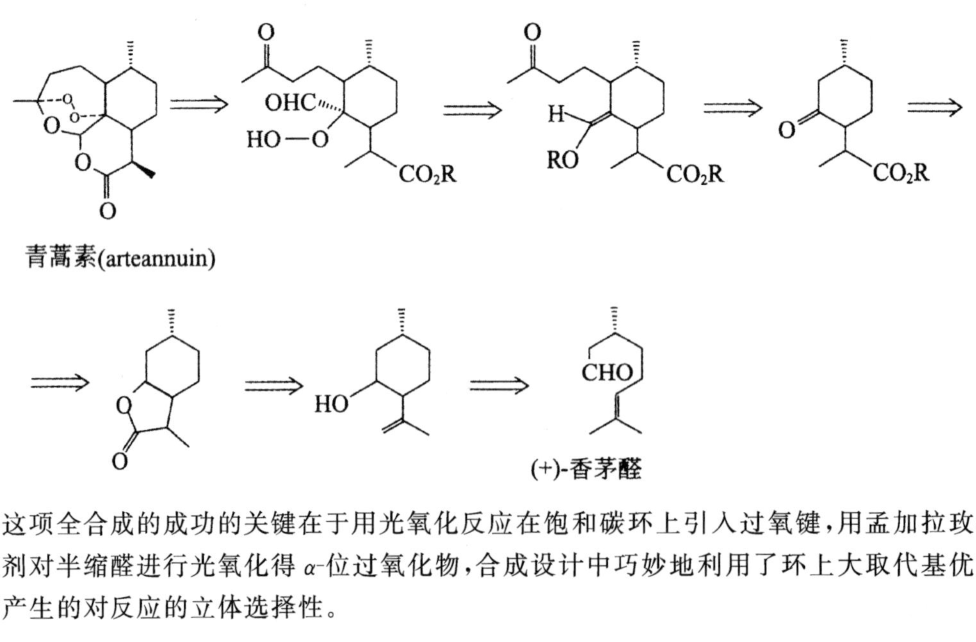

青蒿素(arteannuin)

(+)-香茅醛

这项全合成的成功的关键在于用光氧化反应在饱和碳环上引入过氧键,用孟加拉玫红作光敏剂对半缩醛进行光氧化得 α-位过氧化物,合成设计中巧妙地利用了环上大取代基优势构象所产生的对反应的立体选择性。

7.2.4　辅基控制法

辅基控制中的底物与手性底物诱导中的底物一致,为潜手性化合物。它需要手性助剂来诱导反应的光学选择性。在反应中,底物首先和手性助剂结合,后参与不对称反应,反应结束后,手性助剂可以从产物中脱去。此方法为底物控制法的发展,它们都是通过分子内的手性基团来控制反应的光学选择性;只不过前者中的手性单元仅在参与反应时才与底物结合成一个整体,同时赋予底物手性;后者在完成手性诱导功能后,可从产物中分离出来,并且有时可以重复利用。其控制历程为:

$$S \xrightarrow{A^*} S-A^* \xrightarrow{R} P^*-A^* \xrightarrow{-A^*} P^*$$

其中,S 为反应底物,A^* 为手性付辅剂,R 为反应试剂,$*$ 为手性单元。

虽然手性辅助基团控制不对称合成方法很有用,但该过程中需要手性辅助剂的连接和脱出两个额外步骤。关于该方法的报道不少,也有一些工业例子。如,工业上利用此方法生产药物(s)-萘普生。对辅基控制法已有不少报道,还有工业应用的例子。例如,工业上利用此方法生产药物(s)-萘普生。手性助剂酒石酸与原料酮类化合物发生反应时在保护羰基的同时又赋予底物手性。接着发生溴化反应,生成单一构型产物,再经重排和属解得到目标产物。

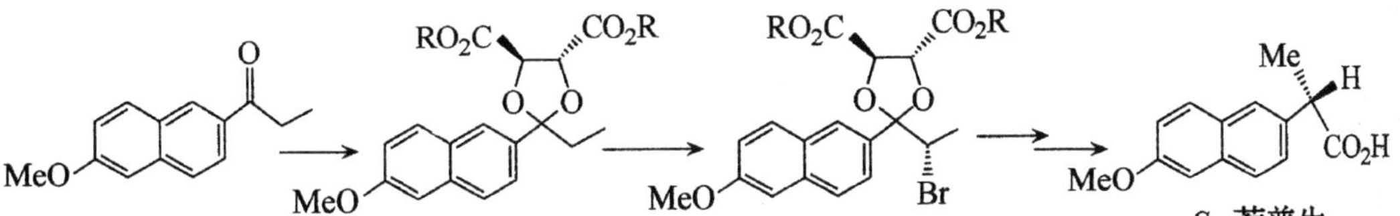

7.3　不对称合成的新方法

7.3.1　不对称催化合成

1. 酶催化的不对称合成反应

生物催化反应通常是条件温和、高效,并且具有高度的立体专一性。因此,在探索不对称合成光学活性化合物时, 一直没有间断进行生物催化研究。早在 1921 年,Neuberg 等用苯甲醛和乙醛在酵母的作用下发生缩合反应,生成 D-(−)-乙酰基苯甲醇。1966 年,Cohen 采用 D-羟腈酶作催化剂,苯甲醛和 HCN 进行亲核加成反应,合成(R)-(+)-苦杏仁腈,具有很高的立体选择性,反应式如下:

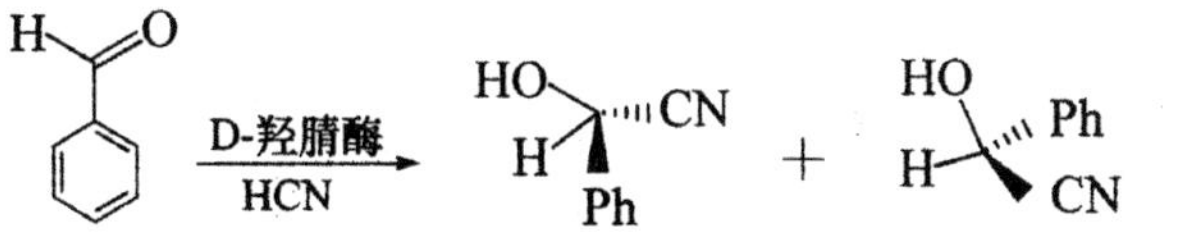

(R)-(+)苦杏仁腈　(S)-(−)苦杏仁腈

乙酰乙酸乙酯可被面包酵母催化还原生成(S)-β-羟基酯，而丙酰乙酸乙酯在同样条件下选择性极差。用 *Thermoanaerobium brockii* 细菌能将丙酰乙酸乙酯对映选择性很高地还原成(S)-β-羟基酯，反应式为：

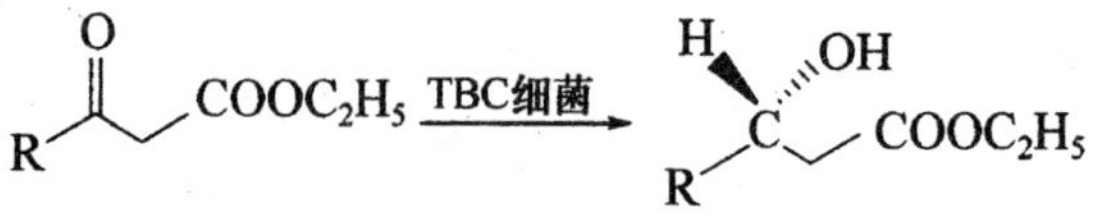

(R 为 CH_3、C_2H_5)

内消旋化合物的对映选择性反应目前只有使用酶作催化剂才有可能进行。马肝醇脱氢酶(HLADH)可选择性地将二醇氧化成光学活性内酯，猪肝酯酶(PLE)可使二酯选择性水解成光学活性产物β-羧酸酯。

部分蛋白质已在一些不对称合成中作为催化剂使用。例如，用牛血清蛋白(BSA)作催化剂，在碱液中进行不对称 Darzen 反应：

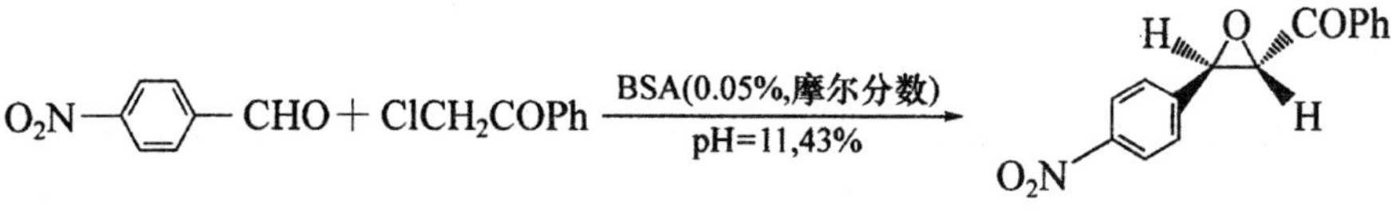

酶催化是目前很活跃的研究领域之一，并且已成功地应用于生物技术方面。将生物技术与有机合成很好地结合起来，并在更广泛的领域应用，将会进一步改善精细化学品合成的面貌。

2. 手性催化剂的不对称反应

由于手性化合物一般较难获得，因而用催化剂量的手性试剂来引起不对称反应是一种较为理想的途径。目前，某些不对称催化反应其产物的 e. e 可达 90%，有的甚至达 100%。据 Monsanto 公司报道，用 454 g 手性催化剂可以制备 1t L-苯丙氨酸。目前反应所使用的中心金属大多为铑和铱，手性配体基本为三价磷配体。例如：

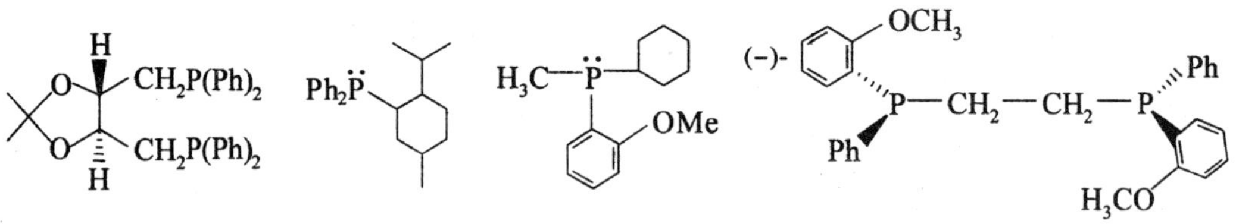

具有这种手性配体的铑对碳—碳双键、碳—氧双键及碳—氮双键发生不对称催化氢化反应。例如，烯胺类化合物碳—碳双键不对称氢化反应是一类重要的不对称氢化反应，用这类反应可以制备天然氨基酸，反应式如下：

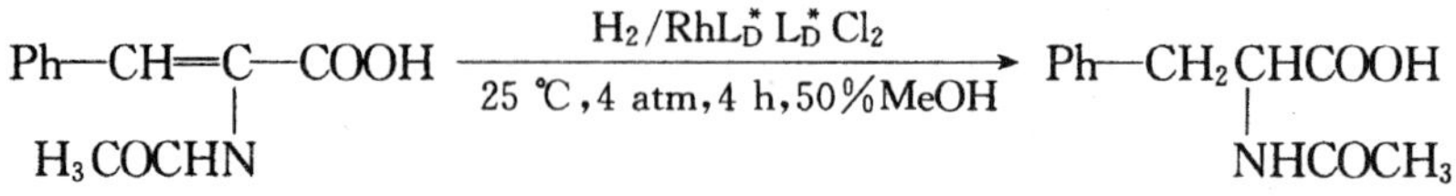

(*Z*)-α-乙酰氨基肉桂酸　　　　(*S*)-(+)-*N*-乙酰基苯丙氨酸

重要的抗震颤麻痹药物 L-多巴(3-羟基酪氨酸)是一种抗胆碱，同样可以用手性膦催化剂

进行不对称催化氢化来制备,反应式如下:

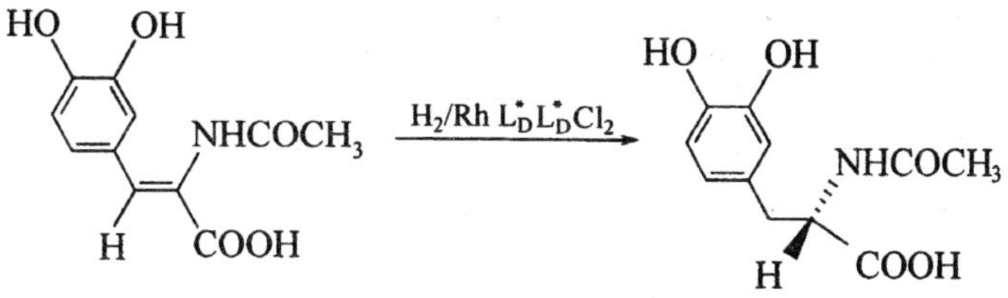

该方法为全合成具有光学活性的甾体化合物提供了一种新的有效途径。

酒石酸酯、四异丙氧基钛、过氧叔丁醇体系能对各类烯丙醇进行高对映选择性环氧化,可获得 e.e 值大于 90% 的羟基环氧化物,并且根据所用酒石酸二乙酯的构型可得到预期的立体构型的产物。反应过程如下:

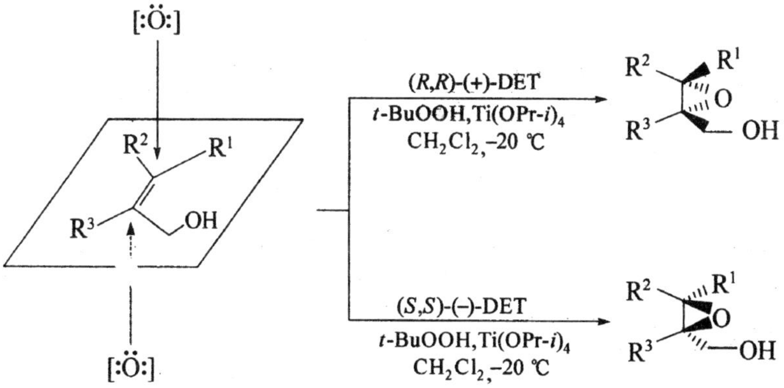

癸基烯丙醇在反应条件下可得到 e.e 值为 95% 的羟基环氧化合物,反应式如下:

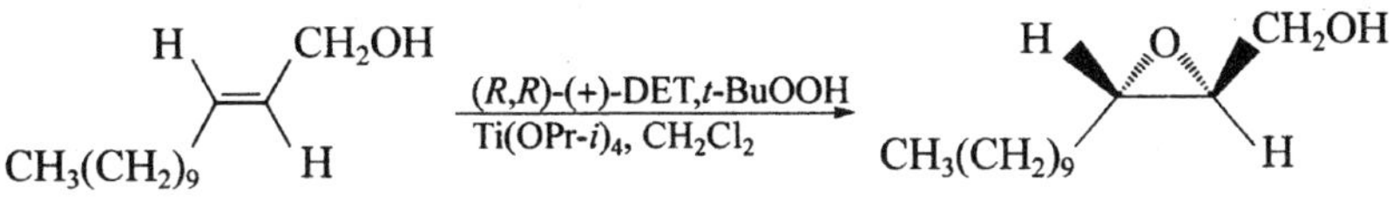

应用 Sharpless 不对称环氧化合成天然产物有许多报道,如白三烯 B_4(1eukot-riene B_4)、(＋)-舞毒蛾性引诱剂和两性霉素 B 等的合成,其关键步骤均为标准条件下烯丙醇衍生物的不对称环氧化反应,反应式如下:

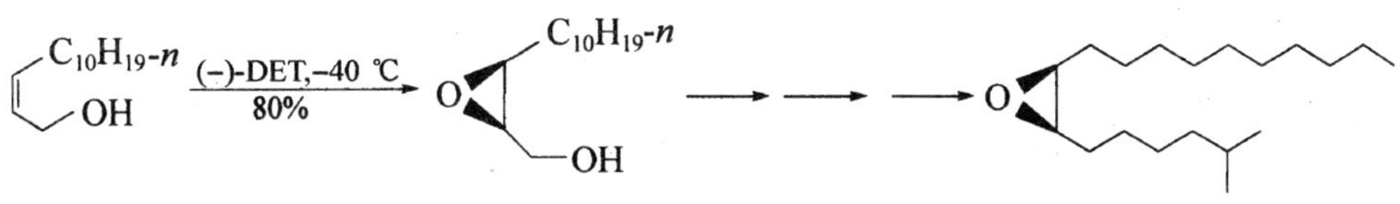

(7R,8S)-(+)-舞毒蛾性引诱剂

Sharpless 环氧化反应主要有两大优点:

①适用于绝大多数烯丙醇,并且生成的光学产物 e.e 值可达 71%~95%。

②能够预测环氧化合物的绝对构型,对已存在的手性中心和其他位置的孤立双键几乎无影响等。

由于 Sharpless 不对称环氧化反应要求用烯丙醇作底物,反应的应用范围受到限制。

在合成钾离子通道活化剂 BRL-55834 的反应中,由于反应体系中加入了 0.1 mol 异喹啉 N-氧化物,只需要 0.1%(摩尔分数)催化剂就可以高效地使色烯环氧化,反应式如下:

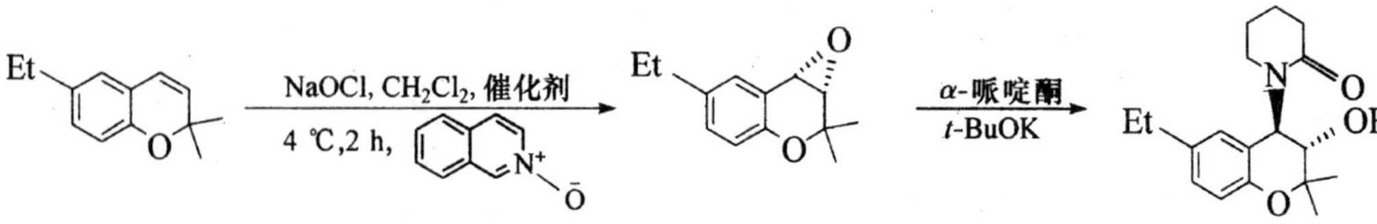

但是,到目前为止,该体系底物范围仍然较窄,尤其对脂肪族化合物效果不理想。

由(S)-2-(二苯基羟甲基)吡咯烷和 BH$_3$·THF 反应可以制得硼杂噁唑烷。它是 BH$_3$·THF 还原前手性酮的高效手性催化剂,催化还原前手性酮生成预期构型的高对映体过量仲醇,Corey 称这个反应为 CBS 反应,反应式如下:

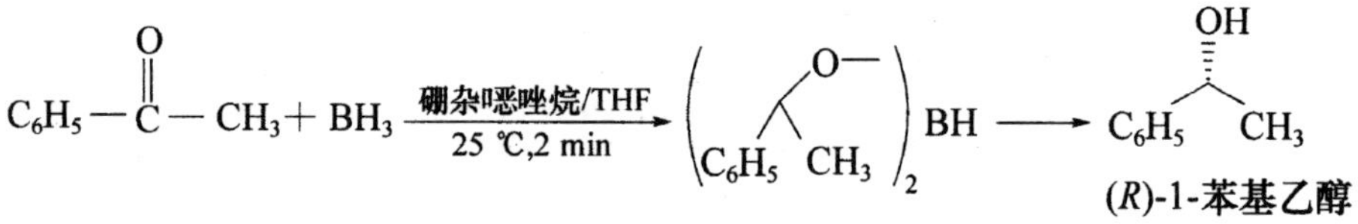

用各种手性配体和 BH$_3$·THF 制成硼杂噁唑烷来还原前手性酮制备光学活性醇 e.e 值都很高,但此类反应对水极为敏感,故其应用受到限制。

生物碱作为化学反应的手性催化剂也有很好的催化活性。例如:

氨基酸在不对称合成中常作为手性源、手性配体的前体等,并且在对映选择性反应中取得了成功。例如,Cohen 等应用(S)-脯氨酸作为羟醛缩合反应的催化剂,在甾烷 C、D 环合成时获得高达 97%的 e.e 值,反应式如下:

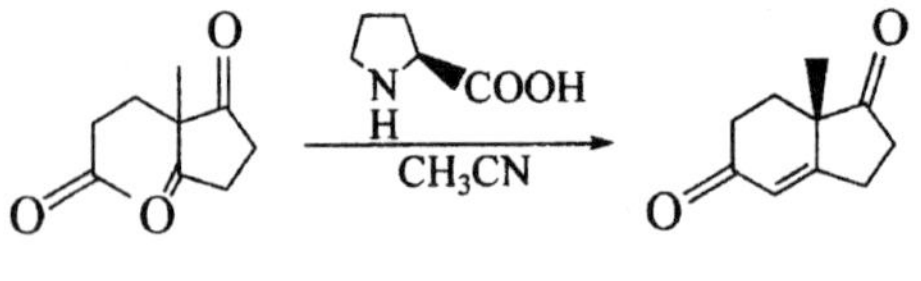

在微波辅助下,L-脯氨酸催化的环己酮、甲醛和芳胺的三组分不对称 Mannich 反应。在 10~15 W 功率的辐射下,反应温度不高于 80℃。与传统加热方法相比,该不对称反应加速非常明显,对映选择性却不受影响,反应式如下:

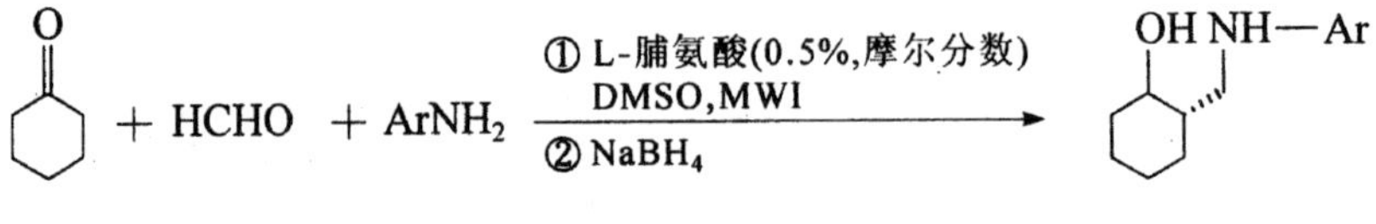

7.3.2　使用手性物质的不对称合成

1. 用手性试剂进行不对称合成

手性试剂与潜手性化合物作用可以制得不对称目的物。手性试剂可以在一般的对称试剂中引入不对称基团而制得。在手性试剂的不对称反应中最常见的是不对称还原反应。

（1）不对称烷氧基铝还原剂

Noyori 用光学活性的联萘二酚、氢化锂铝以及简单的一元醇形成 1∶1∶1 的复合物（BINAL-H）不对称还原剂，用于还原酮或不饱和酮，可以获得很高%e.e 的仲醇，是这方面最成功的例子。联萘二酚和 BINAL-H 的结构式如下：

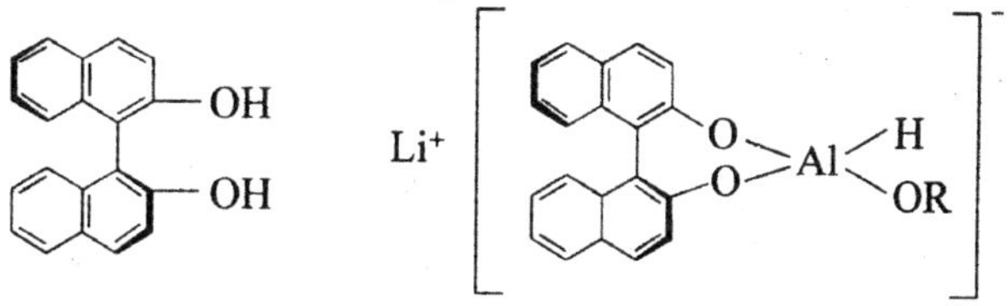

反应式如下：

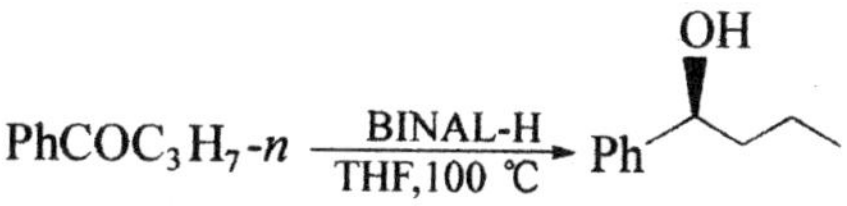

（－）-薄荷醇的一烷氧基氢化锂铝、（＋）-喹尼丁碱的一烷基氢化锂铝（R＝CH₃O—）、（＋）-辛可宁碱的一烷基氢化锂铝（R＝H）等不对称氢化物还原剂也可以用手性试剂和氢化锂铝反应制得。

（2）手性硼试剂

曾做过大量工作使手性硼试剂用于不对称还原，利用手性环状硼试剂更是取得了很好的结果。例如，将（＋）-α-蒎烯或（－）-α-蒎烯与二硼烷在二甲氧基乙烷中，于 0℃发生反应，分别生成非对称（＋）-P₂*BH[（＋）-二（3-蒎烷基）硼烷]或（－）-P₂*BH[（－）-二（3-蒎烷基）硼烷]，反应式如下：

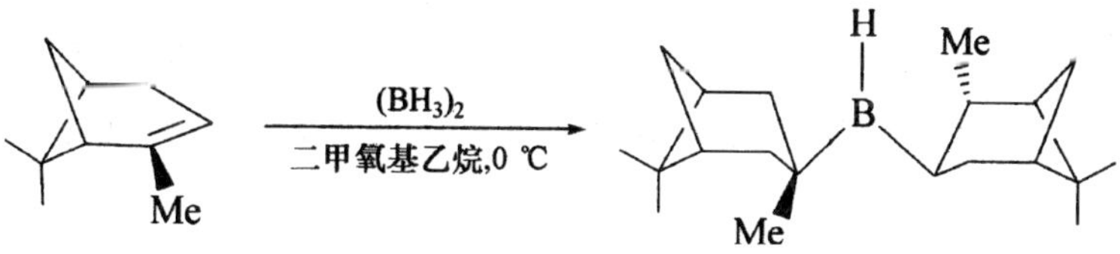

P₂*BH 和同一烯烃反应时，加成方向取决于不对称试剂的结构。例如：

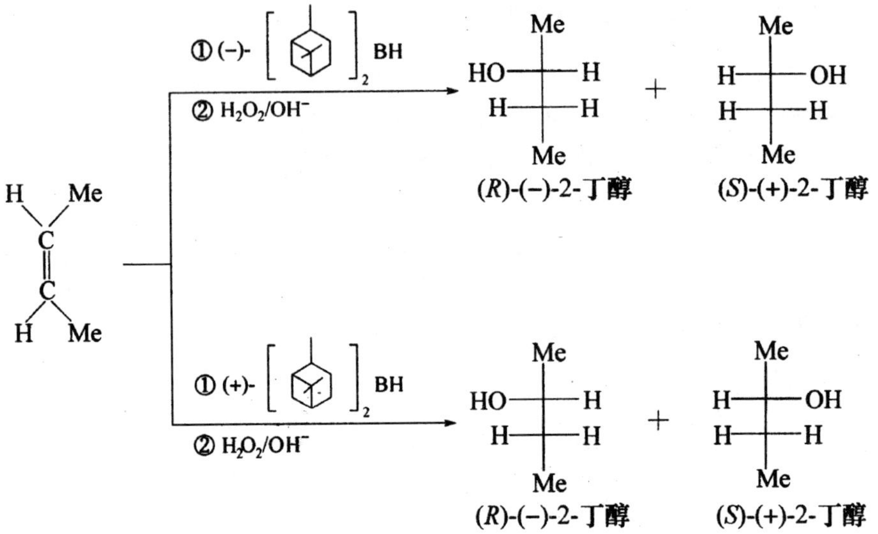

该实例说明应用手性硼烷进行的手性合成反应具有很高的立体选择性。在反应过程中，形成两种能量差别相当大的过渡态（a）和（b），而（a）的能量小于（b）的能量。

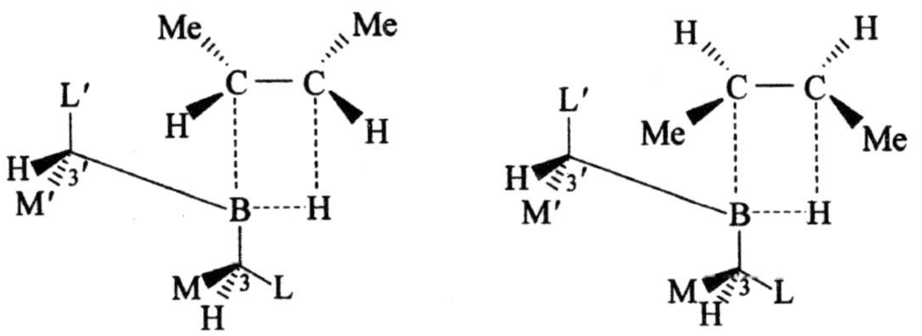

（a）　　　　　　　　　　（b）

在（a）中顺-2-丁烯的甲基接近 C-3′ 上体积较小的氢原子，在（b）中该甲基接近体积较氢原子大得多的 C-3 上的 M 基团，这就导致两种过渡态在能量上的悬殊，从而使反应具有较高的立体选择性。

2. 用手性反应物进行不对称合成

手性反应物与试剂反应时，由于形成两种构型的概率不均等，其中一种构型占主要，从而达到不对称合成的目的。例如，由 D-（－）-乙酰基苯甲醇合成麻黄碱，其光学纯度很高，反应式如下：

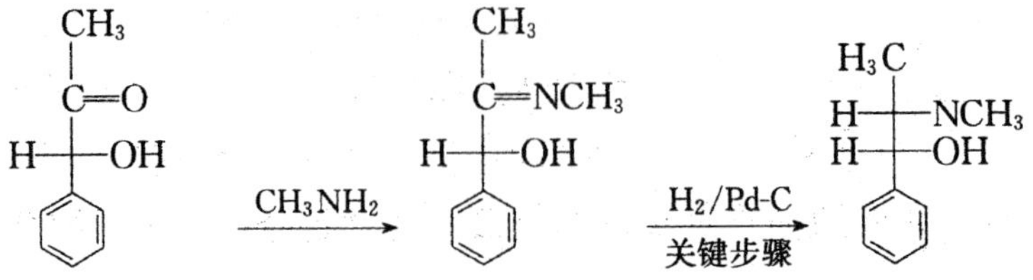

用 Newman 投影式来表示上述合成,能直观地看出试剂和手性起始物之间发生反应时的立体选择性。Newman 投影式如下:

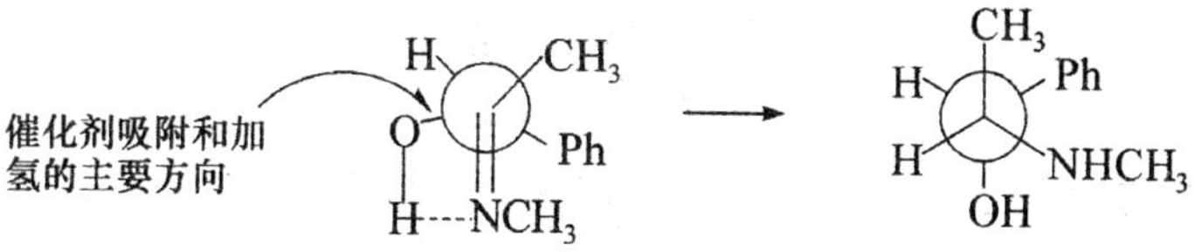

用该法制备 1 mol 手性产物至少要用 1 mol 手性反应物,这就要求有易得的手性起始物质才能进行这项工作,因而使该不对称合成的应用受到一定限制。

异蒲勒醇的硼氢化-氧化,硼烷的进攻受到原分子中一些基团的影响,90%生成如下构型的产物:

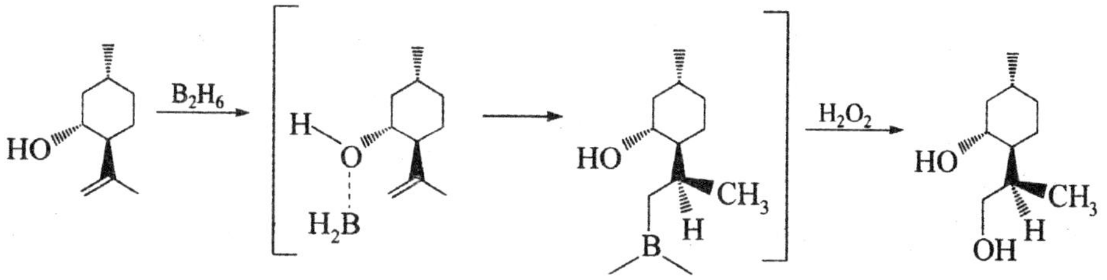

3. 手性底物诱导的不对称合成

底物控制反应即第一代不对称合成,是通过手性底物中的手性单元进行分子内定向诱导。在底物中新的手性单元通过底物与非手性试剂反应而产生,此时反应点邻近的手性单元可以控制非对映面上的反应选择性。底物控制反应在环状及刚性分子上能发挥较好的作用。该类型反应原料易得,但没有简捷、高效的方法将其转化为手性目标化合物。

从反应过渡态考虑选择适当的手性辅助基团,使在反应中心形成刚性的不对称环境,可获得很高的立体选择性。例如,用氨基吲哚啉与取代的乙醛酸酯反应生成内酯类化合物,用铝汞齐还原 C—N 键,催化氢解 N—N 键,再水解得光学活性的氨基酸,e. e 值可达 96%～99%。

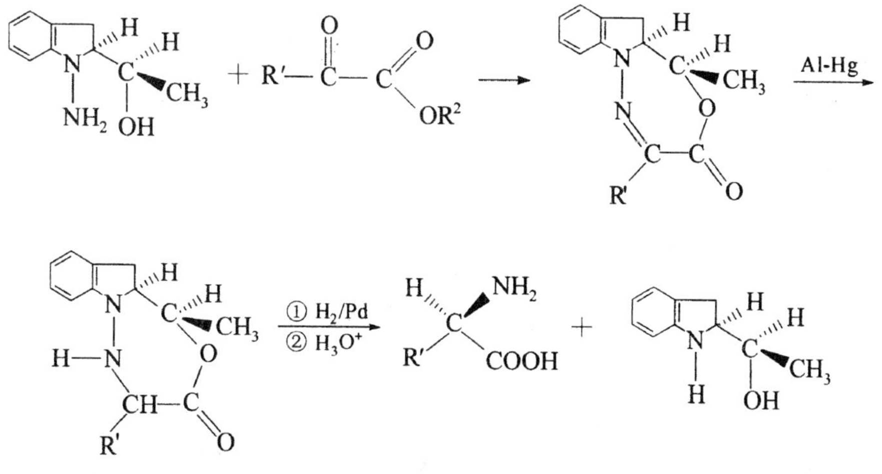

光学纯的吲哚啉回收后,经亚硝化和还原再得到氨基吲哚啉,可以重复使用,因此是较为

理想的不对称合成。

应用(1S,2S)-(＋)-2 氨基-1-苯基-1,3-丙二醇的异亚丙基衍生物和烷基甲酮进行不对称 Strecker 合成,生成结晶的氨基腈,水解还原后即可制得光学纯的 α-甲基氨基酸。该法已应用于降血压药物(S)-甲基多巴的工业生产。

7.3.3 非对映择向合成

非对映择向合成是将手性底物分子中的潜手性单元转变成手性单元的过程。在很多情况下潜手性单元是羰基,存在一个所谓的局部对映面。因为羰基所在平面的上下两个面是不相同的,按照 Cahn-Ingold-Prelog 优先次序,如果平面上三个基团为顺时针取向,这个面是 Re 面,相反,为逆时针取向则三个基团所在的面就是 Si 面。例如:

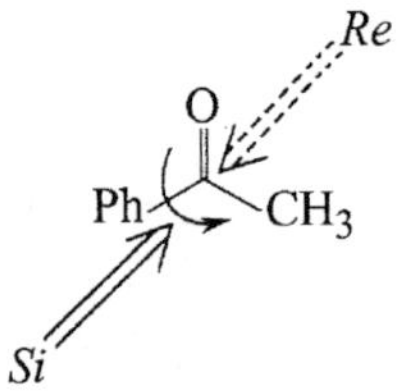

当受某些试剂如还原剂或亲核试剂进攻这种潜手性单元的时候,Re 和 Si 这两种面有可能都受到进攻,得到不一样的产物。如:

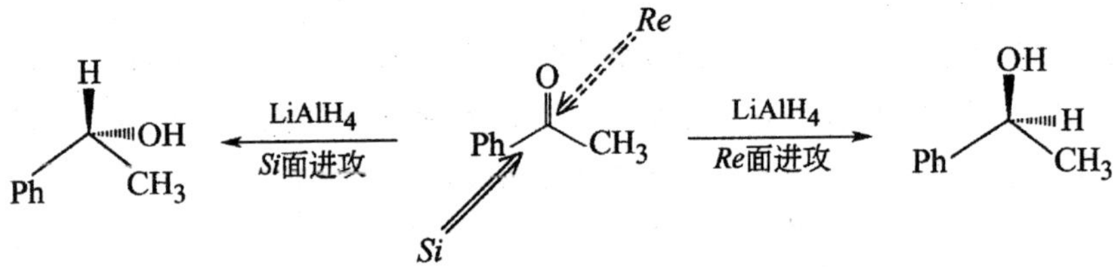

在不对称合成中因为 Re 和 Si 面的选择性不同,导致对应异构体、非对应异构体量不同。在不对称底物分子中引入一个新的手性中心的反应就是不对称合成。该反应的产物为一对非对映体,但两者的量不同。如:

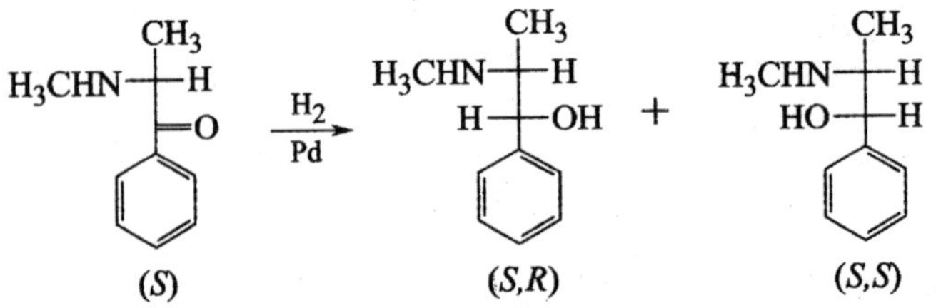

1. α-不对称碳原子的亲核加成反应

含 α-不对称碳原子的醛、酮化合物,由于羰基碳与 α-不对称碳原子的化合物中 C—C 单键可以旋转,使这类化合物呈现不同的构象;而且这些不同构象呈现不均等的分配现象,即有些构象很稳定,占所有构象中较大的比例,有些构象不稳定,所占比例较小,其中稳定的、所占比例较大的构象为优势构象。

（1）Cram 规则

克拉姆（D. J. Cram）等人第一次将构象分析与不对称合成联系起来并总结出了 2 条经验规则。

① 开连模型。

假设含 α-不对称碳原子的醛、酮的 α-碳所连基团中大基团用 L 来表示；中基团用 M 来表示；小基团用 S 来表示，那么这个化合物的优势构象如图 7-2 所示。

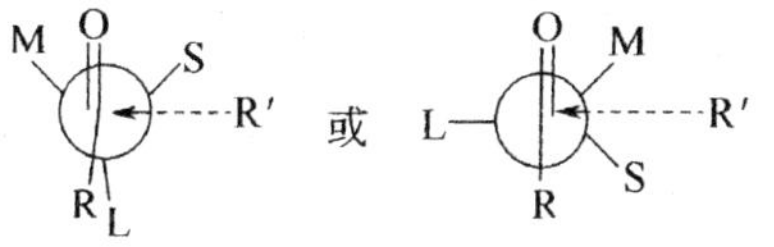

R-L 重叠构象　　　　全交叉构象

图 7-2　不对称醛酮的优势构象

这类化合物的重叠优势构象之所以能稳定存在，是因为羰基氧与大基团（L）的斥力较大，尤其在与格氏试剂或醇铝还原剂等金属试剂反应时，金属先与羰基氧结合，使羰基氧位于小基团（S）与中基团（M）之间，为了不引起较大的扭曲张力，与氧原子处的斥力最小 180° 的方向上。醛类化合物更容易以重叠构象存在，因为能产生斥力的与大基团 L 成重叠位置的是 H 原子。与这一优势构象的羰基反应的试剂如 HCN、$LiAlH_4$、$Al(OH)_3$、Grignard 试剂等将倾向于在空间位阻较小的 S-边进攻羰基，由此形成主产物。如：

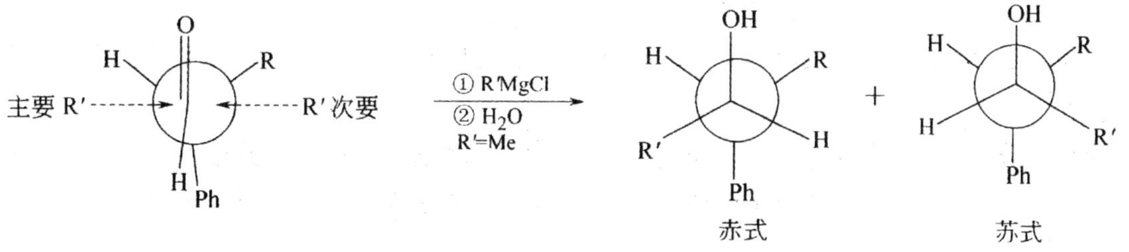

R			
CH_3	2～4	:	1
CH_3CH_2	2.5	:	1
$(CH_3)_2CH$	1.0～1.9	:	1

② 环状模型。

在不对称 α-碳原于上连接有一个能与酮羰基氧原子形成氢键的羟基或氨基的酮中，反应试剂会从含氢键环的空间阻碍较小的一边进攻羰基。又因为羟基和氨基都含有孤对电子，很容易与格氏试剂或其他金属化合物的金属进行配位，形成螯合环中间体，所以，羰基上的加成反应的方向受这种优势构象的制约。

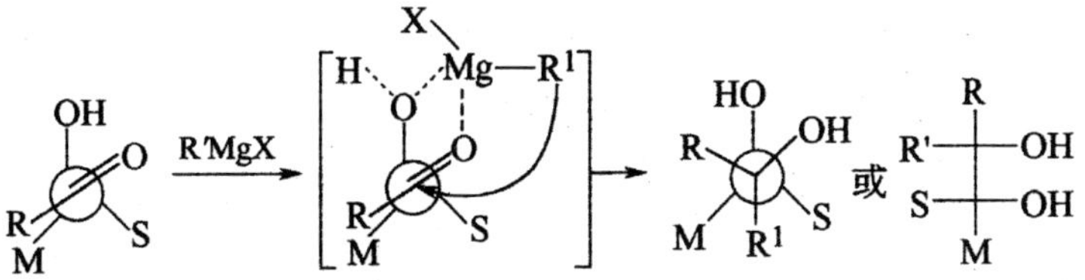

（2）Cornforth 规则

若在不对称 α-碳原子上连接一个卤原子，导致电负性较大，卤原子与羰基氧原子处于反位向形成稳定构型。羰基的加成反应受这种优势构象的制约，例如：

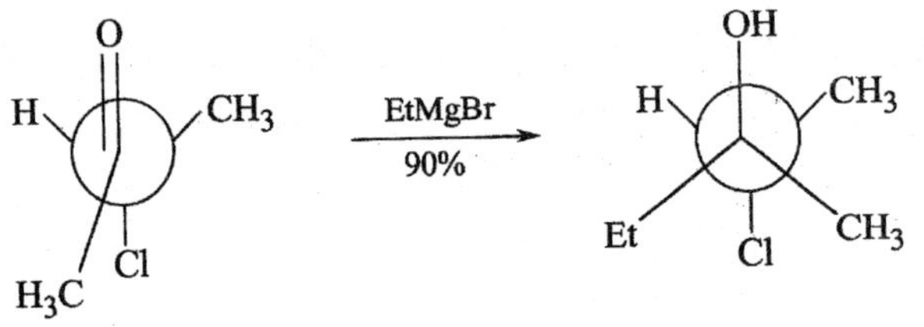

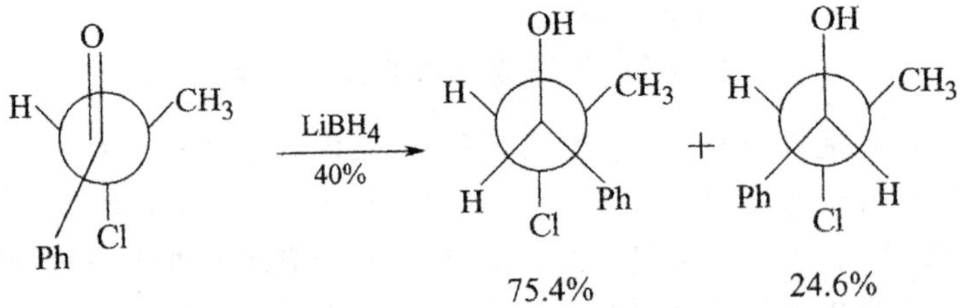

但是，若不对称的 α-碳原子上的烃基（Me）增大到与氯原子的空间效应差不多的苯基（Ph）时，Cornforth 规则中的 R-Cl 重合构象与实际情况不符。如：

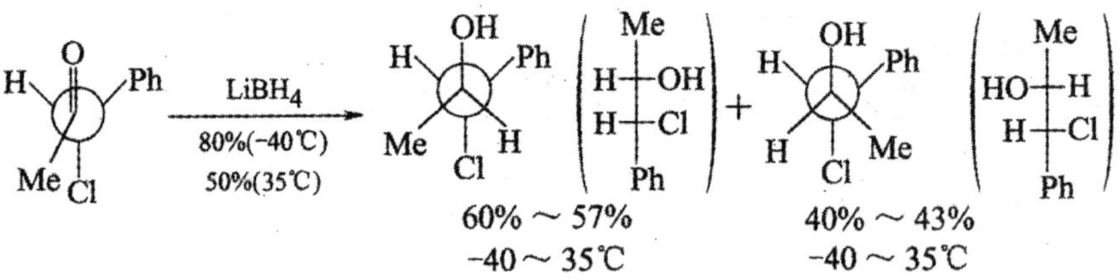

造成这一现象的原因可以认为是：在优势构象中卤原子通常不与其他基团和原子成重叠向位，由于分子内其他分子间的相互作用，对普通的 α-卤代酮全交叉比较合理。但当 α-碳原子上的甲基被苯基所取代时，则可能以 O—H 重叠构象为优势构象。因为这样可以使 O、Cl 和 Ph 三个富电子的原子或大基团保持相互间较大的距离以保证斥力最小。此时，对羰基进行亲核加成反应的试剂 R′一般倾向于从电负性较小的苯基一边接近羰基碳原子从而获得主产物，如图 7-3 所示。

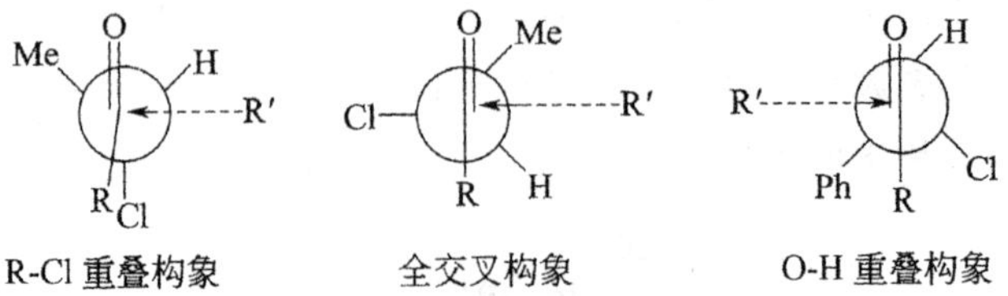

R-Cl 重叠构象　　　　全交叉构象　　　　O-H 重叠构象

图 7-3　α-氯代酮可能的优势构象

（3）Felkin 规则

Felkin 等人认为，分子中任何相互重叠构象都会引起扭转张力的增大，这样可能存在分子构象和试剂基团的加成方向出现全交叉构象如图 7-4 所示。由图可知,全交叉有 A、B 两种构象,他们还认为,在过渡状态中,当 R 和 RR′ 与 α-碳原子上的三个基团 L、M、S 之间的相互作用大于羰基氧原子与 L、M、S 之间的作用力时,α-不对称酮化合物还可采用全交叉的优势构象,因为 A 中 R 与 L、M、S 斥力更小,所以 A 是优势构象。

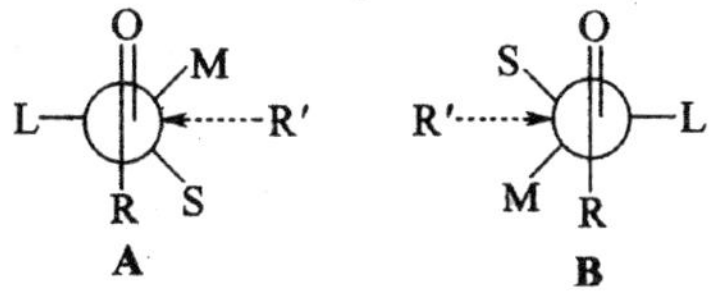

图 7-4　全交叉构象的解释

2. 不对称环己酮的亲核加成

不对称环己酮被金属氢化物还原为相应醇的反应是环酮最重要的亲核加成反应,也是研究最多的一类反应。根据大量研究资料表明,取代环己酮亲核加成反应的方向和产物的结构与下列几种因素有关:

①反应物和进攻试剂的空间位阻的大小。

②反应过渡状态的稳定性。

③反应物与产物的异构体之间是否可逆。

④反应条件。

由于 4-叔丁基在环己烷系上具有最强的取平伏键(e)向位的倾向,因此下面以 4-叔丁基环己酮为例加以说明环己酮亲核加成的方向和产物的结构。它的优势构象如图 7-5 所示。

图 7-5　4-叔丁基环己酮的优势构象

图中虚线箭头为试剂可能的内、外两侧的进攻方向。在环己酮发生还原反应时,到底是从内侧还是从外侧进攻,其结果将由上述四种因素共同决定。表 7-1 为 4-叔丁基环己酮用不同还原剂还原的实验结果:

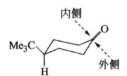

反式(内侧进攻)　　顺式(外侧进攻)

表 7-1　不同还原剂还原 4-叔丁基环己酮所得顺反产物的含量表

实验编号	还原剂	反式产物的含量(%)	顺式产物的含量(%)
1	NaBH₄	80	20
2	LiAlH₄	91	9
3	LiBH[CH(CH₃)CH₂CH₃]₃	7	93
4	Al(O-i-Pr)₃(平衡)	77	23
5	Na/ROH	绝大多数	
6	LiAlH₄-AlCl₃-Et₂O	99.5	0.5
7	H₂/Pt-HOAC-HCl	22	78
8	H₂-Pt-HOAC	65	35

从 4-叔丁基环己酮的优势构象可知,内侧比外侧的空间位阻大,主产物为顺式-4-叔丁基环己醇。但从反应结果看,只是体积较大的三仲丁基硼氢化锂作为还原剂时,才主要生成顺式环己酮。而体积较小的硼氢化钠和氢化铝锂,主要从内侧进攻,生成反式环己酮。因此在考虑空间位阻时,还应考虑环己酮和进攻试剂两者的体积。从反应的过渡状态来看如图 7-6 所示,因为过渡状态 1 的环系比较平展,扭转张力基本不变,而过渡状态 2 的环系因扭转张力增大,而变得比较曲折,所以由内侧进攻的过渡状态(图 7-6 中 1)比由外侧进攻形成的过渡状态(图7-6 中 2)稳定。醇钠的催化能力强、位阻小,外侧进攻与内侧进攻的反应速率都较快,产物的两种异构体也能很快达到平衡,所 Na/ROH 的还原产物主要是反式异构体,见实验验结果 6。还原剂三异丙醇铝的体积也比较大,反应后也应该得到顺式环己醇。但由于它是一个较弱的催化剂,反应速率慢,当反应结束时反应混合物也达到了平衡,因此,有利于生成稳定的反式环己醇,见实验结果 4。因为 Lewis 酸 AlCl₃ 与环己酮生成醇铝化合物,平衡时严重倾向于较稳定的反式异构体。醇铝化合物的形成使得醇羟基膨胀,有利于取稳定构型的异构化合物,水解后获得较稳定的醇。这种平衡作用被称为"非直接的平衡作用"。此外,当反应物处于不同介质时:在强酸性介质中,外侧进攻的催化氢化速率快,在反应混合物未达到平衡时还原反应就已结束,所以主要得到顺式环己醇;在中性介质中,催化氢化反应速率慢,反应结束时两种异构体也达到了平衡,所以获得反式环己醇。

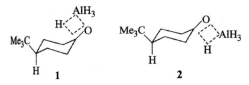

图 7-6　金属氢化物还原环己酮的两种过渡态

由以上实验结果可以得出:用 NaBH₄ 和 LiAlH₄ 还原取代环己酮时,若酮基不受阻碍,得到产物为平伏键(e)羟基异构体;反之,为直立键(a)羟基的异构体。Al(O-i-Pr)₃ 适合位阻小的酮,产物以直立键羟基酮为主。用钠或乙醇还原酮得到的产物与两种醇的直接平衡混合物的组成相同以平伏键羟基醇为主。快速催化氢化将获得直立键羟基醇，不受阻酮基的慢速催化氢化反应将获得平伏键羟基醇，但高度位阻酮仍得到直立键羟基醇。

以上结论是环酮还原反应的普遍规律，但环酮空间位阻大小不同，生成产物的稳定性不同。樟脑、低樟脑、莨菪酮环酮的空间位阻大小见图 7-7。

樟脑、低樟脑是两个刚性的环空间位阻就成了反应的决定性因素，下面的实验事实可以证实这一点。不同类型催化剂催化低樟脑时的结果见表 7-2。

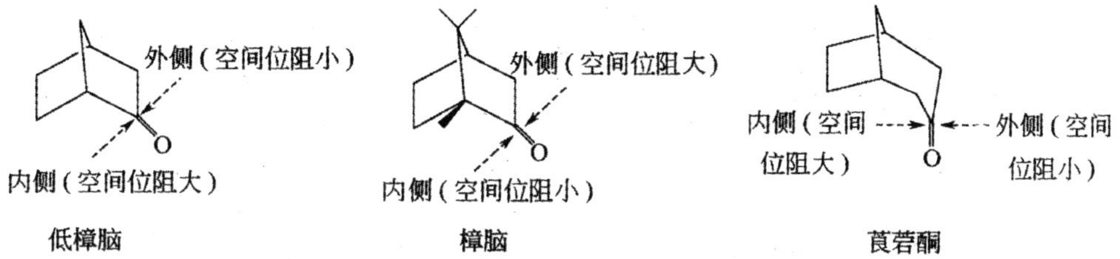

图 7-7　3 种环酮的空间位阻分析

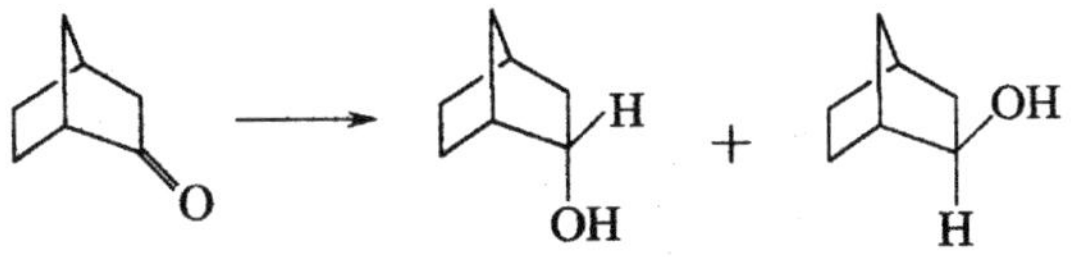

低樟脑　　内型低冰片　　外型低冰片

表 7-2　不同类型催化剂催化低樟脑时所得生成物含量表

催化剂类型	内型低冰片的含量(%)	外型低冰片的含量(%)
$LiAlH_4$	92	8
$Al(O\text{-}i\text{-}Pr)_3$(平衡)	20	80
H_2/Pd	绝大多数	

这些还原反应都容易从空间位阻小的外侧进攻羰基，生成稳定性差的内型地冰片。若用三异丙醇还原时易使两侧进攻所得异构体达到平衡，以得到稳定的外型低冰片，因为它的羟基处在位阻较小的一侧。樟脑也有类似结果，见表 7-3。

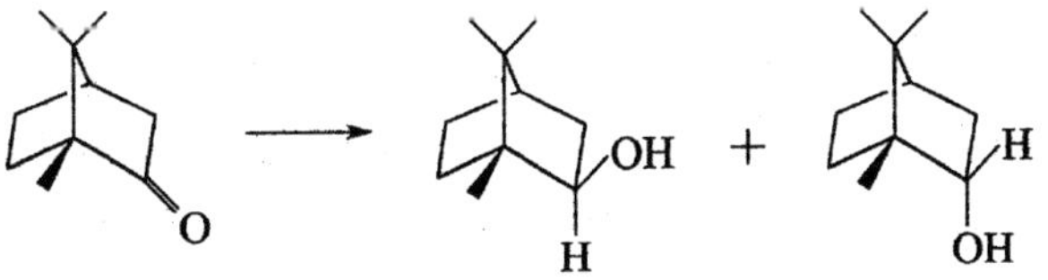

樟脑　　外型异冰片　　内型异冰片

表 7-3　不同类型催化剂催化樟脑时所得生成物含量表

催化剂类型	外型异冰片含量(%)	内型异冰片含量(%)
LiAlH₄	90	10
H₂/Pt-HOAC-HCl	95	5
Al(O-i-Pr)₃	63	37
Al(O-i-Pr)₃(平衡)	29	71

莨菪酮环系的刚性低于樟脑和低樟脑,而且其构象能够转换,因此莨菪酮的还原反应的产物与试剂、反应条件有关。试剂和反应条件不同,反应结果不同,见表 7-4。例如:

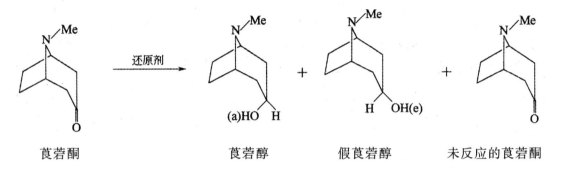

莨菪酮　　　　　　莨菪醇　　　　　假莨菪醇　　　　未反应的莨菪酮

表 7-4　不同类型催化剂催化莨菪时所得生成物含量表

还原剂	生成莨菪醇的量(%)	生成假莨菪醇的量(%)	未反应的莨菪酮的量(%)
NaBH₄	28～52	72～48	1～0.5
LiAlH₄	42～45	57～54	
Na/ROH	4	85	11
Al(O-i-Pr)₃	65～71	34～29	1
H₂/PtO₂-H₂O	95	5	
H₂/PtO₂-HOAC-H₂O	81		
H₂/PtO₂ - HCl	57	43	
H₂-Ni(R)	80		

7.3.4　对应择向合成

对映择向合成一般是指把对称的或者说非手性反应物转变为不对称化合物的反应。实现这一转变通常有引入手性辅基法、试剂控制法以及催化剂控制三种方法。

在对称的反应物分子中引入不对称的辅助因素,就可以导致不对称合成。最早发现不对称合成反应的是 Mckenzie,他将丙酮酸分别与乙醇和(一)-薄荷醇反应生成的酯再还原水解所得结果不同。

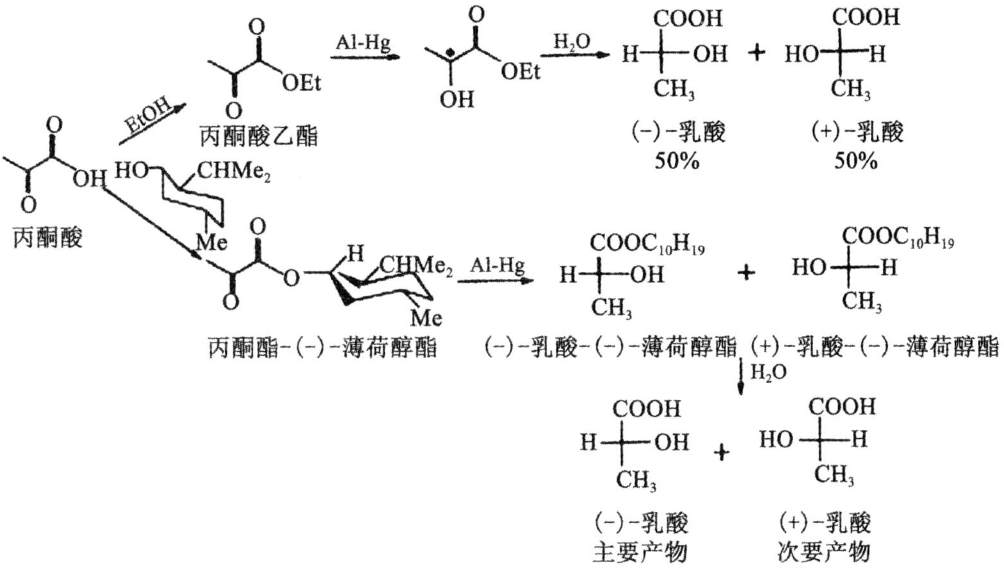

丙酮酸乙酯还原水解的产物是等量的左旋和右旋乳酸的外消旋体,而丙酮酸薄荷醇酯还原水解的结果是以(一)-乳酸为主。显然后者属于不对称合成。

手性双烯控制的不对称 Diels-Alder 反应也是对应择向合成的一类。常见的手性亲双烯体的几种类型见图 7-8。

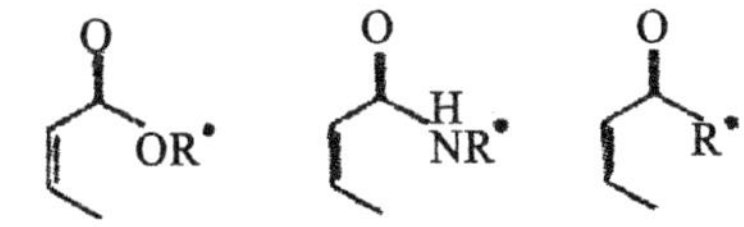

图 7-8　常见的手性亲双烯体

由于(c)分子中的手型基(R*)更接近与烯酮平面,因此 C 被认为是比(a)、(b)更有效的试剂。但是(c)的合成比较困难。例如:

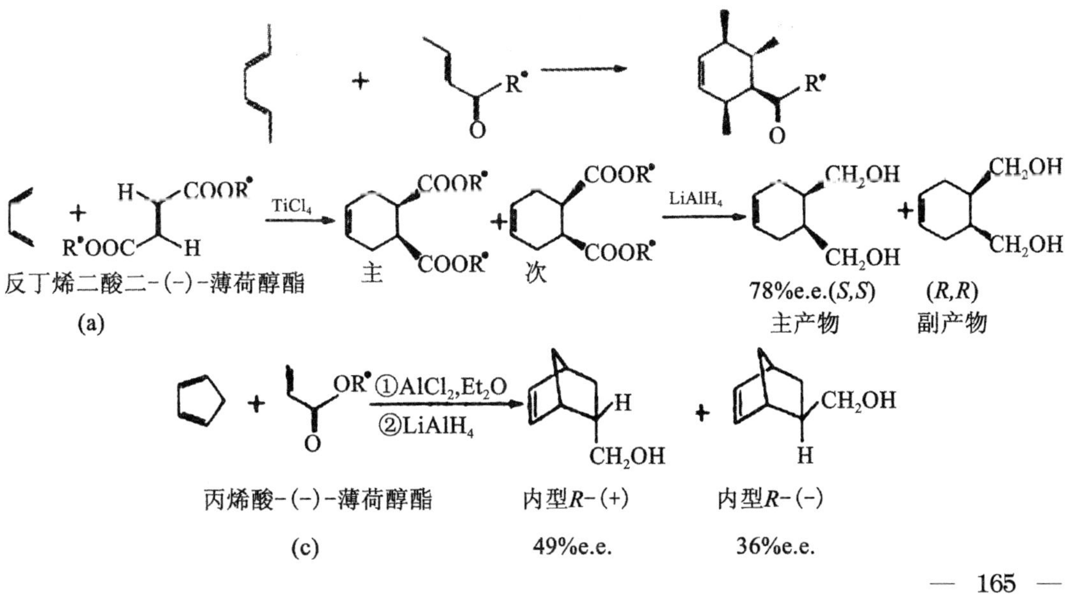

这一反应的产物是内型外型两对对应异构体,第一步反应生成脂的产率为 84%,其中内型占 93%,外型占 7%。在内型对映体中 R-(+)过量 49%,在外型对映体中,(R)-(+)过量 36%。

醇醛缩合反应以手性辅助剂达到对应择向合成的目的。20 世纪 80 年代,使用一些高选择性的手性辅助剂来诱导高对应选择的醇醛缩合反应获得成功。

7.3.5　双不对称择向合成

非对映择向合成是分子中的潜手性中心与非手性试剂发生反应,即底物控制不对称合成;对映择向合成是通过手性试剂包括催化剂使非手性的底物直接转化为手性产物的过程,分别表示如下:

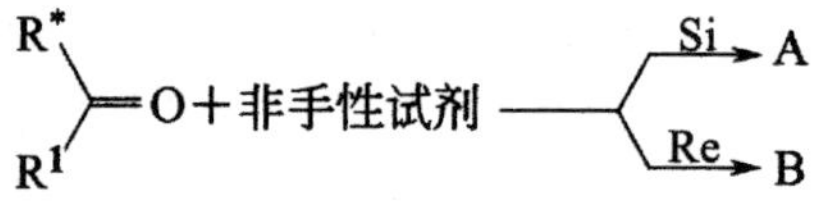

双不对称合成是上述两种不对称合成方法的组合,也就是在手性底物与手性试剂双重诱导下的不对称反应。控制产物立体化学的手性因子有两个:一个来自于底物,一个来自于试剂。在双不对称反应中,产物的立体化学情况更为复杂,它不仅与反应物和试剂的绝对构型有关,而且也与过渡态的手性中心之间的相互匹配关系有关。两个手性分子参与不对称合成反应与仅有一个分子参与不对称合成反应相比,两个手性控制因素可以相互增长,为相互配对;也可以相互削弱,为不配对或错配对。

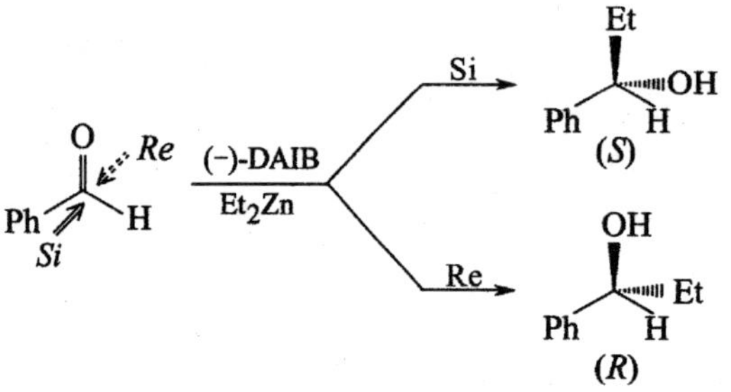

在双不对称合成中,通过选择合适的催化剂,利用 Diels-Alder 反应达到高效控制立体化学的目的。例如,用手性双烯(R)-1 与非手性亲双烯体 2 进行反应,其产物的非对映选择性为 1∶4.5;用手性的双烯 3 与手性亲双烯体(R)-4 进行反应,产生 1∶8 的非对映体混合物。若手性双烯(R)-1 与手性亲双烯体(R)-4 进行反应,则发现非对映选择性为 1∶40,比两种情况的立体选择性都高,称之为匹配对。若用(R)-1 与(S)-4 发生环加成反应,两个非对映面选择性是互相抵消的,产物非对映选择性为 1∶2,称之为错配对。反应如下:

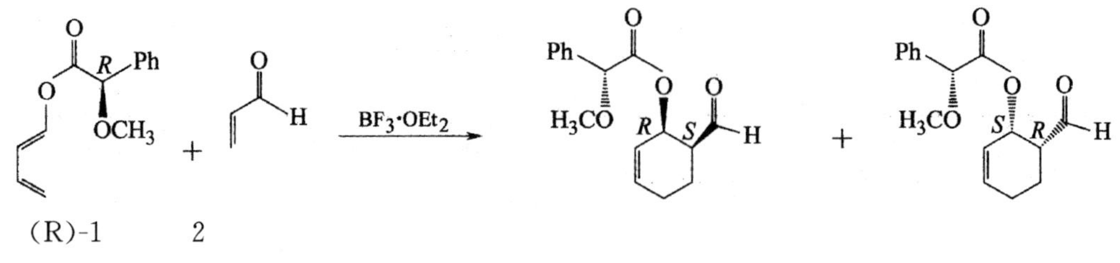

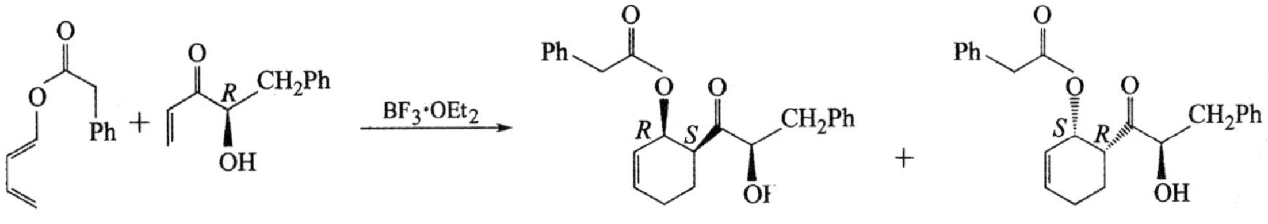

3　　(R)-4

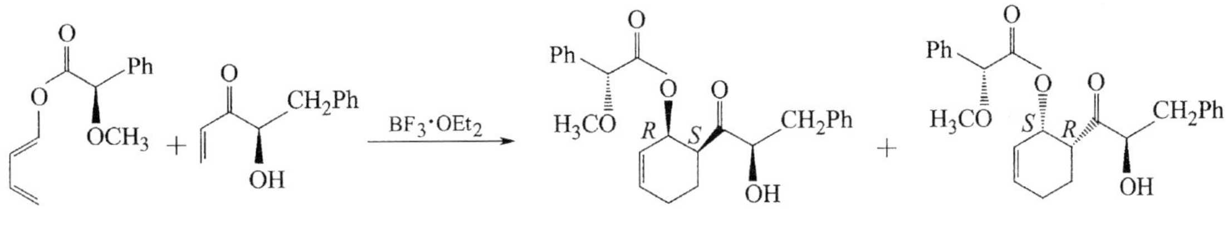

(R)-1　　(R)-4

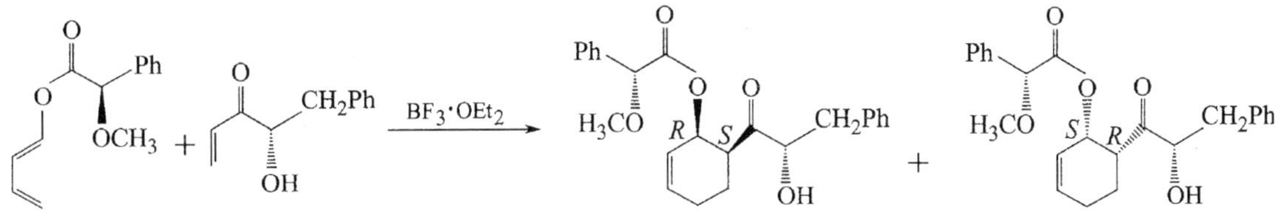

(R)-1　　(R)-4

7.3.6　不对称合成的新方法

1. 绝对不对称合成

绝对不对称合成是在反应体系中引入分子的不对称源，如圆偏振或磁场等物理因素，来促使不对称合成的发生。不适用任何手性诱导试剂的不对称合成为绝对不对称合成。例如：用左旋或右旋的圆偏振光照射顺二芳基乙烯分子，产生(－)-或(＋)-的螺丙苯，如图 7-9 所示。

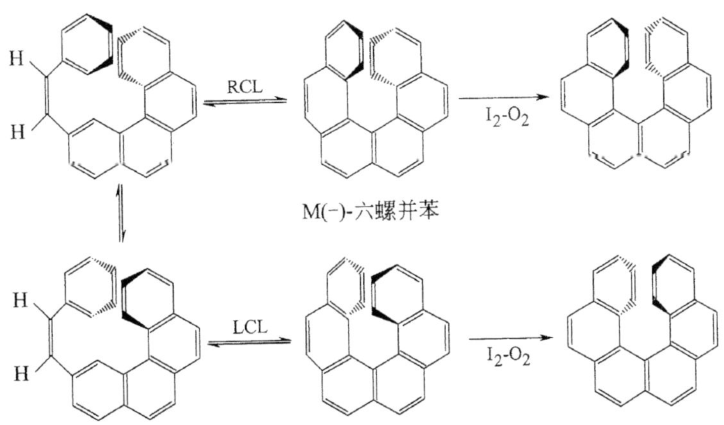

图 7-9　P(＋)-和 M(-)-螺丙苯合成

圆偏振光能促使不对称合成的发生，可以看作，左右旋圆偏振光对不同构象的活性能力不同,因此对形成某一构型产物有利,结构致使该分子的产量过量而呈现旋光性。这种方法进行的不对称合成,光化学选择性差,在合成上意义不大。

2. 手性抑制手性活化

手性抑制方法是指在反应过程中加入手性物质使外消旋催化剂的一个对映体的活性降低或失活,保留一个对映异构体,达到立体选择的目的。

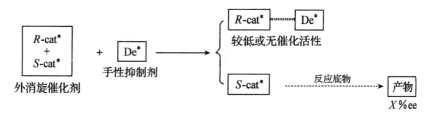

手性活化策略为:将在反应中没有催化活性或活性较低外消旋催化剂和某种有机物反应可以形成具有较高活性的催化物种;活化剂为手性纯化合物,能够手性识别外消旋催化剂的某一对映体,并形成单一构型的催化活性物种,使催化反应表现出光学选择性。

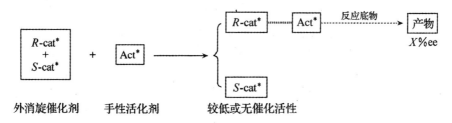

手性活化策略还可用于光学纯催化剂的活化,而且有时能够提高催化剂的对映选择性,例如苯酚做活性催化剂时,反应的对映体选择性可达 96% e.e.。

3. 不对称协调催化作用

酶中含有两个或多个催化中心,这些中心相互作用能达到高效催化的作用,人们模拟酶选择的完美性,合成双中心手性协调催化剂,来实现不对称催化反应的高效性。手性协同催化剂中两个催化作用中心它们承担着不同的催化任务。其中,一个催化中心负责底物的活化和定向,另一个催化中心则负责试剂的活化和定向。按照两中心对反应物的作用情况,可把这种催化剂分为 A 型催化剂和 B 型催化剂两种类型,如图 7-10 所示。

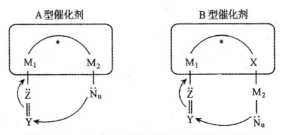

图 7-10 双中心催化剂协同催化示意图

A 型催化剂中通常含有两个 Lewis 酸催化中心:一个作用中心由 Ni^{2+}、Cu^{2+}、La^{3+}、Al^{3+} 等金属离子组成,在催化反应中起主导作用。另一作用中心由 Na^+、K^+、Li^+ 等金属离子组成,对催化反应起辅助作用。例如 LSB 有两个催化中心为 Na 和 La。其中,La 在催化反应中起主导作用,并对底物进行活化;两个催化作用中心通过拉近和活化反应物促进反应的进行,同时也和催化剂的有机手性骨架一起控制着反应的立体选择性。

B 型催化剂通常包含由 Ni^{2+}、Cu^{2+}、La^{3+}、Al^{3+} 等金属离子组成 Lewis 酸中心和一些富电基团组成 Lewis 碱中心。Lewis 酸中心主导反应的进行,Lewis 碱中心增强反应试剂的亲核性。

4. 去对称作用

在手性环境下,一些内消旋分子可通过化学反应失去对称性,得到光学活性分子。这种获取光学纯物质的方法被称为去对称性作用。此类反应的底物一般具有两个或多个对称性等价官能团,在手性环境下反应试剂能够识别这种对称性等价的官能团,主要和其中一个或多个官能团进行立体选择性反应;生成的产物一般其有两个或多个手性中心。例如,下面的环二酸酐是内消旋化合物,手性催化剂 $(DHQD)_2AQN$ 能够和其构筑特定的手性环境,从而使亲核试剂能够区分两个对称性等同的羰基,得到 e.e. 值高达 98% 的产物。

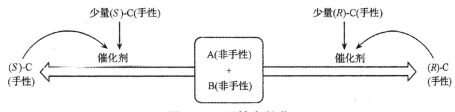

5. 手性自催化

1989 年,wynberg 把不对称自动催化定义为在某些不对称反应中,其生成的手性产物可以作为此反应的催化剂。也就是说,反应的 S 型产物可催化 S 型产物的生成,同时阻止 R 型产物的生成。或者说,S 型产物催化 S 型产物形成反应的速率远大于 R 型产物形成反应的速率。这种不对称合成方法只用少量低光学活性产物作引发剂,就能得到大量高光学活性产物;而且由于产物和催化剂相同,无需对两者进行分离(见图 7-11)。

少量(S)-C(手性)　　　　　　　　　少量(R)-C(手性)
催化剂　　　　　　　催化剂
(S)-C　　　A(非手性)　　　(R)-C
(手性)　　　+　　　(手性)
　　　　　B(非手性)

图 7-11　手性自催化

手性自催化的应用主要集中在二烷基锌对醛类化合物的不对称加成反应上。1995 年,soai 他们的研究中,20%(摩尔分数)和 96% e.e. 值的嘧啶醇用于催化二异丙基锌对 2-甲基嘧啶 5-甲醛的不对称加成反应,得到 48% 的产率和 95.4% e.e. 值的光学选择性。

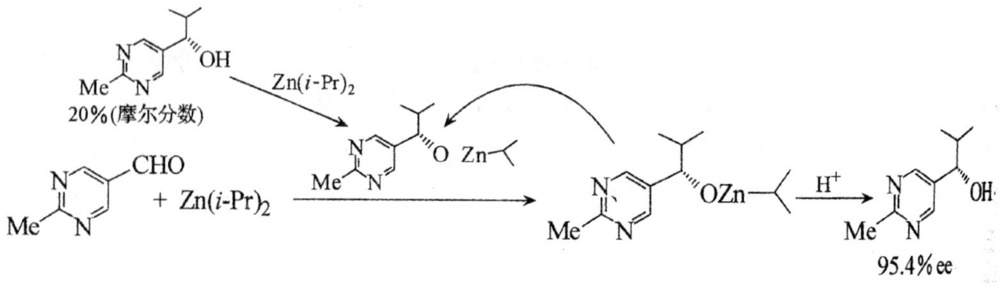

7.4 不对称合成反应

7.4.1 有关氢的不对称反应

1. 不对称氢化反应

这类不对称反应靠不对称催化方式来实现,较为优秀和通用的手性催化剂是 BINAP 类双膦配体和 Rh、Ru 等过渡金属形成的化合物。此外还有很多手性配体能够在某些具体反应中表现出较好的手性诱导性能,但其适用的普遍性不如 BI-NAP 类双膦配体。下面列举了一些典型的配体。

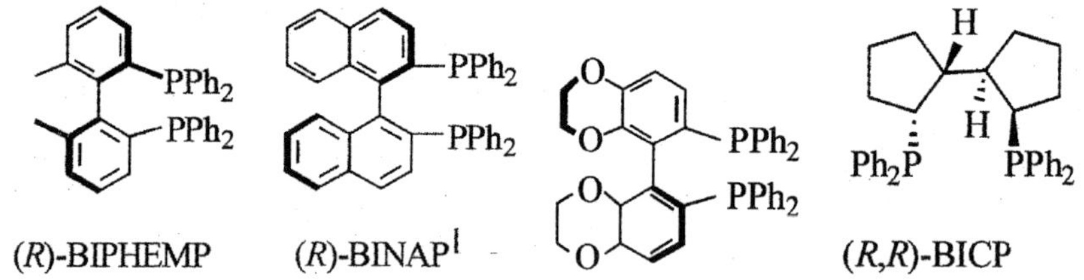

(R)-BIPHEMP   (R)-BINAP¹   (R,R)-BICP

不对称氢化的烯烃底物类型很多。其中,α-乙酰氨基丙烯酸类底物的反应较早获得高对映选择性。

反应底物的几何构型对选择性有较大的影响。一般情况下,Z 型底物有较高的对映选择性和反应速率。曾有 NMR 光谱研究为其提供机理证据:在反应的过渡态中,Z 型底物以C—C双键和酰胺键与金属配位,而 E 型底物的 C—C 双键和酰胺键参与配位。这种过渡态的明显不同必然会影响反应的速率和选择性。

α、β-不饱和酮或酯、不饱和醇及烯酰胺、烯醇酯中的双键也能通过不对称氢化来实现,下面是这方面效果较好的例子。

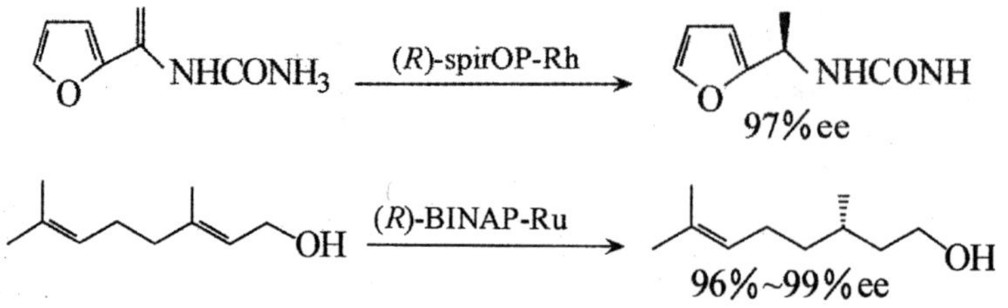

除了 C=C 双键外,C=O 也可进行不对称氢化。但这种反应一般局限于带有卤素、羟基、氨基、酰胺基和羰基等官能团的酮类底物。

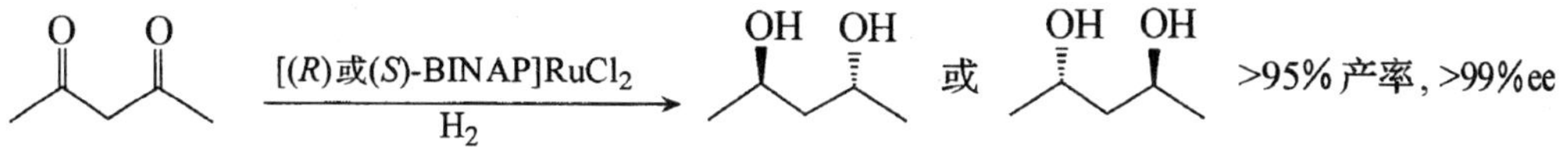

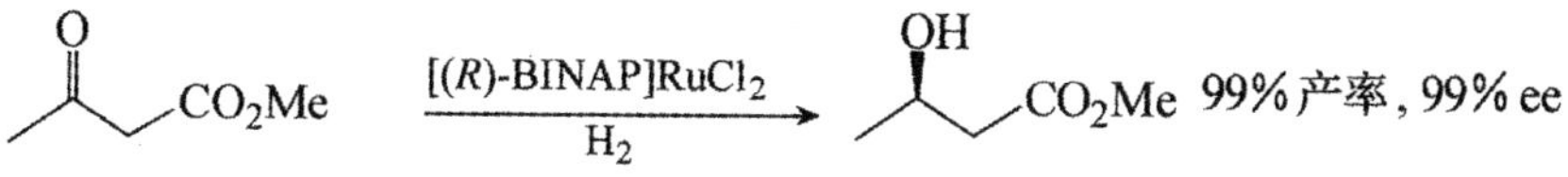

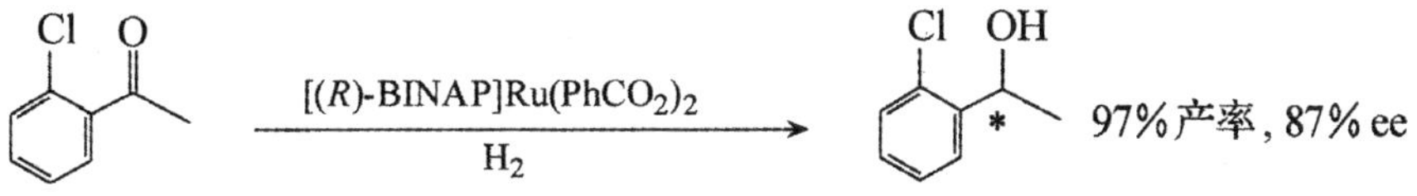

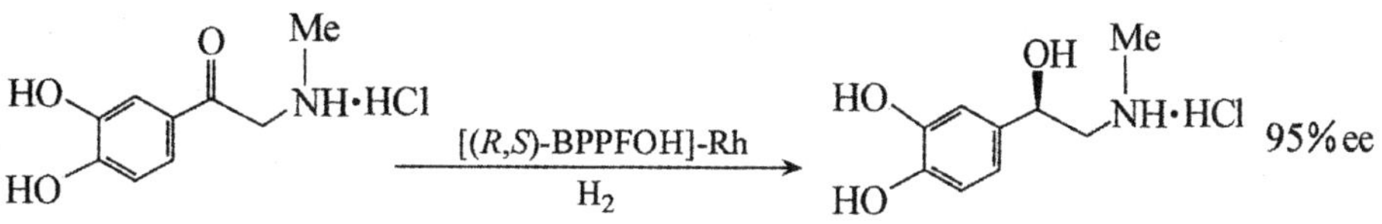

简单酮难以较好地进行不对称氢化反应。近年来,人们发现使用 Ru-手性双膦-手性二胺-KOH 催化体系能够解决这一问题。

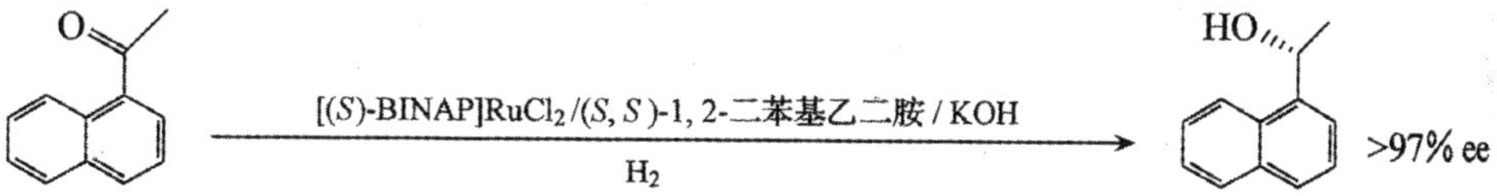

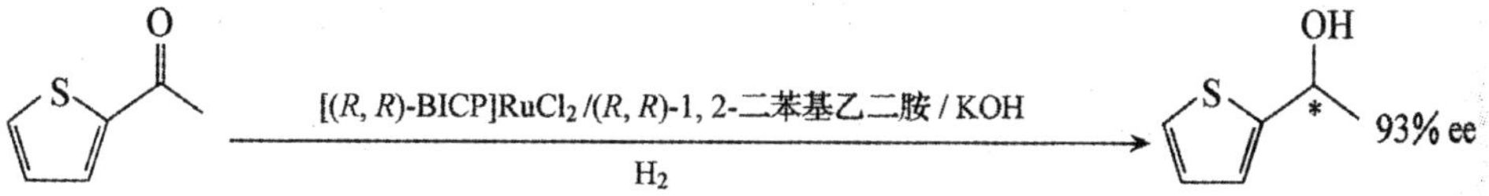

2. 不对称氢转移反应

不对称氢催化转移反应以醇和甲酸为氢源,在手性金属化合物的催化下进行 C=O 和 C=N 双键的不对称还原反应。例如:

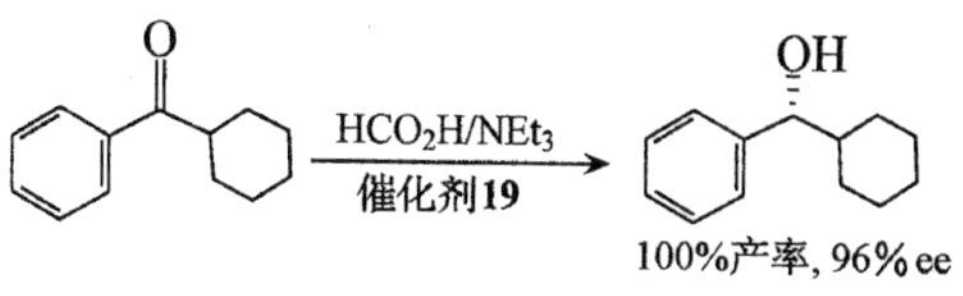

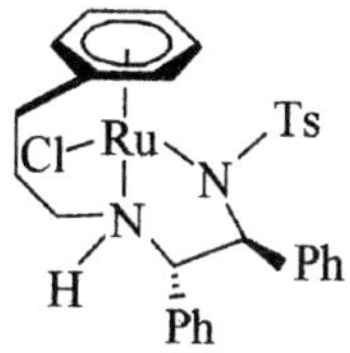

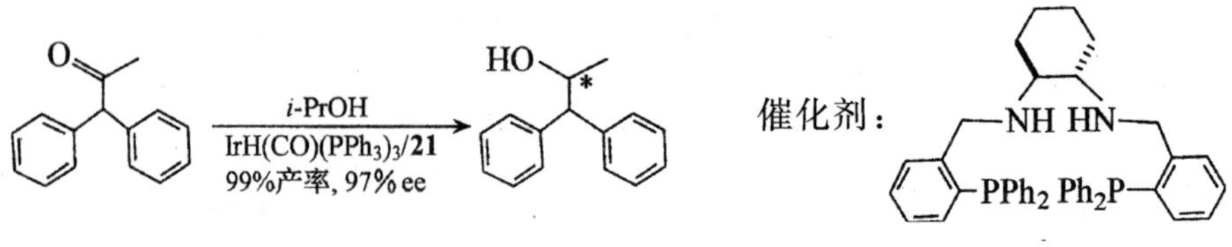

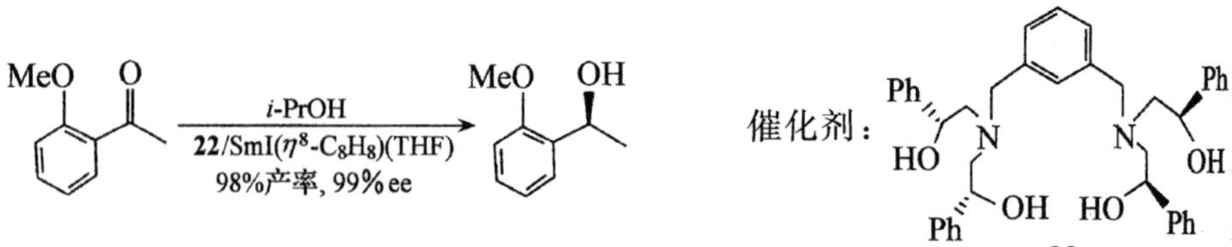

这类反应的氢源(甲酸或异丙醇)有较为优良的性质,无毒,对环境友好,而且避免了高压气体的使用,因此有一定的工业应用潜力。通常 C＝O 双键生成光学活性二级醇的氢转移反应最为常见,而 C＝N 双键的不对称氢转移反应的例子较少。

3. 不对称氢硅烷化反应

不对称氢硅烷化反应的通式:

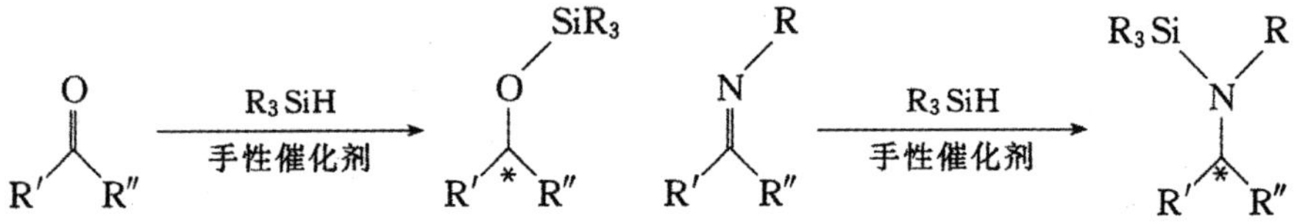

它通常以硅氢化合物为反应试剂,通过手性金属化合物的催化来实现 C＝O、C＝N 等不饱和键的不对称反应。

通常使用的硅氢化试剂有 Ph_2SiH_2、$PhSiH_3$、Et_2SiH、PMHS 等化合物。其中,PMHS 是一种高分子化合物,性能较为优良;它具有挥发性小、没有毒性、对空气不敏感的特点。具有较大的应用潜力。硅氢试剂中的 Si-H 键比氢气活泼,但没有铝氢和硼氢这些负氢试剂活性强,需在催化剂的作用下才能发生对一些不饱和键的加成反应。酮的不对称氢硅烷化反应产物为手性硅醚。它是重要的有机合成中间体,可通过进一步反应得到手性醇。亚胺的不对称氢硅烷化产物为手性氨基硅烷,可水解成手性仲胺。

亚胺不对称烷氧化反应的光化学性能很难控制,若用二茂铁络合物做手性催化剂,能得到最高 99 ％的光化学产率。

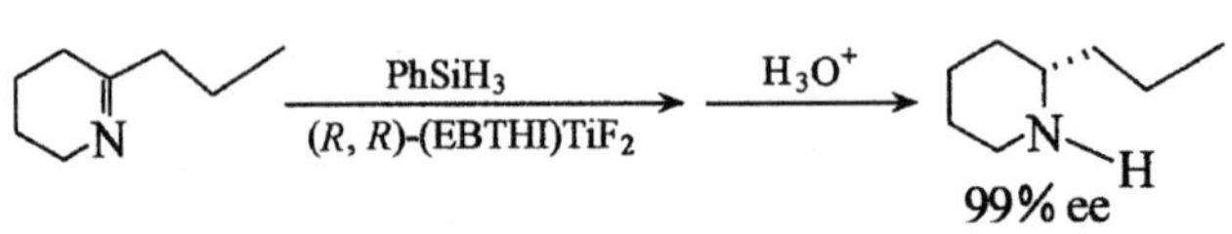

α,β-不饱和羰基化合物在进行不对称氢硅烷化反应,反应存在 1,2-和 1,4-加成的选择性问题。使用不同的催化剂和反应条件来控制这种区域选择性。在此类反应中若用催化效果较好的手性铜化合物,反应几乎全部选择生成 1,4-加成产物,而且这种 1,4-加成产物是一种烯醇化合物,可进一步发生不对称烷基化反应,得到含有两个手性碳的光学纯物质。

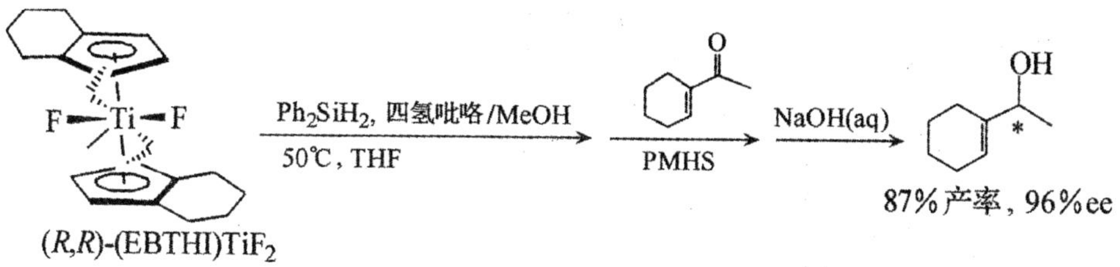

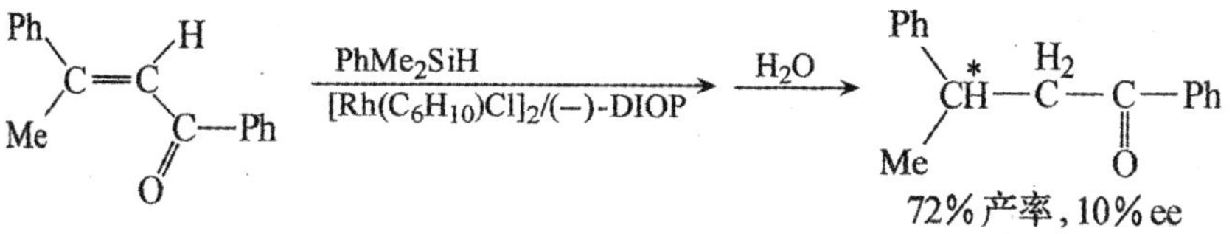

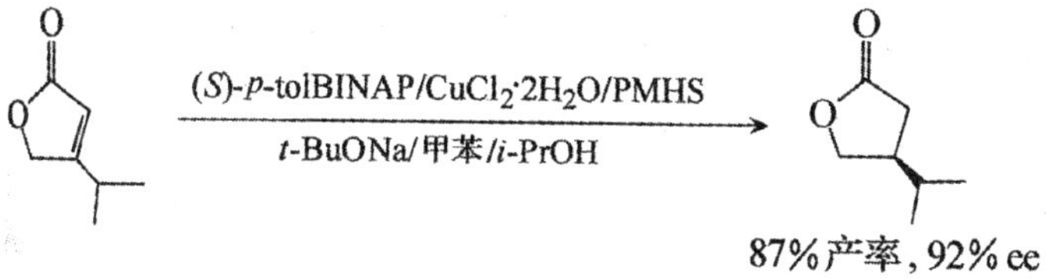

$$87\%产率，96\%ee$$

$$72\%产率，10\%ee$$

$$87\%产率，92\%ee$$

α,β-不饱和硝基或腈类化合物也能进行不对称氢硅烷化反应，这是直接合成光学活性硝基或氰基化合物的新方法。

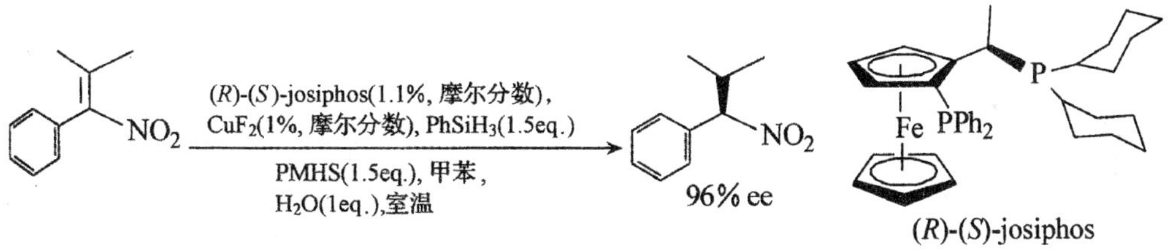

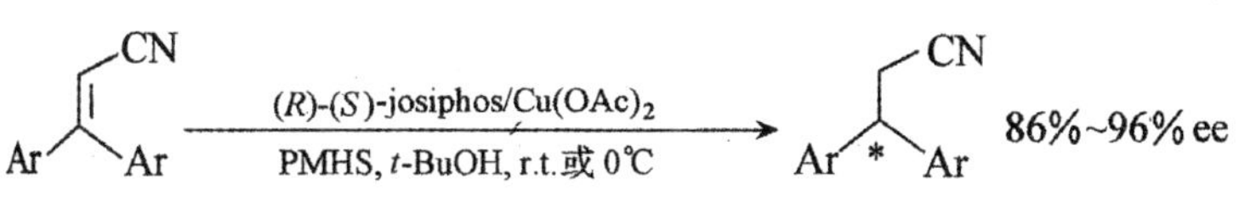

$$86\%\sim96\%ee$$

7.4.2　不对称 Diels-Alder 反应

不对称 Diels-Alder 反应一般通过下列四种手性因素之一的诱导来实现：

①亲二烯体上的手性辅基。

②二烯体上的手性辅基。

③亲二烯体和二烯体上的手性辅基。

④手性催化剂。

前三种方法一般也需要使用催化剂，Lewis 酸催化剂能够提高反应的立体选择性。

不对称 Diels-Alder 反应是合成光学活性六元环体系最有效的方法之一，可以同时形成四个手性中心,而且在很多情况下,可以对反应的立体化学进行预见,因此这种反应对构建复杂的手性分子,特别是天然产物有重要的意义。Kagan 等人在 1989 年首次报道了有机催化不对称 D-A 反应,生物碱等可作为催化剂。

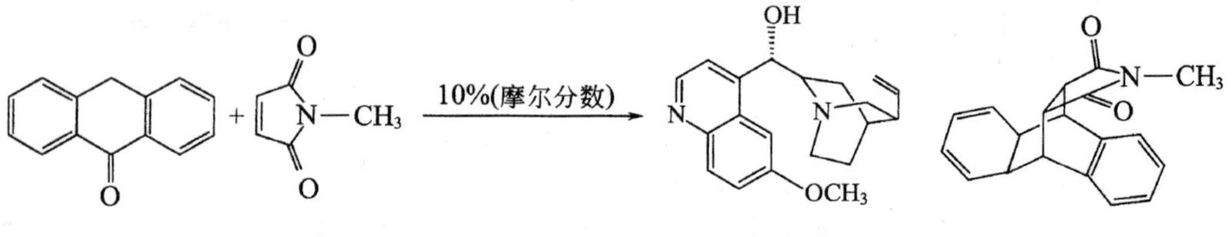

(97%产率　61% *e.e.*)

1. 不对称 Diels-Alder 反应方法

(1)手性催化剂

在不对称 Diels-Alder 反应中使用的手性催化剂一般是手性配体的铝、硼或过渡金属配合物或手性有机小分子。例如:

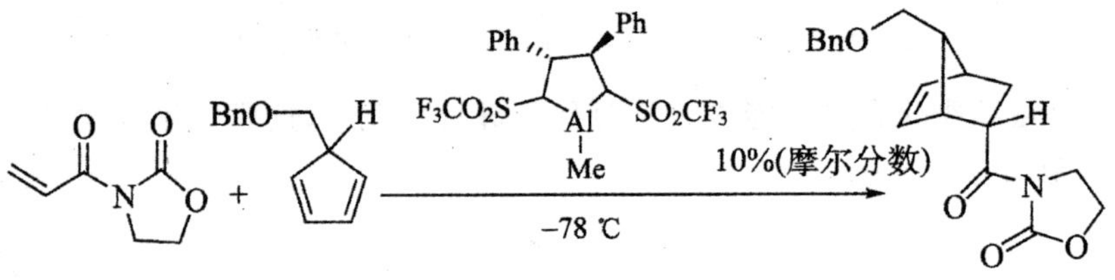

(*ee* 94 %)

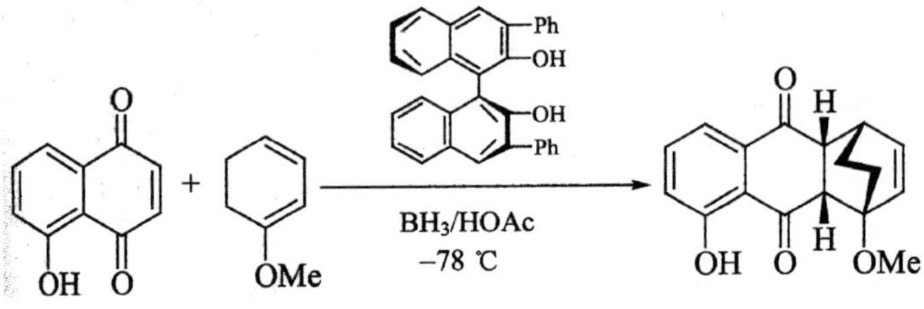

(*ee* 94 %)

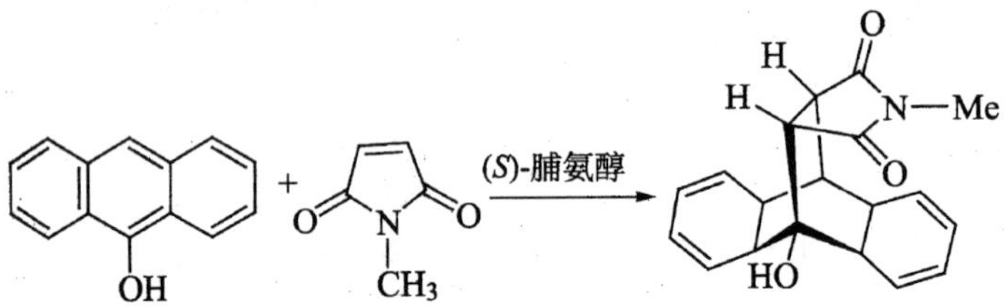

(产率:86%; *ee* 61%)

和 Diels-Alder 反应相似,1,3-偶极环加成反应也可以采用以上手段来实现。

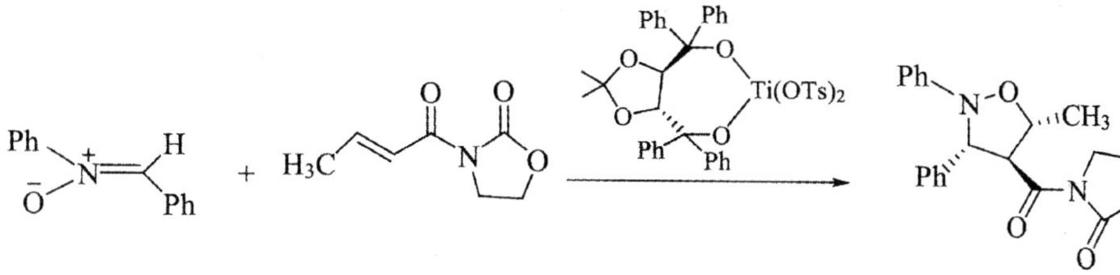

(endo 95%;　de 93%)

（2）在二烯体和亲二烯体中导入手性辅基

在二烯体和亲二烯体中导入手性辅基是实现 Diels-Alder 反应的常用方法：

应用 Evans 试剂为手性辅基。当用路易酸催化时，形成环状螯合中间体。二烯体从亲二烯体立体位阻较小的 Re 面趋近得到立体选择性产物。

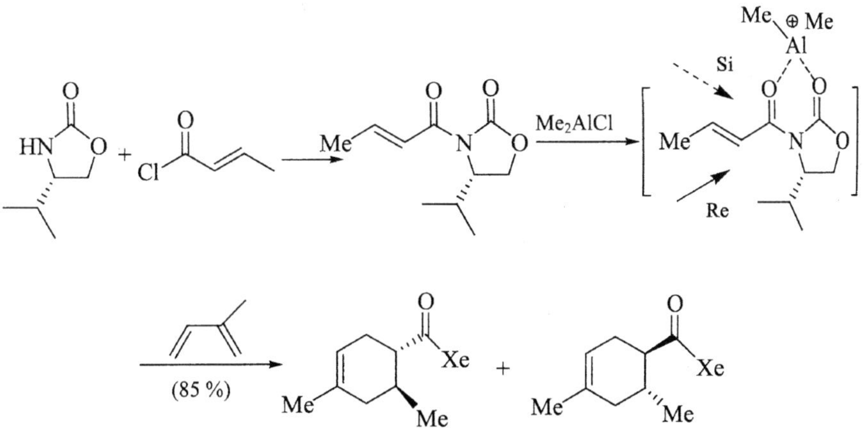

应用樟脑磺酰胺为手性辅基。

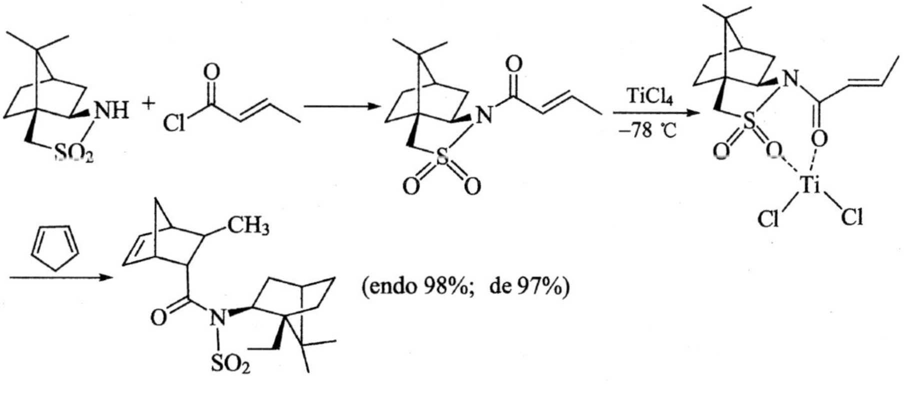

(endo 98%;　de 97%)

2. 内型规则

Diels-Alder 反应能形成 4 个新的手性中心，理论上可能生成 16 种立体异构体。但在动力学控制条件下由于次级轨道互相作用，内型过渡状态较稳定，因此内型产物为主要产物，这一规律常叫做 endo 规则。路易斯酸作催化剂时可增加内型/外型(endo/exo)的比例。反应式如下：

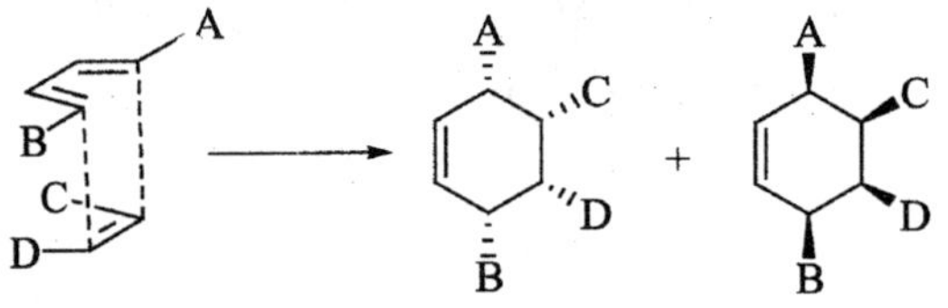

内型(endo)

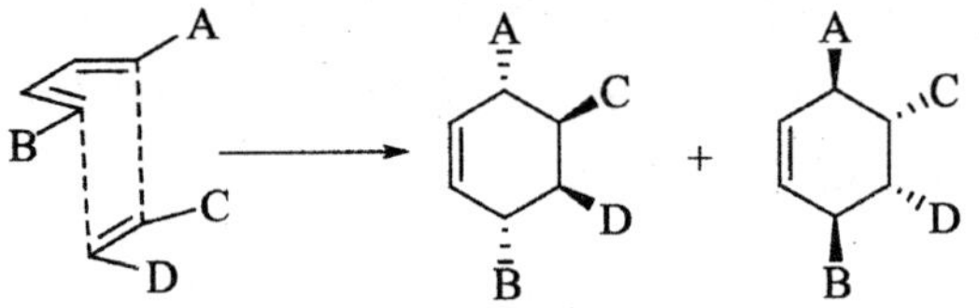

外型(exo)

例如：

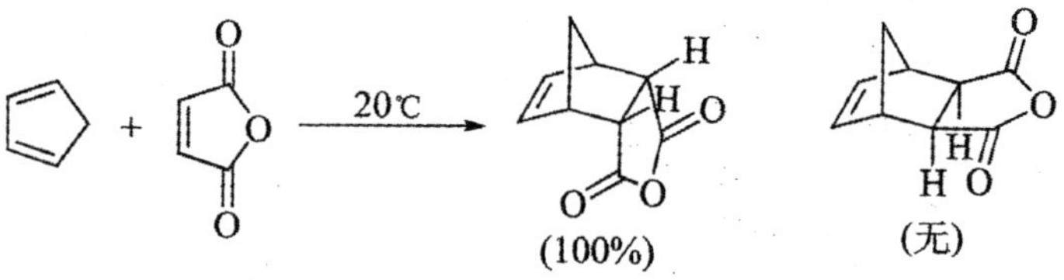

endo产物　　exo产物

在非手性条件下，Diels-Alder 反应虽遵循 endo 规则，但缺乏面选择性，因此得到 endo 形式的外消旋体。例如，2-甲基-1，3-戊二烯和丙烯酸乙酯起 Diels-Alder 反应，由于二烯体能在亲二烯体的上面和下面互相趋近，因此得到 endo 形式的外消旋体。反应式如下：

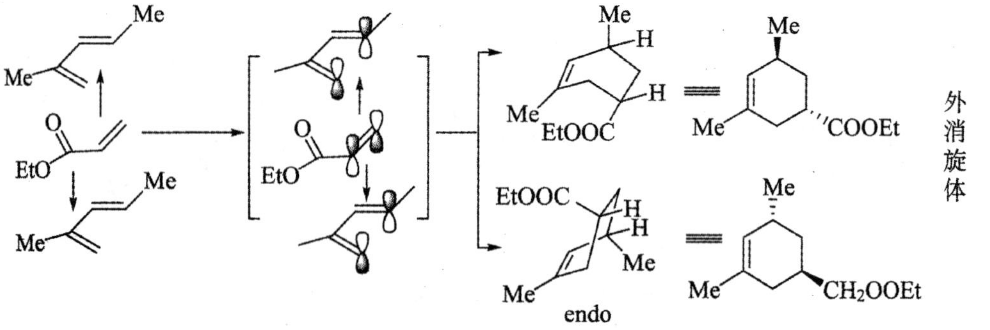

7.4.3 不对称氧化反应

1. 烯烃的不对称合成

烯烃的不对称环氧化是制备光学活性环氧化物最为简便和有效的方法，如图 7-11 所示。反应的关键在于对手性催化剂的选择，目前较好的手性催化剂主要有：

①sharpless 钛催化剂。

②手性(salen)金属络合催化剂。

③手性金属卟啉催化剂。

④手性酮催化剂。

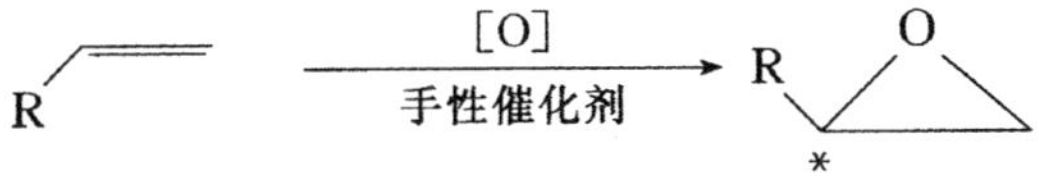

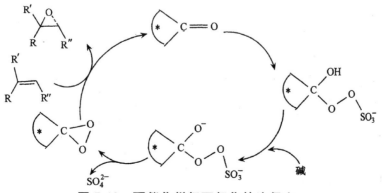

图 7-11　不对称环氧化

Sharpless 钛催化剂是一般由烷氧基钛和酒石酸二酯及其衍生物形成,主要适用于烯丙伯醇类底物的不对称环氧化。对于大部分丙烯伯醇类底物,不管是顺式的还是反式的,一般能给出较高的 e.e. 值;而且可以根据底物的 Z 或 E 构型来预见生成手性中心的绝对构型。

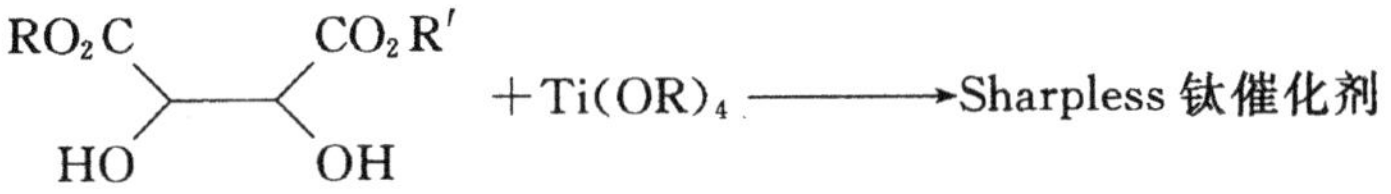

如果反应底物为手性的,反应存在底物与催化剂的匹配问题。例如,在四异丙氧基钛催化手性底物的不对称环氧化反应中,如果不使用手性诱导剂酒石酸二乙酯,相应非对映产物的比例为 2.3 : 1;如果使用(＋)-或(一)-酒石酸二乙酯进行手性诱导,非对映产物的比例分别为 1 : 22 和 90 : 1。

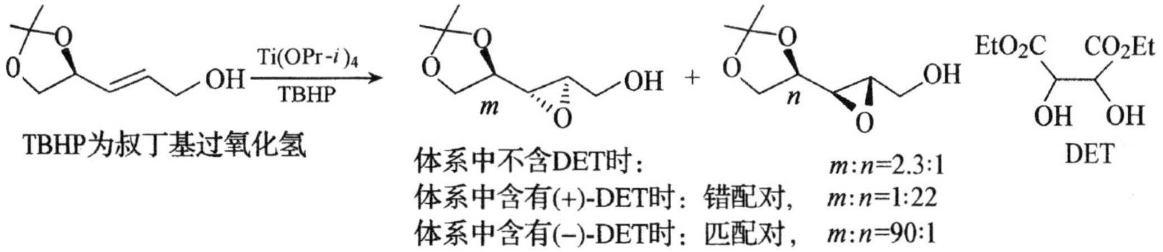

TBHP 为叔丁基过氧化氢

体系中不含DET时:　　　　　　　　m : n=2.3 : 1
体系中含有(+)-DET时:错配对,　　m : n=1 : 22
体系中含有(−)-DET时:匹配对,　　m : n=90 : 1

手性酮化合物也可作为不对称环氧化的催化剂。反应中酮被过氧硫酸氢钾氧化成二氧杂环丙烷中间体;接着把双键氧化,同时手性酮催化剂得到再生,重新进入下一个循环,如图 7-12 所示。

图 7-12　酮催化烯烃环氧化的途径之一

2．C—H 键的不对称氧化

一些官能团的 α-位的 C—H 键的活性较大，为不对称氧化提供了可能性。如以手性 CU(Ⅱ)络合物为催化剂，用过氧苯甲酸叔丁酯做氧化剂来实现烯丙型 C—H 键的氧化反应。如：

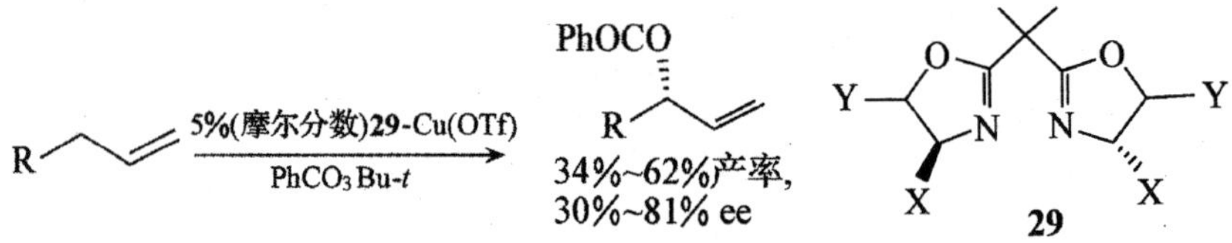

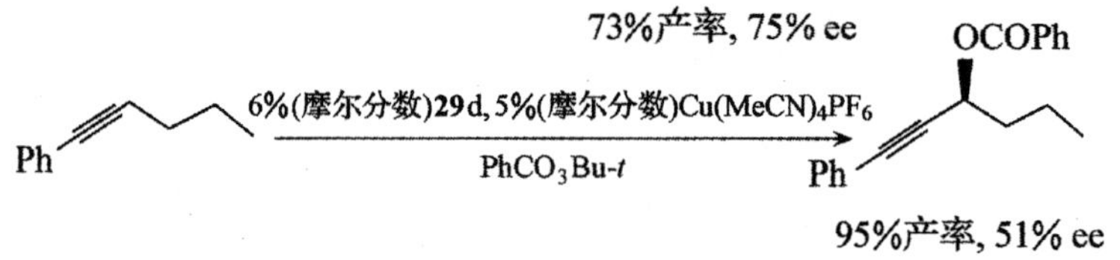

醚类化合物 α-C 的不对称氧化用 salen-Mn(Ⅲ)络合物作催化剂，以 PhIO 氧化剂，反应得到具有光学活性的邻羟基醚。下面的例子中得到了中等水平的光学选择性。

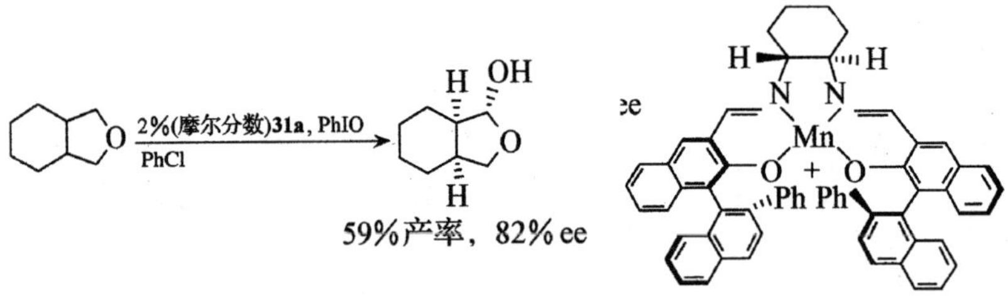

3．烯烃的不对称双羟化和氨基羟基化反应

烯烃的不对称双羟化是合成手性 1,2-二醇的重要方法之一，它是在催化量的 OsO_4 和手性配体存在下，利用氧给予体对烯进行双羟化反应，如图 7-13 所示。氧给予体可以是氯酸钾、氯酸钠或过氧化氢，但它们会使底物部分过氧化而降低双羟化反应产率。后来发现，N-甲基-N-氧吗啉(NMO)和六氰合铁(Ⅲ)酸钾有较好的氧化效果，因此目前的不对称双羟化反应的氧给予体一般是这两种化合物。

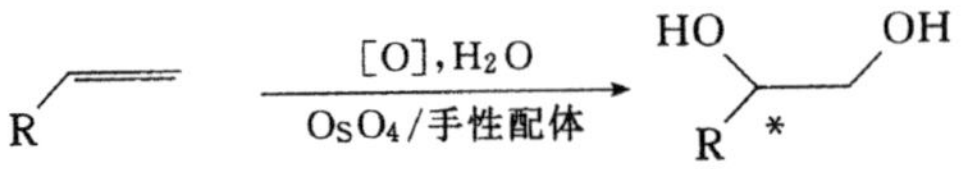

图 7-13　烯烃的不对称双羟化

用于烯烃的不对称双羟化的配体很多，迄今有 500 多种。其中，金鸡纳碱衍生物的效果最为突出。例如，$(DHQ)_2PHAL$、$(DHQD)_2PHAL$ 在很多烯烃底物的双羟化反应中表现出良好的手性诱导性能，而且可以控制羟基的从底物的羟基 α 或 β 面进攻。其中，$(DHQ)_2PHAL$ 控制烯烃 α 面发生反应，$(DHQD)_2PHAL$ 则相反。它们按一定比例分别与 $K_3Fe(CN)_6$、

K_2CO_3 和锇酸钾形成的混合物已经商品化，前者被称为 AD-mix-α，后者为 AD-mix-β。

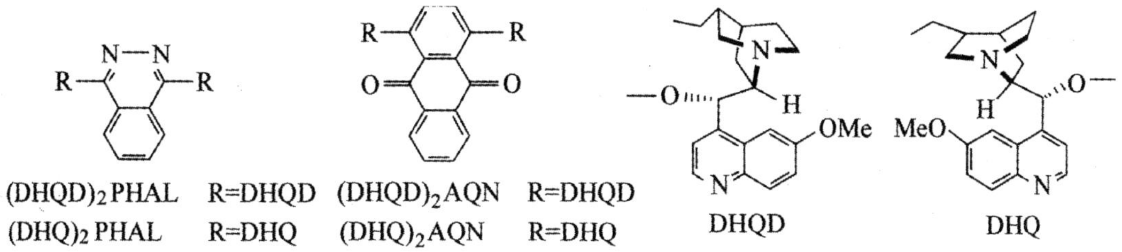
(DHQD)2PHAL R=DHQD
(DHQ)2PHAL R=DHQ
(DHQD)2AQN R=DHQD
(DHQ)2AQN R=DHQ
DHQD
DHQ

如果双羟化反应体系的供氧试剂改为氧化供氮试剂，则烯烃发生不对称氨羟化反应，见图 7-14；产物为 β-氨基醇，是许多生物活性分子的关键结构单元。反应的机理和不对称双羟化反应类似，后者所用的催化剂体系也在氨羟化反应中同样适用。

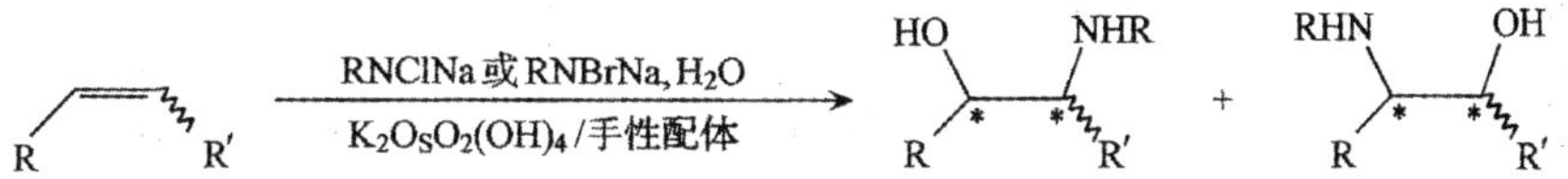
RNClNa或RNBrNa, H2O
K2OsO2(OH)4/手性配体

图 7-14　烯烃的不对称氨基羟基化反应

4. 硫醚的不对称氧化

硫醚的不对称氧化是合成手性亚砜最为直接的方法。反应体系为 Kagan 试剂，即：反应中的催化剂体系为 $Ti(Opr\text{-}i)_4$ 和（＋）-DET 催化剂及氧化剂中加入一些水来促进反应的进行。氧化剂通常是 t-BuOOH，而 $PhCMe_2OOH$ 的效果较佳。

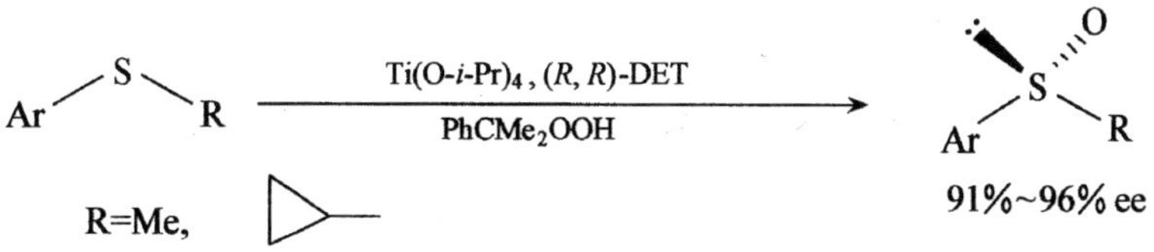
Ti(O-i-Pr)4, (R, R)-DET
PhCMe2OOH
R=Me,
91%~96% ee

Ar＝Ph，p-或 o—MeOPh，p-ClC_6H_4，1-萘基，2-萘基，3-吡啶基

联萘酚也可作为配体替代酒石酸乙酯，而且原位形成的催化剂效果较好。例如，在 2.5%（摩尔分数）的这种催化剂作用下，一些芳基硫醚的反应对映选择性可达到 84%～96%。当反应的催化剂非原位生成时，仅得到中等水平的对映选择性。

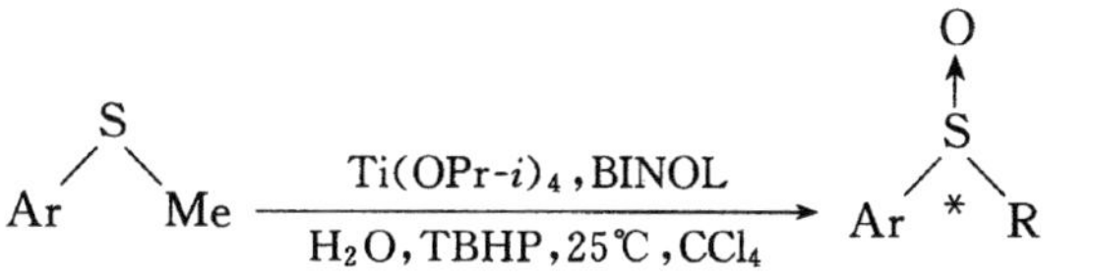
Ti(OPr-i)4, BINOL
H2O, TBHP, 25℃, CCl4

Ar＝Ph，p-MePh，p-BrC_6H_4，2-萘基　　84%～96%ee

7.4.4　不对称亲核加成反应

1. 有机试剂对醛酮的不对称加成反应

一些手性有机金属试剂可进行醛和酮的不对称加成。如：芳基或烷基锌、烷基锂、二烷基

镁、Grignard 试剂及烷基铝等可与手性氨基醇类化合物形成手性试剂,并对醛和酮进行手性试剂控制的不对称加成。也可进行手性底物控制的不对称加成反应。

在有机金属试剂中,芳基或烷基锌在醛酮的不对称加成反应中性能较为突出;而且能够在手性配体的诱导下实现其不对称催化反应,有时产物 e. e. 值可高达 100%。这类反应中的手性配体主要有 β-氨基醇类化合物、手性二醇、β-氨基硫醇等化合物,反应中真正的催化活性物种是手性配体与部分锌试剂形成的手性化合物。如:

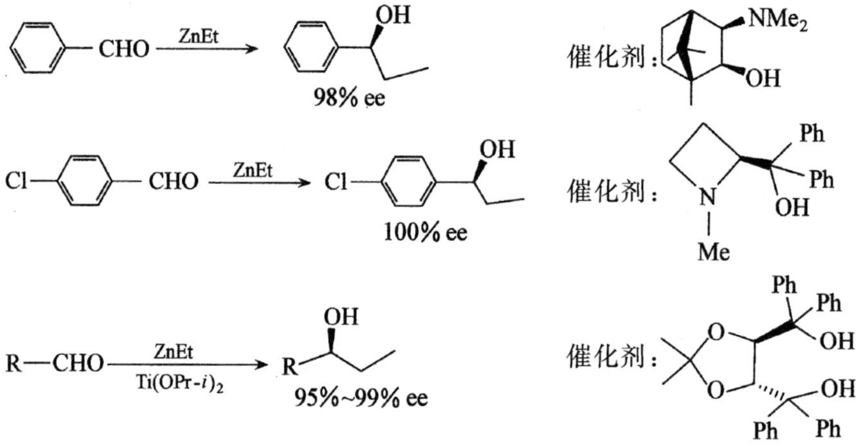

炔基金属试剂:卤代炔基锌、锌炔基锂、卤代炔基镁等,也可对醛或酮进行不对称加成,生成手性炔基醇由于端炔具有一定酸性,易于和较弱的碱反应,也可以直接使用端炔化合物来方便地进行醛或酮的不对称加成反应。

2. 使用手性催化剂的不对称加成反应

醛酮的羰基的不对称催化氢化近十几年来已取得一定进展,手性钌配合物 BINAP-RuCl$_2$ 为催化剂还原 β-酮酸酯、γ-酮酸酯及二酮,与酮羰基和邻近的杂原子同时螯合,因此所的产物具有高度的对映选择性。如:

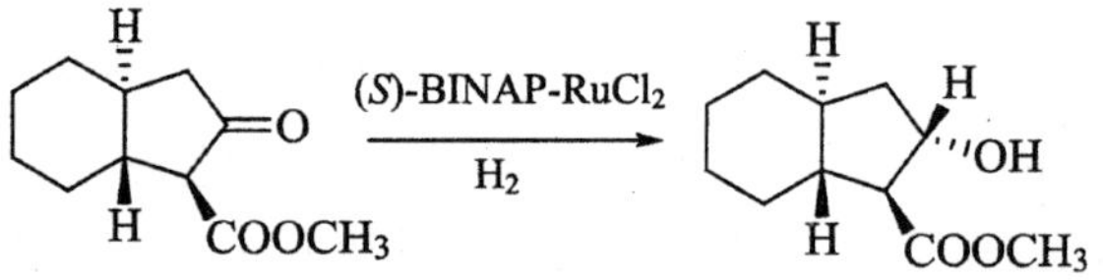

二烃基锌比烃基锂和格利雅试剂的活性小,在催化量的手性氨基醇或手性胺存在下,二烃基锌与醛的亲核加成有较高的立体选择性。例如:

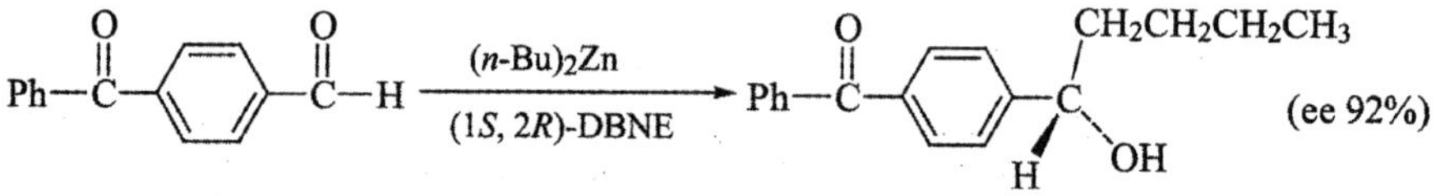

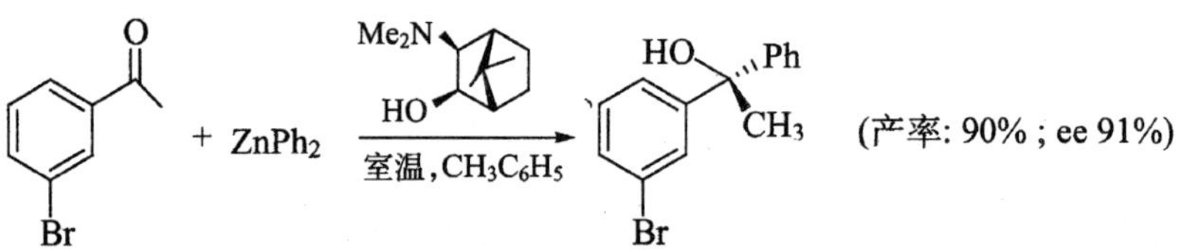

3. 不对称 α-羟基膦酰化反应

很多手性 α-羟基膦酰化合物的生物活性较强,可以作为酶的抑制剂。例如,HIV 蛋白酶抑制剂、肾素合成酶抑制剂,而且这种生物活性与它的绝对构型有关,那么合成光学纯 α-羟基膦酰化合物有很大的价值。合成这种手性 α-羟基膦酰化合物的方法并不太多,最为直接和经济的方法是最近发展的不对称 α-羟基膦酰化反应。

在联萘酚镧络合物的催化下,通过亚磷酸二烷酯对醛来实现不对称 α-羟基膦酰化的加成反应。反应的产率一般较高,但对映选择性与联萘酚镧络合物的形成方式有很大关系。例如,Spilling 和 Shibuya 分别报道的 LaLi₃-BINOL(LLB)催化亚磷酸二烷酯对芳香醛的加成,得到的对映选择性不太理想。如果对 LLB 的制备方法进行改良,则最高得到了 95% e.e. 的对映选择性。

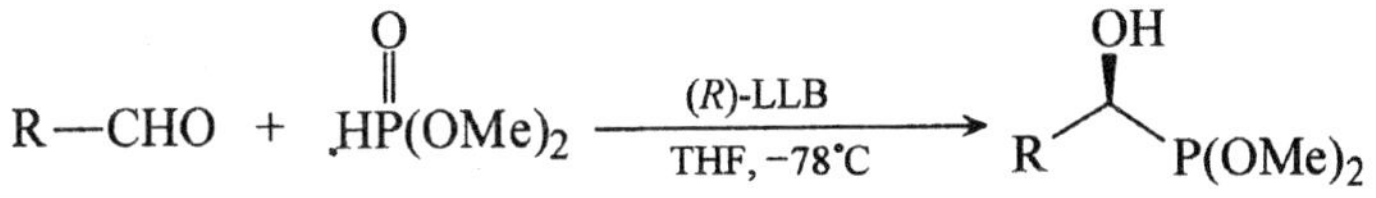

7.4.5　其他不对称反应

1. 醇醛缩合反应

（1）醇醛缩合反应的非对映选择性

醇醛缩合反应能生成四种非对映异构体。反应通式如下:

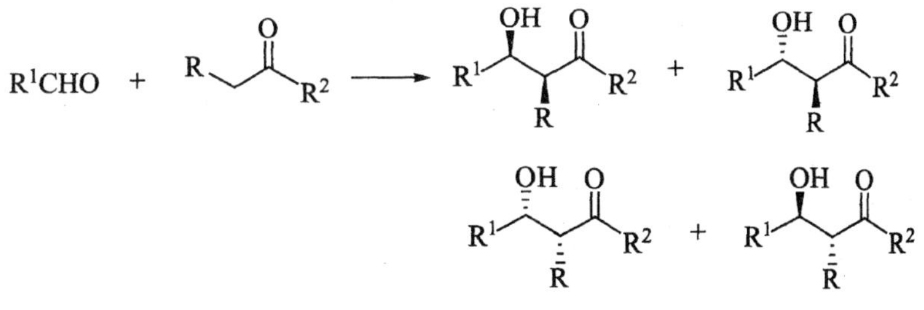

顺式　　　　　　　反式

醇醛缩合反应的非对映选择性,即 syn/anti 产物的比例主要取决于烯醇盐的构型。一般来说,在动力学控制条件下,(Z)-烯醇盐的醇醛缩合得到 syn 产物,(E)-烯醇盐得到 anti 产物。反应通式如下:

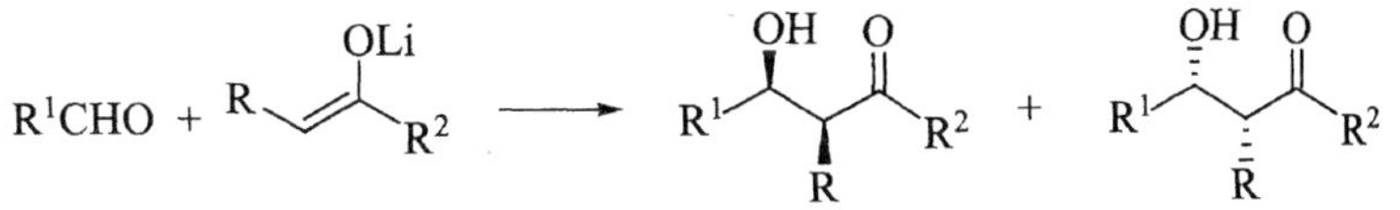

(Z)-构型　　　　　　　　　　　　syn

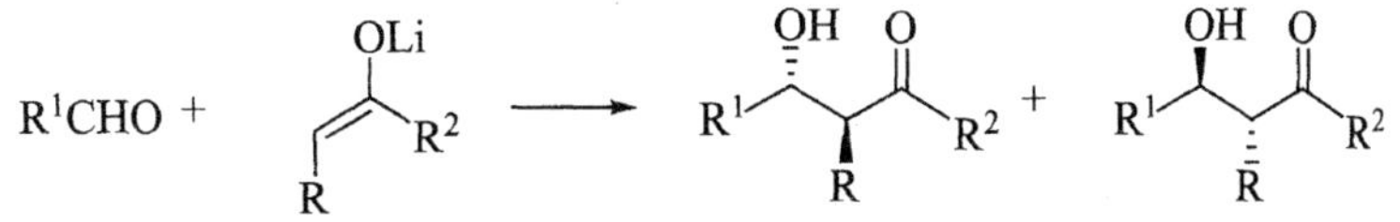

(E)-构型　　　　　　　　　　　　anti

(2)烯醇盐的构型

①烯醇锂盐。

在强碱(LDA)、低温、较短的反应时间的动力学控制条件下,具有较大取代基的酮烯醇锂盐主要是Z构型。

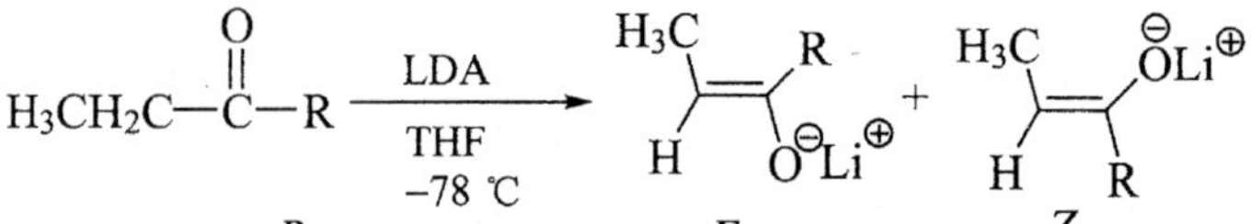

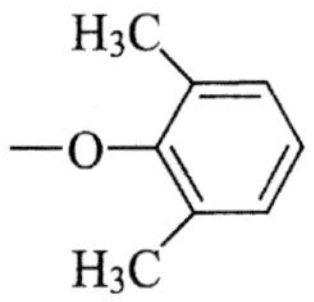

R　　*E*　　*Z*

	2%	98%
—CH_2CH_3	70%	30%
—$CH(CH_3)_2$	40%	60%
—$C(CH_3)_3$	2%	98%
—NEt_2	3%	97%
—OCH_3	95%	5%

当R为较大取代基时[如—$C(CH_3)_3$、—NEt_2、—OCH_3等],它们与处于平伏键位置的甲基有较大的斥力,迫使甲基转变成直立键,这样形成的烯醇盐为Z构型。

②烯醇硼盐。

烯醇硼盐一般可用下列方法制备。

二烃基硼与α、β-不饱和羰基化合物共轭加成主要生成Z构型的烯醇硼盐。

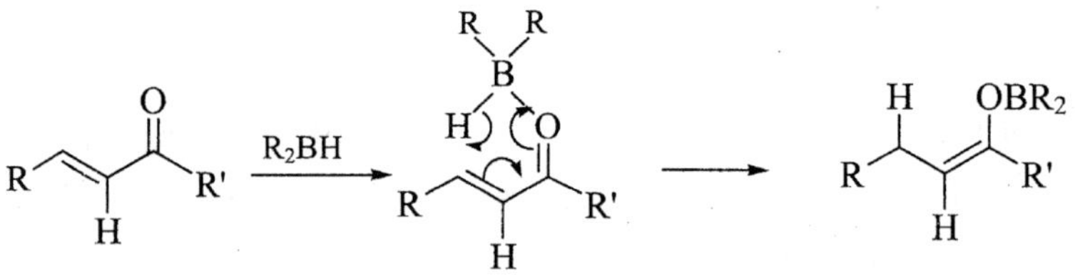

酮或酯在位阻较大的叔胺存在下,与三氟甲磺酸二烃基硼酯反应生成的产物主要是Z构型。例如

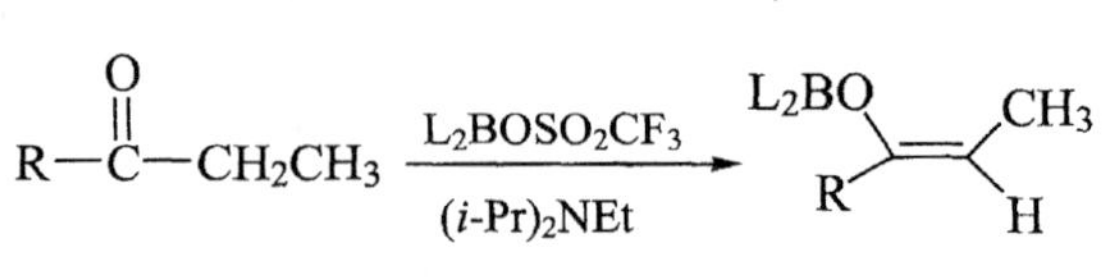

卤硼烷(如9-BBMBr)与烯醇硅醚(不管Z还是E构型)作用一般得到Z构型产物。

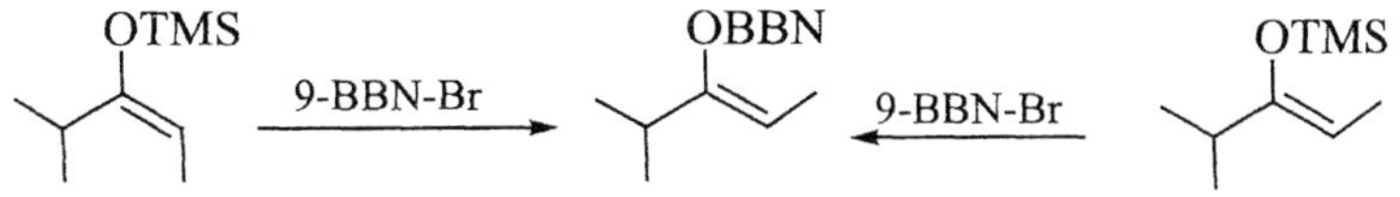

③烯醇硅醚。

烯醇硅醚由烯醇盐与氯化三烃基硅烷（如 TMSCl）反应得到。烯醇硅醚的构型取决于烯醇盐的构型。

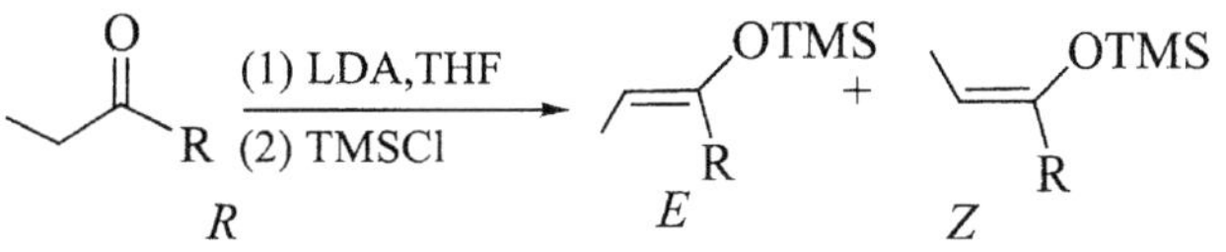

R	E	Z
—CH$_2$CH$_3$	70%	30%
—C(CH$_3$)$_3$	2%	98%
—OCH$_2$CH$_3$	94%	6%
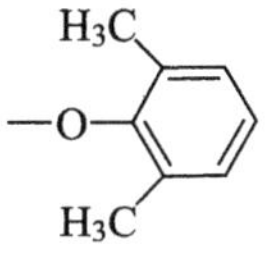 —O（2,6-二甲基苯基）	2%	98%

2. Grignard 试剂的不对称偶联反应

不对称偶联反应包括 Grignard 试剂和乙烯基、芳基或炔基卤化物的。反应中的 Grignard 试剂通常是外消旋化合物，而且一对对映体可以迅速转化。在手性催化剂诱导下，其中一个对映体转化成光学活性偶联产物；另一个对映体会发生构型翻转来维持一对对映异构体量的平衡。因此理论上这种外消旋物质可以全部转化成某一立体构型的偶联产物。

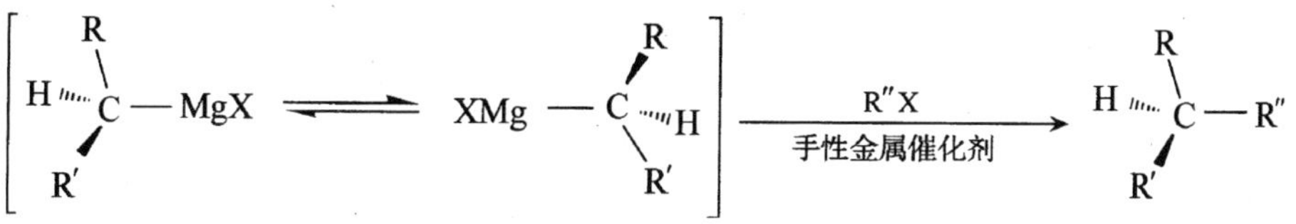

反应的催化中心金属通常是镍和钯。下面分别是两个配体与镍和钯形成的手性催化剂在相应类型的反应中，得到产物的 e.e. 值分别为 95% 和大于 99%。

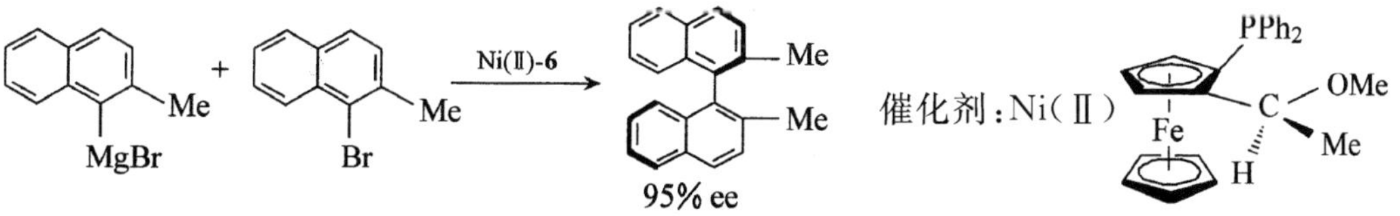

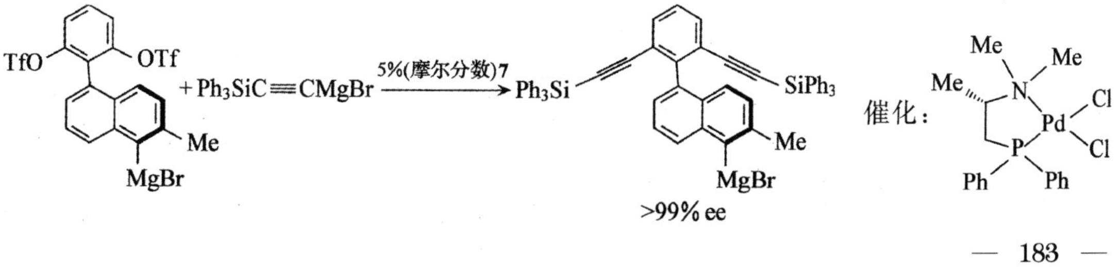

3. 不对称烷基化反应

利用手性烯胺、腙、亚胺和酰胺进行烷基化,其产物的 e.e. 值较高,是制备光学活性化合物较好的方法。

(1)烯胺烷基化

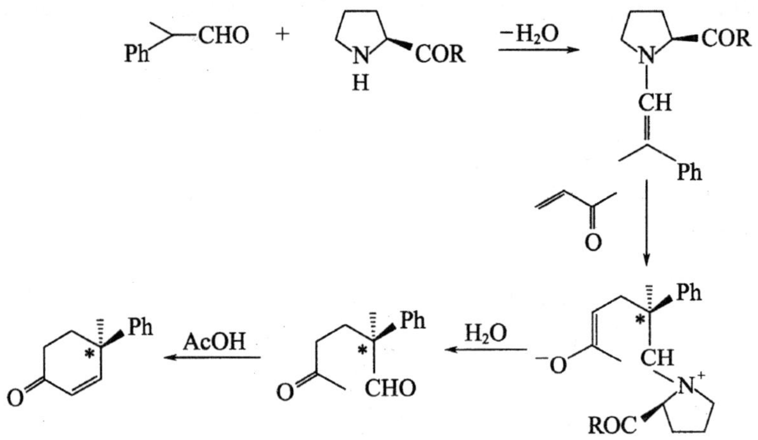

(2)腙烷基化

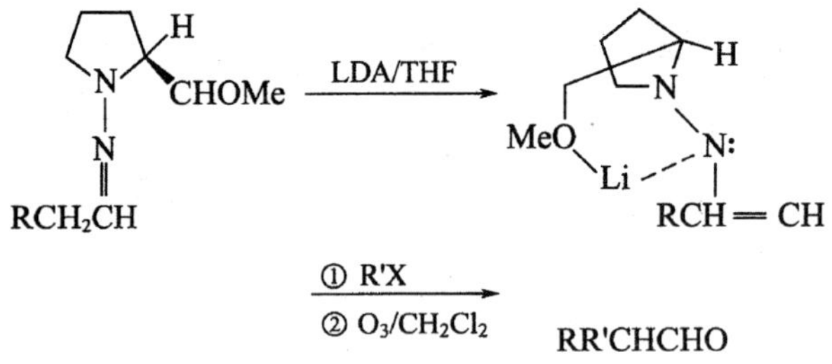

$R=Me,Et,{}^{i}Rr,n\text{-}heX$

$R'X=PhCH_2Br,Br,MeI,Me_2SO_4$

第8章 逆合成反应

8.1 概述

"逆合成法"就是"与合成路线方向相反的方法",或者说"倒退的合成法",也叫反向合成。逆合成法是有机合成线路设计基本的方法,是所有其他有机合成线路设计的基础。

1964 年,哈佛大学化学系的 E. J. Corey 教授首提出逆合成的观念,将合成复杂天然物的工作提升到了艺术的层次。他创造了逆合成分析的原理,并提出了合成子和切断这两个基本概念,获得了 1990 年的诺贝尔化学奖。他的方法是从合成产物的分子结构入手,采用切断(一种分析法,这种方法就是将分子的一个键切断,使分子转变为一种可能的原料)的方法得到合成子(在切断时得到的概念性的分子碎片,通常是个离子),这样就获得了不太复杂的、可以在合成过程中加以装配的结构单元。

有机合成中采用逆向而行的分析方法,从将要合成的目标分子出发,进行适当分割,导出它的前体,再对导出的各个前体进一步分割,直到分割成较为简单易得的反应物分子。然后反过来,将这些较为简单易得的分子按照一定顺序通过合成反应结合起来,最后就得到目标分子。逆合成分析是确定合成路线的关键,是一种问题求解技术,具有严格的逻辑性,将人们积累的有机合成经验系统化,使之成为符合逻辑的推理方法。与此相适应,也发展了计算机辅助有机合成的工作,促进了有机合成化学的发展。

从起始原料经过一步或多步反应经过中间产物制成目标分子。这一个过程可表示为:

$$甲 \xrightarrow[\text{(反应)?}]{\text{试剂,条件?}} 乙 \xrightarrow[\text{(反应)?}]{\text{条件?}} 丙 \xrightarrow[\text{(反应)?}]{\text{条件?}} 产物丁(TM)$$

这一系列的反应过程,通常称之为合成路线。但是,在设计合成路线时,都是由目标分子逐步往回推出起始的合适的原料。这个顺序正好和合成法相反,所以称为反向合成,即逆合成法。

如此类推下去,直到推出允许使用的、合适的原料甲为止。经过这样反向的推导过程,再将之反过来,即得一条完整的合成路线。其过程也可示意如下:

$$\underset{\text{目标分子(TM)}}{丁} \xleftarrow{\text{试剂,条件}} 丙 \xleftarrow{\text{如何制得}} 乙 \xleftarrow{\text{如何制得}} \underset{\text{原料}}{甲}$$

例如,TM1 这个分子被 Corey 用作合成美登木素的中间体:

TM1

Corey 采用的逆推是这样的：

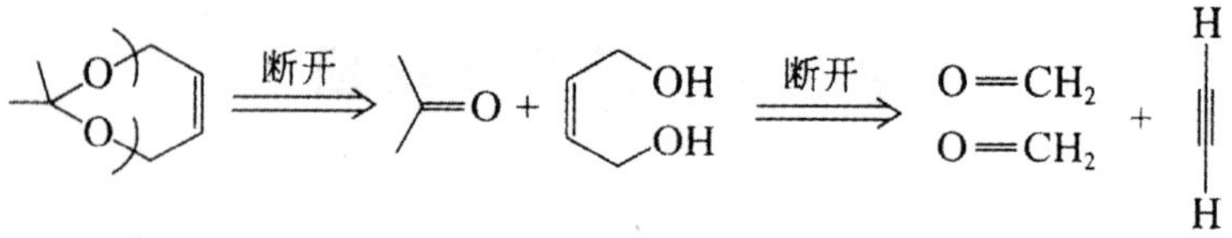

合成一般是由简单的原料开始,逐步发展成为复杂的产物,其过程可看成是逐步"前进"的。同时也要认识到,在设计合成路线时,需要采取由产物倒推出原料,也可称之为"倒退"的办法。当然,在此处"退"是为了"进",这体现了一种以退为进的辩证的思维方法,因此可以说,逆合成法实质上是起点即终点,通过"以退为进"的手段来设计合成路线。

8.2 逆合成分析原理

在设计合成路线时,一般只知道要合成化合物的分子结构,有时,即使给了原料,也需要分析产物的结构,而后结合所给原料设计出合成路线。除了由产物回摊出原料外,没有其他可以采用的办法。

基本分析原理就是把一个复杂的合成问题通过逆推法,由繁到简地逐级地分解成若干简单的合成问题,而后形成由简到繁的复杂分子合成路线,此分析思路与真正的合成正好相反。合成时,即在设计目标分子的合成路线时,采用一种符合有机合成原理的逻辑推理分析法:将目标分子经过合理的转换(包括官能团互变,官能团加成,官能团脱去、连接等)或分割,产生分子碎片(合成子)和新的目标分子,后者再重复进行转换或分割,直至得到易得的试剂为止。

综上所述,逆合成法就是"以退为进、化繁为简"的合成路线设计法。

(1)切断

切断(简称 dis)是人为地将化学键断裂,从而把目标分子架拆分为两个或两个以上的合成子,以此来简化目标分子的一种转化方法。"切断"通常是在双箭头上加注 dis 表示。

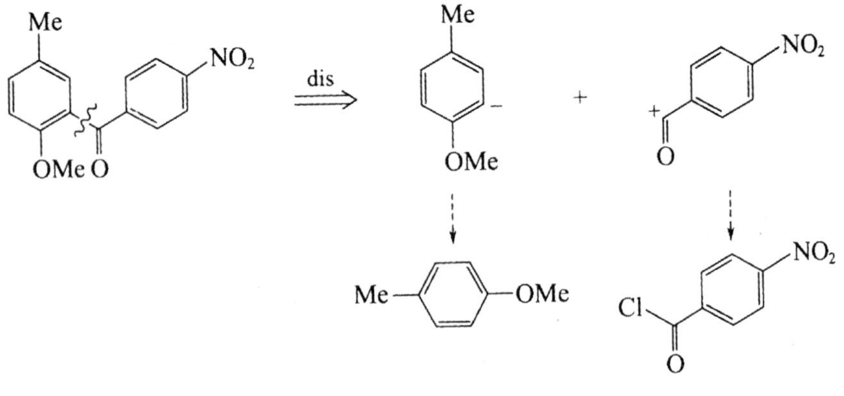

(2)转化

逆合成中利用一系列所谓的转化来推导出一系列中间体和合适的起始原料,转化用双箭头表示,这是区别于单箭头表示的反应。

目标结构 ⟹ 合成子 ------ 合成试剂

每一次转化将得到比目标更容易获得的试剂,在以后的逆合成中,这个试剂被定义为新的目标分子。转化过程一直重复,直到试剂是可以以商品获得的。逆合成中所谓的转化有两大类型,即骨架转化和官能团的转化。骨架转化通过切断、联结和重排等手段实现。

(3)合成子

由相应的、已知或可靠的反应进行转化所得的结构单元。从合成子出发,可以推导得到相应的试剂或中间体。合成子是一个人为的概念化名词,它区别于实际存在的起反应的离子、自由基或分子。合成子可能是实际存在的,是参与合成反应的试剂或中间体;但也可能是客观上并不存在的、抽象化的东西,合成时必须用它的对等物。这个对等物就叫合成等效试剂。

(4)合成等效试剂

合成等效试剂指与合成子相对应的具有同等功能的稳定化合物,也称为合成等效体。

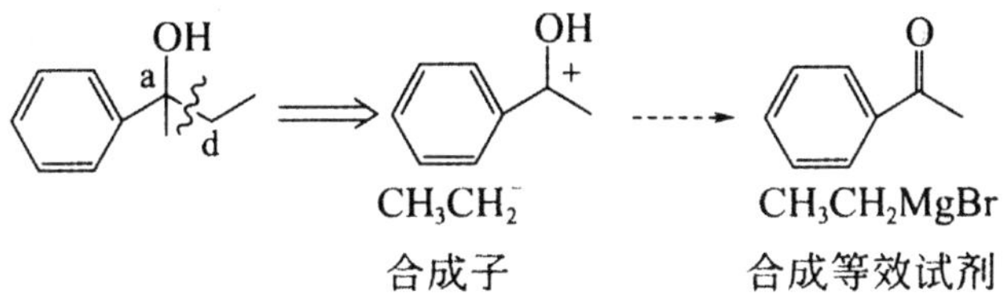

合成子　　　合成等效试剂

(5)受电子合成子

以 a 代表,指具有亲电性或接受电子的合成子,如碳正离子合成子。

(6)供电子合成子

以 d 代表,指具有亲核性或给出电子的合成子,如碳负离子合成子。

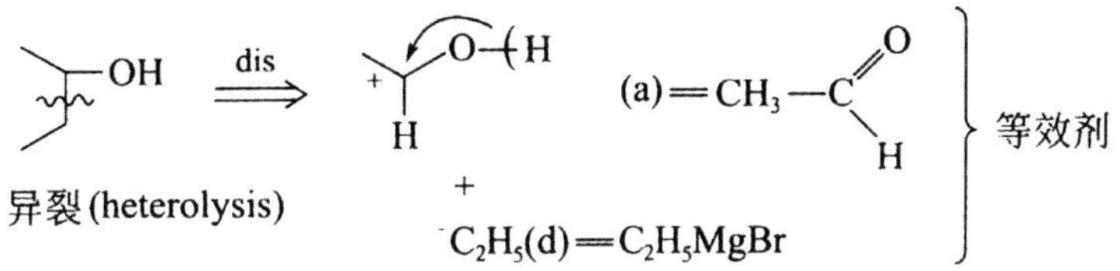

异裂(heterolysis)

(7)联结

联结(简称 con)通常足在双箭头上加注 con 来表示。

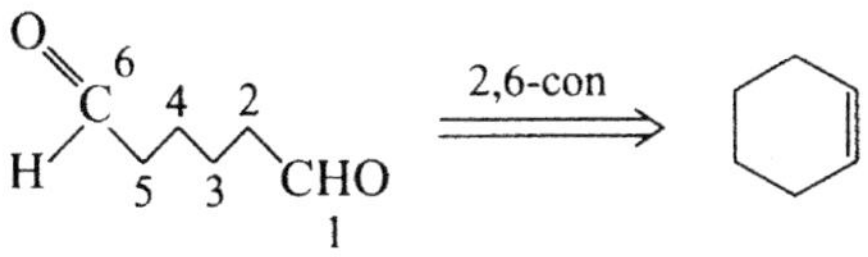

(8)重排

重排(简称 rearr)通常是在双箭头上加注 rearr。

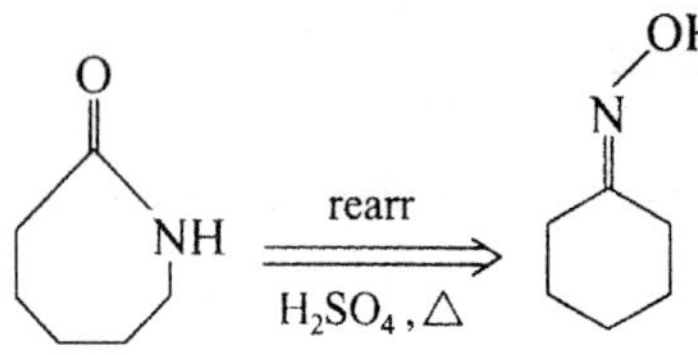

(9)官能团互变

在逆合成分析过程中,常常需要将目标分子中的官能团转变成其他的官能团,以便进行逆分析,这个过程称为官能团互变(简称 FGI)。

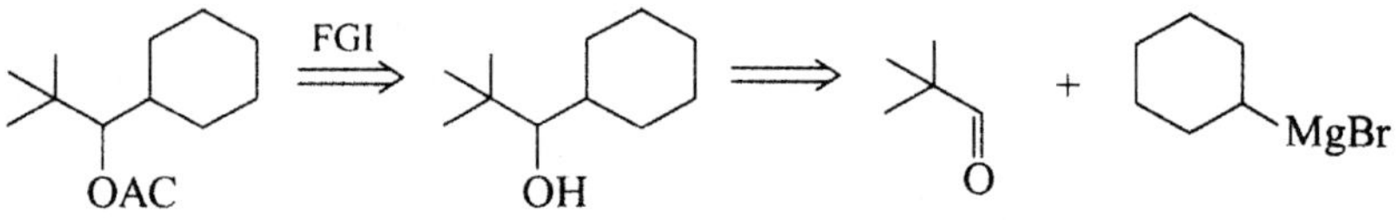

(10)官能团引入

在逆合成分析中,有时为了活化某个位置,需要人为地加入一个官能团,这个过程称为官能团引入(简称 FGA)。

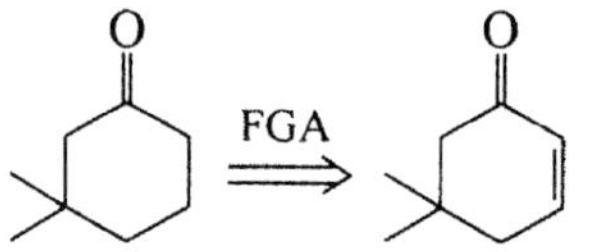

(11)官能团消除

在逆合成分析中,为了分析的需要常常去掉目标分子中的官能团,这个过程称为官能团消除(简称 FGR)。

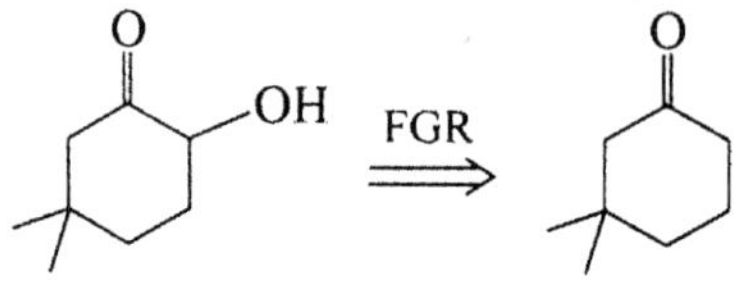

(12)逆合成转变

逆合成转变是产生合成子的基本方法。这一方法是将目标分子通过一系列转变操作加以简化,每一步逆合成转变都要求分子中存在一种关键性的子结构单元,只有这种结构单元存在或可以产生这种子结构时,才能有效地使分子简化,Corey 将这种结构称为逆合成子。例如,当进行醇醛转变时要求分子中含有—C(OH)—C—CO—子结构,下面是一个逆醇醛转变的具体实例:

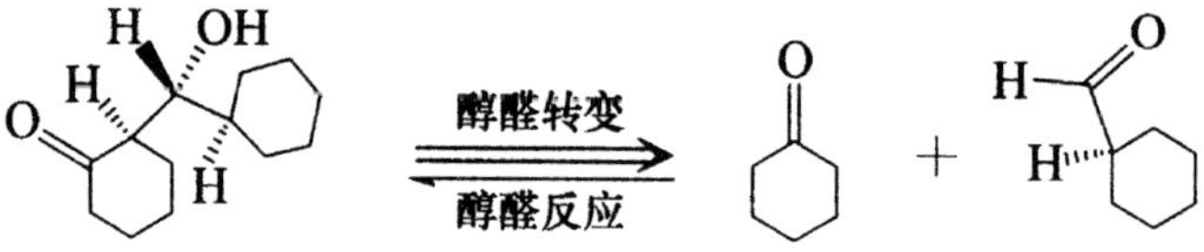

上式中的双箭头表示逆合成转变,和化学反应中的单箭头含义不同。

　　常用的逆合成转变法是切断法。它是将目标分子简化的最基本的方法。切断后的碎片即为各种合成子或等价试剂。究竟怎样切断,切断成何种合成子,则要根据化合物的结构、可能形成此键的化学反应以及合成路线的可行性来决定。一个合理的切断应以相应的合成反应为依据,否则这种切断就不是有效切断。

　　逆合成分析法涉及如下知识(表 8-1～表 8-3)。

表 8-1　逆合成切断

变换类型	目标分子	合成子	试剂和反应条件
一基团切断(异裂)	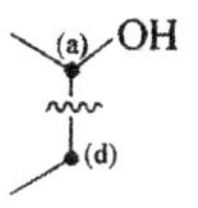 逆Grignard变换	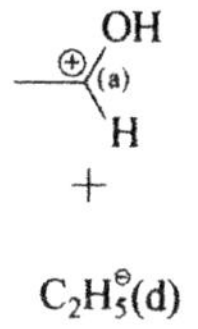	CH$_3$CHO + EtMgBr ① 0 ℃(THF) ② NH$_4$Cl/H$_2$O
二基团切断(异裂)	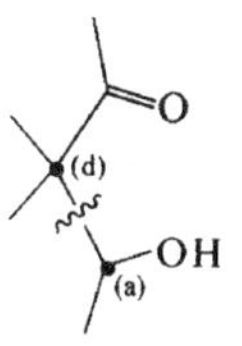 逆羟醛缩合变换	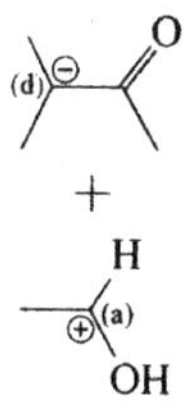	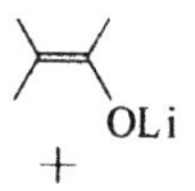 + CH$_3$CHO ① −78 ℃/室温(THF) ② NH$_4$Cl/H$_2$O
二基团切断(均裂)	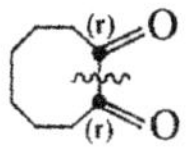 逆偶姻变换	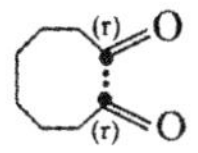	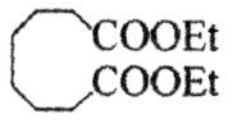 ① Na/Me$_3$SiCl(甲苯,△) ② H$_2$O
电环化切断	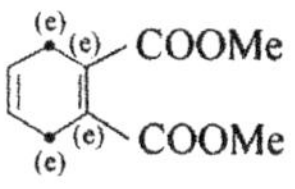 逆Diels-Alder变换	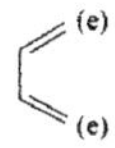	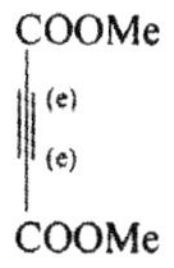 (合成子＝试剂) (C$_6$H$_6$,△) [氢醌]

　　注:虚线箭头表示合成子与等价试剂之间的关系;～～表示切断。

表 8-2　逆合成连接

变换类型	目标分子	试剂和反应条件
连接	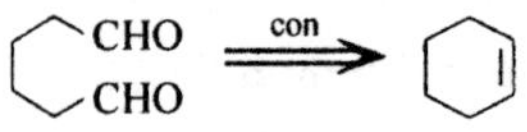 CHO / CHO $\xrightarrow{con}$ 〔环己烯〕 逆臭氧解变换	O_3/Me_2S CH_2Cl_2, -78℃
重排	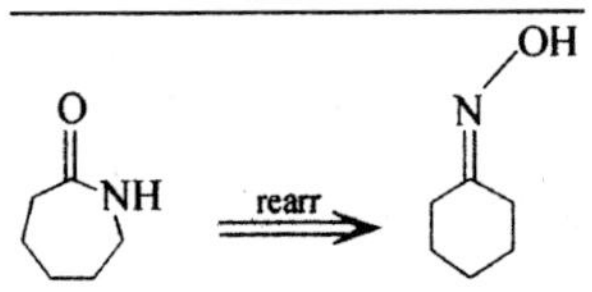 〔内酰胺〕 $\xrightarrow{rearr}$ 〔肟〕 逆 Beckmann 变换	H_2SO_4, Δ

注:con 是指连接;rearr 是指重排。

表 8-3　逆合成转换

	目标分子	试剂和反应条件
官能团转换 (FGI)	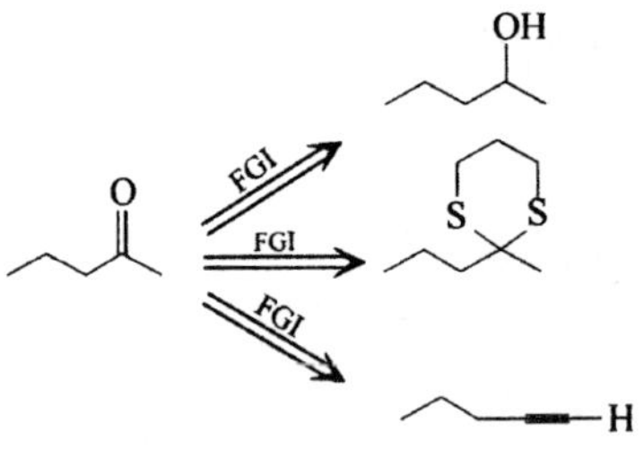 〔酮〕 $\xrightarrow{FGI}$ 〔醇〕 $\xrightarrow{FGI}$ 〔二硫缩酮〕 $\xrightarrow{FGI}$ 〔炔烃〕—H	$CrO_3/H_2SO_4/CH_3COCH_3$ $HgCl_2/CH_3CN$ $HgCl_2$(aq H_2SO_4)
官能团引入 (FGA)	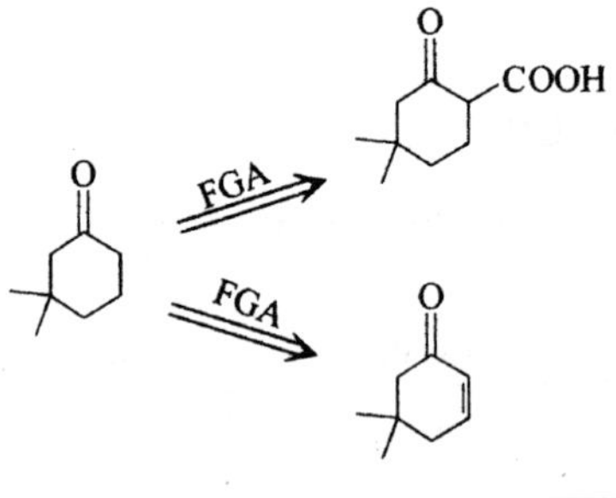 〔二甲基环己酮〕 $\xrightarrow{FGA}$ 〔COOH取代物〕 $\xrightarrow{FGA}$ 〔烯酮〕	$PhNH_2$, Δ H_2[Pd-C](EtOH)
官能团出去 (FGR)	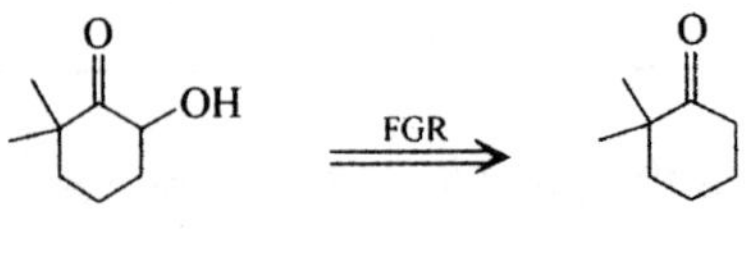 〔羟基酮〕—OH $\xrightarrow{FGR}$ 〔酮〕	①LDA(THF), -25℃ ②O_2, -25℃ ③$I^{\ominus}$, H_2O

逆合成分析法虽然涉及以上各方面,但并不意味着每一个目标分子的逆分析过程都涉及各个过程。

例如,2-丁醇的两种切断转变如下:

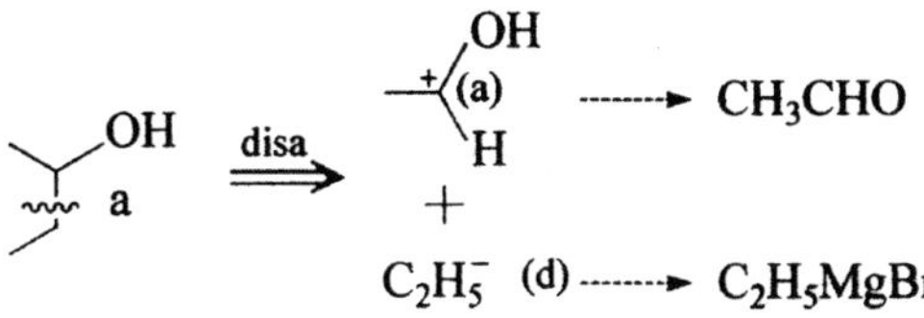

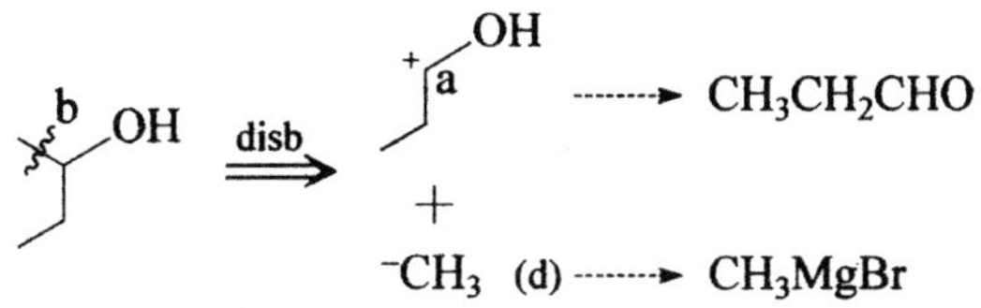

第一种切断得到的原料来源方便,所以称为较优路线。

对于叔醇的切断转变:

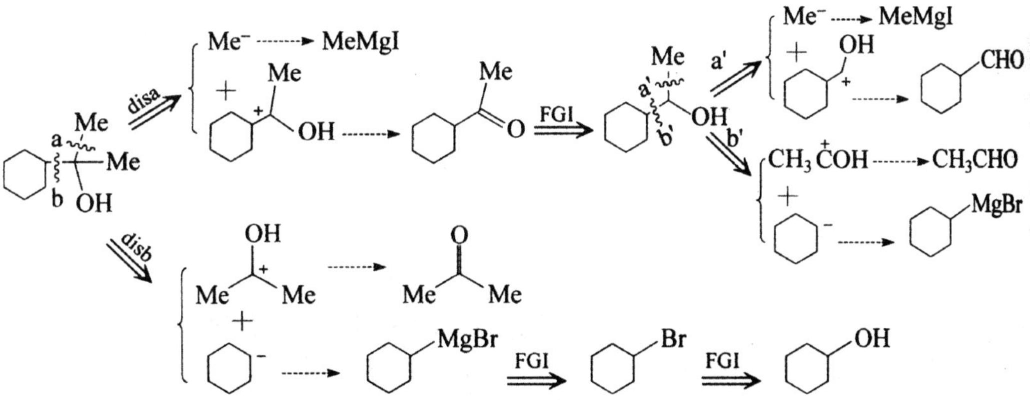

显然,disb 的逆合成路线比 disa 短,原料也比较容易得到,其相应的合成路线为:

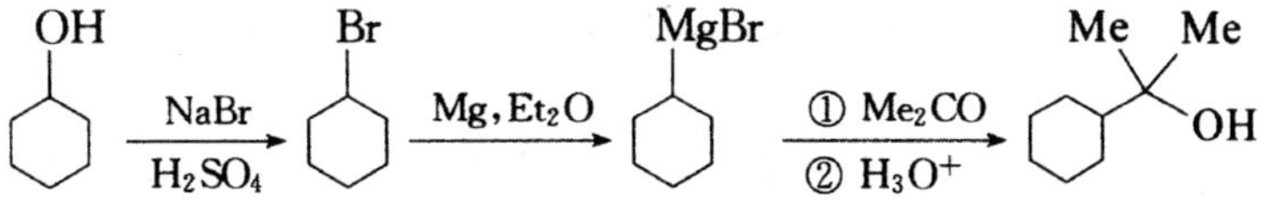

8.3　逆合成路线

既然合成路线的设计是从目标分子的结构开始,我们就应对分子结构进行分析,研究分子结构的组成及其变化的可能性。一般来说,分子主要包含碳骨架和官能团两部分。当然也有不含官能团的分子如烷烃、环烷烃等,但它们在一定的条件下,也会发生骨架的重新排列组合或增、减。所以,有机合成的问题,根据分子骨架和官能团的变与不变,大体可分为以下 4 种类型。

1. 骨架和官能团都无变化

这里不是说官能团绝无变化,而是指反应前后,官能团的类型没有改变,改变的只是官能团的位置。例如下面两个反应:

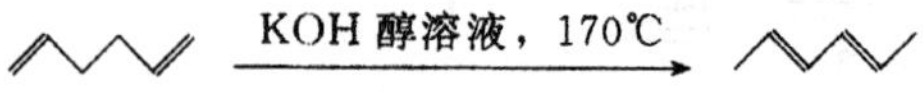

非共轭烯　　　　　　KOH 醇溶液,170℃　　　　　共轭烯

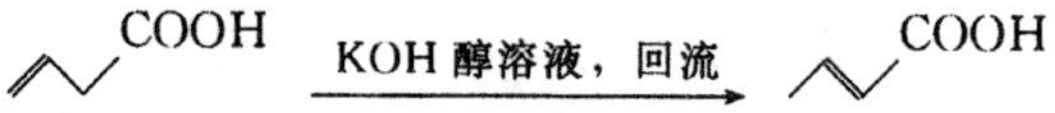

非共轭丁烯酸　　　　KOH 醇溶液,回流　　　　　共轭丁烯酸

2. 骨架变化而官能团不变

例如,重氮甲烷与环己酮的扩环反应。反应中除得到约 60% 的环庚酮外,还有环氧化物和环辛酮副产物形成。

3. 骨架不变,但官能团变

许多苯系化合物的合成属于这一类型,因为苯及其若干同系物大多来自于煤焦油及石油中产品的二次加工,在合成过程中一般不需要用更简单的化合物去构成苯环。例如:

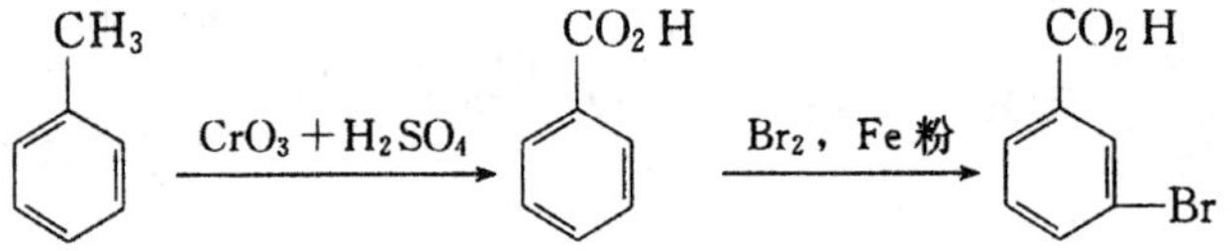

在这个反应中,只有官能团的变化而无骨架的改变。

4. 骨架与官能团均变

在复杂分子的合成中,常常用到这样的方法技巧,在变化碳骨架的同时,把官能团也变为需要者。当然,这里所说碳骨架的变化,并不一定都是大小的变化,有时,仅仅是结构形状的变化,就可达到合成的目的,如分子重排反应等。例如:

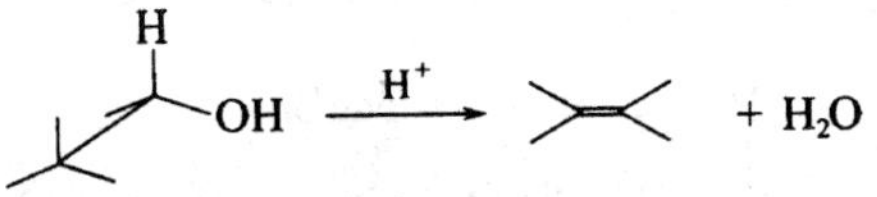

但是,有骨架大小变化的反应在合成上显得更为重要。骨架大小的变化可以分为由大变小和由小变大两种,其中,最重要的是骨架由小变大的反应。因为复杂大分子的合成,常使用此种类型的反应所组成的合成路线。乙烯酮合成法就是骨架由大变小的例子。

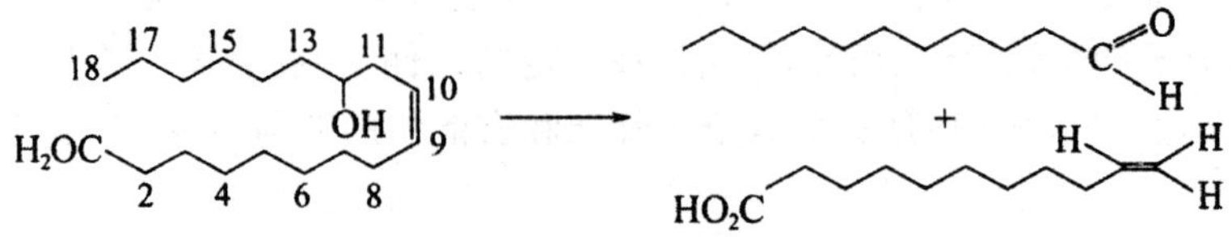

蓖麻酸的热裂解(由大变小)

8.4　逆向切断技巧

在逆向合成法中，逆向切断是简化目标分子必不可少的手段。不同的断键次序将会导致许多不同的合成路线。若能掌握一些切断技巧，将有利于快速找到一条比较合理的合成路线。

1. 优先考虑骨架的形成

有机化合物是由骨架和官能团两部分组成的，在合成过程中，总存在着骨架和官能团的变化，一般有这四种可能：

(1)骨架和官能团都无变化而仅变化官能团的位置

例如：

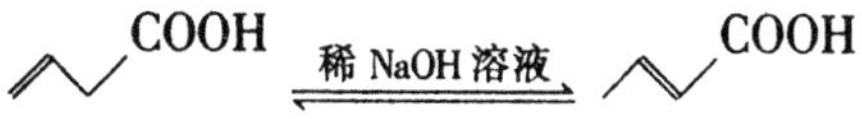
COOH
稀 NaOH 溶液
COOH

(2)骨架不变而官能团变化

例如：

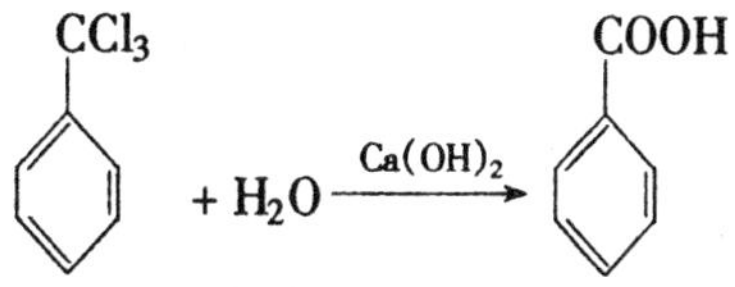
CCl3
+ H2O
Ca(OH)2
COOH

(3)骨架变而官能团不变

例如：

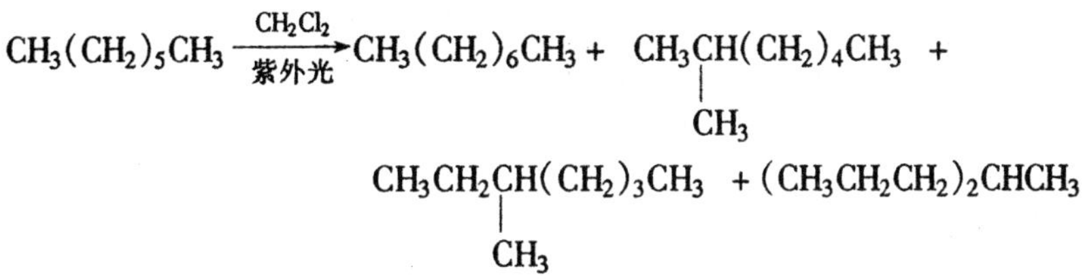
CH3(CH2)5CH3
CH2Cl2
紫外光
CH3(CH2)6CH3 +
CH3CH(CH2)4CH3 +
CH3
CH3CH2CH(CH2)3CH3
+ (CH3CH2CH2)2CHCH3
CH3

(4)骨架、官能团都变

例如：

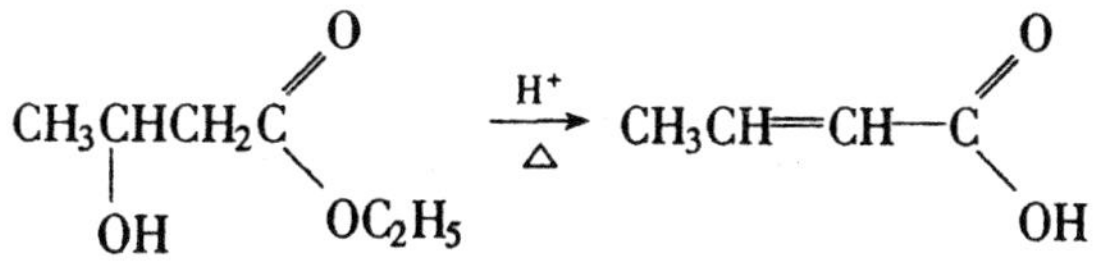
O
CH3CHCH2C
OH
OC2H5
H+
△
CH3CH═CH—C
O
OH

这四种变化对于复杂有机物的合成来讲最重要的是骨架由小到大的变化。解决这类问题首先要正确地分析、思考目标分子的骨架是由哪些碎片(即合成子)通过碳—碳成键或碳—杂原子成键而一步一步地连接起来的。如果不优先考虑骨架的形成，那么连接在它上面的官能团也就没有归宿。

但是,考虑骨架的形成却又不能脱离官能团。因为反应是发生的官能团上,或由于官能团的影响所产生的活性部位(例如羰基或双键的 α-位)上。因此,要发生碳—碳成键反应,碎片中必须要有成键反应所要求存在的官能团。

例如,设计 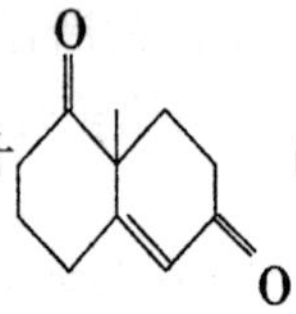 的合成路线如下:

分析:

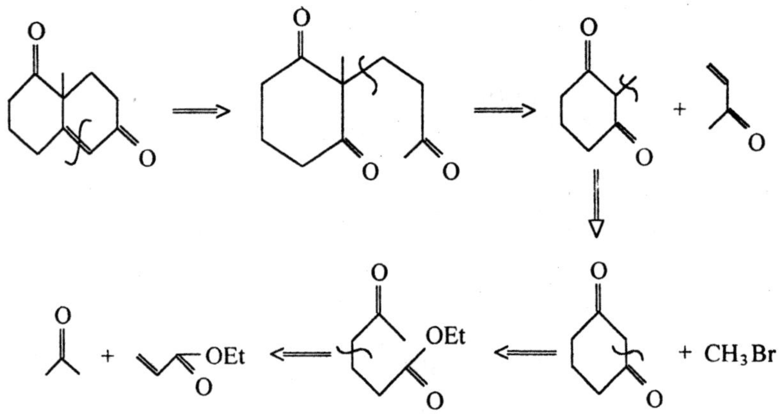

合成:

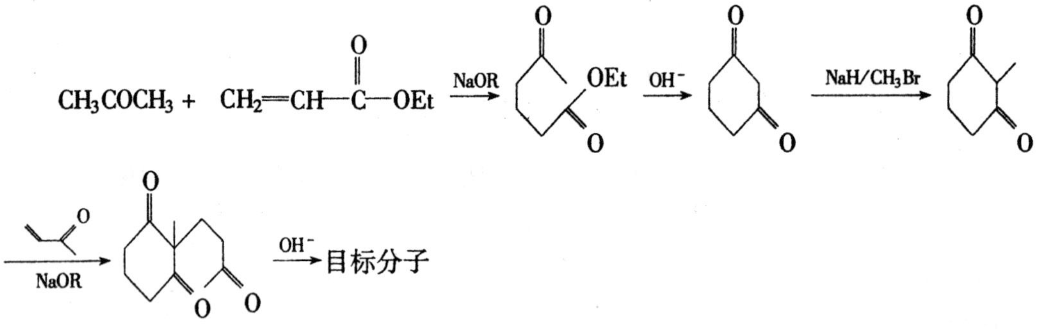

由上述过程可以看出,首先应该考虑骨架是怎样形成的,而且形成骨架的每一个前体(碎片)都带有合适的官能团。

2. 目标分子活性部位先切断

目标分子中官能团部位和某些支链部位可先切断,因为这些部位是最活泼、最易结合的地方。例如:

①设计 $CH_3CH\underset{OH}{}{-}\underset{C_2H_5}{\overset{CH_3}{C}}{-}CH_2OH$ 的合成路线。

分析：

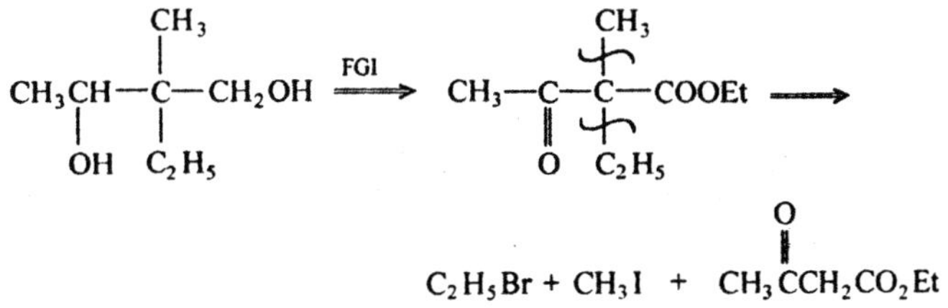

合成：

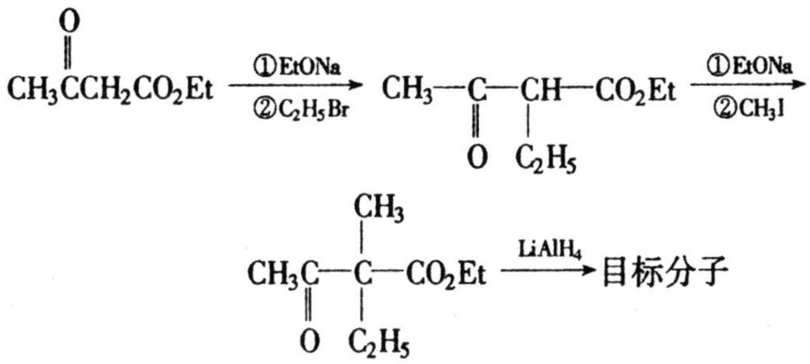

②设计

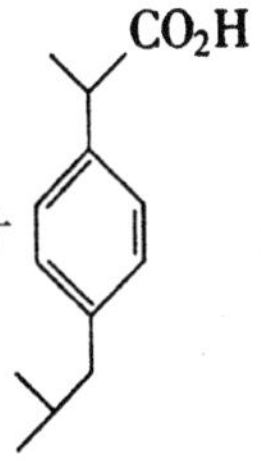

的合成路线。

分析：

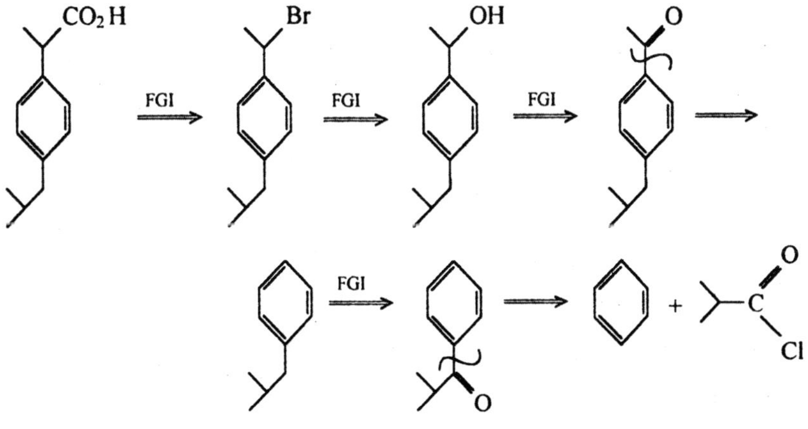

合成：

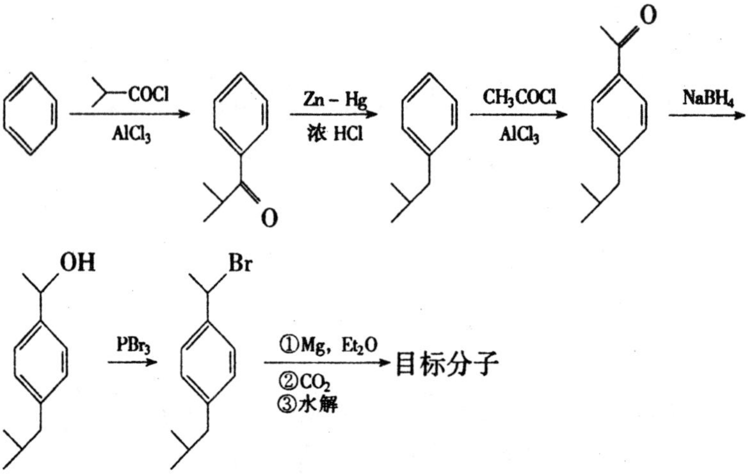

3. 碳—杂键先切断

碳与杂原子所成的键,往往不如碳—碳键稳定,并且,在合成时此键也容易生成。因此,在合成一个复杂分子的时候,将碳—杂键的形成放在最后几步完成是比较有利的。一方面避免这个键受到早期一些反应的侵袭;另一方面又可以选择在温和的反应条件下来连接,避免在后期反应中伤害已引进的官能团。

合成方向后期形成的键,在分析时应该先行切断。例如,下面路线的合成设计。

①设计 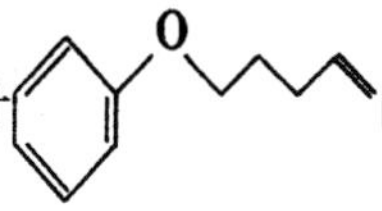 的合成路线。

分析:

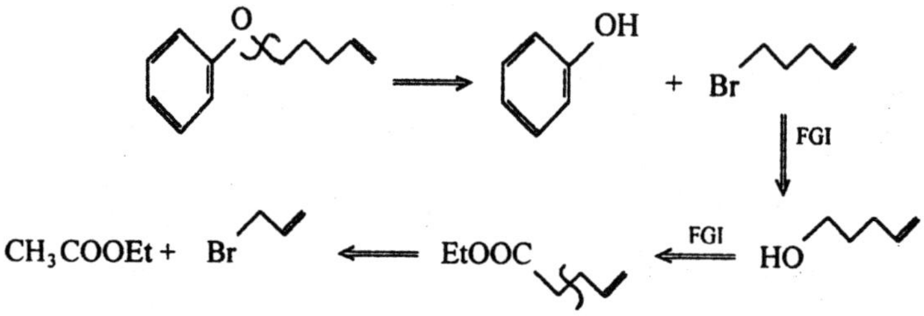

合成:

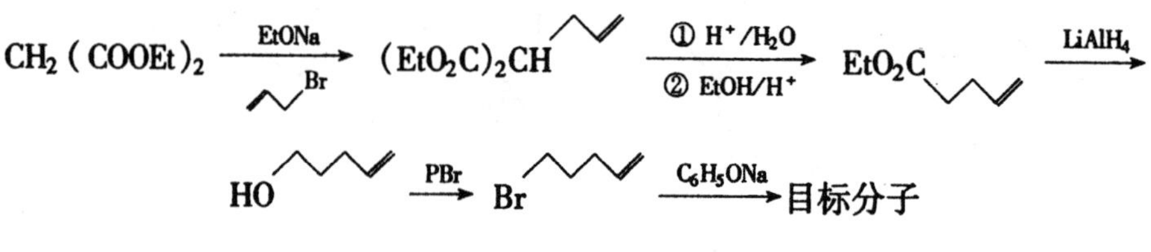

②设计 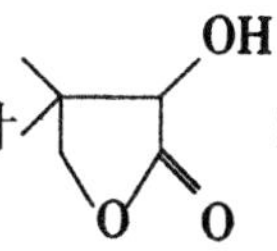
的合成路线。

分析：

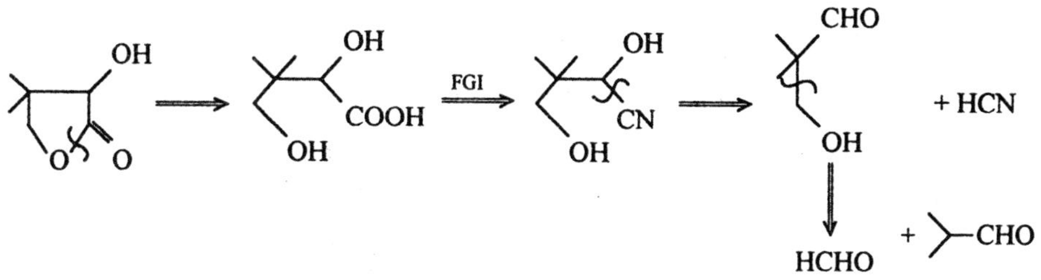

合成：

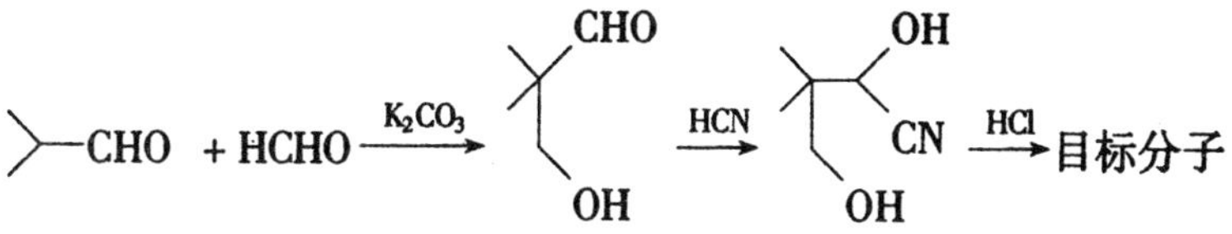

③设计 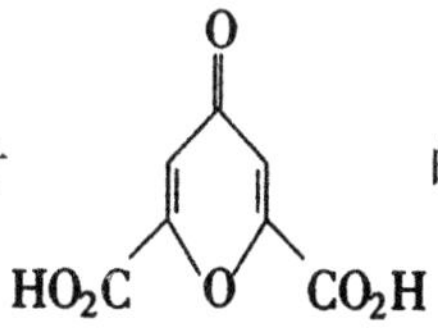
的合成路线。

分析：

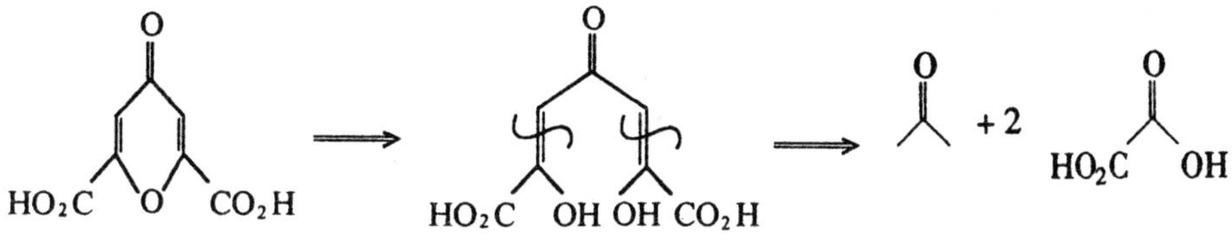

合成：

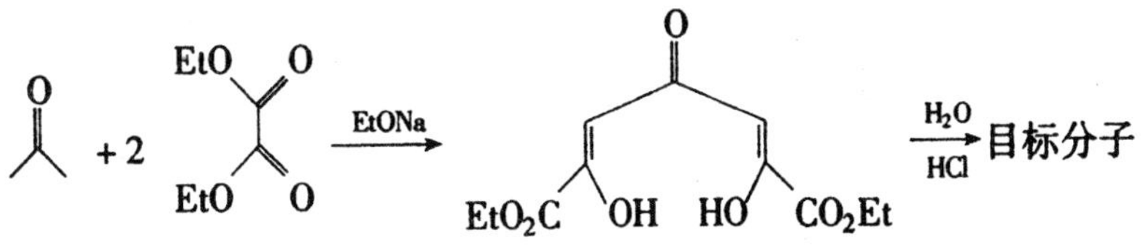

4. 添加辅助基团后切断

有些化合物结构上没有明显的官能团指路，或没有明显可切断的键。在这种情况下，可以在分子的适当位置添加某个官能团，以利于找到逆向变换的位置及相应的合成子。但同时应考虑到这个添加的官能团在正向合成时易被除去。

例如：

①设计 （环己基苯结构） 的合成路线。

分析：

$$\text{（苯基环己烯）} \xrightarrow{\text{FGA}} \text{（苯基环己烷）} \xrightarrow{\text{FGA}} \text{（1-苯基环己醇）} \longrightarrow$$

$$\text{（环己酮）} + \text{（苯基-MgBr）}$$

合成：

$$\text{（溴苯）} \xrightarrow[\text{Et}_2\text{O}]{\text{Mg}} \text{（苯基-MgBr）} \xrightarrow{\text{（环己酮）}} \text{（1-苯基环己醇）} \xrightarrow[\text{②H}_2/\text{Pd—C}]{\text{①H}_3\text{PO}_4} \text{目标分子}$$

②设计 $\text{（2-氨基-3-苯基双环结构，NH}_2\text{/Ph）}$ 的合成路线。

分析：环己烷的一边碳上如果具有一个或两个吸电子基，在其对侧还有一个双键，这样的化合物可方便地应用 Diels-Alder 反应得到。

$$\text{（NH}_2\text{/Ph双环）} \xrightarrow{\text{FGI}} \text{（NO}_2\text{/Ph双环）} \xrightarrow{\text{FGA}} \text{（NO}_2\text{/Ph双环烯）} \Longrightarrow \text{（环戊二烯）} + \text{（β-硝基苯乙烯，NO}_2\text{/Ph）}$$

合成：

$$\text{（环戊二烯）} + \text{（NO}_2\text{/Ph烯烃）} \xrightarrow{\Delta} \text{（NO}_2\text{/Ph双环烯）} \xrightarrow{\text{H}_2/\text{Pd—C}} \text{目标分子}$$

③设计 （十氢萘结构） 的合成路线。

分析：

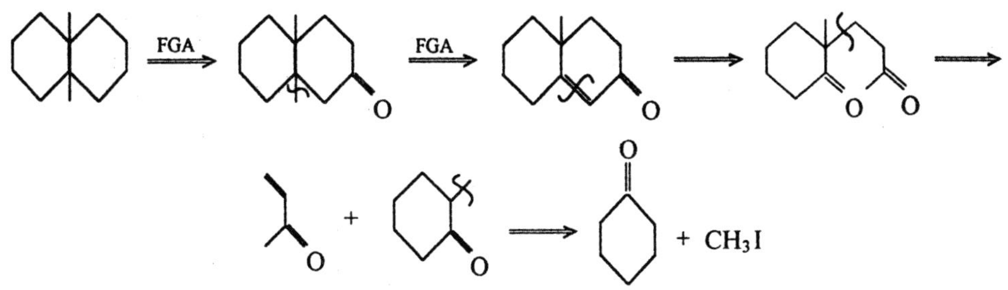

合成：

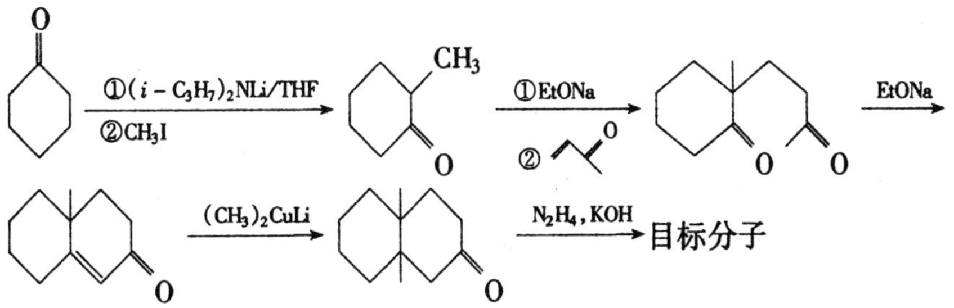

5. 回推到适当阶段再切断

有些分子可以直接切断,但有些分子却不可直接切断,或经切断后得到的合成子在正向合成时没有合适的方法将其连接起来。此时,应将目标分子回推到某一替代的目标分子后再行切断。经过逆向官能团互换、逆向连接、逆向重排,将目标分子回推到某一替代的目标分子是常用的方法。

例如,合成 $CH_3\overset{a}{CH}$┤CH_2CH_2OH 时,若从 a 处切断,得到的两个合成子中的 $\ominus CH_2CH_2OH$ 找
　　　　　　　　$\underset{OH}{|}$

不到合成等效剂。如果将目标子分子变换为 $CH_3\underset{\underset{OH}{|}}{CH}$─$CH_2CHO$ 后再切断,就可以由两分子乙醛经醇醛缩合方便地连接起来。

①设计 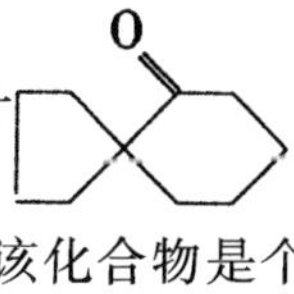 的合成路线。

分析:该化合物是个叔烷基酮,故可能是经过哪醇重排而形成。

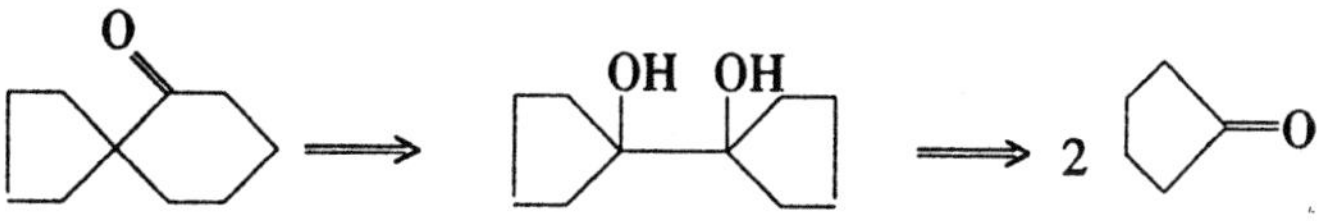

合成：

②设计 的合成路线。

分析：

合成：

6. 利用分子的对称性

有些目标分子具有对称面或对称中心,利用分子的对称性可以使分子结构中的相同部分同时接到分子骨架上,从而使合成问题得到简化。

例如：

①设计 的合成路线。

分析：

$$\text{HO-}\underset{\underset{\text{H}}{|}}{\overset{\overset{C_2H_5}{|}}{C}}\text{-}\underset{\underset{C_2H_5}{|}}{\overset{\overset{H}{|}}{C}}\text{-OH} \Longrightarrow 2\text{HO-}\underset{\underset{H}{|}}{\overset{\overset{C_2H_5}{|}}{C}}\text{-Cl} \Longrightarrow$$

$$\text{HO-}\overset{}{}\text{-CH=CH-CH}_3 \Longrightarrow \text{CH}_3\text{O-}\overset{}{}\text{-CH=CH-CH}_3$$

茴香脑[以大豆茴香油（含茴香脑 80％）为原料]

合成：

$$2\text{CH}_3\text{O-}\overset{}{}\text{-CH=CHCH}_3 \xrightarrow[5\sim10\text{℃}]{\text{苯,干燥氯化氢}}$$

$$2\text{CH}_3\text{O-}\overset{}{}\text{-}\underset{\underset{Cl}{|}}{CH}\text{CH}_2\text{CH}_3 \xrightarrow[85\sim90\text{℃}]{\text{Fe}} \text{CH}_3\text{O-}\overset{}{}\text{-}\underset{\underset{H}{|}}{\overset{\overset{C_2H_5}{|}}{C}}\text{-}\underset{\underset{C_2H_5}{|}}{\overset{\overset{H}{|}}{C}}\text{-}\overset{}{}\text{-OCH}_3 \xrightarrow{\text{HI}} \text{目标分子}$$

有些目标分子本身并不具有对称性，但是经过适当的变换或切断，即可以得到对称的中间物，这些目标分子存在着潜在的分子对称性。

②设计 $(CH_3)_2CHCH_2\overset{\overset{O}{\|}}{C}CH_2CH_2CH(CH_3)_2$ 的合成路线。

分析：分子中的羰基可由炔烃与水加成而得，则可以推得一对称分子。

$$(CH_3)_2CHCH_2\overset{\overset{O}{\|}}{C}CH_2CH_2CH(CH_3)_2 \xrightarrow{\text{FGI}} (CH_3)_2CHCH_2\text{---}C\equiv C\text{---}CH_2CH(CH_3)_2 \Longrightarrow$$

$$2(CH_3)_2CHCH_2Br + HC\equiv CH$$

合成　$HC\equiv CH + 2(CH_3)_2CHCH_2Br \xrightarrow{\text{NaNH}_2/\text{液 NH}_3} (CH_3)_2CHCH_2C\equiv CCH_2CH(CH_3)_2$

$\xrightarrow[\text{HgSO}_4]{\text{稀 H}_2\text{SO}_4} \text{目标分子}$

第9章　基团保护

9.1　概述

在有机合成反应中,为使反应能顺利实现,必须把不必参加反应,而又有可能参加反应,甚至是优先反应的官能团,暂时地隐蔽起来,从而使必要的合成反应顺利地进行。这种暂时隐蔽官能团的方法,称为官能团的保护。为了保护其他官能团而引入分子内的官能团,称为"保护基"。

保护基一般应该满足下列三点要求:

①容易引入所要保护的分子中。

②与被保护分子能有效地结合,经受住所要发生的反应条件而不被破坏。

③在保持分子的其他部分结构不损坏的条件下易除去。

例如,要从甘氨酸和丙氨酸合成甘丙肽。

$$NH_2CH_2COOH + NH_2\underset{\underset{\displaystyle CH_3}{|}}{C}HCOOH \longrightarrow NH_2CH_2NH\underset{\underset{\displaystyle CH_3}{|}}{C}HCOOH$$

为了验证甘氨酸中的羧基只与丙氨酸中的氨基起反应,就必须把甘氨酸中的氨基和丙氨酸中的羧基保护起来,生成肽键以后,再恢复原来的氨基和羧基。常用的方法是把要保护的官能团变成它的一种衍生物,这种衍生物在随后的反应中不起变化,反应后又容易变回原来的官能团。例如可以用苄氧羰基($C_6H_5CH_2OCO—$)来保护氨基,用苄基来保护羧基:

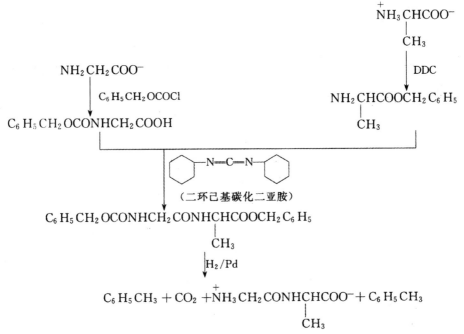

$$C_6H_5CH_3 + CO_2 + \overset{+}{N}H_3CH_2CONH\underset{\underset{\displaystyle CH_3}{|}}{C}HCOO^- + C_6H_5CH_3$$

二环己基碳化二亚胺的作用是使羧基与氨基作用生成肽键：

$$RCOOH + \bigcirc\!\!-\!\!N\!\!=\!\!C\!\!=\!\!N\!\!-\!\!\bigcirc \longrightarrow \bigcirc\!\!-\!\!NHC\!\!=\!\!N\!\!-\!\!\bigcirc$$

$$\underset{OCOR}{|}$$

$$\xrightarrow{R'NH_2} RCONHR' + \bigcirc\!\!-\!\!NHCONH\!\!-\!\!\bigcirc$$

用 $C_6H_5CH_2OCO$—基保护氨基，$C_6H_5CH_2$—基保护羧基，是因为它们不但容易加在相应的官能团上，还可以在缓和条件下去掉而不影响新生成的肽键。如用乙酰基保护氨基，乙基保护羧基，就不得不用分解的方法去掉保护基。这样，生成的肽键也要破裂。

另外一种方法是把要保护的官能团变成别的官能团。例如化合物（Ⅱ）可由化合物（Ⅰ）氧化得到：

（Ⅰ）　　　　　　　　　　　　（Ⅱ）

要使化合物Ⅰ转化成化合物Ⅱ，就要把Ⅰ中环内的烯键保护起来。化合物Ⅰ与一分子溴作用时，环内的烯键先起加成反应。用臭氧把生成的二溴化物氧化成酸后，再用锌粉和乙酸去掉溴原子就得到化合物Ⅱ。

保护基团的导入和除去，使合成的总步数增加，操作复杂化，在必不可少的情况下才采用这种方法。

有时导向基既起到了合成的导向又起到了保护基团的作用。

9.2　羟基的保护

9.2.1　醇羟基的保护

羟基是有机化学中最常见的官能团之一，无论是醇羟基还是酚羟基均容易被多种氧化剂所氧化。因此，在多官能团化合物的合成过程中，羟基或者部分羟基需要先被保护，阻止它参与反应，在适当的步骤中再被转化。对于羟基的保护和去保护，其方法是基团保护中研究最多，其保护基团种类也是最多的。醇羟基常用的保护方法有三类：醚类、缩醛或缩酮类及酯类。

1. 醚类保护基

（1）甲醚

用生成甲醚的方法保护羟基是一个经典方法，通常使用硫酸二甲酯在 NaOH 或 $Ba(OH)_2$ 存在下，于 DMF 或 DMSO 溶剂中进行。简单的甲醚衍生物可用 BCl_3 或 BBr_3 处理脱去甲基。

近年发现,用 BF_3/RSH 溶液与甲醚溶液一起放置数天,可脱去甲基。

$$ROH \xrightarrow[Me_2SO_4]{NaOH} ROMe \xrightarrow{BF_3/RSH} ROH$$

脱去甲基保护基也可以使用 Me_3SiI 等 Lewis 酸,根据软硬酸碱理论,氧原子与硼或硅原子结合,而以溴离子、氟离子或碘离子将甲基除去。表示如下:

$$\longrightarrow CH_3I + ROSiMe_3 \xrightarrow{H_2O} ROH + Me_3SiOH$$

该方法的优点是条件温和,保护基容易引入,且对酸、碱、氧化剂或还原剂都很稳定。

（2）硅醚

因为硅氧醚键容易形成,而且硅氧醚键对于有机锂、格氏试剂和一些氧化剂、还原剂等都比较稳定,所以硅醚类保护基策略被广泛采用。烷基硅基可以在特定条件下发生水解反应而断裂。

能产生三甲硅基的试剂有三甲基硅三氟甲磺酸酯（$Me_3SiSO_3CF_3$）、六甲基二硅胺烷和三甲基氯硅烷等。其中,三甲基硅氟甲磺酸酯的反应活性最高,但价格昂贵,一般使用价格便宜的三甲基氯硅烷。反应常以四氢呋喃、二氯甲烷、乙腈、二甲基甲酰胺等为溶剂,以碱(如吡啶、三乙胺等)作催化剂。例如,下列糖苷分子中,利用三甲基氯硅烷实现对糖结构单元中羟基的保护,而碱基中的氨基不受影响,反应方程式如下:

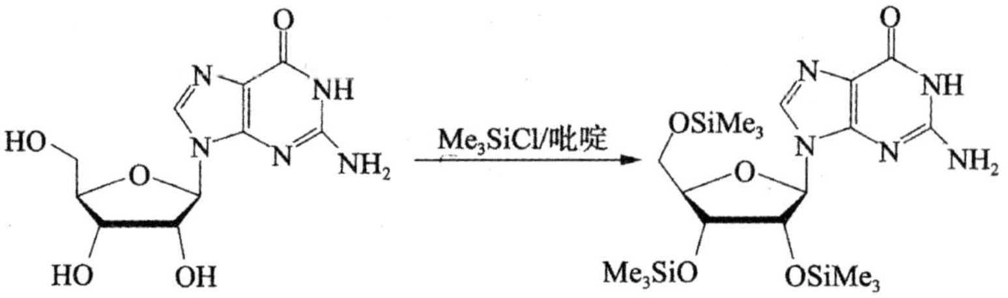

不饱和醇与三乙基氯硅烷在 DMF 中,以咪唑为催化剂反应得到高产率的硅醚化合物(见下式),实现了对羟基的保护。

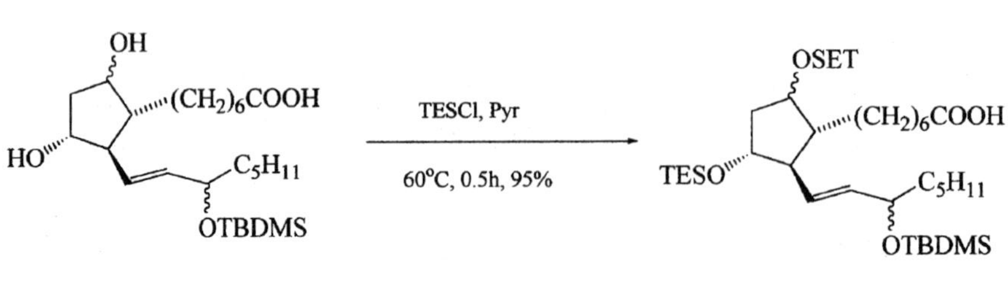

（3）三苯甲基醚

三苯甲基醚常可保护伯羟基,一般用三苯基氯甲烷在吡啶催化下完成保护。稀乙酸在室温下即可除去保护基。例如:

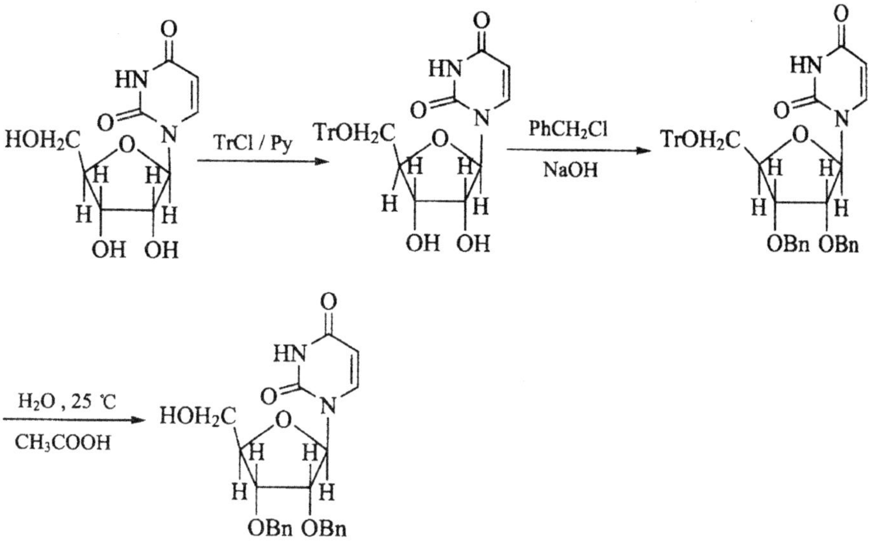

（4）叔丁基醚

叔丁基醚对强碱性条件稳定,但可以为烷基锂和 Grignard 试剂在较高温度下进攻破坏。它的制备一般用异丁烯在酸催化下于二氯甲烷中进行。最近有人报道末端丙酮叉经甲基 Grignard 试剂进攻后可以中等产率转化为伯位叔丁基醚,有望在某些合成中得到很好的应用。

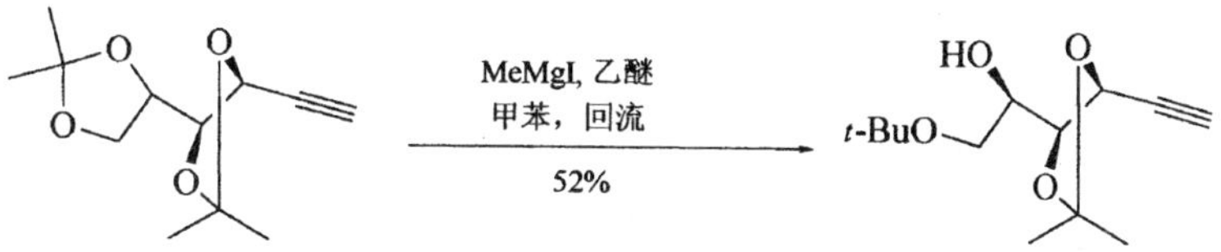

（5）甲氧基甲醚

甲氧基甲醚（MOM 醚）是烷氧基烷基醚保护基中的常用的保护基之一。MOM 醚对亲核试剂、有机金属试剂、氧化剂、氢化物还原剂等均稳定。MOM 醚保护基常用$(CH_3O)_2CH_2$/P_2O_5 完成保护。例如:

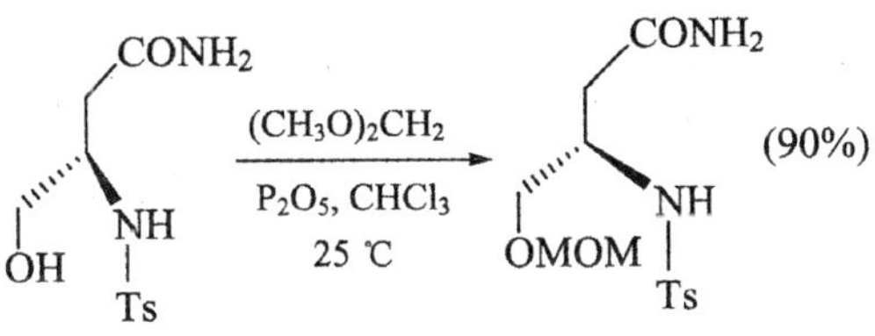

MOM 醚保护基可在酸性条件下去保护。例如,采用盐酸甲醇溶液的温和条件,即可选择性的去除甲氧甲基醚而不影响其他保护基。

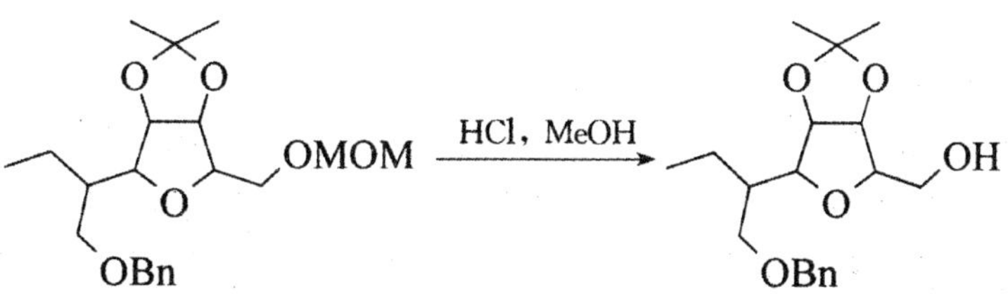

（6）烯丙基醚

烯丙基醚可用烯丙基卤化物与烷氧负离子反应制备。在碳水化合物合成中，常利用 Bu_2SnO 大量制备烯丙基醚保护的糖，如下式：

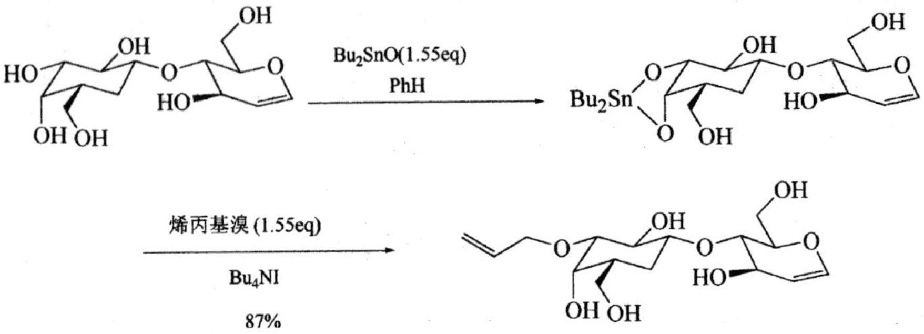

烯丙基醚的另外一种制备方法为相应的碳酸酯在 Pd(O) 的催化作用下挤出 CO_2 可得。

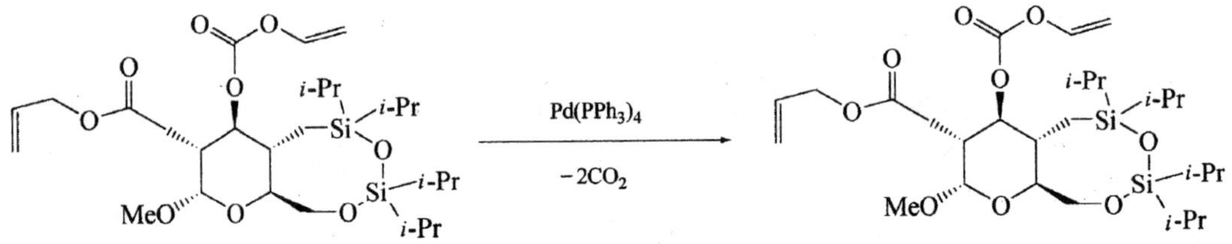

（7）烷氧基烷基醚

烷氧基烷基醚保护基主要包括甲氧基甲基醚（MOM）、甲氧基乙氧基甲基醚（MEM）、甲硫基甲基醚（MTM）、苄氧基甲基醚（BOM）和四氢吡喃醚（THP）等。

①四氢吡喃醚保护。

四氢吡喃醚的保护操作比较容易，形成的醚在酸碱性条件下都比较稳定的存在，是常用醇羟基保护方法之一。

它是由伯、仲、叔醇在酸性条件下与 2,3-二氢-4H-吡喃反应得到的。反应通式如：

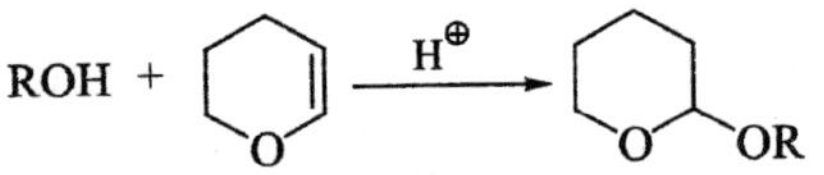

常用的酸催化剂是对甲苯磺酸、樟脑磺酸（CSA）、三氯氧磷、三氟化硼/乙醚、氯化氢等。常用的溶剂是氯仿、二噁烷、乙酸乙酯和 DMF 等。原料是液体的醇时，可以不用溶剂对甲苯磺酸吡啶盐（PPTS）的酸性比乙酸还弱，用于催化醇的四氢吡喃化可提高产率。

四氢吡喃（THP）醚在一定的条件下，可以选择性的保护二羟基化合物中的一个羟基，如下列二羟基化合物在少量碘的存在下，经微波辐射可以实现一个羟基的选择性保护。

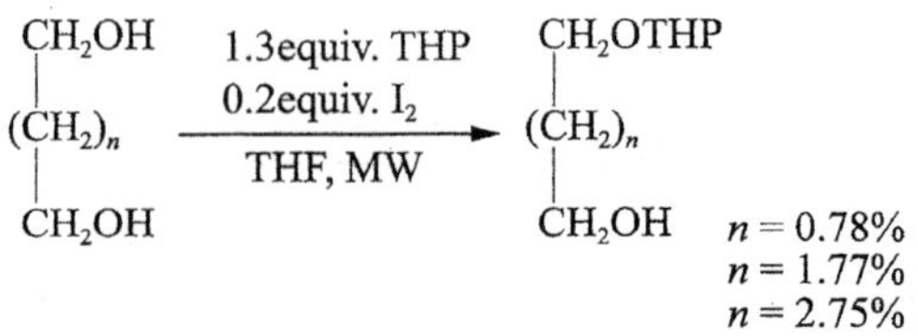

　　需要注意的是,该保护基不能在酸性介质中使用。由于伯、仲、叔醇都可以与四氢吡喃基结合,因此无法实现多元醇的选择性保护。另外,二氢吡喃与醇作用后,在环上会产生一个手性中心。因此,非手性醇的反应产物为外消旋体混合物。如果醇本身已有一个手性中心,与二氢吡喃反应后就会得到四氢吡喃的非对映体,给提纯和鉴定带来困难。通常,采用类似结构的开链烯醇醚来代替二氢吡喃,就不会产生新的手性中心。如 2-甲氧基丙烯来替代二氢吡喃,保护用三氯氧磷,去保护在 20% 的醋酸水溶液中进行,参见下式。

$$\text{ROH} + \text{CH}_2=\underset{\underset{\text{CH}_3}{|}}{\text{COCH}_3} \underset{20\% \text{ AcOH}}{\overset{\cdot\ \text{H}^{\oplus}}{\rightleftharpoons}} \text{ROC(CH}_3)_2\text{OCH}_3$$

　　②苄醚。

　　苄基广泛用于保护糖类及氨基酸中的醇羟基。它对碱、弱酸、氧化剂及 $LiAlH_4$ 等是稳定的,但在中性溶液及室温条件下,很容易被催化氢解。通常采用催化氢解或者用金属钠在乙醇(或液氨)中还原除去。例如:

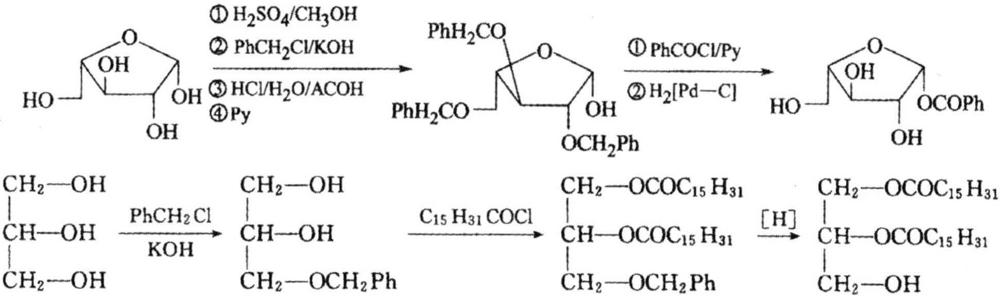

（8）四氢吡喃醚

　　四氢吡喃醚(THP 醚)是有机合成中非常有用的保护基,由二氢吡喃醚与醇在酸催化下制备。三氟化硼醚化物、对甲苯磺酸及吡啶-对甲苯磺酸盐都是可供选用的有效催化剂。THP醚在中性或碱性条件下是稳定的,对多数非质子酸试剂也有一定稳定性,在酸性水溶液中易于去保护。在合成胆甾-5-烯-23-炔-3,25-二醇时,采用 THP 醚分别保护甾体醇和炔醇的羟基,然后进行缩合反应,最后去除两个 THP 醚保护基则得到目标二醇。

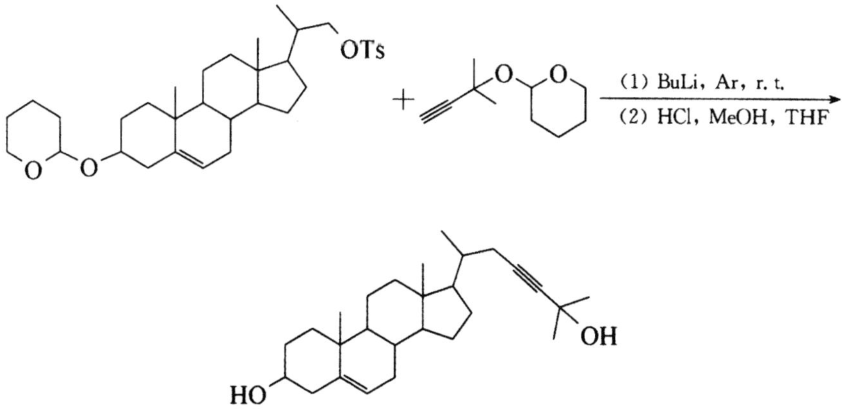

THP 醚作为保护基问题在于：反应结果在四氢吡喃环的 C_2-位产生一个潜手性中心，如果被保护的为非手性醇，则产物为外消旋混合物；如果为手性醇，则为手性异构体混合产物，进而造成分离和结构鉴定的困难。其后改用对称性的 4-甲氧基四氢吡喃醚或 4-甲氧基四氢噻喃醚等，由于不引入额外的手性中心，避免了上述困难。它们已广泛应用于核苷的合成。制法类似于 THP 醚；水解速率吡喃醚比噻喃醚快约 5 倍。

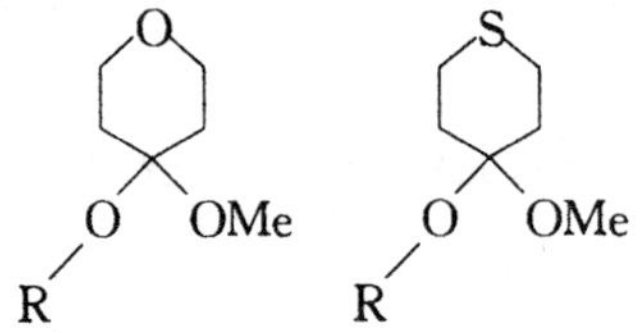

2. 缩醛和缩酮类保护基

在多羟基化合物中，同时保护两个羟基通常使用羰基化合物丙酮或苯甲醛与醇羟基作用，生成环状的缩醛(酮)来实现。例如，丙酮在酸催化下可与顺式 1,2-二醇反应生成环状的缩酮；而苯甲醛在酸性催化剂存在下可与 1,3-二醇反应生成环状的缩醛：

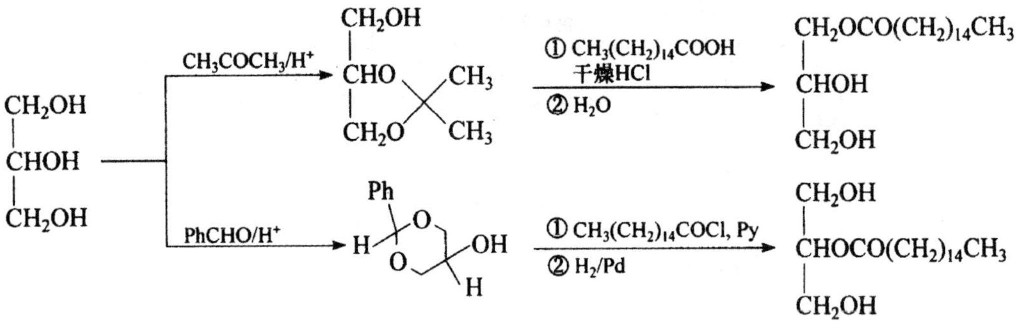

环状缩醛(酮)在绝大多数中性及碱性介质中都是稳定的，对铬酸酐/吡啶、过碘酸、碱性高锰酸钾等氧化剂，氢化铝锂、硼氢化钠等还原剂，以及催化氢化也都是稳定的。因此，环状缩醛(酮)是十分有用的保护基，广泛用于甾类、甘油酯和糖类、核苷等分子中 1,2-及 1,3-二羟基的保护。由于环状缩醛(酮)对酸性水解极为敏感，因此用作脱保护基的方法。

3. 酯类保护基

（1）乙酸酯

由于乙酸酯对 CrO_3/Py 氧化剂很稳定，因此广泛用于甾类、糖、核苷及其他类型化合物醇羟基的保护。

乙酸酯的乙酰化反应通常使用乙酸酐在吡啶溶液中进行，也可用乙酸酐在无水乙酸钠中进行。对于多羟基化合物的选择性酰化只有在一个或几个羟基比其他羟基的空间位阻小时才有可能。用乙酸酐/吡啶于室温下反应，可选择性地酰化多羟基化合物中的伯、仲羟基而不酰化叔羟基。采用氨解反应或甲醇分解反应能去保护基。例如：

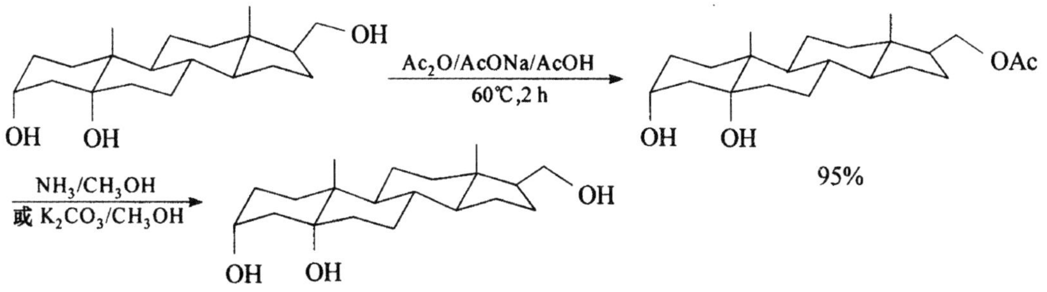

（2）苯甲酸酯

苯甲酸酯类似于乙酸酯但比之更稳定。适用于有机金属试剂、催化氢化、硼氢化物还原和氧化反应时对羟基的保护。

苯甲酰氯是最常用的试剂，随被保护羟基性质的不同，反应条件有所差异。对于多羟基底物，苯甲酰化较之乙酰化更易于实现多种选择性：伯醇优先于仲醇被选择性酰化；平伏键羟基优先于直立键羟基；环状仲醇优先于开链仲醇。

利用苯甲酸酯稳定性的不同以及调控适宜的去保护条件可实现一些选择性去保护。例如，核苷合成（B 为碱基）中，由于 2-位羟基的酸性最强，肼解时优先去除 2-位苯甲酸酯保护基，3,6-位苯甲酸酯可保留。

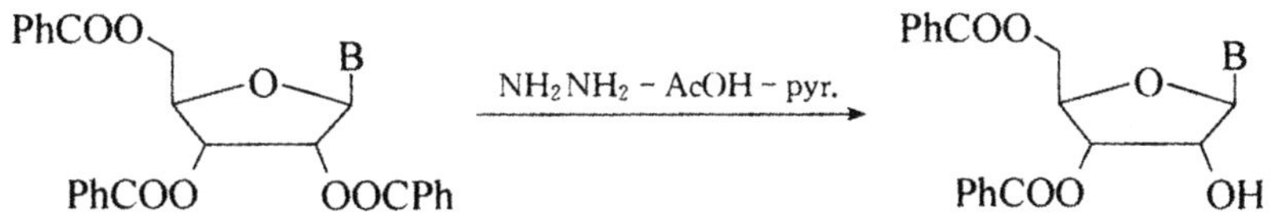

（3）三氯乙基氯甲酸酯

2,2,2-三氯乙基氯甲酸酯与醇作用，可生成 2,2,2-三氯乙氧羰基或 2,2,2-三溴乙氧羰基保护基，该保护基可在 20℃被 Zn-Cu/AcOH 顺利地还原分解，然而它对于酸和 CrO_3 是稳定的。这种保护法在类脂、核苷酸的合成中得到广泛应用。例如：

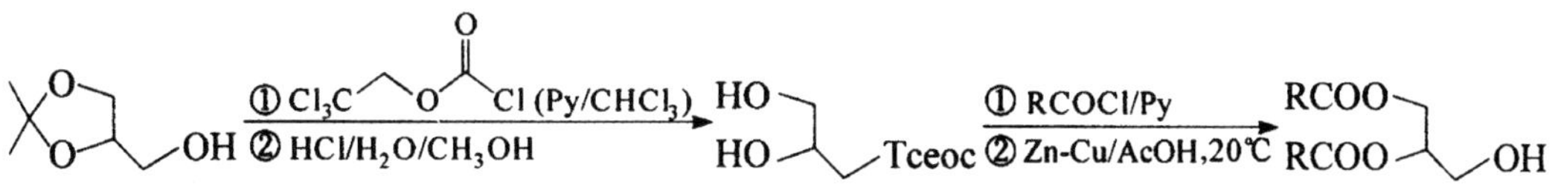

关于其他酯类保护基此处不予讨论。

4. 脂保护剂

脂保护也是羟基转化经济而有效的方法，将羟基转化为脂的衍生物进行保护。常见的脂保护基有羧酸脂，如苯甲酸脂、乙酸酯、碳酸酯、磺酸酯等。脂基的保护一般是在 0℃～20℃时，由醇和相对应的酸酐或酰胺在吡啶（三乙酰胺）反应制得。为加快化学反应速率可加入 DMAP 做催化剂；对含多羟基的底物，可选择性的保护某类羟基。例如选择性的保护伯羟基。

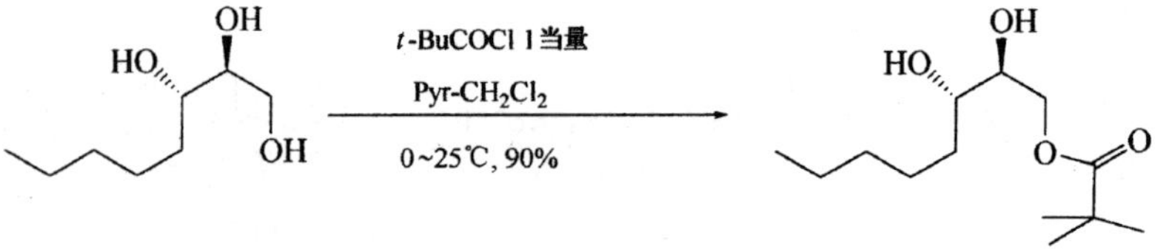

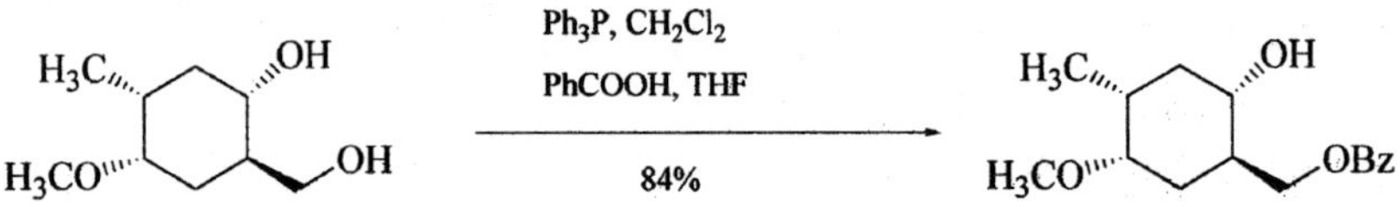

选择性的保护仲羟基:

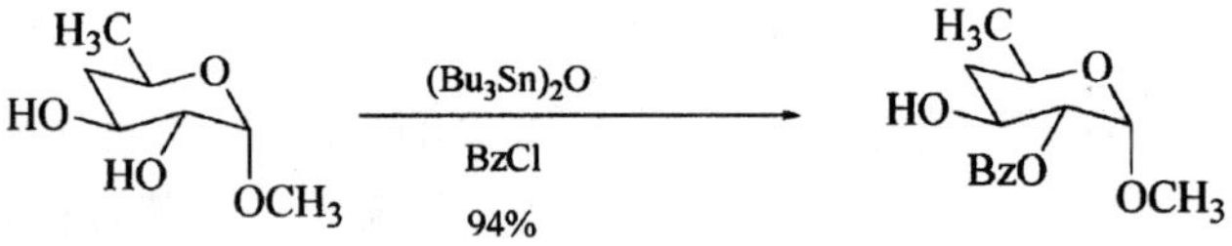

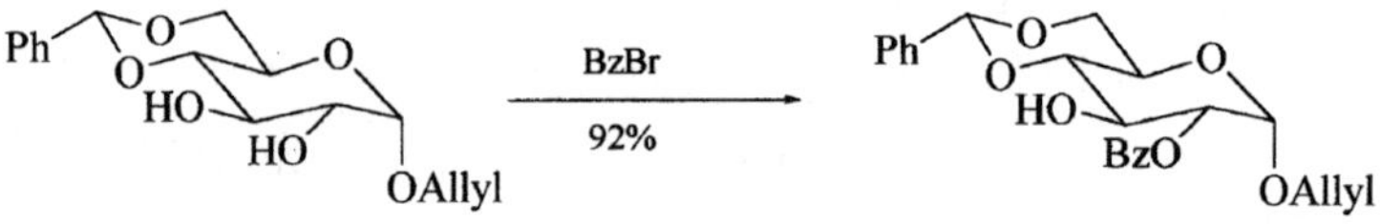

9.2.2 酚羟基的保护

酚羟基在化学反应中易被氧化,因此需要对其进行保护。对其的保护方法与醇羟基的保护方法类似,一般将其转化为醚、缩醛、脂等经行保护,完成其他反应后去保护。

1. 转化为醚

保护酚羟基最常用的方法是将其转化为甲基醚。在碱的作用下碘甲烷或硫酸二甲酯与酚作用得到相应的甲基酚醚。

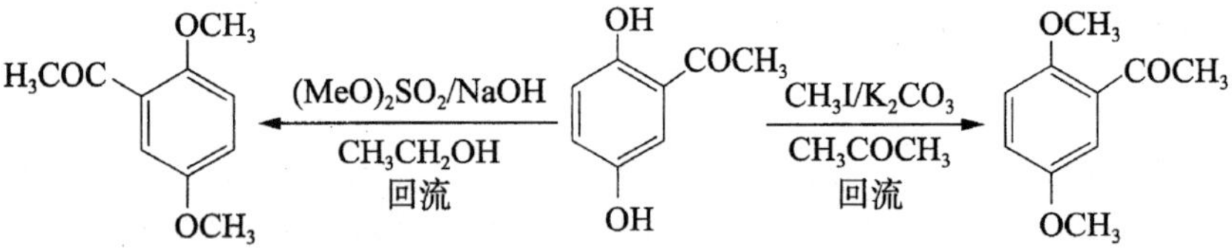

多酚羟基醚的保护是将其与苄溴在碱性条件(NaOH 或 Na₂CO₃)转化为相应的苄醚如式,再进行回流来实现多羟基醚的保护如式。分步反应如下:

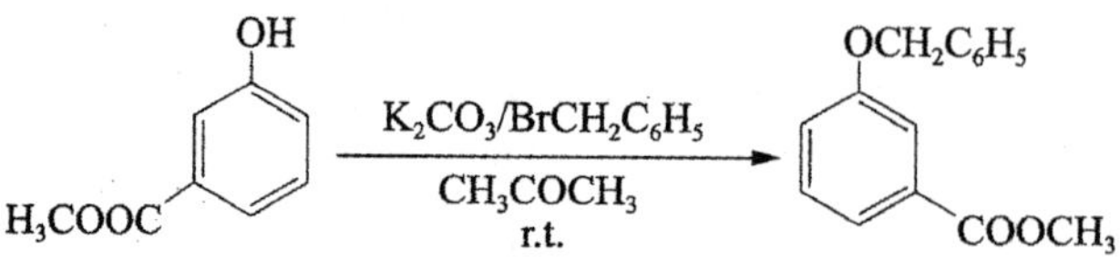

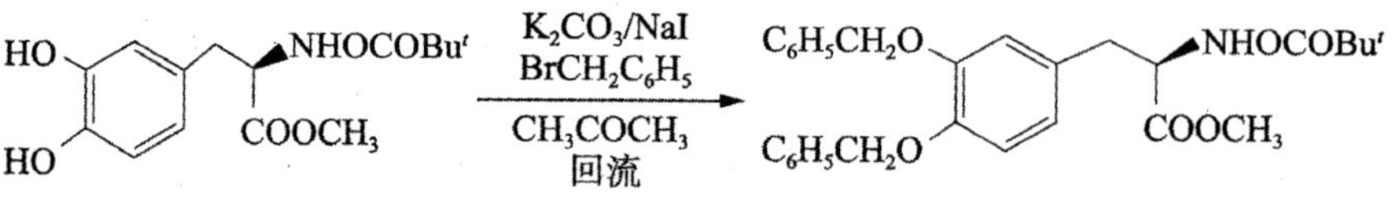

另外,酚羟基的保护还可以是在 Witting 反应中,环上的羟基可以通过氯甲基甲醚的甲氧基甲醚保护法被保护,反应完成后又可在乙酸的水溶液中使酚羟基再现。

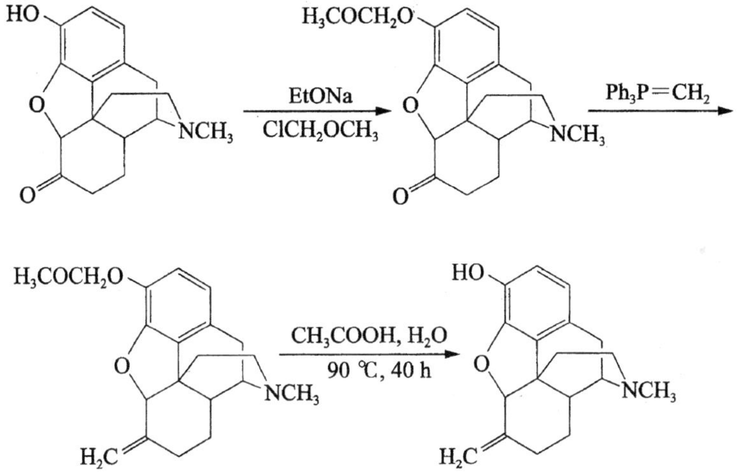

2. 转化为脂

苯酚的羟基保护是用乙酰氯、苯甲酰氯、氯甲酸乙酯等在碱性条件下与其反应进行保护的,如下式:

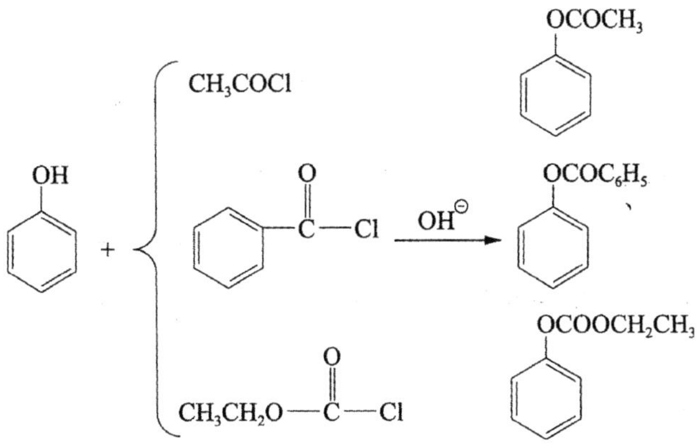

硼氢化钠的 DMF 溶液可以选择性的保护苄酯、脱去乙酰基,如下式:

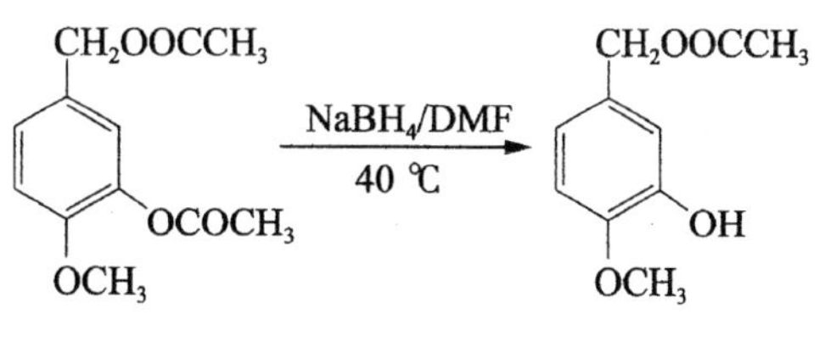

9.2.3　二醇和邻苯二酚的保护

多羟基化合物中 1,2-二醇和 1,3-二醇以及邻苯二酚两个羟基同时保护在有机合成中应用广泛。它们与醛或酮在无水氯化氢、对甲苯磺酸或 Lewis 酸催化下形成五元或六元环状缩醛、缩酮得以保护，如图 9-1 所示。在二醇和邻苯二酚保护时，常用的醛、酮有：甲醛、乙醛、苯甲醛、丙酮、环戊酮、环己酮等。此类保护基对许多氧化反应、还原反应以及 O-烃化或酰化反应都具有足够的稳定性。环状缩醛和缩酮在碱性条件下稳定，去保护基常用酸催化水解。此外，苯亚甲基保护基也可以用氢解的方法除去。

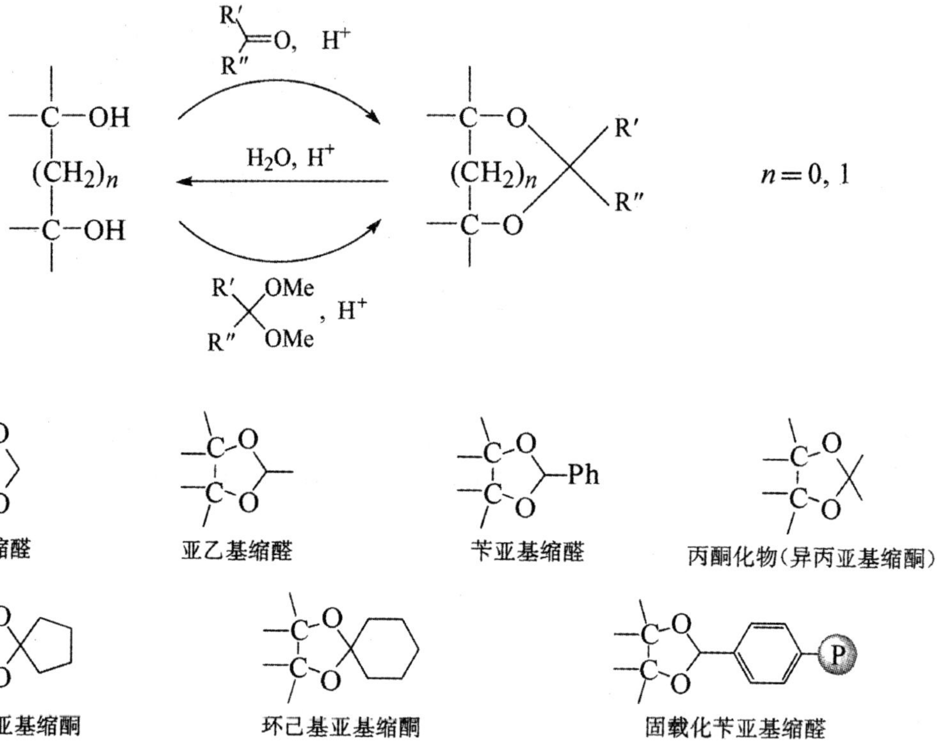

图 9-1　二醇和邻苯二酚生成环状缩醛、缩酮

2-甲氧基丙烯和邻二醇在酸催化下形成环状缩酮，也是保护邻二醇羟基的常用方法。如：

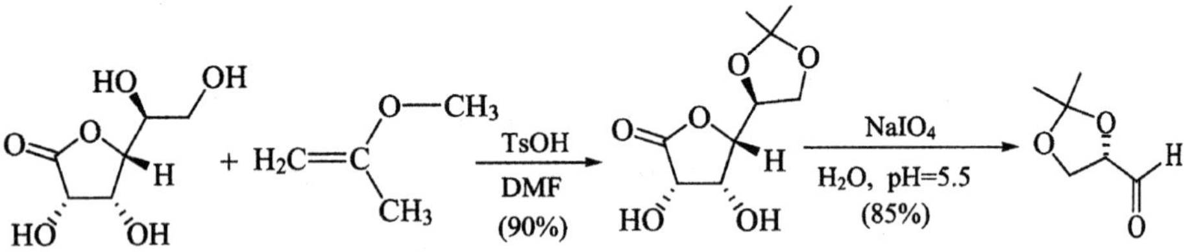

固载化保护技术在近代有机合成中具有重要的意义并得到了广泛的应用。例如，采用固载化保护技术，将固载化苯甲醛保护试剂（**1**）与甲基葡萄糖苷（**2**）的 $C_{4,6}$-二醇羟基反应生成并环的缩醛（**3**），继以 $C_{2,3}$-二醇羟基衍生化生成酯（**4**）后，进行酸化处理，分出目标物（**5**），固载化试剂（**1**）再生并循环利用。

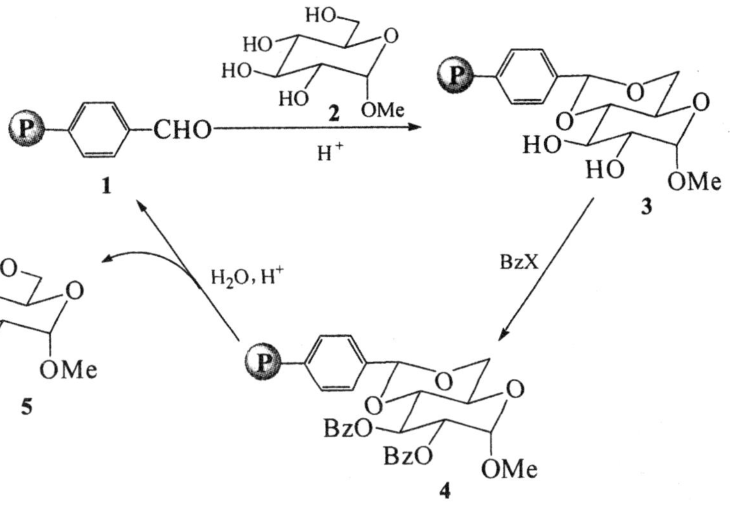

此外,二氯二特丁基硅烷和二醇作用形成硅烯保护基。例如:

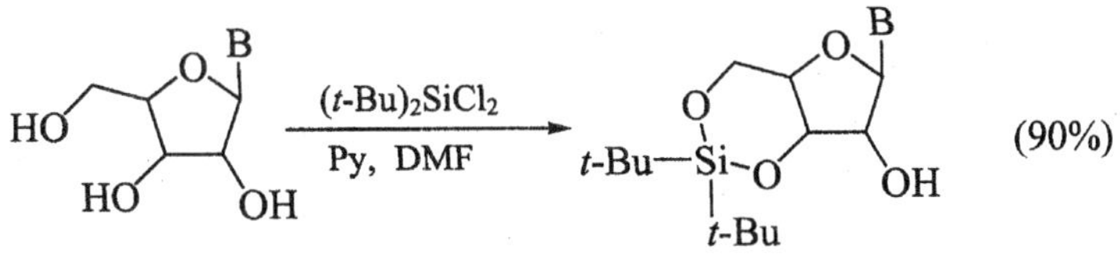

硅烯保护基可以用 HF-Py 在室温下除去。

9.3　羰基的保护

醛、酮分子中的羰基是有机化合物中最易发生反应的活泼官能团之一,对亲核试剂、碱性试剂、氧化剂、还原剂、有机金属试剂等都很敏感,常需在合成中加以保护。羰基保护基主要有:O,O-、S,S-、O,S-缩醛、缩酮,烯醇、烯胺及其衍生物,缩胺脲、肟及腙等。下面仅对第一类保护基进行讨论。

9.3.1　缩醛、缩酮的类型

1. O,O-缩醛、缩酮

醛、酮在酸性催化剂作用下很容易与两分子的醇反应生成 O,O-缩醛、缩酮,也可和一分子 1,2-二醇或 1,3-二醇反应生成环状 O,O-缩醛、缩酮。

常用的醇和二醇分别是甲醇和乙二醇。此外,醛、酮在酸催化下也可以与丙酮,丁酮的缩二甲醇或缩乙二醇以及二乙醇的双 TMS 醚等进行交换反应生成缩醛、缩酮。

O,O-缩醛、缩酮对下列试剂和反应通常是稳定的:钠-醇、LiAlH$_4$、NaBH$_4$、CrO$_3$-Pyr、AgO、OsO$_4$、Br$_2$、催化氢化、Birch 还原、Wolff-Kishner 还原、Oppenauer 氧化、过酸氧化、酯化、皂化、脱 HBr、Grignard 反应、Reformatsky 反应、碱催化亚甲基缩合等。

去缩醛、缩酮保护基通常用稀酸水溶液。也可用丙酮交换法,在酸催化下生成丙酮缩二醇,游离出被保护的醛酮。

　　O,O-缩醛、缩酮在有机合成反应中有很多应用实例。例如,利用共轭羰基较一般羰基反应性低的特点,实现选择性保护活性较高的羰基。

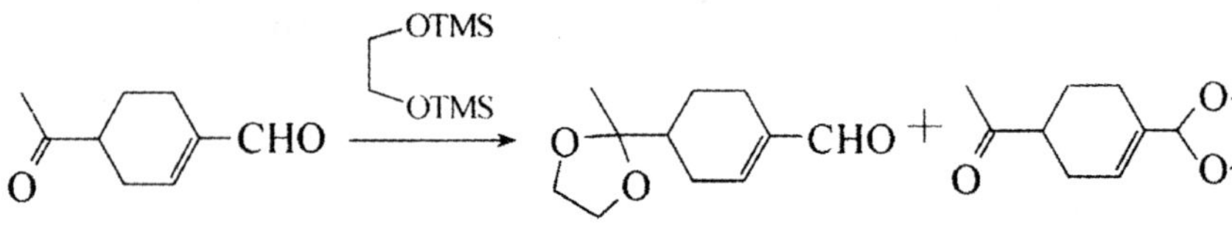

$$27:1$$

　　产物是含硅基醚的 β-羟基酮,如果采用通常的酸水解去缩酮保护基,则极易发生消除反应生成 α,β-不饱和酮。此时,将底物的丙酮溶液经催化量的 $PdCl_2(MeCN)_2$ 处理,可高产率获得目标物。

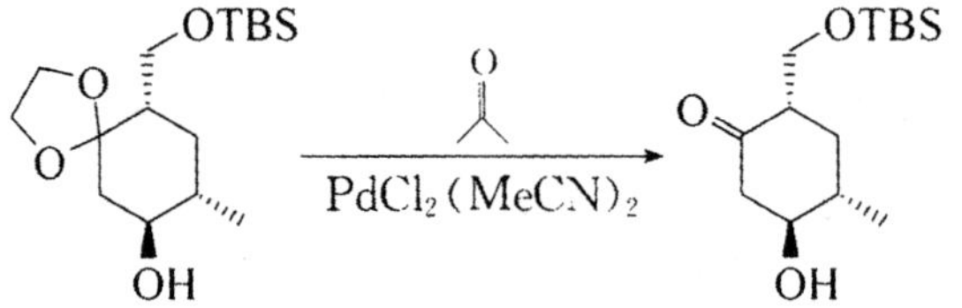

　　酮羰基与酯羰基都能与格氏试剂反应,酮羰基活性较高。要进行酯羰基的反应应先保护酮羰基,再进行反应。

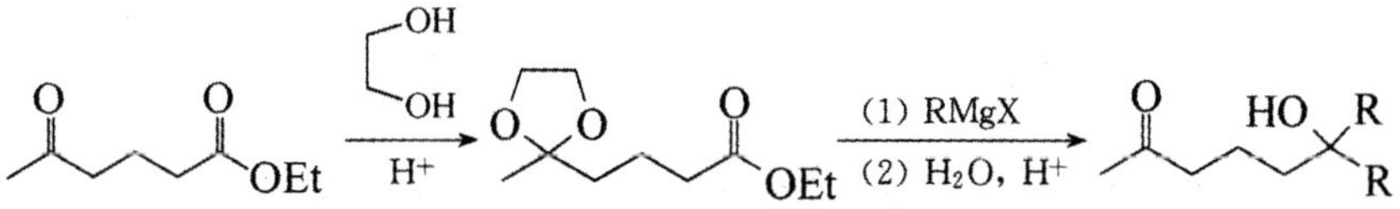

　　采用固载化保护试剂,对芳香二醛进行选择性单保护,有利于后续对另一醛基的多种衍生化反应。

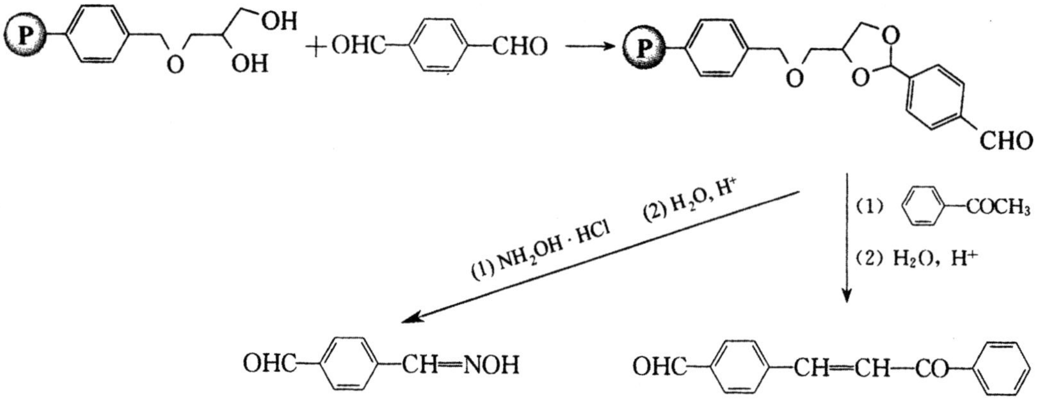

2. S,S-缩醛、缩酮

　　醛、酮与两分子硫醇或一分子乙二硫醇或其二硅醚在酸催化下生成 S,S-缩醛、缩酮。常用的酸催化剂有三氟化硼-乙醚、氯化锌、三氟乙酸锌等。

　　S,S-缩醛、缩酮可通过与二价汞盐或氧化反应来去保护,常用氯化汞、铜盐、钛盐、铝盐等水溶液处理,还可以用 N-溴代或氯代丁二酰亚胺等。

　　分子中含有酸敏感基团,进行保护时不宜使用 BF₃-Et₂O,而宜选用 ZnCl₂ 或 Zn(OTf)₂。

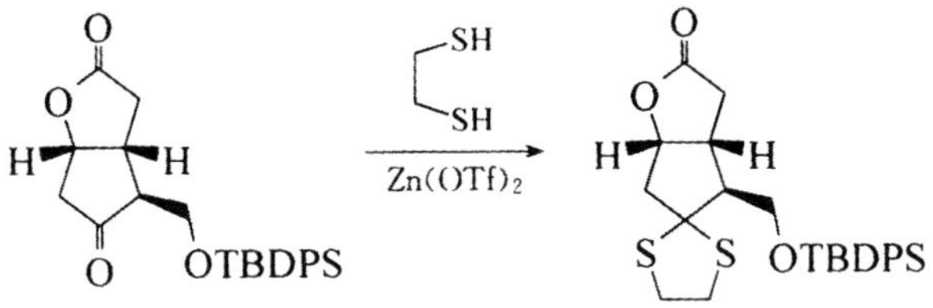

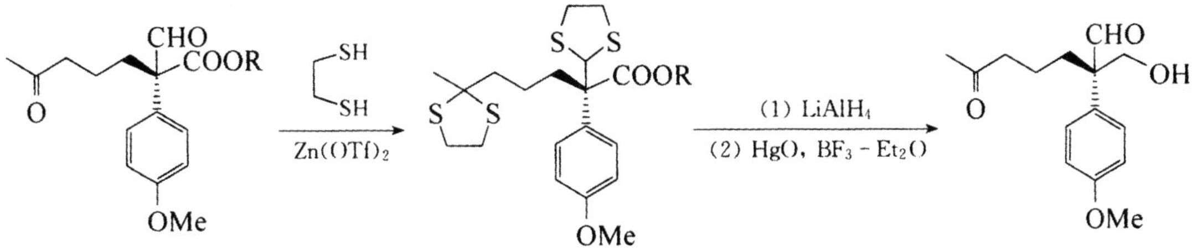

　　需要注意的是,底物中亲电性的羰基在形成 S,S-缩醛后,其 1,3-二噻烷的次甲基易被 nBuLi 夺去质子,从而转变为亲核性的稳定碳负离子,之后可进行许多反应。

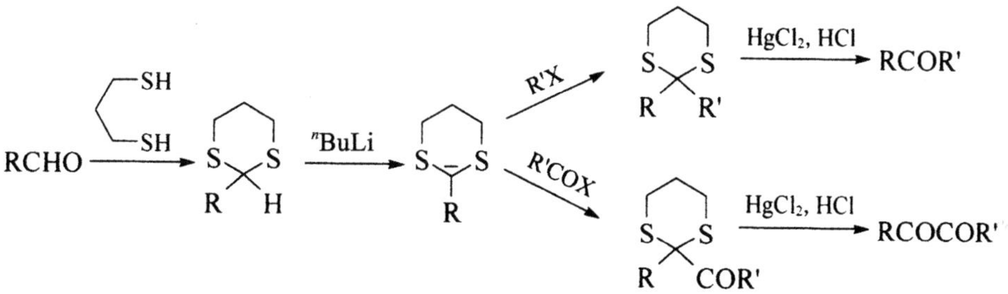

3. O,S-缩醛、缩酮

O,S-缩醛、缩酮是较常使用的保护基,其生成和脱除如下:

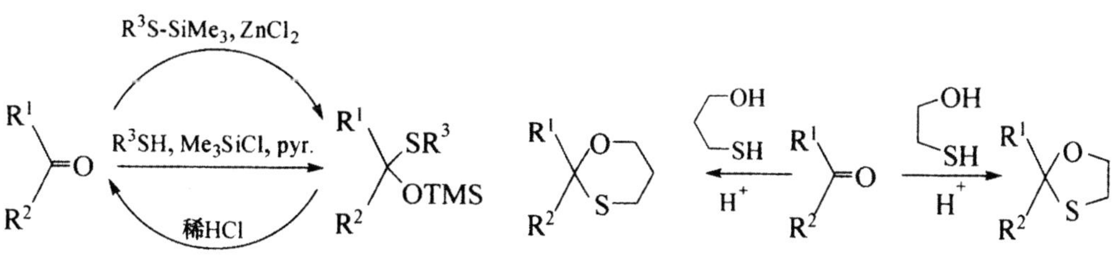

　　下例底物含多种功能基和保护基,当选用 MeI-丙酮水溶液处理可选择性脱除 O,S-缩酮保护基而不影响 O,O-缩醛和其他众多保护基或功能基。

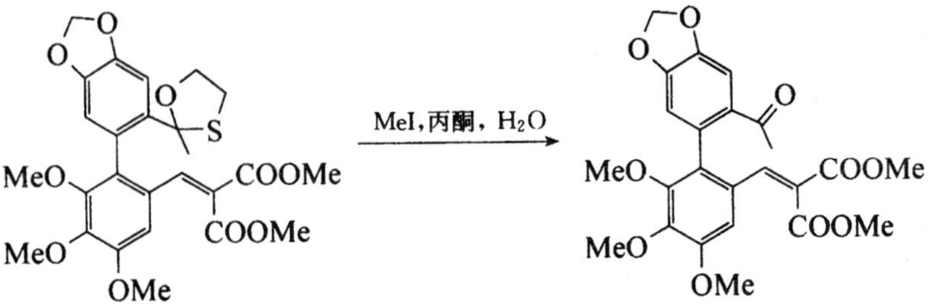

9.3.2　缩醛或缩酮的保护法

醛、酮可以与醇在干燥的氯化氢、苯甲磺酸或 Lewis 酸的催化作用下反应，生成缩醛或缩酮，例如：

$$\mathrm{RCHO} + 2\,\mathrm{HOR'} \xrightarrow{\text{干 HCl}} \mathrm{RCH}\begin{matrix}\mathrm{OR'}\\ \mathrm{OR'}\end{matrix} + \mathrm{H_2O}$$

$$\mathrm{RCHO} + 2\,\mathrm{HSR'} \xrightarrow{\mathrm{H^{\oplus}/ZnCl_2}} \mathrm{RCH}\begin{matrix}\mathrm{SR'}\\ \mathrm{SR'}\end{matrix} + \mathrm{H_2O}$$

醇与酸的作用机理如下：

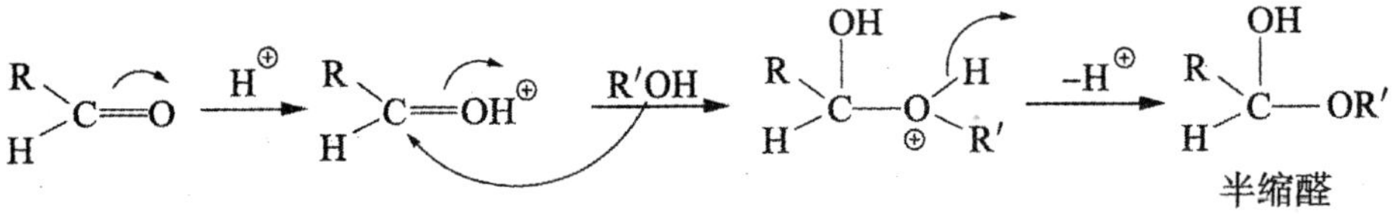

半缩醛

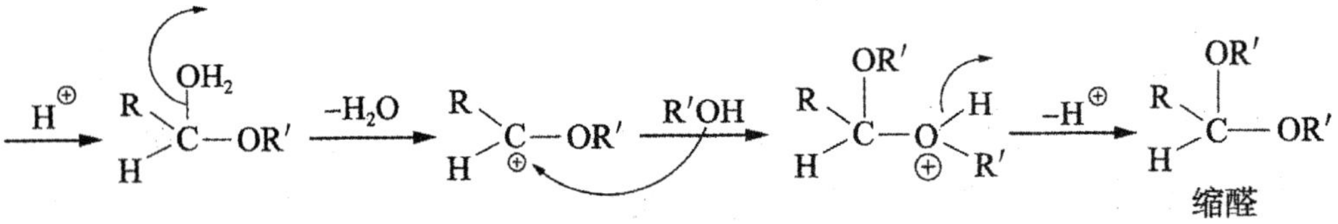

缩醛

甲基或乙基缩醛、缩酮可以在酸的催化作用下与醛酮作用形成新的缩醛或缩酮，来实现对羟基的保护。例如，三甲基甲烷来实现对羰基的保护。

$$\begin{matrix}\mathrm{R}\\ \mathrm{R'}\end{matrix}\!\!\mathrm{C{=}O} + \mathrm{HC(OCH_3)_3} \xrightarrow{\mathrm{H^{\oplus}}} \begin{matrix}\mathrm{R}\\ \mathrm{R'}\end{matrix}\!\!\mathrm{C}\!\!\begin{matrix}\mathrm{OCH_3}\\ \mathrm{OCH_3}\end{matrix} + \mathrm{HCO_2CH_3}$$

9.4　氨基的保护

氨基作为重要的活泼官能团能参与许多反应。伯胺、仲胺很容易发生氧化、烷基化、酰化以及与羰基的亲核加成反应等，在有机合成中常需加以保护。氨基的保护基主要有 N-烷基型、N-酰基型、氨基甲酸酯类和 N-磺酰基型等。

9.4.1　N-烷基型保护基

N-苄基和 N-三苯甲基是常用的氨基保护基。它们由伯胺和苄卤或三苯甲基卤在碳酸钠存在下反应得到。有时也可以用还原氨化的方法得到：

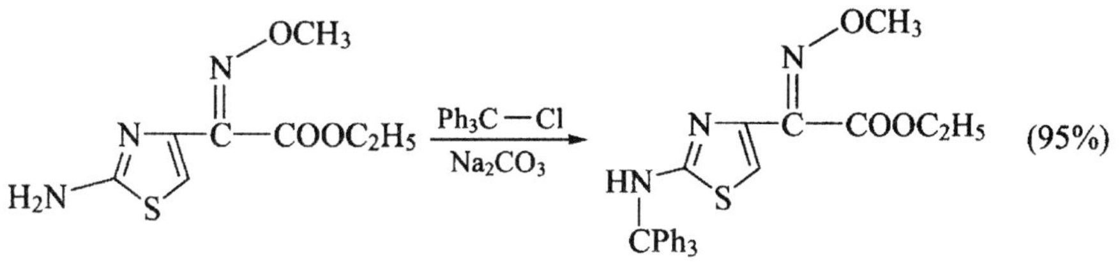

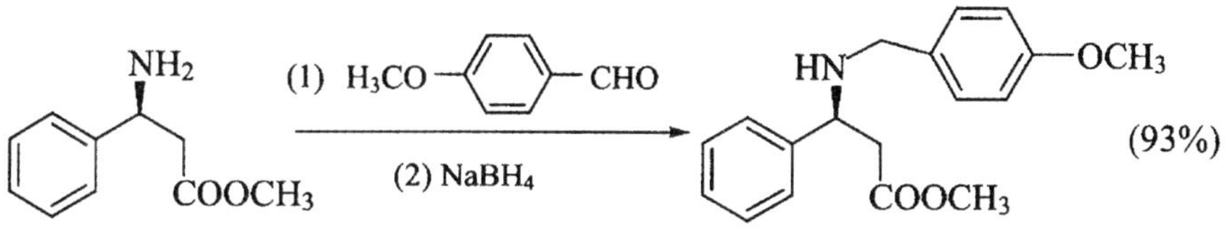

苄基保护基可用催化氢解的方法除去。

9.4.2　N-酰基型保护基

伯胺和仲胺容易与酰氯或酸酐反应生成酰胺。乙酰基和苯甲酰基可用来保护氨基。酰基保护基可以用酸或碱水解的方法除去。例如：

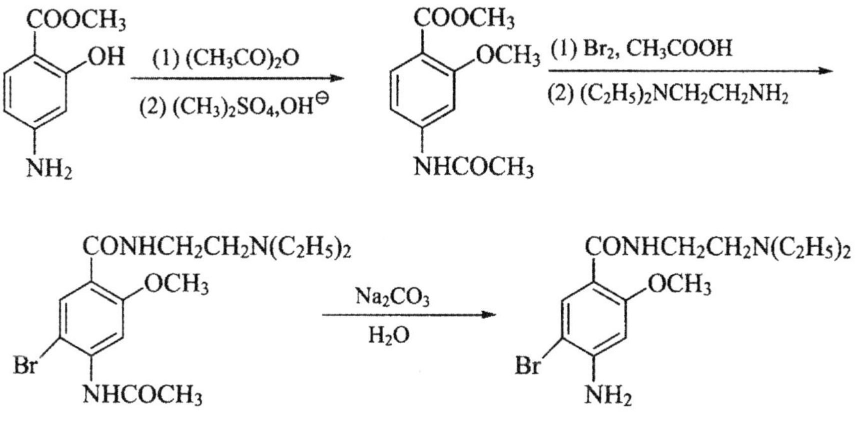

将胺变成取代酰胺是一个简便而应用非常广泛的氨基保护法。单酰基往往足以保护一级胺的氨基，使其在氧化、烷基化等反应中保持不变，但更完全的保护则是与二元酸形成的环状双酰化衍生物。常见的胺类化合物的保护试剂有卤代乙酰及其衍生物，如乙酰氯、乙酸酐以及乙酸苯酯。将胺与化合物与上述物质直接反应就能保护氨基。列如在磺胺类药物的合成中就是通过乙酰基来保护氨基的。

$$\text{(NHCOCH}_3\text{苯)} \xrightarrow{\text{HOSO}_2\text{Cl}} \text{(NHCOCH}_3\text{-SO}_2\text{Cl苯)} \xrightarrow{\text{RNH}_2} \text{(NHCOCH}_3\text{-SO}_2\text{NHR苯)} \xrightarrow{\text{HCl}} \text{(NH}_2\text{-SO}_2\text{NHR苯)}$$

当分子内同时存在羟基和酰基时,用羧酸对硝基苯来实现氨基的选择保护;如下式:

$$\xrightarrow[\substack{\text{(苯并三氮唑-OH)}}]{\text{RCOOC}_6\text{H}_4\text{NO}_2\text{-}p/\text{DMF}}$$

也可以将羟基和羧基同时保护起来。例如,氯霉素的合成:

$$\text{C}_6\text{H}_5\text{-CH(OH)-CH(NH}_2)\text{-CH}_2\text{OH} \xrightarrow[\text{吡啶}]{(\text{CH}_3\text{CO})_2\text{O}} \text{C}_6\text{H}_5\text{-CH(OCOCH}_3)\text{-CH(NHCOCH}_3)\text{-CH}_2\text{OCOCH}_3$$

$$\xrightarrow{\text{HNO}_3} \text{O}_2\text{N-C}_6\text{H}_4\text{-CH(OCOCH}_3)\text{-CH(NHCOCH}_3)\text{-CH}_2\text{OCOCH}_3 \xrightarrow{\text{H}_2\text{O},\text{HCl}}$$

$$\text{O}_2\text{N-C}_6\text{H}_4\text{-CH(OH)-CH(NH}_2)\text{-CH}_2\text{OH} \xrightarrow{\text{Cl}_2\text{CHCOOCH}_3} \text{O}_2\text{N-C}_6\text{H}_4\text{-CH(OH)-CH(NHCOCHCl}_2)\text{-CH}_2\text{OH}$$

当分子内存在如羧酸官能团的 α-氨基和相距较远的氨基,两种不同环境的氨基时,由于 α-氨基与邻近羧基形成分子内氢键或内盐降低了氨基的活性,使用乙酸对硝基苯酯在 pH=11 的条件下,距离羧基较远的氨基可以选择性地进行酰基化反应。例如:

$$\text{H}_2\text{N-CH(COOH)-(CH}_2)_3\text{-NH}_2 \xrightarrow{p\text{-NO}_2\text{C}_6\text{H}_4\text{OOCCH}_3} \text{H}_2\text{N-CH(COOH)-(CH}_2)_3\text{-NHCOCH}_3$$

伯醇的保护常用酰亚胺保护,常用的试剂有丁二酸酐和它的衍生物。胺和丁二酸酐在 150℃~200℃共热,先生成非环状酰胺酸,随后在乙酰氯或亚硫酰氯的作用下生成环状酰胺,反应方程式如下:

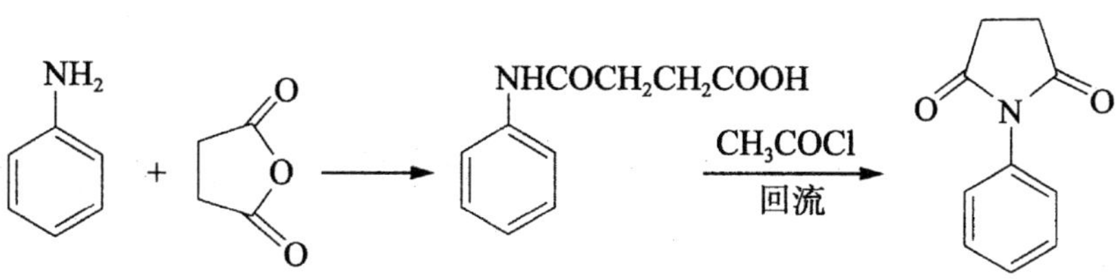

若用邻苯二甲酸酐在氯仿中与伯胺作用,可得到较高产率的邻苯二甲酰亚胺,反应方程式如下:

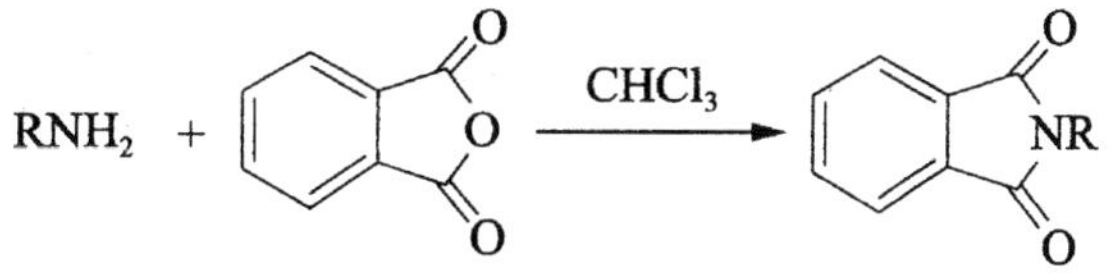

此外,在核苷酸合成的磷酸化反应中,对甲氧苯酰基、苯酰基和异丁酰或 2-甲基丁酰基可以分别保护胞嘧啶、腺嘌呤和鸟嘌呤中的氨基。另外,伯胺能以酰胺的形式加以保护,这就防止了活化的 N-乙酰氨基酸经过内酯中间体发生外消旋化。

9.4.3　N-磺酰基型保护基

N-磺酰基型保护基也许是最稳定的保护形式,一般这些化合物都是很好的结晶。常用的保护试剂为对甲苯磺酰氯(TsCl)。保护时通常是由胺和 TsCl 在惰性溶剂如 CH₂Cl₂ 中,加入缚酸剂如吡啶或三乙胺而制得。吲哚、吡咯和咪唑的保护先用强碱夺取 N 上的质子,然后与磺酰氯反应;也可使用相转移反应条件促进反应。

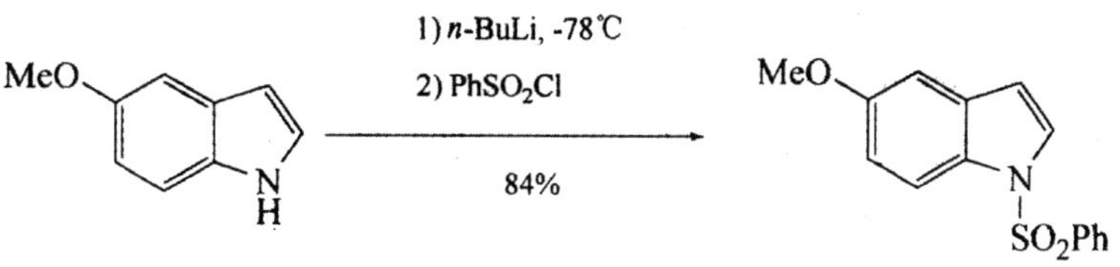

9.4.4　氨基甲酸酯类保护基

具有光学活性的(S)-α,α-二苯基-2 吡咯烷甲醇是重要的手性催化剂或催化剂前体被广泛地应用于有机合成中。如果以脯氨酸甲酯盐酸盐为原料,采用 N-乙氧羰基保护氨基,再与格氏试剂反应,然后在酸性水溶液中脱除保护基团即可得到较高产率的目标产物。

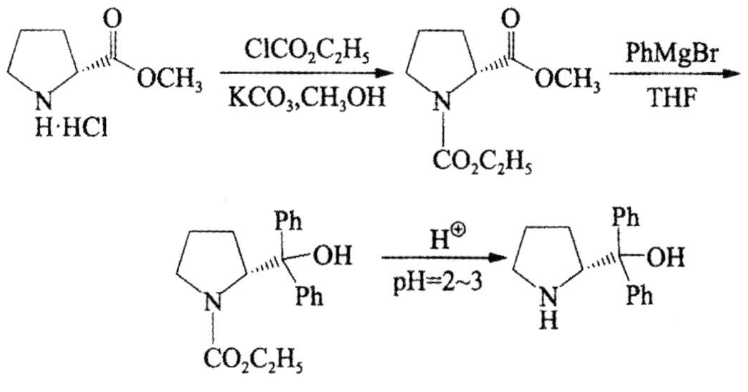

叔丁氧甲酰基是保护氨基的另一种常用方法,常见试剂为碳酸酐二叔丁酯 $[(CH_3)_3COCOCOOC(CH_3)_3$,简称 $Boc_2O]$ 和 2-(叔丁氧甲酰氧亚氨基)-2-苯基乙腈(Boc-ON)。两种试剂分别与胺反应,得到叔丁氧甲酰胺。在酸性条件(如三氟乙酸或对甲基苯磺酸)下脱除保护基。

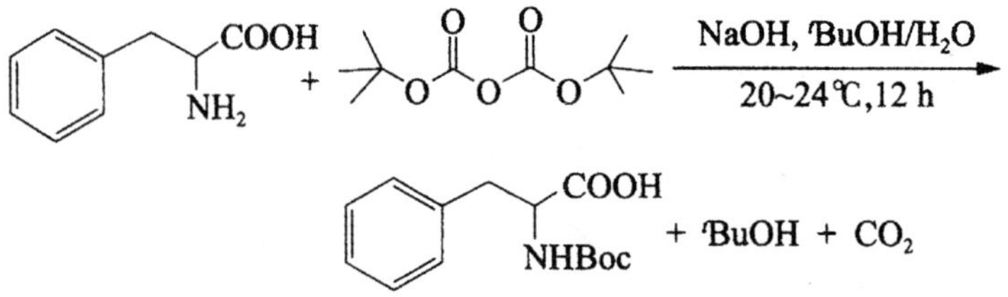

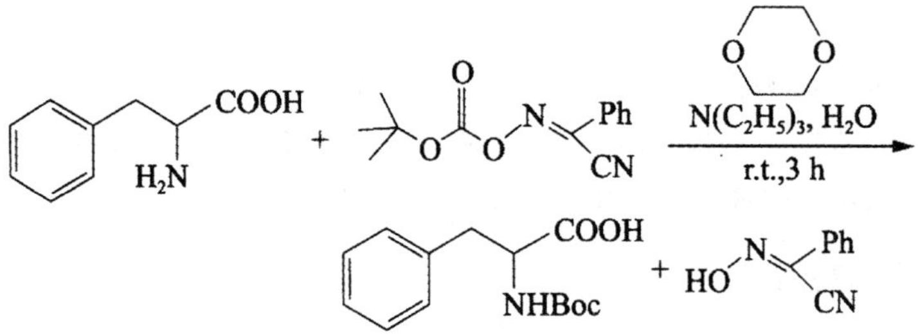

HCl 的乙酸乙酯溶液可选择性地脱除 N-Boc 基团,而分子中的其他对酸敏感的保护基(如叔丁基酯、脂肪族叔丁基醚、三苯基醚等)不受影响。

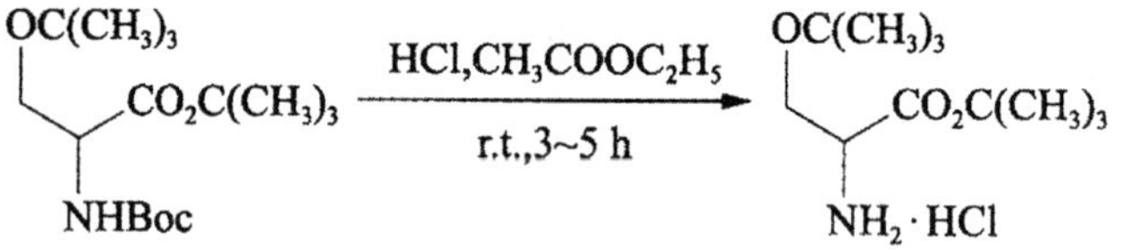

9.5 羧基的保护

在肽、天然产物和药物等的合成中,羧酸的保护也是一个重要课题。羧基是活泼功能基,羧基及其活性氢易发生多种反应,常需进行保护。

羧基的保护实际上是羧基中羟基的保护。羧酸通常以酯的形式被保护,水解是去保护的重要方法。其水解速率的大小则取决于空间因素和电子因素,这两个因素给选择性去保护提供了可能。

9.5.1 保护为脂

1. 甲酯保护基

在酸催化条件下,甲醇和酸反应可向羧酸引入保护基,还可由重氮甲烷与羧酸反应得到。此外,$MeI/KHCO_3$ 在室温下就可向羧酸引入甲酯保护基。在氨基酸的酯化反应中,三甲基氯硅烷(TMSCl)或二氯亚砜可用作反应的促进剂。

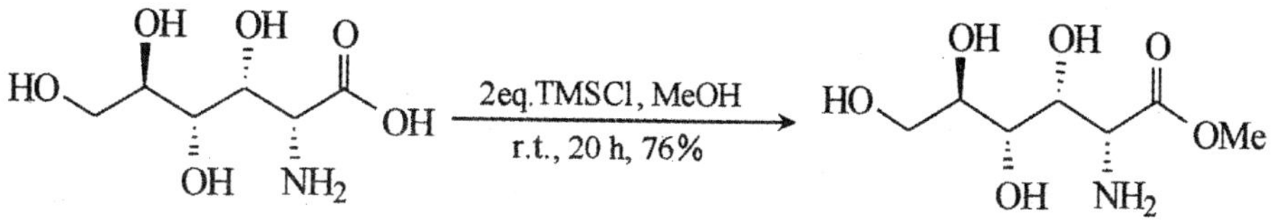

甲酯的去保护一般在甲醇或 THF 的水溶液中用 KOH、LiOH、Ba(OH)$_2$ 等无机碱处理，也可对甲酯保护基进行选择性去保护。

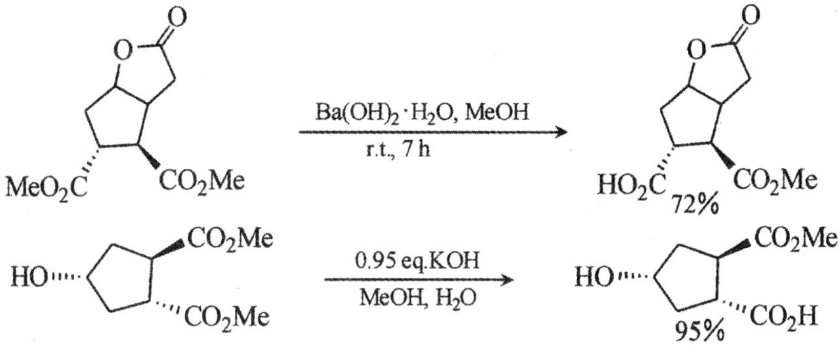

2. 乙酯保护基

将羧酸转变成乙酯的保护方法也比较常用，此类保护基主要有 2,2,2-三氯乙基酯（TCE）、2-三甲硅基乙酯（TMSE）和 2-对甲苯磺基乙酯（TSE）。

在 DCC 存在下，由相应的 2-取代乙醇与羧酸缩合引入此类保护基。去保护采用还原法，Zn-HOAc 的还原。TMSE 可在氟负离子的作用下，通过 β-消除，TSE 的去除一般在有机或无机碱作用下进行。

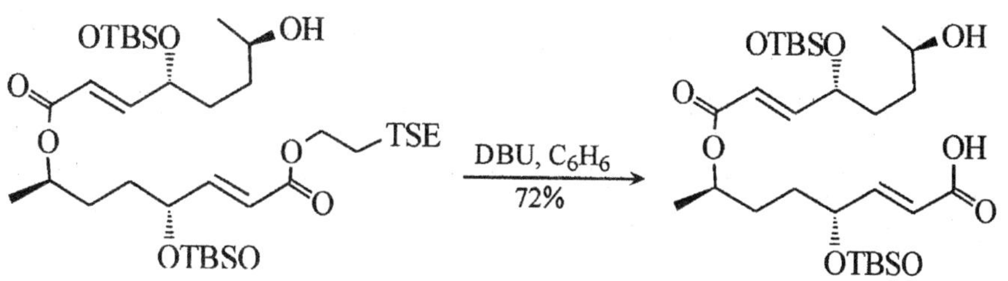

3. 叔丁基酯保护基

与伯烷基酯相比，由于叔丁基酯产生的空间位阻作用，使得亲核试剂不容易进攻羰基，因此，在碱性溶液中，叔丁基酯的水解速率低于伯烷基酯。但在醋酸-异丙醇-水溶液体系中反应 15 小时后，几乎定量得到叔丁基脱去的产物，而羧酸甲酯不被水解。

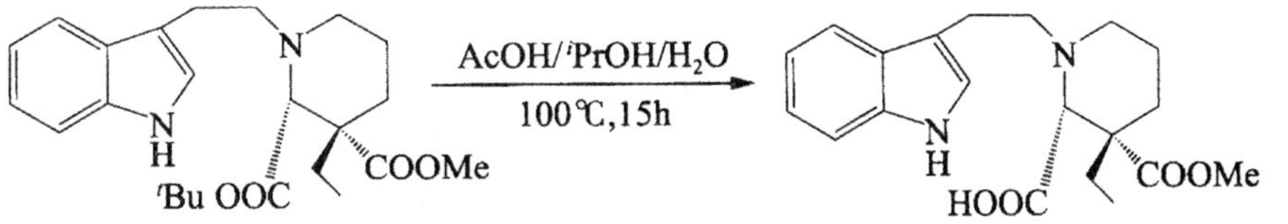

叔丁基酯的制备方法包括：羧酸与多元醇在吸附在硫酸镁上浓硫酸的催化作用下，反应生成脂；以二环己基碳二酰亚胺（DCC）与4-（N,N-二甲氨基）-吡啶（DMAP）为催化剂，叔丁基丁醇与羧酸反应生成酯。两个反应的反应方程式如下：

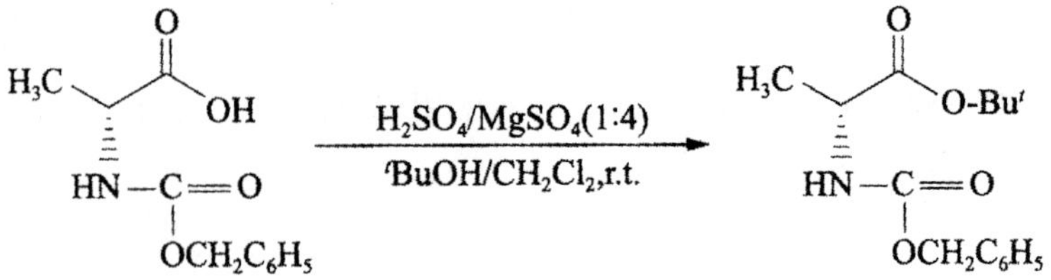

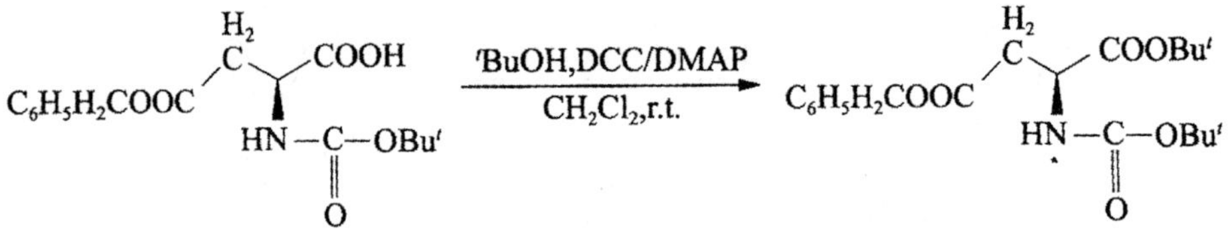

在酸性溶液中，叔丁基酯可以发生水解反应脱去保护基。例如，在10%的对甲苯磺酸的苯溶液中回流，下列反应可以顺利进行，叔丁基被脱去。

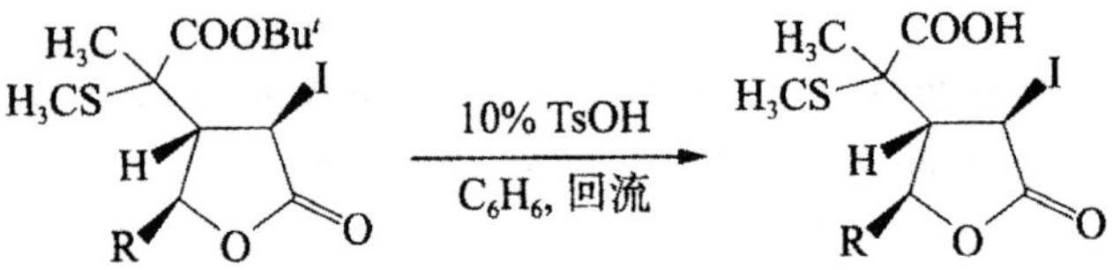

由于叔丁基碳正离子的稳定性相对较高，也是较强的亲电试剂，因此，为了防止与底物分子发生反应，常加入苯甲醚或苯甲硫醚类化合物作为碳正离子的捕获试剂，以避免副反应的发生[①]。

4. 苄酯保护基

由于苄基保护法反应条件温和，容易操作，还能调节苯环上取代基的活性，也常用做羧基保护。

苄卤与羧酸在碱性条件下反应生成相应的羧酸苄酯。

$$RCOOH + PhCH_2X \xrightarrow{OH^{\ominus}} RCOOCH_2Ph$$

苄基可以用Pd/C催化氢解法脱去。常用溶剂为醇、乙酸乙酯或四氢呋喃，而在这种条件下，烯、炔不饱和键，硝基，偶氮和苄酯均被还原，但苄醚和氮原子上的苄氧羰基不受影响。

---

① 杨光富．有机合成．上海：华东理工大学出版社，2010.

C₆H₅H₂CO 的结构 —— COOCH₂C₆H₅
$$\xrightarrow{\text{Pd/C-H}_2,\text{H}_2\text{NCH}_2\text{CH}_2\text{NH}_2}{\text{CH}_3\text{OH, r.t.}}$$
C₆H₅H₂CO —— COOH

C₆H₅H₂CO—［吡咯环］—COOCH₂C₆H₅, N—C(=O)—OCH₂C₆H₅
$$\xrightarrow{\text{Pd/C-H}_2,\text{H}_2\text{NCH}_2\text{CH}_2\text{NH}_2}{\text{CH}_3\text{OH,r.t.}}$$
［吡咯环］—COOH, N—C(=O)—OCH₂C₆H₅

苄酯保护法被广泛用于多肽的合成中,如甘氨酸-苯丙氨酸的二肽合成。首先分别用苄氧羰基(氯甲酸苄酯)保护甘氨酸的氨基,用叔丁基保护苯丙氨酸的羧基(苯丙氨酸叔丁酯);然后在焦磷酸二乙酯的作用下,两种被保护的氨基酸进行缩合反应;最后用催化氢化法脱苄氧羰基,用温和酸处理脱叔丁基。在去保护基团时,叔丁基对催化氢化是稳定的,同时,用温和酸处理时,苄基也是稳定的。

$$H_2NCH_2COOH \ + \ PhCH_2OCOCl \longrightarrow PhCH_2OCOHNCH_2COOH$$

$$PhCH_2\underset{\underset{NH_2}{|}}{C}HCOOH \ + \ C(CH_3)_3Cl \longrightarrow PhCH_2\underset{\underset{NH_2}{|}}{C}HCOOC(CH_3)_3$$

$$PhCH_2OCOHNCH_2COOH \ + \ PhCH_2\underset{\underset{NH_2}{|}}{C}HCOOC(CH_3)_3 \xrightarrow{[(C_2H_5O)_2P(O)]_2O}$$

$$PhCH_2OCOHNCH_2CONH\underset{\underset{CH_2Ph}{|}}{C}HCO_2C(CH_3)_3 \xrightarrow[60\%]{H_2/Pd} H_2NCH_2CONH\underset{\underset{CH_2Ph}{|}}{C}HCO_2C(CH_3)_3$$

$$\xrightarrow[80\%]{HCl/C_6H_6} H_2NCH_2CONH\underset{\underset{CH_2Ph}{|}}{C}HCO_2H$$

9.5.2 保护为原脂和硅脂

1. 保护为原脂

羧基保护为原酸酯是由 Corey 等发展起来的。原酸酯保护的主要的特点是能够保护羧基中的羰基免受强的亲核试剂的进攻;采用这样一种保护基不仅保护了羧酸中的 OH,而且保护了羰基。原酸酯的制备通常与缩酮类似,但方法也不断改进。例如:

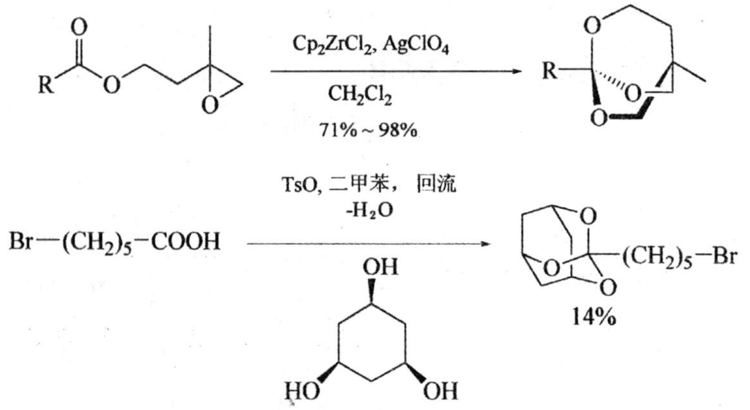

2. 保护为硅脂

硅脂可以由相应的氯硅烷与羧酸在碱性条件下制得,去对非水溶剂的反应条件稳定;脱保护也较为方便,如简单的碳酸钾-甲醇体系,乙酸-水-THF(3∶1∶1)等均非常有效。

保护反应:

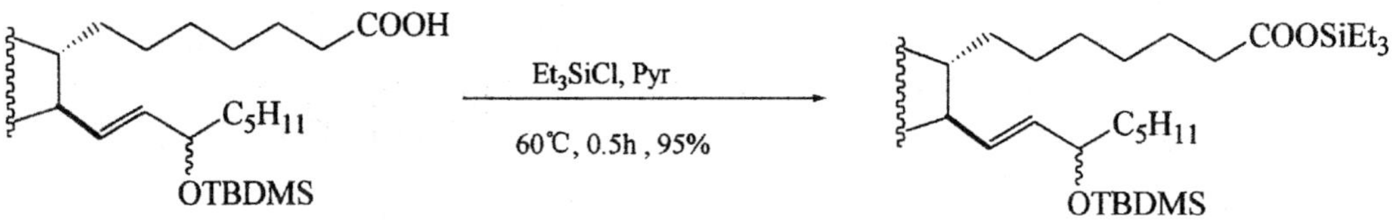

去保护反应:

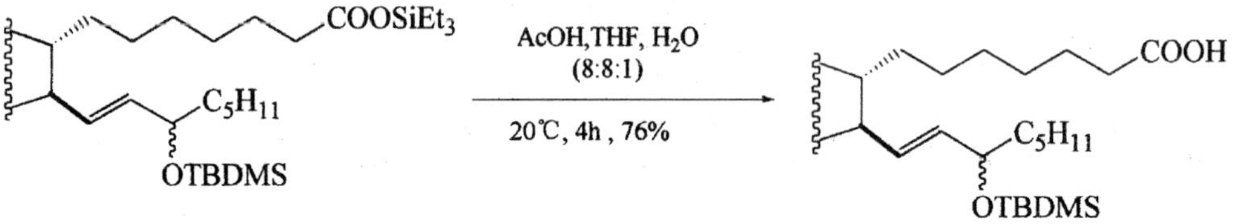

9.5.3 保护为酰胺和酰肼

为了补充脂类去保护方式的不足,人们在有限的范围内采用酰胺和酰肼来保护羧基。

制备酰胺和酰肼的经典方法是以酯或酰氯分别与胺或肼作用制备,也可直接从酸制得。酰胺和酰肼对酯类的温和碱性水解条件稳定,而酯类对能有效脱解酰胺的亚硝酯和用于裂解酰肼的氧化剂又均稳定,二者可以互补。

9.6　各种功能基同步保护

当复杂化合物中同时含有多种不同的官能团时,采用一些方法将不同的功能基同步进行保护和去保护,操作时将比对每个基团分别进行保护-去保护要简便。这种同步保护的实例目前并不多,还需进一步研发与拓展。

9.6.1　甾体化合物二羟基丙酮侧链的同步保护

甾体皮质素的合成常需要对其 C_{17}-位上的二羟基丙酮侧链进行特别的保护，这是两个羟基和一个羰基的同时保护。在盐酸存在下用甲醛水溶液处理，生成双亚甲基二氧衍生物（BMD）。BMD 对烷化、酰化、氧化、还原、卤化、缩酮化、酸催化重排以及 Grignard 反应等都稳定。去保护用甲酸、乙酸水溶液处理。例如，合成 abeo-皮质激素以 BMD 保护甾体环氧化物侧链，在室温下紫外光照射发生 AB 环的异构化反应，AB 环转变为 abeo10 结构，最后去除 BMD 得到目标产物。

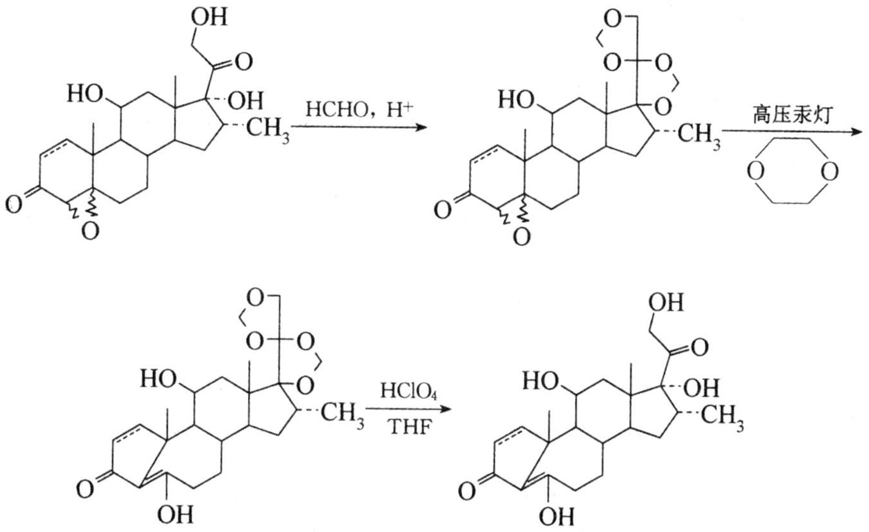

9.6.2　氨基酸中氨基、羧基的同步保护

在氨基酸分子中氨基和羧基都是活泼基团，为了避免其在后续反应中受到影响，可以采用适当的金属离子与之配位形成螯环，氨基和羧基能同时被保护。待反应结束后，用 H_2S 水溶液处理可除去保护基。

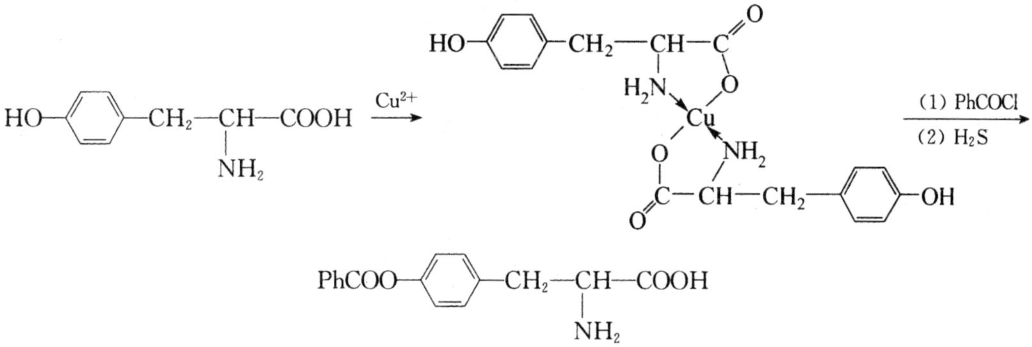

9.6.3 巯基和羟基在 2-巯基苯酚中的同步保护

此类底物可通过与 CH_2X_2 形成 O,S-亚甲基缩醛得以保护。反应在碱存在下进行,有时还需要相转移催化剂的参与。

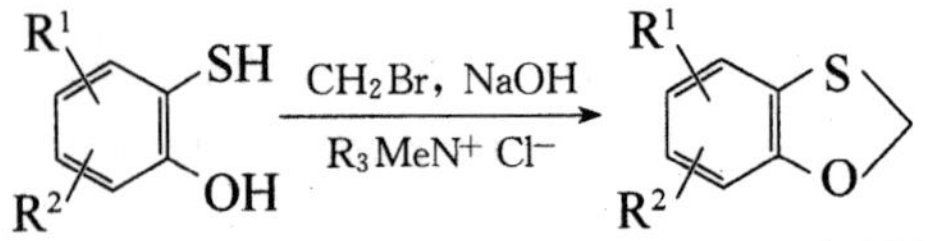

R^1,$R^2 = H$,Me,Cl,$R = C_8 \sim C_{10}$ 直链烷基

第10章 有机合成新技术及其应用

10.1 相转移催化技术

相转移催化反应是近年来发展起来的一种有机反应新方法。相转移催化反应是指加入"相转移催化剂"（PTC）使处于不同相的两种反应物易于进行的一种方法。该反应广泛用于有机合成、高分子聚合、造纸、制药、制革等领域。优点是反应条件温和，操作简便，反应时间短，选择性高，副反应少，可避免使用价格昂贵的试剂和溶剂。

10.1.1 相转移催化剂

相转移催化剂是能够将一些负离子、正离子或中性分子从一相转移到另一相的催化剂。大多数相转移催化反应要求将负离子转移到有机相，常用的相转移催化剂有𨦯盐、聚醚和高分子载体三大类。𨦯盐包括季铵盐、季磷盐、季钟盐、叔硫盐；聚醚类包括冠醚、穴醚和开链聚醚。

季铵盐具有价格便宜、毒性小等优点，所以得到了广泛的应用。一般情况下，为了使相转移催化剂在有机相中有一定的溶解度，季铵盐中应该含足够的碳数（一般碳数以 $12\sim25$ 为宜）。同时，含有一定碳数的季铵盐溶剂化作用不明显，具有较高的催化活性。常用的季铵盐有：四甲基卤化铵 $[(CH_3)_4N^+X^-]$、四乙基卤化铵 $[(C_2H_5)_4N^+X^-]$、苄基三乙基氯化铵 $[PhCH_2N^+(C_2H_5)_3Cl^-]$、三正辛基甲基氯化铵 $[(n\text{-}(C_8H_{17})_3N^+Cl^-]$、四丁基硫酸氢铵 $[(C_4H_9)_4N^+HSO_4^-]$ 等。

季磷盐催化剂应用比较少，原因是制备困难、价格昂贵，但它本身比较稳定，且比相似的季铵盐效果好，目前只用于实验室研究。常用的季磷盐相转移催化剂有：四苯基溴化磷 $[(Ph)_4P^+Br^-]$、三苯基甲基溴化磷 $[(Ph)_3P^+CH_3Br^-]$、三苯基乙基溴化磷 $[(Ph)_3P^+C_2H_5Br^-]$、正十六烷三乙基溴化磷 $[n\text{-}C_{16}H_{33}P^+(C_2H_5)_3Br^-]$ 等。

冠醚（又称穴醚）用于相转移催化剂开发较早，但它毒性大、价格高，应用受到限制。常用的冠醚催化剂有：15-冠-5、18-冠-6、二苯并 18-冠-6、二氮 18-冠-6 等，如图 10-1 所示。

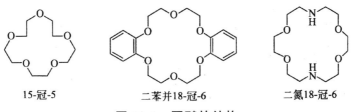

15-冠-5　　　　二苯并18-冠-6　　　　二氮18-冠-6

图 10-1　冠醚的结构

开链聚醚克服了冠醚的一些缺点，优点为：容易得到、无毒、蒸汽压力小、价廉，在使用过程中不受孔穴大小的限制，并具有反应条件温和、操作简单及产率较高等，是理想的冠醚替代物。常用的开链聚醚有:聚乙二醇类 $HO(CH_2CH_2O)_nH$;聚氧乙烯脂肪醇类 $C_{12}H_{25}O(CH_2CH_2O)_nH$;聚氧乙烯烷基酚类 $C_8H_{17}PhO(CH_2CH_2O)_nH$。聚乙二醇 400、600、800、1000 等是最常用的开链聚醚。

为了克服均相相转移催化剂价格高、不易回收、易在产物中残留等问题,近年来发展出多种固载型催化剂。这类固载型催化剂是一种不溶性相转移催化剂(也称三相催化剂),是将均相相转移催化剂(季铵盐、季膦盐、开链聚醚或冠醚等)通过化学键负载在无机或有机高分子载体上形成既不溶于水也不溶于有机溶剂的固载型相转移催化剂。典型的固载型相转移催化剂如图 10-2 所示。

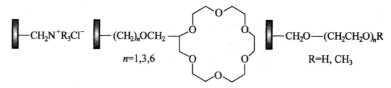

图 10-2　固载型相转移催化剂

高分子载体相转移催化剂的催化原理与均相相转移催化剂不同。以高分子负载季铵盐催化溴代烃与氰化钠的亲核加成反应为例,相转移催化机理如图 10-3 所示。

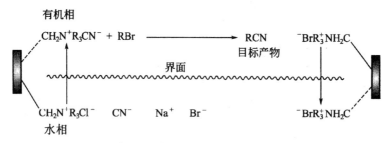

图 10-3　高分子载体相转移催化剂的催化原理

固载型催化剂的活性部位(即均相催化剂部分)既可以溶于水相又可以溶于有机相,氰根负离子被固态催化剂的活性部位从水相转移到固载型催化剂上,进而被转移到有机相中,再与有机试剂 R—X 发生亲核取代反应,这种方法称为液-固-液三相相转移催化。这种方法操作简单,反应后催化剂可以定量回收,能耗也较低,适用于连续化生产。

10.1.2　相转移催化的基理

相转移催化主要用于液液体系,也可用于液固体系及液固液体系。以季铵盐为例,相转移催化过程如图 10-4 所示。

此反应是只溶于水相的亲核试剂二元盐 M^+Y^- 与只溶于有机相的反应物 R-X 作用,由于二者分别在不同的相中而不能互相接近,反应很难进行。加入季铵盐 Q^+X^- 相转移催化剂,由于季铵盐既溶于水又溶于有机溶剂,在水相中 M^+Y^- 与 Q^+X^- 相接触时,可以发生 X^- 与 Y^- 的交换反应生成 Q^+Y^- 离子对,这个离子对能够转移到有机相中。在有机相中 Q^+Y^- 与 R-X 发生亲核取代反应,生成目的产物 R-Y,同时生成 Q^+X^-,Q^+X^- 再转移到水相,完成了相转移催化循环。

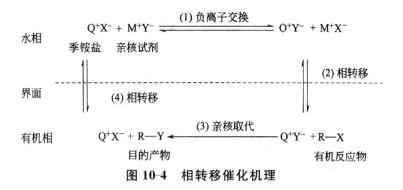

图 10-4 相转移催化机理

10.1.3 相转移催化反应的应用

相转移催化最初用于亲核取代反应,如在反应物中引入—CN 和—F,以及二氯卡宾的生成反应等。后来迅速发展到取代、消去、氧化、还原、加成以及催化聚合等反应。

1. 烃基化反应

烃基化反应是指在 C、O、N 等原子上引入烃基的反应,常称为 C-烃基化、O-烃基化、N-烃基化等,下面分别介绍相转移催化剂对这些反应的改善和促进作用。

(1)C-烃基化

α-乙基苯乙腈的经典合成方法是用强碱夺去活泼氢形成碳负离子,再在非质子溶剂中和氯代烃反应。该反应条件比较苛刻,采用相转移催化剂可在温和条件下实现。

$$PhCH_2 + C_2H_5Br \xrightarrow[NaOH/H_2O]{PTC} Ph\,CHCN$$
$$C_2H_5$$
$$88\%$$

(2)N-烃基化

N,N-二乙基苯胺是制备优秀染料、药物和彩色显影剂的重要中间体,用途广泛,传统合成方法是将定量的苯胺和氯乙烷于高温、高压下在碱性条件下进行 N-烃基化反应得到,收率约为 85%。使用四乙基碘化铵作相转移催化剂可在常压、稍高的温度(55℃)及碱性条件下合成,收率为 95.6%。

$$\text{—NH}_2 + 2ClCH_2CH_3 \xrightarrow[PTC]{NaOH} \text{—N} \begin{array}{c} C_2H_5 \\ C_2H_5 \end{array}$$

(3)O-烃基化

氧的烃基化主要产物是醚和酯。混醚的传统合成常用 Williamson 合成法,也就是使用卤代烃和醇钠或酚钠反应来合成,但在碱的作用下,仲或叔卤代烃易发生消除反应生成烯烃副产物。如果使用相转移催化法,则可在温和的条件下生成,并且产率较高。

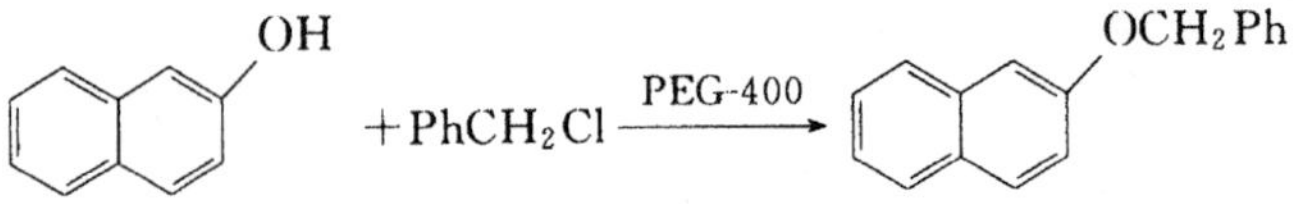

传统的使用羧酸盐与卤代烃发生氧的烃基化生成酯的反应很难发生,因为羧酸盐在水溶液中发生很强的水合作用,无法与卤代烃接近而发生反应。如果加入相转移催化剂,羧酸盐与卤代烃则很容易发生氧的烃基化反应生成酯,并且产率很高。

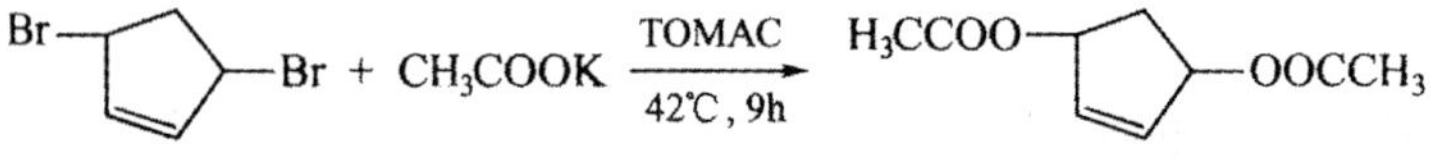

(TOMAC:三辛基甲基氯化铵)   72%

该方法也适用于位阻较大的羧酸盐与卤代烃的氧的烃基化反应。

2. 卤代反应

1-溴代十二烷在有机合成领域应用很广泛,可以合成杀菌消毒药物新洁尔火和度米芬。传统多采用浓硫酸催化法,因为正十二醇不溶于水,所以正十二醇与氢溴酸的接触率较低,反应进行较慢而且产率较低(为89.2%)。如果向反应中加入相转移催化剂十二烷基二甲基苄基氯化铵,则能加速反应并提高产率(98.8%)。

$$C_{12}H_{25}OH + HBr \xrightarrow[H_2SO_4]{PTC} C_{12}H_{25}Br + H_2O$$

98.8%

3. 氧化反应

常用的氧化还原剂多为无机物,如 $KMnO_4$、$K_2Cr_2O_7$、$NaBH_4$ 等易溶于水而不易溶于有机溶剂,加入易溶于有机溶剂的反应物后形成两相体系,产率低,速度慢。加入相转移催化剂后具有反应加速、选择性增加、产品纯、产率高等优点。

$$CH_3(CH_2)_7CH{=}CH_2 \xrightarrow[R_4N^+Cl^-]{KMnO_4} CH_3(CH_2)_7COOH$$
100%

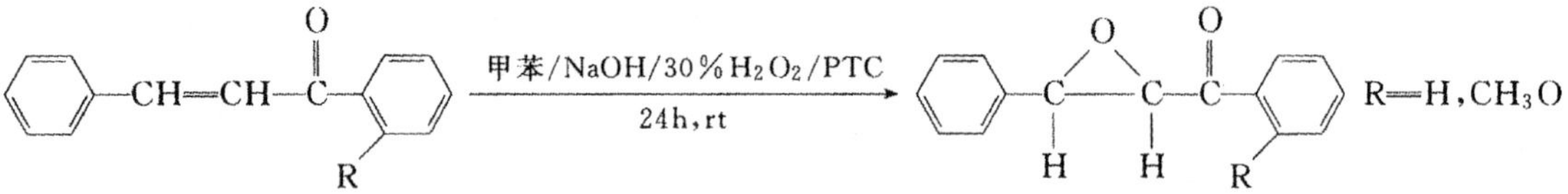

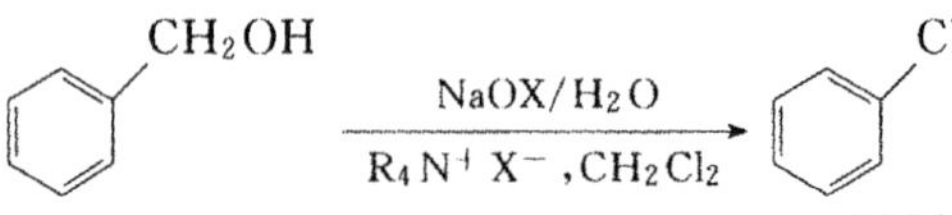

76%

4. 消去反应

消去反应常见的有两类:α-消去反应、β-消去反应。α-消去反应常可以得到卡宾(又称碳宾、碳烯)。β-消去反应可以合成各种烯烃和炔烃。γ-消去反应可以合成环丙烷的衍生物。

扁桃酸具有很强的抑菌作用,也可作为某些药物的中间体。传统的合成方法是使用苯甲醛与剧毒的氰化物反应后酸解得到。使用相转移催化剂可使氯仿在 NaOH 存在下发生 α-消去反应生成二氯卡宾,二氯卡宾与苯甲醛加成,然后经重排、水解即可合成扁桃酸。

$$CHCl_3 \xrightarrow[\text{TEBA}]{\text{NaOH}} :CCl_2$$

$$C_6H_5CH{=}O \xrightarrow{:CCl_2} C_6H_5{-}\underset{\overset{\displaystyle Cl\quad Cl}{\diagdown\diagup}}{CH}{-}O \xrightarrow{\text{重排}} C_6H_5{-}\underset{\overset{\displaystyle Cl}{|}}{CH}{-}COCl \xrightarrow{OH^-} \xrightarrow{H^+} C_6H_5{-}\underset{\overset{\displaystyle OH}{|}}{CH}{-}COOH$$

苯乙烯是一种重要的有机合成中间体,传统的合成是使用 β-溴代乙苯在 NaOH 溶液中加热 2 h,发生 β-消去反应,产率仅为 1%。如果加入相转移催化剂四叔丁基溴化铵,加热 2 h 反应即可完全,产率为 100%。

10.2　微波辐照有机合成技术

自 1986 年加拿大化学家 Gedye 等发现微波辐照下的 4-氰基苯氧离子与氯苄的 S_N2 亲核取代反应可以大大提高反应速率之后,微波促进的有机合成反应引起化学界的极大兴趣。自此,在短短的十几年里,微波促进有机化学反应的研究已成为有机化学领域中的一个热点,并逐步形成了一个引人注目的全新领域——MORE 化学。特别是近年来,随着人们环保意识的增强和可持续发展战略的实施,倡导发展高效、环保、节能、高选择性、高收率的合成方法,利用微波促进有机合成反应显得具有现实意义。

10.2.1　微波辐照技术的定义与特点

微波(MW)即指波长从 $0.1 \sim 100$ cm,频率从 300 MHz～300 GHz 的超高频电磁波。微波加速有机反应的原理,传统的观点认为是对极性有机物的选择性加热,是微波的致热效应。极性分子由于分子内电荷分布不平衡,在微波场中能迅速吸收电磁波的能量,通过分子偶极作用以每秒 4.9×10^9 次的超高速振动,提高了分子的平均能量,使反应温度与速度急剧提高。但其在非极性溶剂(如甲苯、正己烷、乙醚、四氯化碳等)中吸收 MW 能量后,通过分子碰撞而转移到非极性分子上,使加热速率大为降低,所以微波不能使这类反应的温度得以显著提高。实际上微波对化学反应的作用是复杂的,除具有热效应以外,还具有因对反应分子间行为的作用而引起的所谓"非热效应",如微波可以改变某些反应的机理,对某些反应不仅不促进,还有抑制作用。说明微波辐照能够改变反应的动力学,导致活化能发生变化。此外,微波对反应的作用程度不仅与反应类型有关,而且还与微波本身的强度、频率、调制方式(如波形、连续或脉冲)及环境条件有关。

与一般的有机反应不同,微波反应需要特定的反应技术并在微波炉中进行。与常规加热方法不同,微波辐照是表面和内部同时进行的一种加热体系,不需热传导和对流,没有温度梯度,体系受热均匀,升温迅速。与经典的有机反应相比,微波辐照可缩短反应时间,提高反应的选择性和收率,减少溶剂用量,甚至可无溶剂进行,同时还能简化后处理,减少"三废",保护环境,所以被称为绿色化学。微波有机合成反应技术一般分为密闭合成反应技术和常压合成反应技术等。随着对微波反应的不断深入研究,微波连续合成反应新技术逐渐形成并得到发展。目前,微波有机合成化学的研究主要集中在三个方面:第一,微波有机合成反应技术的进一步完善和新技术的建立;第二,微波在有机合成中的应用及反应规律;第三,微波化学理论的系统研究。

10.2.2 微波辐照在有机合成中的应用

1. 烷基化反应

α-苯磺酰基乙酸酯在微波辐照条件下,与卤代烃反应 2 min 可得到 α-取代产物,产率为 80%。

以 K_2CO_3 或 KF/Al_2O_3 作为碱,以四丁基溴化铵(TBAB)作为相转移催化剂,在无溶剂条件下,将苯乙腈和卤代烷微波辐照 1.5 min,得到 $79\%\sim85\%$ 产率的 C-烷基化产物。

$$C_6H_5CH_2CN + RX \xrightarrow[\text{MW, 1.5 min}]{\text{base, TBAB}} C_6H_5\overset{\displaystyle R}{\underset{}{|}}CHCN$$

将氯代烷、醇和碱在相转移催化剂作用下,于 125℃ 下微波辐照加热,发生 O-烷基化反应,反应 5 min 得到 98% 的醚。

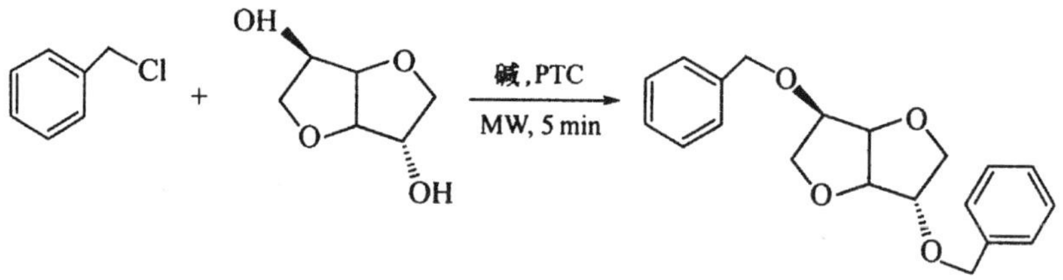

2. 羰基缩合反应

羟醛缩合反应是醛、酮的重要反应之一,也是有机合成中增长碳链的一个重要方法。在常规条件下,芳醛和丙酮的缩合反应是在稀碱溶液中进行的,其特点是反应时间长,且产率不高,仅为 50% 左右,尤其是在进行后处理时,因中和分离过程产生大量中性盐等废弃物而较难处理。近来有文献报道该反应在相转移催化剂 PEG-400 和 5% KOH 条件下进行,产率相应有所提高,但反应时间并未缩短,用适当的微波辐照功率及辐照时间,使芳醛和丙酮在碱性条件下的缩合反应快速完成,产品收率较高。反应式如下:

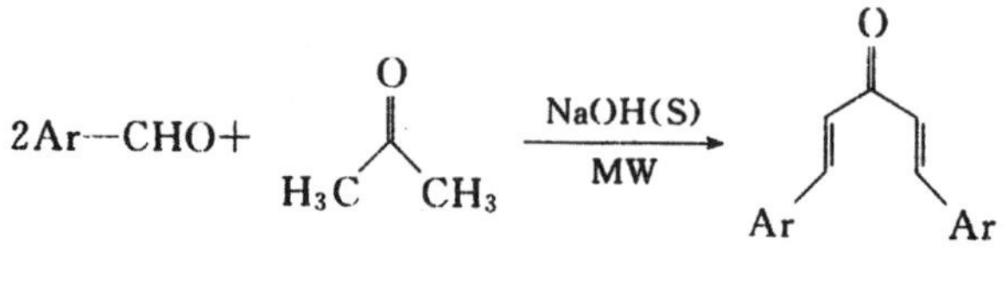

3. 磺化反应

萘的磺化反应如下:

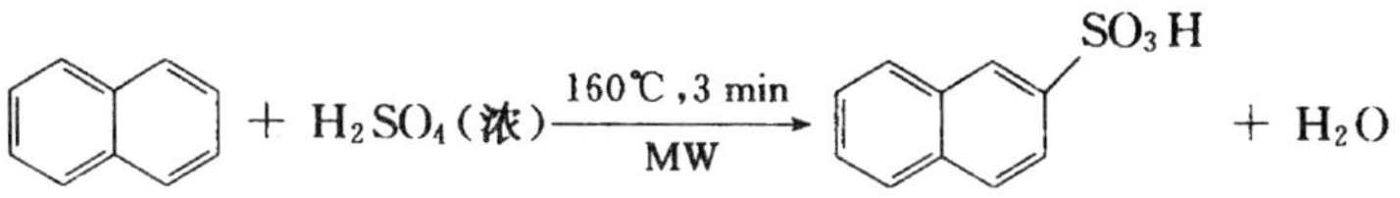

4. 酯化反应

在微波辐照条件下，羧酸和醇脱水生成酯，可免去分水器来除去生成的水。1996 年，Loupy 报道了合成对苯二甲酸二正辛基酯的反应，反应 6 min 完成，产率 84%。而传统的加热方法用同样的时间，产率仅为 22%。

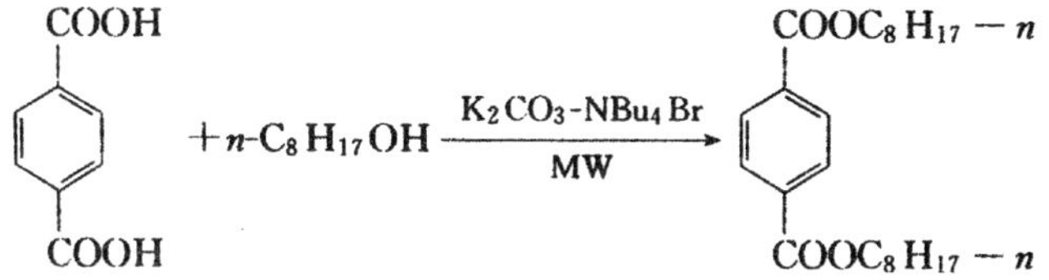

微波常压条件下由 L-噻唑烷-4-甲酸和甲醇合成 L-噻唑烷-4-甲酸酯的实验结果，微波作用下，反应 10 min 产率达 90% 以上，比传统的加热方法快 20 倍。例如：

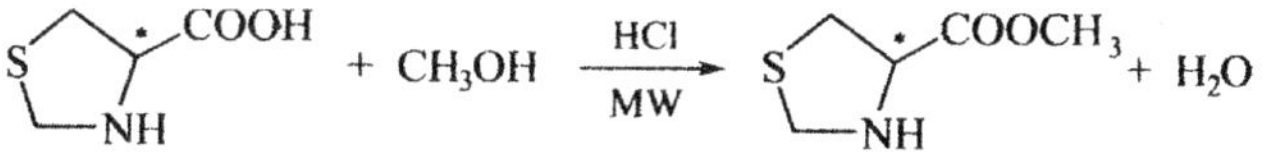

5. 氧化与还原反应

麻黄碱(ephedrine)原从植物麻黄中提取，现已可人工合成。苯甲醛经生物转化生成(-)-1-苯基-1-羟基丙酮，与甲胺缩合生成(R)-2-甲基亚氨基-1-苯基-1-丙醇，用硼氢化钠还原生成麻黄碱。上述合成路线利用微波技术，使缩合和还原两步反应时间分别缩短为 9 min 和 10 min，收率分别为 55% 和 64%。

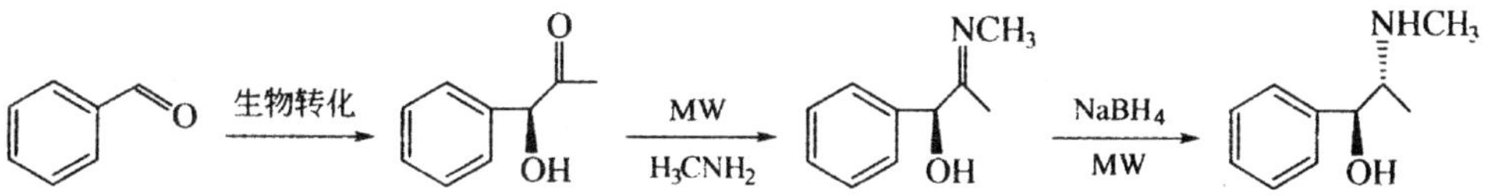

用 Al_2O_3 吸附的 $NaBH_4$ 可将羰基化合物还原为醇，反应在几秒内完成。

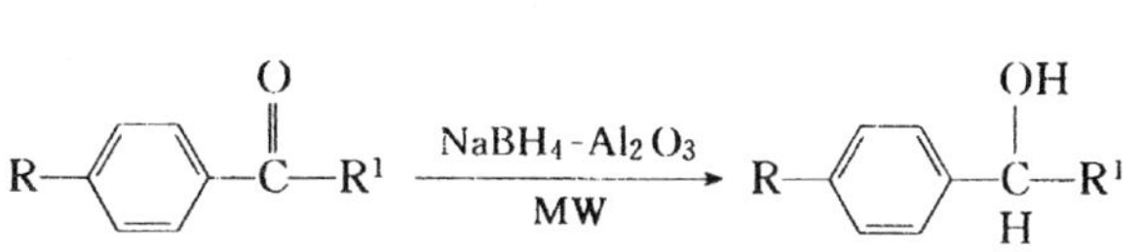

6. 相转移催化反应

以固体季铵盐作载体，由于发生离子对交换作用，形成了松散的高反应性亲脂极性离子对 $NR_4^+Nu^-$，对微波敏感。在微波促进、相转移催化剂(PTC)作用下，在 2～7 min，溴代正辛烷对苯甲酸盐进行的烷基化反应可达到 95% 的产率。与油浴加热产率相当，但反应时间大大缩短。

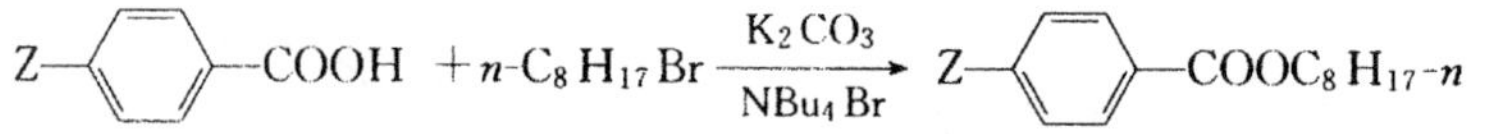

$$Z-\text{〈}-COOH + n\text{-}C_8H_{17}Br \xrightarrow[\text{NBu}_4Br]{K_2CO_3} Z-\text{〈}-COOC_8H_{17}\text{-}n$$

以醇和卤代烃为起始物,在季铵盐的存在下,在微波照射下合成脂肪族醚。在 5～10 min 内反应可以完成,产率 78%～92%。

7. 取代反应

对甲基苯酚与氯甲磺酸钠在微波照射下的反应,只需 40 s,产率为 95%。传统的方法需要在 200℃～220℃下反应 4 h,产率只有 77%。

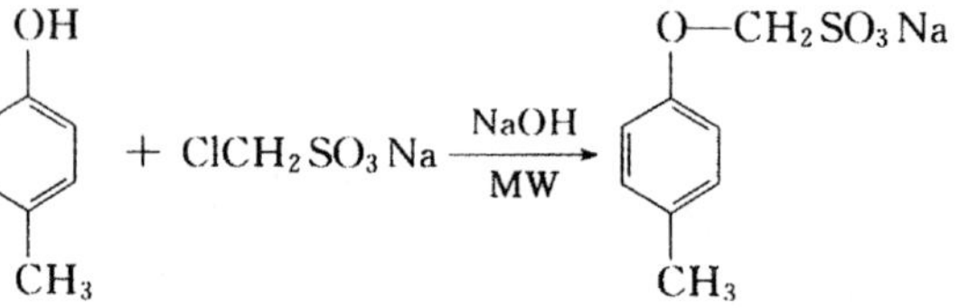

5'-D 烯内基脱氧胸腺嘧啶苷具有抗病毒活性。以糖苷与烯丙基溴在室温搅拌反应 4.5 h 发生亲核取代反应得烯丙基糖苷产物,收率 75%。而在 100 W 的微波作用下,反应时间缩短至 4 min,收率提高至 97%。

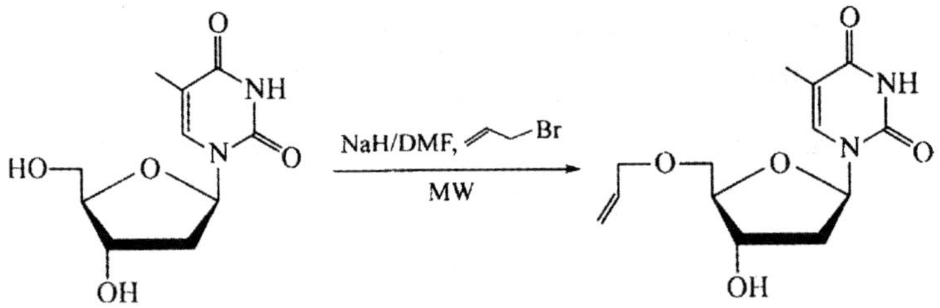

8. 重排反应

Claisen 重排反应是重要的周环反应之一,微波辐照可以有效地促进这类反应的发生。例如,2-甲氧苯基烯丙基醚在 DMF 中,经微波辐照 1.5 min 即可得到收率为 87% 的重排产物,而在通常条件下加热(265℃)反应 45 min,只生成产率为 71% 的重排产物。

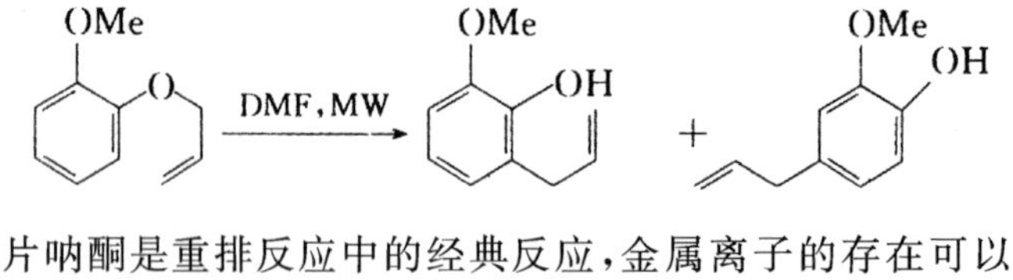

片呐醇重排成片呐酮是重排反应中的经典反应,金属离子的存在可以加速片呐醇重排成片呐酮的微波反应。

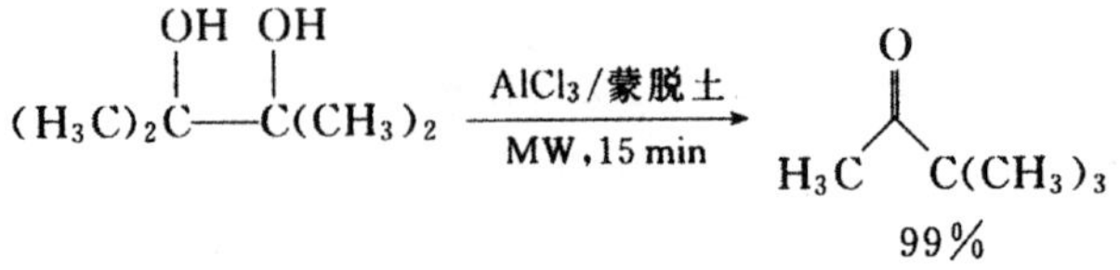

9. Diels-Alder 反应

在甲苯中,利用微波进行 C_{60} 上的 Diels-Alder 反应 20 min 得到 30% 的加成产物,而传统方法回流 1 h 产率仅为 22%。反应式如下:

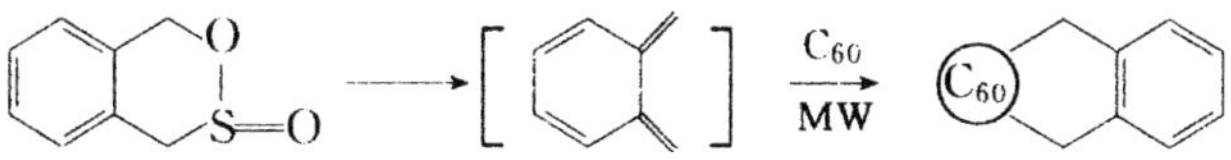

10. Michael 加成反应

Michael 加成反应是一类用途很广的反应,它是形成 C—C 键的方法,不仅用于增长碳链,而且在成环和增环反应中也有应用,亦可通过受体与各种胺的 Michael 加成反应提供形成 C—N 键的有效途径。

用 α,β-烯酮与硝基甲烷、丙二酸二乙酯、乙腈、乙酰丙酮在无溶剂条件下,以 Al_2O_3 作催化剂,在 15~25 min 内以 90% 的收率制得加成产物;而常规条件下该类反应往往需要十几个小时甚至十几天,H 产率普遍低于微波加热所得产率。

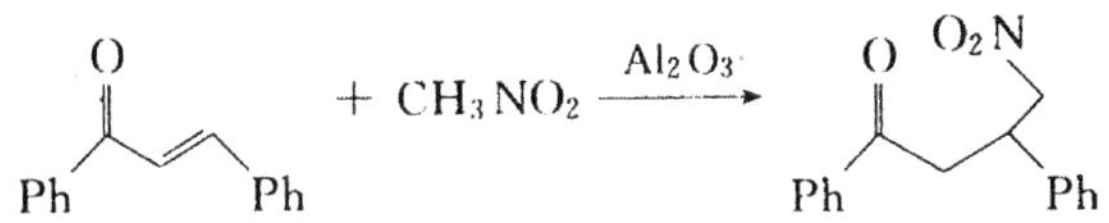

这一类反应体现了微波方法所具有的显著优点:环境安全性和廉价试剂的使用、反应速率的提高、产率的提高及操作简便等。

11. Perkin 反应

在 500 W 微波辐照 4~12 min 和乙酸钠的催化条件下,芳醛和乙(丙)酸酐通过缩合反应得到肉桂酸衍生物,收率为 20%~83%。反应如下:

$$R^1CHO+(R^2CH_2CO)_2O \xrightarrow{MW} R^1CH=CR^2COOH+R^2CH_2COOH$$

12. Wittig 缩合反应

稳定的膦叶立德与酮进行 Wittig 反应时,反应较难进行。Spinella 等发现微波照射可以促进这类 Wittig 反应。与传统方法相比,时间更短,产率更高,并且不需溶剂。

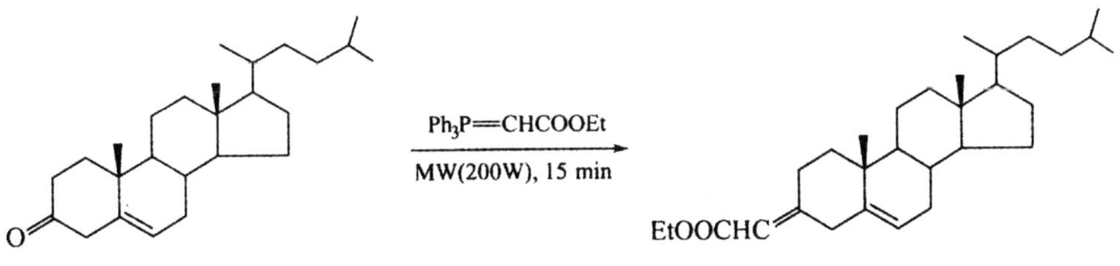

10.2.3　微波有机合成技术的发展

大量的工作已经证实在很多有机合成反应中,微波加热能大大加快反应速率,因而有关微波对化学反应促进作用的研究工作迅速开展,并显示出了广阔的前景。但是,当把实验室中由

家用微波炉所取得的研究成果推广到化学工业中时,却发现实际情况远比所预料的要复杂,主要问题如下:

①在大功率微波作用下,化学反应系统通常产生强烈的非线性响应,这些非线性响应对于微波系统和反应体系来说常常是有害的。例如,当用微波加快橄榄油皂化反应过程时,随着反应的进行,系统的等效介电系数突然变化,导致系统对微波的吸收突然增加,往往由于温度过高而将反应物烧毁。

②在一定的条件下微波既能促进反应的进行,也能抑制反应的进行。在微波加快化学反应的过程中产生的一些"特殊效应"难以解释。这在科学界至今仍是有争议的问题。这主要是因为目前所用的微波反应器在设计上不够严谨、在制造上不够精密,从而导致许多有关微波加速机理的研究工作由于设备上的缺陷而缺乏足够的说服力。

③大容量的化学反应器都很难获得均匀的微波加热。反应系统的均匀加热问题直接关系到反应产物的质量和生产的效率。由于电磁场与反应系统的相互作用不同于传统加热情况,如何设计高效、对反应物加热均匀的微波化学反应器成为当今微波化学工业亟待解决的难题。

对某一具体的化学反应是否适合于用微波加热、加热效果如何,这完全取决于反应物分子与微波发生相互作用的能力。微波对反应的作用程度除了与反应类型有关外,还与微波的强度、频率、调制方式及环境条件有关。此外,重要的是由于化学反应是一个非平衡系统,旧的物质在不断消耗,新的物质在不断生成,各相界面可能发生随机变化。与此同时,系统的宏观电磁场特性也在发生变化,而且在微波辐照下,这种变化还与所用的微波紧密相关。所有这些因素都将导致反应系统对微波的非线性响应。要解决这些问题必须首先搞清楚微波同化学反应系统之间的相互作用,才能通过计算预测反应系统对微波的非线性响应过程,同时对这些相互作用过程中所产生的非线性现象和"特殊效应"做出较为合理的解释。

10.3　有机电化学合成技术

10.3.1　有机电化学合成原理

有机电化学合成是指用电化学方法进行有机化合物的合成,是集电化学、有机合成、化学工程等多个学科为一体的一种边缘学科。有机电化学合成可以在温和的条件下进行,在反应过程中用电子代替那些会造成环境污染的氧化剂和还原剂,是一种环境友好的洁净合成方法。

有机电化学合成均在电解装置中进行,电解装置包括直流电源、电极、电解容器、电压表和电流表五部分,电极和盛电解液的电解容器构成电解池,也称电解槽。

直流电源通常用 20 A/200 V 的电源,如果电解液的导电性差,则选用 20 A/100 V 的电源。电解槽分为一室电解槽和二室电解槽两大类。如果主反应的反应物和产物在电解槽内不发生反应,则用无隔膜的一室电解槽,否则需用有隔膜的二室电解槽,如图 10-5 所示。电解方式主要有恒电位电解和恒电流电解。恒电位电解是利用恒电位仪使工作电极电势恒定的一种电解方式,优点是产物纯度高且易分离,缺点是恒电位仪价格较高,常在实验室使用恒电位电解。恒电流电解是通过恒电流仪实现的,优点是恒电流仪价格较低,缺点是产物纯度低,分离困难,只有在目标产物的生成受电位大小的影响较小时才使用,且多在工业上使用。

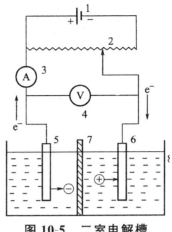

图 10-5　二室电解槽

电解合成的基本原理为通电前,电解质中的离子处于无秩序的运动中,通直流电后,离子做定向运动。阳离子向阴极移动,在阴极得到电子,被还原;阴离子向阳极移动,在阳极失去电子,被氧化。

10.3.2　有机电化学合成方法

近代有机电化学合成方法有间接电化学合成法、成对电化学合成法、电聚合、电化学不对称合成等。

1. 间接电化学合成法

直接有机电化学合成是依靠反应物在电极表面直接进行电子交换来生成新物质的一种方法。但缺点主要有:

①电极反应速率太慢。

②有机反应物在电解液中的溶解度太小。

③反应物或产物易吸附在电极表面上,形成焦油状或树脂状物质从而使电极污染,导致电化学合成的产率及电流效率较低等。

间接有机电化学合成是通过一种传递电子的媒质(易得失电子的物质)与反应物发生化学反应生成产物,发生价态变化的媒质再通过电解恢复原来的价态重新参与下一轮化学反应,如此循环便可以源源不断地得到目标产物。

例如,以钼为媒质,高价的 Mo^{n+} 将反应物 A 氧化为产物 B,自身被还原为低价的 $Mo^{(n-1)+}$。通过电氧化失去电子又变成原来的高价 Mo^{n+}。具体过程表示如下:

$$A \xrightarrow[-e^-]{阳极} I \xrightarrow[+e^-]{阴极} B$$

上述过程中有机反应物并不直接参加电极反应,而是媒质通过电极反应而再生,然后与反应物发生化学反应变成产物,所以这一方法称为间接有机电化学合成法。

间接电化学合成可采用两种操作方式:槽内式和槽外式。槽内式是在同一个装置中同时进行化学反应和电解反应。槽外式是将媒质先在电解槽中电解,然后转移到反应器中与反应物发生反应生成产物,反应结束后与含媒质的电解液分离,然后媒质返回到电解槽中重新电解再生。槽内式的优点是可以节省设备投资,操作简便,但使用时必需满足两个条件:

①电解反应与化学反应的速率相近,温度、压力等基本条件基本相同。

②反应物和产物不会污染电极表面。

在间接电化学合成中使用的媒质分为金属媒质、非金属媒质、有机物媒质、金属有机化合物媒质等,其中金属媒质最常用。使用时可只使用一种媒质,也可以混合使用两种或两种以上媒质进行间接电化学合成。

2. 成对电化学合成法

成对电化学合成法是一种对环境几乎无污染的有机合成方法,被称为绿色工业。是指在阴、阳两极同时安排可以生成目标产物的电极反应,这种电极反应可以大大提高电流的效率(理论上可达 200%),可以节省电能、降低成本,提高了电合成设备的生产效率。成对电化学合成的两个电极反应的电解条件必需近似相同。根据实际情况可以决定是否使用隔膜。如果反应过程为反应物 A 在阳极氧化为中间产物 I,I 再在阴极上还原为目标产物 B。

$$A \xrightarrow[-e^-]{阴极} I \xrightarrow[+e^-]{阴极} B$$

成对电化学合成与间接电化学合成结合起来合成间氨基苯甲酸,合成原理如下:

阳极的电解氧化:

$$2Cr^{3+} + 7H_2O - 6e^- \longrightarrow Cr_2O_7^{2-} + 14H^+$$

间硝基苯甲酸的槽外合成:

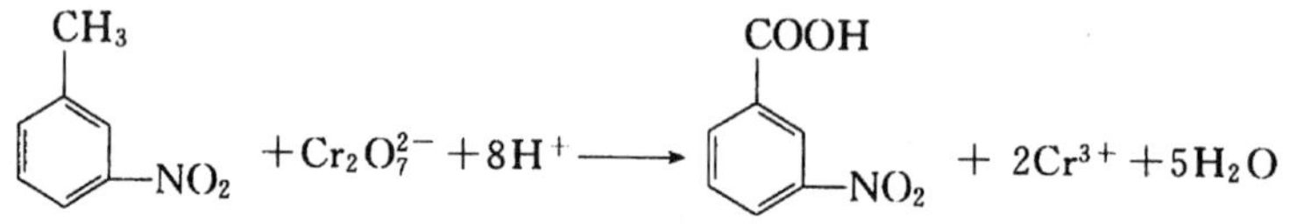

阴极的电解还原:

$$Ti^{4+} + e^- \longrightarrow Ti^{3+}$$

间氨基苯甲酸的槽外合成:

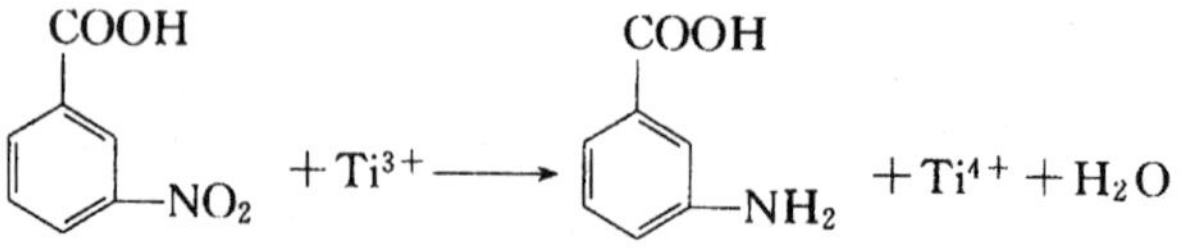

间氨基苯甲酸的具体合成过程如图 10-6 所示。

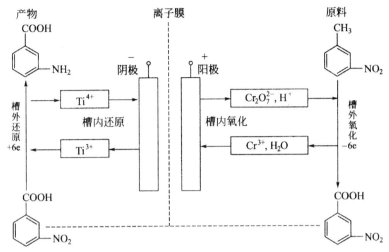

图 10-6　间接成对电化学合成间氨基苯甲酸示意图

3. 电聚合

电化学聚合是应用电化学方法在阴极或阳极上进行聚合反应，生成高分子聚合物的过程。例如丙烯腈电解二聚合成己二腈：

$$CH_2=CH-CN \xrightarrow{+e^-} \dot{C}H_2-\ddot{C}H-CN$$

电聚合反应机理包括链的引发、链的增长、链的终止三个阶段。链的引发是产生活性自由基的过程。单体 R 或引发剂 A 可以在电极上转移电子成为活性中心。

$$A+e^- \longrightarrow A^* \text{ 或 } R+e^- \longrightarrow R^*$$

链的增长是活性中心转移和聚合物链不断增长的过程，链的终止是聚合物末端的活性基团失去活性而终止聚合的过程。

不同结构和性能的功能高分子材料可通过改变电极材料、溶剂、支持电解质、pH、电聚合方式等获得；高聚物的聚合度和相对分子质量可通过改变电解条件来实现。

4. 电化学不对称合成

电化学不对称合成是指在手性诱导剂、物理作用（磁场、偏振光等）等诱导作用的存在下将潜手性的有机化合物通过电极反应生成有光学活性化合物的一种合成方法。手性诱导剂包括手性反应物、手性支持电解质、手性氧化还原媒质（在间接电化学合成中）、手性修饰电极等。与传统的不对称合成相比，电化学不对称合成具有反应条件温和、易于控制、手性试剂用量少、产物较纯、易于分离等优点。其缺点为产物光学纯度不高、手性电极寿命不长、重现性不佳等。

5. 固体聚合物电解质法

固体聚合物电解质法(SPE)是 20 世纪 80 年代初发展起来的一种新的电合成方法,它是利用金属与固体聚合物电解质的复合电极进行电解合成的一种方法。这种复合电极的固体聚合物膜一方面起隔膜作用,另一方面可以传递离子起导电作用。[①]

图 10-7 是固体聚合物电解质法电合成原理的示意图。

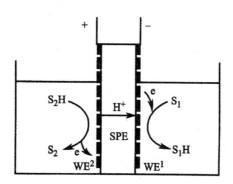

图 10-7   固体聚合物电解质法合成原理示意图

固体聚合物膜在电解池聚合物中间,起隔膜作用,膜两侧的金属层分别作为阴极和阳极。电解时阴、阳两极同时发生电合成反应。

10.3.3   有机电合成反应

1. 氧化反应

在不同的电解条件下,双键氧化的产物不同,如乙烯的电氧化。

$$
H_2C=CH_2 \begin{cases} \xrightarrow{Pt,\ H_2SO_4} HOCH_2CH_2OH+2e^- \\ \xrightarrow{Pt,\ H_2SO_4,\ Hg_2SO_4} CH_3CHO+2e^- \\ \xrightarrow{C,\ LiAC} H_2C=CH-O-\overset{\displaystyle O}{\overset{\|}{C}}-CH_3+4e^- \\ \xrightarrow{Ag,\ C_6H_5COONa} H_2C-CH_2+2e^- \end{cases}
$$

芳香族化合物可以被电氧化成醌、醛、酸等。

$$
\bigcirc + 2H_2O \xrightarrow{\text{阳极}} O=\bigcirc=O + 6H^+ + 6e^-
$$

---

① 薛永强,张蓉. 有机合成方法与技术. 第 2 版. 北京:化学工业出版社,2007

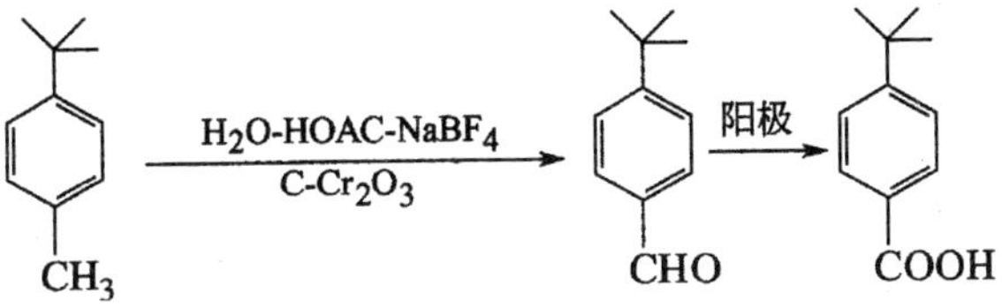

杂环化合物也可以发生电氧化，如糠醛可被氧化成丁二酸。

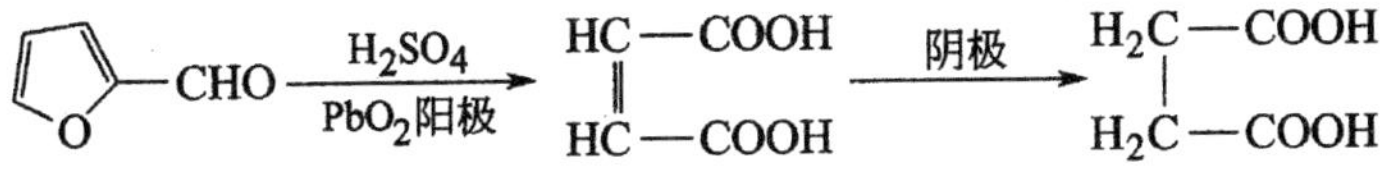

伯醇可被氧化成醛或酸，仲醇可被氧化成酮。

$$RCH_2OH \xrightarrow{阳极} RCHO \xrightarrow{阳极} RCOOH$$

$$\begin{matrix} R \\ \quad\diagdown \\ \quad CHOH \\ \quad\diagup \\ R' \end{matrix} \xrightarrow{阳极} \begin{matrix} R \\ \quad\diagdown \\ \quad C{=}O \\ \quad\diagup \\ R' \end{matrix}$$

羧酸盐被电氧化脱羧生成较长碳链的烃，这就是有名的柯尔贝(Kolbe)反应，是最早实现工业化的有机电化学合成反应。

$$2RCOO^- \xrightarrow[CH_3OH]{Pt\ 阳极} R—R + 2CO_2 + 2e^-$$

2. 还原反应

羟基可被电还原成氢，如羟甲基可被电还原成甲基。

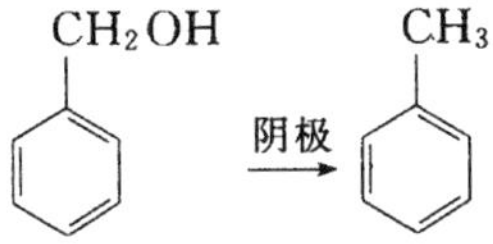

羰基能被电还原，如醛基可被还原成醇，酮羰基可被还原成亚甲基。

$$CH_3CHO \xrightarrow[C\ 阴极]{CF_3Br/DMF\text{-}LiClO_4} H_3C—\overset{H}{\underset{OH}{C}}—CF_3$$

$$\begin{matrix} R—CO \\ \quad\diagdown \\ \quad NR' \\ \quad\diagup \\ R—CO \end{matrix} \xrightarrow{阴极} \begin{matrix} R—CH_2 \\ \quad\diagdown \\ \quad NR' \\ \quad\diagup \\ R—CH_2 \end{matrix}$$

一般情况下，羧基难以被还原，但羰基容易被电还原成醛和醇。

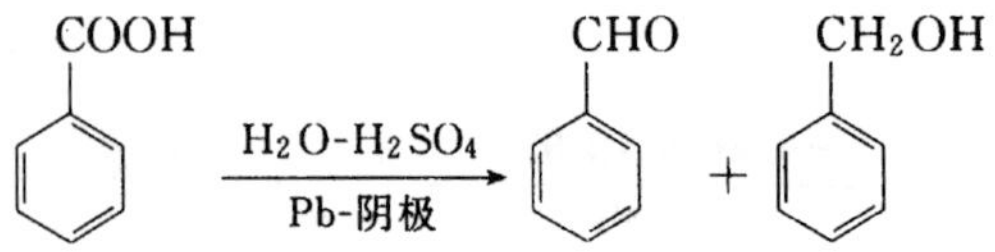

$$\underset{\text{(COOH)}}{} \xrightarrow[\text{Pb-阴极}]{\text{H}_2\text{O-H}_2\text{SO}_4} \underset{\text{(CHO)}}{} + \underset{\text{(CH}_2\text{OH)}}{}$$

3. 电加成反应

阳极加成是两个亲核试剂分子（用 Nu 表示）和双键体系加成的同时失去两个电子的反应，通式为：

$$R_2C{=}CR_2 + 2Nu^- \xrightarrow{\text{阳极}} R_2\underset{|\;\;\;|}{C}{-}CR_2 + 2e^-$$
$$\phantom{R_2C{-}CR_2}\;\;\text{Nu}\;\text{Nu}$$

阴极加成是两个亲电试剂分子（用 E 表示）和双键体系加成的同时加两个电子的反应，通式如下：

$$R_2C{=}CR_2 + 2E^+ + 2e^- \xrightarrow{\text{阴极}} R_2\underset{|\;\;\;|}{C}{-}CR_2$$
$$\phantom{R_2C{-}CR_2}\;\;\text{E}\;\;\text{E}$$

例如，烯烃的氧化、还原加氢：

$$H_2C{=}CH_2 \xrightarrow[\text{C 阳极}]{\text{H}_2\text{O-HCl （FeCl}_3\text{）}} \underset{\;\;\text{Cl}\;\;\text{Cl}}{H_2C{-}CH_2}$$

$$\underset{\diagup}{\overset{\diagdown}{C}}{=}\underset{\diagdown}{\overset{\diagup}{C}} + R{-}\underset{\underset{\text{O}}{\parallel}}{C}{-}R' + 2H^+ + 2e^- \xrightarrow{\text{阴极}} HO{-}\underset{\underset{R'}{|}}{\overset{\overset{R}{|}}{C}}{-}C{-}C{-}H$$

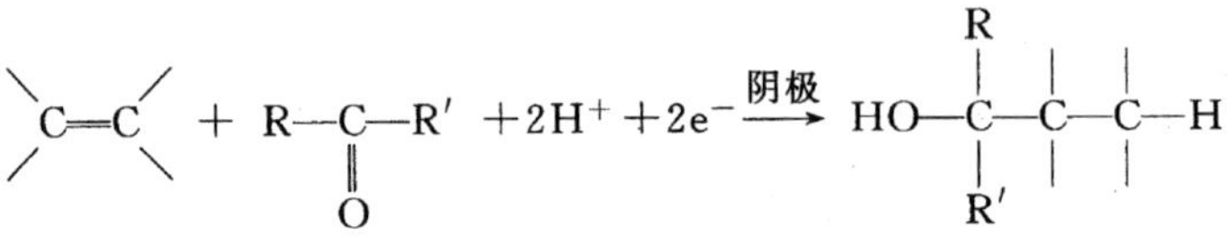

4. 电取代反应

阴极取代反应是亲电试剂对亲核基团的进攻，阳极反应则正好相反。阴、阳两极的取代反应可用下列通式表示：

阴极取代 $\qquad R{-}Nu + E^+ + 2e^- \rightarrow R{-}E + Nu^-$

（$E{=}H$、CO_2、CH_3Br；$Nu{=}$卤素、RSO、RSO_2、NR_3）

阳极取代 $\qquad R{-}E + Nu^- \rightarrow R{-}Nu + E^+ + 2e^-$

（$E{=}H$、R_3C、OCH_3 或其他：$R{=}Ar$、$ArCH_2$、卤素、$\overset{\diagdown}{\underset{\diagup}{C}}{=}C{=}CH_2$等）

例如：

苯侧环的取代 $\quad H_3C{-}{-}OAC \xrightarrow[\text{C 阳极}]{\text{HOAC-CH}_3\text{OH}} OHC{-}{-}OAC$

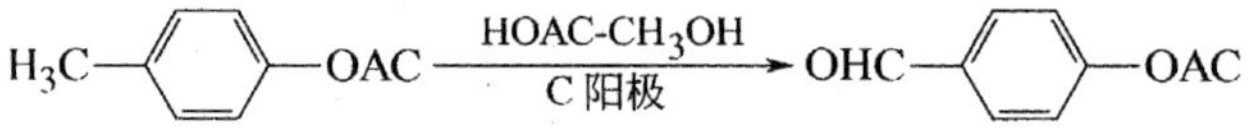

5. C—C 偶合反应

阳极 C—C 偶合反应可用下列通式来表示：

$$2 \underset{}{\diagdown}C=C\diagup + 2Nu^- \xrightarrow{\text{氧化}} Nu-C-C-C-C-Nu + 2e^-$$

或

$$RO-\underset{X}{\bigcirc} \xrightarrow{\text{阳极}} RO-\underset{X}{\bigcirc}-\underset{X}{\bigcirc}-OR$$

具体反应如：

$$2 \diagup C=C \diagdown + 2E^+ + 2e^- \xrightarrow{\text{阴极}} E-|-|-|-|-E$$

阳极 C—C 偶合反应可用下列通式来表示：

$$2R\text{-}E \xrightarrow{\text{阳极}} R\text{-}R + 2E^+ + 2e^-$$

或

$$2\,Br\diagup\diagdown OH \xrightarrow[\text{Cu 阴极}]{H_2O\text{-}NH_4OH\text{-}NH_4Cl} HO-(CH_2)_4-OH$$

具体反应如：

阳极 C—C 偶合反应可用下列通式来表示：

$$2R-Nu + 2e^- \xrightarrow{\text{阳极}} R-R + 2Nu^-$$

6. 电裂解反应

阴极的还原裂解反应：

$$\underset{}{\bigcirc}\text{-}SO_2NHR + 2H^+ + 2e^- \xrightarrow{\text{阴极}} \underset{}{\bigcirc}\text{-}SO_2H + RNH_2$$

阳极氧化裂解反应：

$$\underset{X\ Y}{\diagup C-C\diagdown} + H_2O \xrightarrow{\text{阳极}} 2\ \diagup C=O + X^- + Y^- + 2e^-$$

$$(X、Y = NR_2，OR，C_6H_6S)$$

7. 电环化反应

阳极电环化反应：

$$(C_6H_5)_2C=CHCOO^- \xrightarrow[\text{阳极}]{-e^-} \underset{}{\bigcirc}\overset{C_6H_5}{} \xrightarrow[\text{阳极}]{-e^-,\ -H^+} \underset{}{\bigcirc}\overset{C_6H_5}{}$$

阴极电环化反应：

$$\underset{XH_2C\quad CH_2X}{\overset{XH_2C\quad CH_2X}{\diagup C \diagdown}} + 4e^- \xrightarrow{\text{阴极}} \bowtie + 4X^-$$

8. 电消除反应

阳极和阴极的电化学消除反应分别为阳极和阴极点加成反应的逆反应。

①阳极电消除反应（脱羧）。

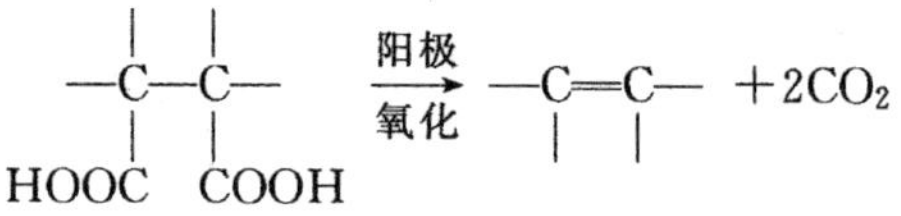

$$\underset{\substack{|\quad|\\HOOC\quad COOH}}{-C-C-} \xrightarrow[\text{氧化}]{\text{阳极}} \underset{|\quad|}{-C=C-} +2CO_2$$

②阴极电消除反应。

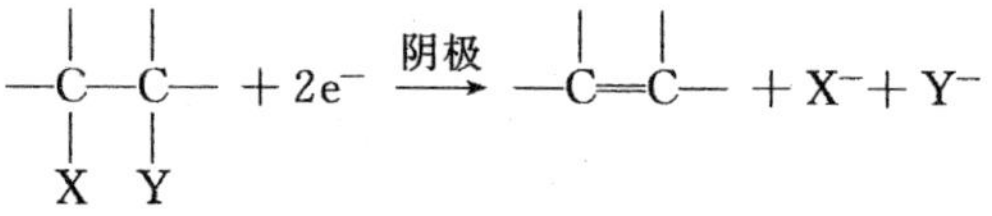

$$\underset{\substack{|\quad|\\X\quad Y}}{-C-C-} +2e^- \xrightarrow{\text{阴极}} \underset{|\quad|}{-C=C-} +X^-+Y^-$$

其中，X、Y＝F、Cl、Br、I、RCOO、RSO₃、RS 等。

通过对全卤代（或部分卤代）芳香族化合物或杂环化合物的电还原消除反应，可区域选择地除去一个卤原子，得到特殊取代方式的芳香族卤代衍生物，此反应具有很高的选择性，例如：

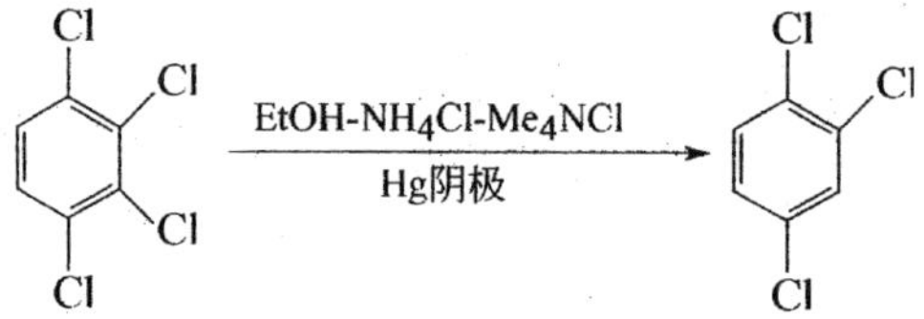

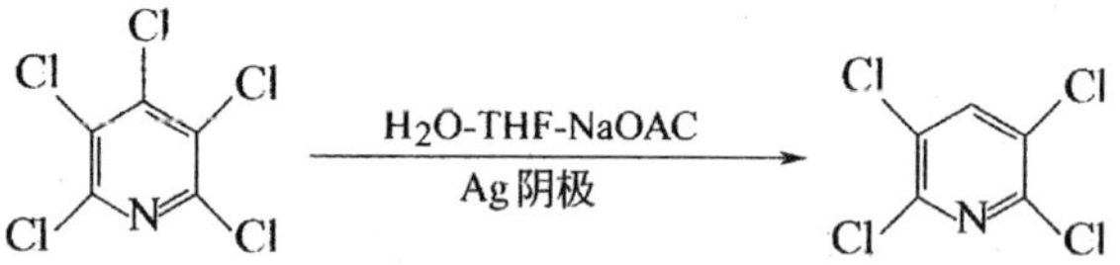

10.4 生物催化有机合成技术

10.4.1 生物催化概述

生物催化是指利用酶或有机体（细胞、细胞器等）作为催化剂进行化学转化的过程，也称生物转化。不对称合成是指无手性或潜手性的底物，在手性条件下，通过手性诱导产生手性产物的过程。所以，生物催化的不对称合成就是指利用酶或有机体催化无手性或潜手性的底物生成手性产物的过程。

人类利用细胞内酶作为生物催化剂实现生物转化已有几千年的历史。我国从有记载的资料得知，4000 多年前的夏禹时代酿酒已盛行。酒是酵母发酵的产物，是细胞内酶作用的结果。2500 多年前的春秋战国时期，我国劳动人民就已能制酱和制醋，在酿酒工艺中，利用霉菌淀粉酶（曲）对谷物淀粉进行糖化，然后利用酵母菌进行酒精发酵曲种有根霉、米曲霉、酵母菌、红曲霉或毛霉等微生物。真正对酶的认识和研究还应归功于近代科学技术的发展。酶这一术语在

1878 年由库内(Kuhner)创造用以表述催化活性。1894 年,费歇尔(Fischer)提出了"锁钥学说"用来解释酶作用的立体专一性。1896 年,德国学者布赫奈纳(Buchner)兄弟发现用石英砂磨碎的酵母的细胞或无细胞滤液和酵母细胞一样将 1 分子葡萄糖转化成 2 分子乙醇和 2 分子 CO_2,他把这种能发酵的蛋白质成分称为酒化酶,表明了酶能以溶解状态、有活性状态从破碎细胞中分离出来而非细胞本身,从而说明了上述化学变化是由溶解于细胞液中的酶引起的。这些工作为近代酶学研究奠定了基础。

物体的手性认识,开始于巴斯德,1848 年他借助放大镜,用镊子从外消旋酒石酸钠铵盐晶体混合物中分离出(+)-和(−)-酒石酸钠铵盐两种晶体,随后的分析测试表明它们的旋光性相反。1858 年他又研究发现外消旋酒石酸铵在微生物酵母或灰绿青霉生物转化下,天然右旋光性(+)-酒石酸铵盐会逐渐被分解代谢,而非天然的(−)-酒石酸铵盐被积累而纯化,该过程被称为不对称分解作用。1906 年,瓦尔堡(Warburg)采用肝脏提取物水解消旋体亮氨酸丙酯制备 L-亮氨酸。1908 年,罗森贝格(Rosenberg)用杏仁(D-醇氰酶)作催化剂合成具有光学活性的氰醇。这些创造性研究工作促进了生物催化不对称合成的研究与发展。1916 年,纳尔逊(Nelson)、格里芬(Griffin)发现转化酶(蔗糖酶)结合于骨炭粉末上仍有酶活性。1926 年,姆纳(Sumner)从刀豆中分离纯化得到脲酶晶体。1936 年,姆(Sym)发现胰脂肪酶在有机溶剂苯存在下能改进酶催化的酯合成。1952 年,得逊(Peterson)发现黑根霉能使孕酮转化为 11α-羟基孕酮,使原来需要 9 步反应才能在 11 位入 α-羟基的反应用微生物转化一步即可完成,产物得率高、光学纯度好,从此解决了甾体类药物合成中的最大难题。我国从 1958 年开始,由微生物学家方心芳教授和有机化学家黄鸣龙教授合作开展这一领域的研究,并取得成功。1960年,诺华(NOVO)公司通过对地衣形芽孢杆菌深层培养发酵大规模制备了蛋白酶,从此开始了酶的商业化生产。经过近半个世纪的研究,生物催化已成为有机合成中的一种方法。生物催化的不对称合成已成功地用于光学活性氨基酸、有机酸、多肽、甾体转化、抗生素修饰和手性原料(源)等制备,这是有机合成化学领域的一项重要进展。

生物催化之所以在有机合成特别是在不对称合成中得到快速的发展,其原因与生物催化的特点有关。

10.4.2　生物催化剂

酶作为一种高效生物催化剂,有着化学催化剂无可比拟的优越性,已经广泛应用于食品、制药和洗涤剂工业。随着酶催化理论的突破,近年来,酶催化聚合反应的研究十分活跃,特别是利用酶催化技术成功合成了化学方法难以实现的功能高分子,而且该技术具有节能和对环境无不良影响等优点。

1. 酶催化的特点

酶作为催化剂的特点如下:

(1)反应条件温和

酶催化反应一般在温和条件下进行,反应的 pH 为 5~8,一般在 7 左右,反应温度在 20℃~40℃,一般为 30℃左右,投资小,能耗少,且操作安全性高。在这样的反应条件下,还可以减少不必要的副反应。

（2）酶催化的专一性

酶催化具有高度专一性，包括底物专一性和产物专一性。酶活性中心的特殊结构使酶只能对特定的底物起特定作用，能有效地催化一般化学反应内较难进行的反应。底物专一性包括立体专一性和非立体专一性。立体专一性包括对映体专一性、顺反专一性、异头专一性等。非立体专一性则是从底物分子内部的键以及组成该键的基团来分类的专一性。产物专一性则指生产产物的立体结构的专一性。

（3）催化效率高

酶催化的反应速率比非酶催化的反应速率一般要快 $10^6 \sim 10^{12}$ 倍，酶催化的反应中酶的用量为 $10^{-5} \sim 10^{-6}$（物质的量比），具有极高的催化效率。与其他催化剂一样，酶催化仅能加快反应速率，但不影响热力学平衡，酶催化的反应往往是可逆的。

（4）天然无污染

酶本身来自天然，本身是可以生物降解的蛋白质，是理想的绿色催化剂，对产物和环境影响极小。

（5）手性化合物的合成

酶是高度手性的催化剂，其所催化的反应具有高度的立体选择性。在手性技术中，无论是手性合成还是手性拆分都涉及生物催化法。因此，生物催化的手性合成具有巨大的发展潜力。生物催化剂不像无机金属催化剂，它使用后可被降解，是环境友好的催化剂；生物催化反应具有高度的立体选择性，能使潜手性化合物只生成 2 个对映体中的一种，避免了另一种无用对映体的生成，从而减少了废物的排放，这是绿色化学研究的重要组成内容。

2. 酶的催化机理

酶活性中心与底物的结合大多是通过短程的非共价键。反应产物易同酶—底物复合物分开；也有部分酶与底物的结合是通过共价键，则产物难以释放出来，使酶作为催化剂的效率就会变低。实验表明，酶的催化功能部分地受到活性中心内具有一定空间位置的带电荷基团的影响，这些基团是酶蛋白中某些氨基酸残基的电离侧链，通过酶蛋白分子二级结构和三级结构的卷曲使其与酶的活性中心靠得很近。催化基团的精确位置对酶促反应甚为重要，酶蛋白的变性使空间排列受到破坏，酶因而失活。酶促反应包括酶与底物的结合和催化基团对反应的加速 2 个过程，酶促反应是各种效应的综合。

（1）酶降低反应的活化能

一个简单的单底物的酶促反应可表示为：

$$E + S \rightleftharpoons ES \longrightarrow P + E$$

E，S，P 和 ES 分别表示酶、底物、产物以及酶与底物形成的复合物。一个底物要转化为产物必须克服活化能障，升高反应温度可以增加具有克服活化能障的底物分子数，但活化能并没有降低。

降低活化能同样可提高反应速率，这正是催化剂的功能。作为生物催化剂的酶比无机催化剂效率更高，能使反应更快地达到平衡点，但酶也和其他催化剂一样，可通过降低活化能提高反应速率，但反应的平衡点不会改变。图 10-8(b) 表示的是酶促反应过程中自由能的变化，可以看到，酶存在下的反应活化能要比无催化剂时（见图 10-8(a)）反应的活化能低。

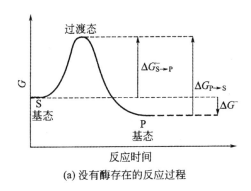
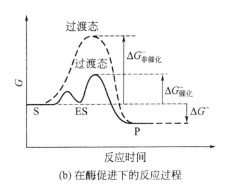

(a) 没有酶存在的反应过程　　　　　　　　(b) 在酶促进下的反应过程

图 10-8　反应过程中自由能变化

（2）邻近效应和定向效应

一个底物分子和酶的一个催化基团在进行反应时,必须相互靠近,彼此间保持适当的角度构成次级键（氢键、范德华力等）。反应基团的分子轨道要互相重叠,这好像是把底物固定在酶的活性部位,并以一定的构象存在,保持正确的方位,才能有效地发挥作用。若底物分子间的距离和定向都达到最适合的时候,催化效率则最高。

（3）微环境的影响

每一种酶蛋白都有特定的空间结构,而这种酶蛋白的特定的空间结构就提供了功能基团发挥作用的环境,这种环境称为微环境。在酶活性部位的裂隙里,相对来说是非极性的。在这个环境中,介电常数较在水环境中或其他极性环境中的介电常数低,在非极性环境中,两个带电物之间的电力比在极性环境中显著增高。催化基团在低介电环境包围下处于极化状态。当底物分子与活性部位相结合时,催化基团与底物分子敏感键之间的作用力要比极性环境还要强,因此这种疏水的环境促进催化总速率的加快。

（4）多元催化

在酶催化反应中,常常是几个基元催化反应配合在一起共同作用。这些基元催化反应主要有广义酸碱催化、共价催化（亲核催化和亲电催化）以及金属离子的催化。

大多数的酶所催化的反应中都包含有广义的酸碱作用。酶分子中含有数个能作为广义酸碱的功能团,如氨基、酪氨酸酚羟基、羧基、巯基和组氨酸咪唑基等。

共价催化是指酶催化过程中的亲核催化和亲电催化过程。如果催化反应速率是将底物从催化剂接受电子对这一步控制,称之为亲核催化;如果催化反应速率是被催化剂从底物接受电子对这一步控制,称之为亲电催化。

金属离子在许多酶中是必要的辅助因子。它的催化作用与酸的催化作用相似,但有些金属可以带上不止一个正电荷,作用比质子强,而且它还具有配合作用,易使底物固定在酶分子上。

（5）底物变形

许多活性部位开始与底物并不相适合,但为了结合底物,酶的活性部位不得不变形（诱导契合）以适合底物。一旦与底物结合,酶可以使底物变形,使得敏感键易于断裂和促使新键形成。

Fischer 提出酶是一个刚性的模板,像一把"锁",只能接受像"钥匙"一样的底物,这样的酶很少。现在人们也用锁钥理论来解释酶的特异性以及酶的催化作用。但"钥匙"是过渡态(或有时是一个不稳定的中间产物),而不是底物。当一个底物与一个酶结合时,可以形成一些弱的相互作用,开始并未真正达到互配,但酶会引起底物扭曲变形。迫使底物朝过渡态转化。只有当底物达到过渡态时,底物和酶之间的弱的相互作用才能达到所谓的"契合"。即只有在过渡态,酶才能与底物分子有最大的相互作用。如图 10-9 所示,酶与底物结合使底物变形生成产物。

图 10-9 诱导契合和底物形变示意图

3. 影响酶促催化反应的因素

(1)温度的影响

化学反应的速度一般都受到温度的影响,温度升高,反映速度加快,温度降低,反应速率减慢,酶促反应在一定的温度范围内(0℃～40℃)也服从这一规律。酶是蛋白质,温度升高,蛋白质变性速度也加快,从而使反应速率降低甚至酶完全丧失活性。在酶促反应中,高温使反应速率加快与使酶失活这两个相反的影响是同时存在的。在温度低时,前者影响大,所以反应速率随温度上升而加快,温度继续上升时,则酶蛋白质变性这一因素逐渐成为主要矛盾,因此,随着酶的有效浓度的减小,反应速率也减慢,只有在某一温度时,酶促反应的速度最大,此时的温度称为酶作用的最适宜温度。

(2)pH 的影响

酶具有许多极性基团,在不同的酸碱环境中,这些基团的游离状态不同,所带电荷也不同,只有当酶蛋白处于一定的游离状态下,酶才能与底物结合,许多底物或者辅因子也具有离子特性,pH 的变化也影响其游离状态,同样可影响与酶结合,因此,溶液的 pH 对酶活性影响很大,若其他条件不变,酶只有在一定的 pH 范围内才能表现催化活性,且在某一 pH 时,酶的催化活性最大。此 pH 称为酶作用的最适 pH。各种酶最适 pH 不同,但多数在中性、弱酸性或者弱碱性范围内。例如,植物及微生物所含的酶最适 pH 多在 4.5～6.5,动物体内酶最适 pH 多在 6.5～8.0,所有的酶反应都有一个最适 pH,这是酶作用的一个重要特征。但是酶的最适 pH 并不是一个特有的常数。它受到许多因素的影响。例如酶的纯度、底物种类和浓度、缓冲剂的种类和浓度等。

(3)底物浓度的影响

底物浓度对酶促反应表现出特殊的饱和现象。在浓度不变的条件下,底物浓度与反应速率的相互关系如图 10-10 所示。在低的底物浓度时,底物浓度增加,反应速率随之急剧增加,反应速率与底物浓度成正比;当底物浓度较高时,增加底物浓度,反应速率虽随之增加,但增加的程度不与底物浓度成正比;当底物达到一定浓度后,若再增加其浓度,则反应速率趋于恒定,并不再受底物浓度的影响,此时的底物浓度已经达到饱和。

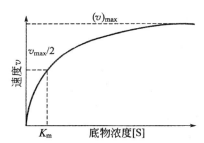

图 10-10　底物浓度对酶促催化的影响

4. 酶催化在有机合成中的应用

(1) 核苷的合成

6-氯嘌呤核苷是重要的医药中间体,可制备多种新型核苷类药物(如 6-氯嘌呤-2′,3′-双脱氧苯甲氧基核苷),特别是作为合成抗心率失常新药 CVT-510 的重要中间体之一。利用菌种 Lactobacillus helveticus(ATCC 10697)所产生的 N-脱氧核糖转移酶,以底物鸟苷和 6-氯嘌呤为原料,通过碱基交换合成 6-氯嘌呤核苷,并优化了反应条件,25 mL 的锥形瓶装有反应液 10 mL,结果显示最佳反应条件如下:底物最适反应浓度为 30 mmol·L^{-1}(鸟苷)和 10 mmol·L^{-1} (6-氯嘌呤),菌体添加量为 8%～10%(湿重,质量分数),反应温度为 40℃,物质的量浓度为 0.1 mol·L^{-1}磷酸缓冲液(pH 为 6.0),摇床转速为 120 r·min^{-1},反应时间为 24 h,6-氯嘌呤核苷收率可达 51.6%,如图 10-11 所示。

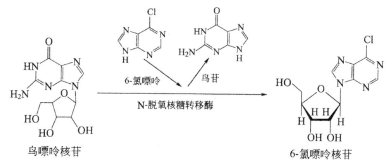

图 10-11　6-氯嘌呤核苷的酶催化合成

(2) 环氧化物的水解

环氧化物水解酶广泛存在于自然界中,在哺乳动物、植物、昆虫、丝状真菌、细菌以及赤酵母中均有发现。环氧化物水解酶是一组功能相似的酶系,能够立体选择性地催化水解环氧化合物生成光学活性环氧化物和相应水溶性的邻位二醇,因此在手性催化反应中有重要作用。近年来,环氧化物水解酶的不对称催化反应已经成为合成靶物质的重要方法。例如,Cleij 等利用黑曲霉环氧化物水解酶催化 α-甲基异丁基苯乙烯环氧化物得到了光学活性的环氧化合物开环化合物。这个开环化合物可进一步用于合成生物活性抗炎药物(S)-异丁基苯丙酸(布洛芬)。

许建和等人利用其实验室筛选的具有环氧水解酶活力的酵母菌 ECU1040 的冻干细胞,催化拆分消旋的缩水甘油萘基醚合成(S)-普萘洛尔,反应式如下所示。

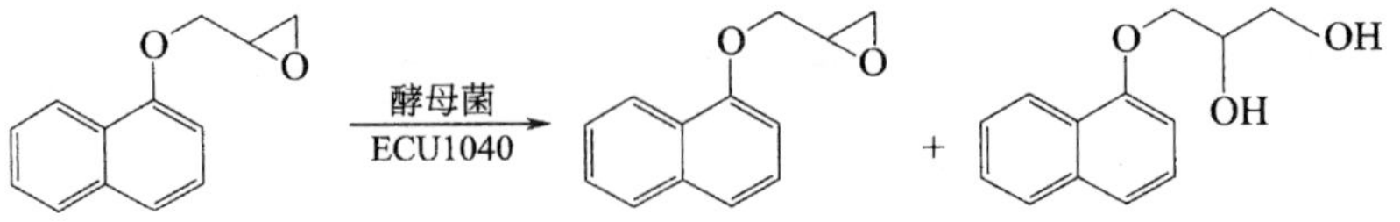

(RS)-1   (R)-1   +   (S)-2

（3）氰基水解酶

早在 20 世纪 30 年代,为了解释一些化学合成的氰基衍生物对植物生长的促进作用,就有人提出某些植物器官能将氰基物转化为酸,哈佛大学的 Thimann 和 Mahadevan 认为这是一个酶促反应,并于 1964 年正式得到此酶,定名为氰基水解酶。1980 年,Asano 首次报道了一种可以与酰胺酶一起降解乙腈的酶,定名为氰基水合酶。目前的研究表明,腈化物的水解可以通过 2 种途径:一是通过氰基水解酶直接转化为羧酸;二是先通过氰基水合酶转化为酰胺,再通过酰胺酶的作用转化为羧酸。通常广义的氰基水解酶就包括 2 种途径所涉及的 3 种酶。

氰基水解酶在工业上已经应用于丙烯酰胺的生产以及烟酰胺的生产。具有很好的化学选择性、区域选择性和光学选择性,例如,在有机合成中,常常需要水解氰基时不伤害其他可以水解的官能团,如酰基、缩醛、醚基等。Faber 小组在固定化酶 SP409 的研究中发现,这种复合酶对乙酯、磷酸酯类底物显示了化学选择性,而对甲酯及乙酰基取代的底物则不具有化学选择性。

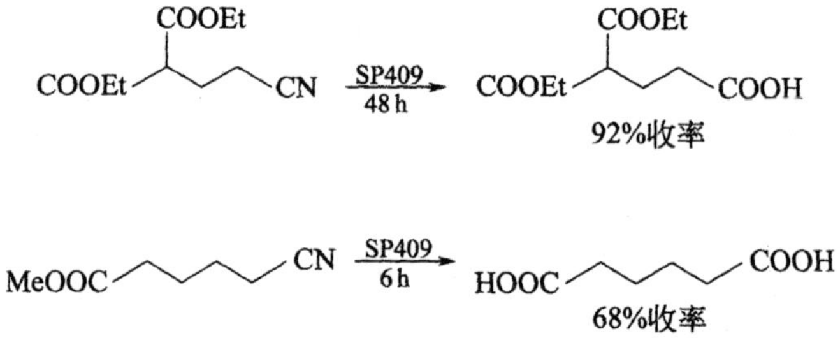

很多含有缩醛及醚键的腈类又都能化学选择性地转化为相应的羧酸,所采用的催化剂有固定化酶 SP409、SP316 及菌种 Rhodococcus sp. CH15、Brevibacterium R312 等,但是产率都不太理想。

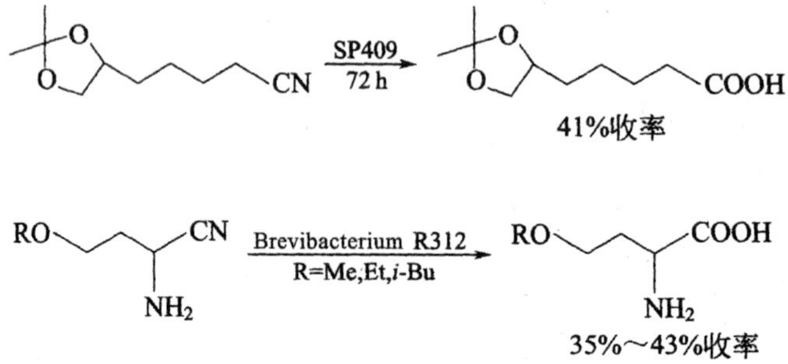

酶催化下二腈的水解是区域选择性的例子,其中对称二腈的酶催化水解研究得较多,在

SP361 或 Rhodococcus sp. AJ270 催化下,间、对位取代物生成相应的氰基苯甲酸,而邻二腈则表现得比较复杂。

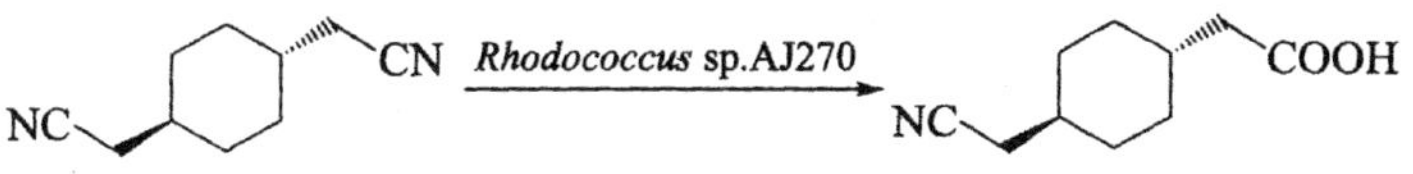

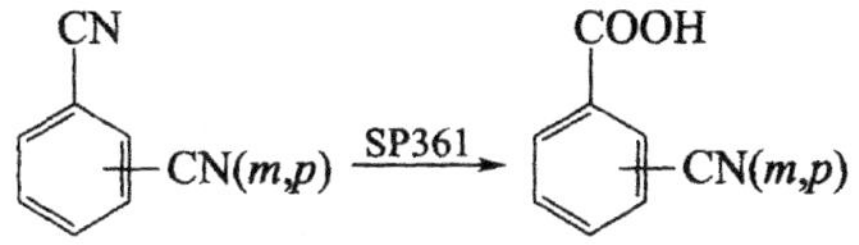

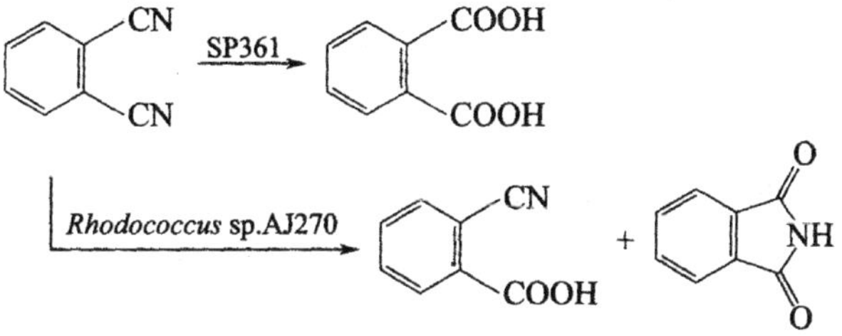

α-氨基腈水解可以合成 α-氨基酸。但是,化学法水解 α-氨基腈反应条件比较剧烈,通常需要在强酸或强碱条件下进行,反应产率较低,副反应较多。而通过酶促方法水解 α-氨基腈不仅可以在较温和的条件下进行,并且对环境的危害较小。

(4)α-酮酸脱羧酶

α-酮酸脱羧酶包括丙酮酸脱羧酶、苯甲酰甲酸脱羧酶和苯基丙酮酸脱羧酶,到现在为止,丙酮酸脱羧酶是 α-酮酸脱羧酶中了解最多的酶。后 2 种研究相对较少。丙酮酸脱羧酶广泛分布于小麦、玉米、水稻、大豆等植物中。它是一种焦磷酸硫胺素(TPP)依赖性的非氧化酶,在 TPP 和 Mg^{2+} 的辅助作用下,能够使 α-酮基羧酸脱羧,进而与醛类发生缩合反应,生成手性 α-羟基酮类化合物。

10.5　其他有机合成新技术

10.5.1　固相合成

1. 简单化合物的固相合成

一些溶液中不易制备的简单化合物如果采用固相合成法则可得到理想的结果。11-十四烯酸乙酯是一种鳞翅目昆虫性诱剂,合成该物质的原料 11-十四炔-1 醇用普通办法难以合成,用固相法则可以合成,步骤如下:

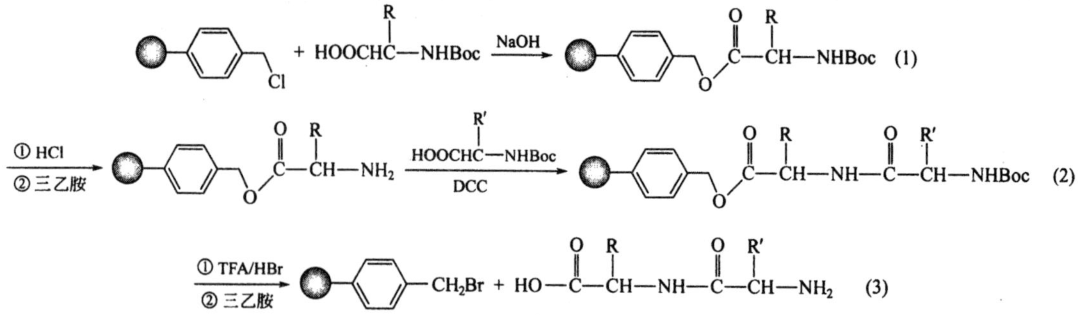

(TFA:三氟乙酸)

双取代的环己烯可用于制备香料或香料中间体,传统的液相合成法是使用丙烯酸酯与取代的 1,3-丁二烯进行环加成得到 3,4-双取代及 3,5-双取代两种加成产物,且 3,4-双取代为主要产物,选择性大于 80%。如果使用固相合成法,则由于载体的巨大位阻,产物以 3,5-双取代为主,选择性大于 90%。

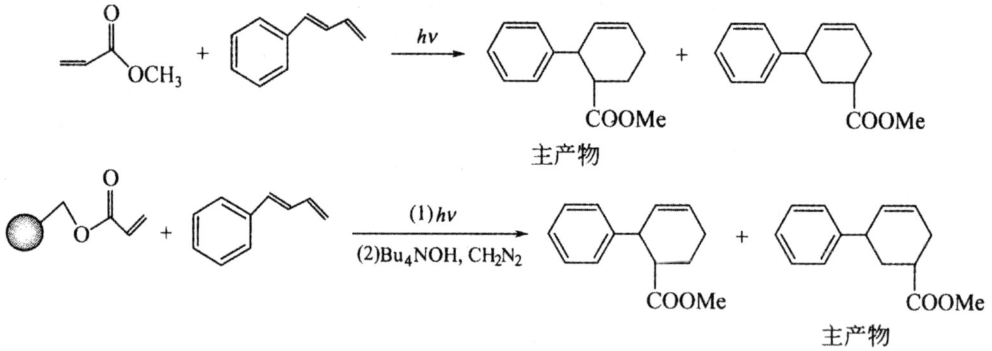

1-氨基 2,4-咪唑二酮是抗心律失常药阿齐利特、肌肉松弛剂丹曲林钠等药物的重要中间体。与传统的合成方法相比,固相合成得到的产品更纯净。在碱的作用下先合成羟基苯甲醛树脂,再与盐酸氨基脲在甲醇溶剂中回流下发生缩合反应生成苯甲醛缩氨基脲树脂,苯甲醛缩氨基脲树脂在乙醇钠的作用下与氯乙酸乙酯回流 24 h 后生成苯基亚甲基氨基-2,4-二酮咪唑树脂。最后用盐酸溶液进行切割,得到 1-氨基-2,4-咪唑二酮盐酸盐。

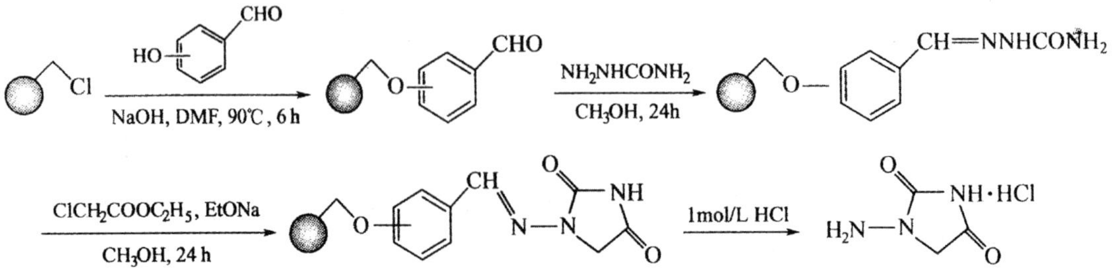

2. 多肽的固相合成

传统的多肽合成产物与反应物不易分离、操作繁琐、产率较低。使用固相合成法则可以克服这些缺点。以二肽的合成为例,来说明多肽的合成方法。传统的二肽的合成方法是先将第一个氨基酸的氨基保护,再将另一个氨基酸的羧基保护,然后将这两个被保护的氨基酸脱水形成酰胺肽键,最后将氨基和羧基脱保护形成二肽。

$$H_2N-\underset{\underset{R}{|}}{C}HCOOH \xrightarrow{HCOOH} \underset{\underset{O}{||}}{H}CHN-\underset{\underset{R}{|}}{C}HCOOH$$

$$H_2N-\underset{\underset{R'}{|}}{C}HCOOH \xrightarrow{CH_3OH} H_2N-\underset{\underset{R'}{|}}{C}HCOOCH_3$$

$$\underset{\underset{O}{||}}{H}CHN-\underset{\underset{R}{|}}{C}HCOOH + H_2N-\underset{\underset{R'}{|}}{C}HCOOCH_3 \xrightarrow[-H_2O]{DCC} \underset{\underset{O}{||}}{H}CHN-\underset{\underset{R}{|}}{C}HCONH-\underset{\underset{R'}{|}}{C}HCOOCH_3$$

$$\underset{\underset{O}{||}}{H}CHN-\underset{\underset{R}{|}}{C}HCONH-\underset{\underset{R'}{|}}{C}HCOOCH_3$$

（DCC：N,N'-二环己基碳二亚胺）

$\xrightarrow{0.5\ mol/L\ HCl}$ $H_2N-\underset{\underset{R}{|}}{C}HCONH-\underset{\underset{R'}{|}}{C}HCOOCH_3$

$\xrightarrow{1\ mol/L\ NaOH}$ $\underset{\underset{O}{||}}{H}CHN-\underset{\underset{R}{|}}{C}HCONH-\underset{\underset{R'}{|}}{C}HCOO^-$

二肽的固相合成方法是先将第一个一端氨基被叔丁氧羰基保护的氨基酸连接到载体树脂上,然后用酸将保护基脱去,再用三乙胺进行中和除去与氨基相连的酸,再与另一个一端氨基被叔丁氧羰基保护的氨基酸脱水形成肽键,最后在强酸三氟乙酸的作用下将二肽从树脂上解脱下来,并用碱中和氨基上的酸,得到二肽。

10.5.2　一锅合成

传统有机合成的步骤多、产率低、选择性差,且操作繁杂,近年来,迅速发展的一锅合成法为革新传统的合成化学开拓了新途径。采用一锅合成可将多步反应或多次操作置于一个反应器内完成,不再分离许多中间产物。采用一锅合成法,目标产物将可能从某种新颖、简捷的途径获得。如果一个反应需要多步完成,但反应步骤都是在同种溶剂的溶液中进行,反应条件相近,不同的只是体系中的具体组成或温度等,则可以考虑能否用一锅法的合成。

一锅合成多具有高效、高选择性、条件温和、操作简便等特点,它还能较容易地合成一些常规方法难以合成的目标产物。下面就常见的几种物质的一锅合成路线作简要的介绍。

1. 羧酸及其衍生物的一锅合成

在醇或醛的氧化过程中,生成的半缩醛中间体易氧化,于是开发了将伯醇或邻二醇转化为酯的一锅法,并成功地用于受性异构体的合成。例如,由 D-葡萄糖单缩酮合成木糖酸酯,反应式如下:

Deng 等以醇为底物,连续经过氧化-Homer-Wadsworth-Emmons 反应,将其氧化为不饱

和酯,反应式如下:

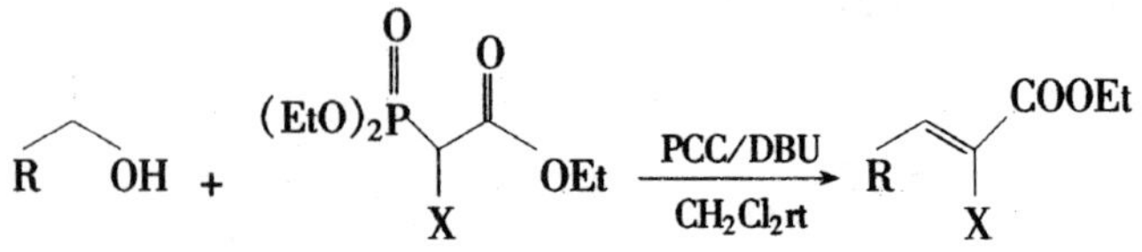

$$X = F, Cl$$

用二异丙基锂处理氯代缩乙醛,易于产生烷氧基乙炔负离子,接着与碳基化合物反应并酸化,一锅合成口,β-不饱合酯。所用碳基化合物可以是活泼的也可以是不活泼的,收率均较好。

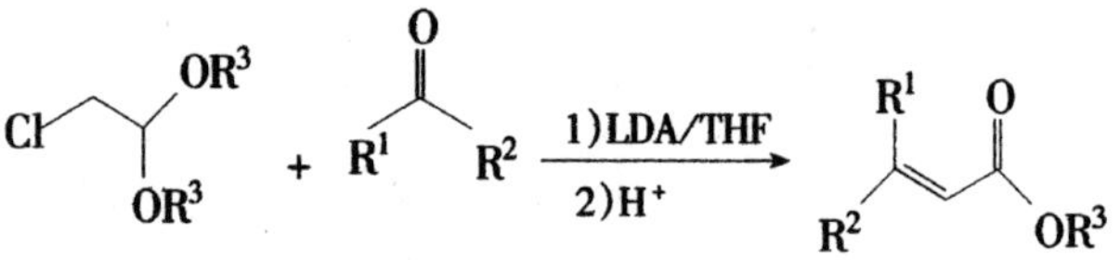

以 α,β-不饱和醛及丙二酸单酯为原料,在吡啶中用催化量的二甲基吡啶进行处理,一锅法制得 2E-不饱和酯,反应式如下:

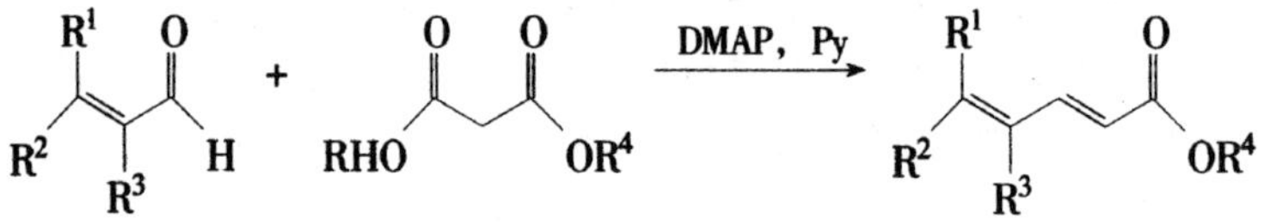

与其他方法相比较,这种方法不仅具有高的立体选择性,而且收率明显提高。例如,从内烯醛或 2-丁烯醛合成 2,4-戊二烯酸甲酯或 2,4-己二烯酸甲酯用通常方法需要经三步反应,生成的收率分别为 30%、27%的,而采用一锅方法,目标物收率分别提高到 88%和 95%。

γ-丁内酯衍生物的一锅合成近年已有不少发展。如由 3-丁烯-1-醇及其衍生物经过硼氢化—氧化可合成 γ-丁内酯衍生物。采用手性底物可得到高光学纯度的手性内酯,利用不对称还原、环化,也可得到手性 γ-丁内酯衍生物。

一锅法合成羧酸酯,常采用串联反应。例如,采用氧化/二苯酯重排串联反应,立体选择性地一锅合成了 α-羟基酯,反应式如下:

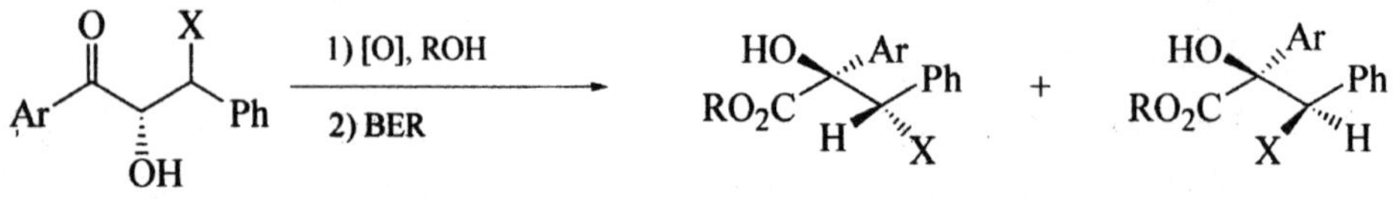

酰胺或内酰胺的一锅合成已有不少实例。例如,将二乙酰酒石酸酐与烯丙基胺在室温下反应得到 N-烯丙基-(2R,3R)-二乙酰酒石酸单酰胺的烯丙基胺盐后,不经过酸和提纯,直接与乙酐反应,高收率和高纯度得到了目标化合物,反应过程为:

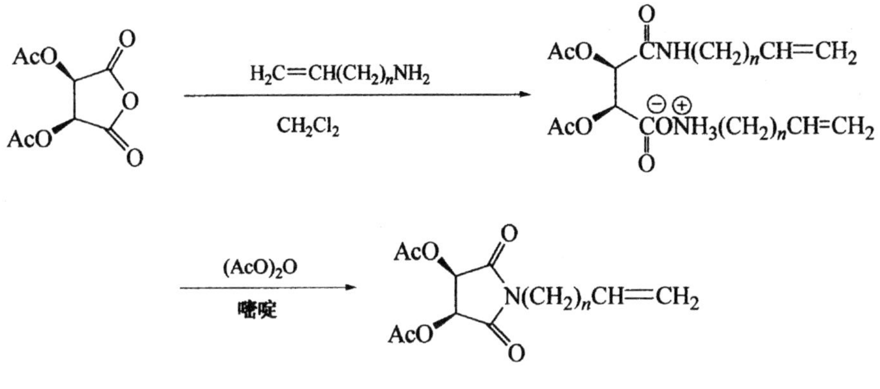

2. 醛、酮的一锅合成

将酮转变为烯醇盐后与硝基烯烃进行共轭加成,水解得 1,4-二酮。起始物为不对称酮时,生成异构体产物,以长碳链二酮为主。例如:

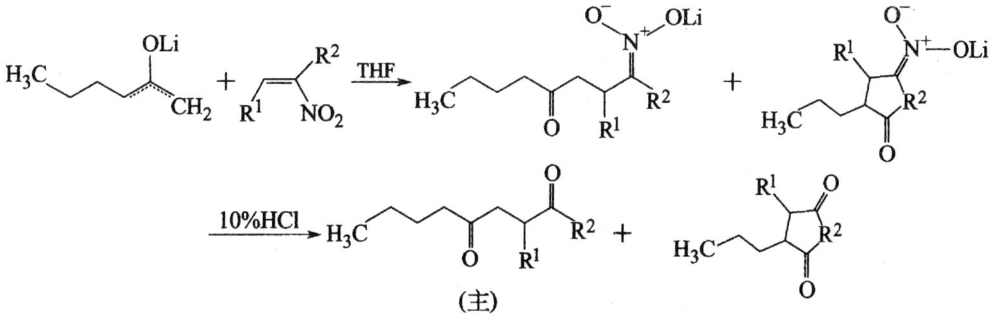

采用一锅法成功地实现了雌甾和化合物的高收率、高选择性的乙酰化和甲酰化反应,并提出该甲酰化反应可能经历了两次酚镁盐与甲醛配位,最后经六元环状过渡态的负氢转移而完成,其反应过程为:

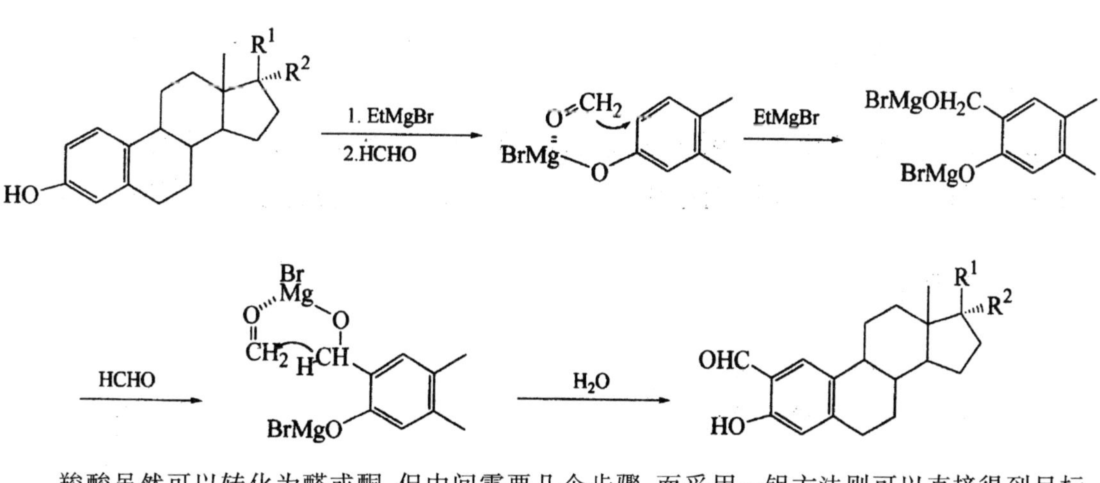

羧酸虽然可以转化为醛或酮,但中间需要几个步骤,而采用一锅方法则可以直接得到目标

化合物,其反应过程为:

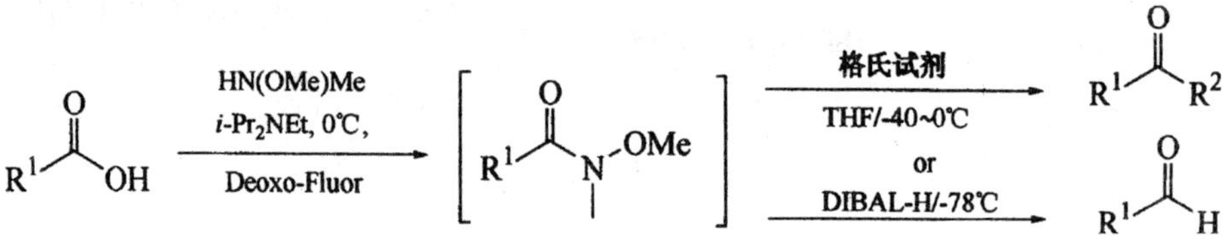

将羧酸酯经偶姻缩合和氯化亚砜处理,一锅合成对称 1,2-二酮;当偶姻缩合后,先用溴酸钠氧化再用氯化亚砜处理,则得到对称的单酮,反应过程为:

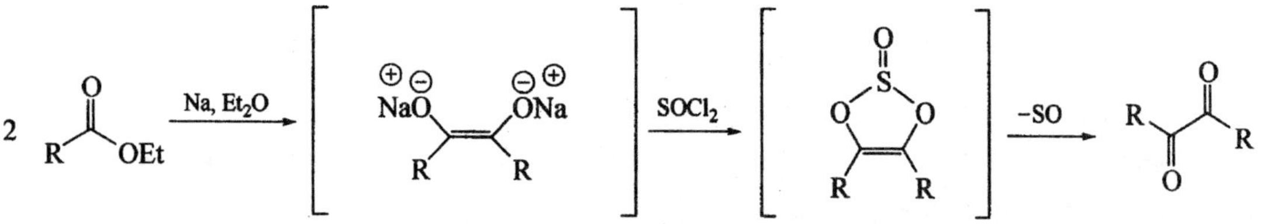

经叠氮化钠和三氟乙酸连续处理,可生成 2-氯腙衍生物。在 Lewis 酸催化下,环己-2-烯酮烯醇与二乙烯基酮连续发生三次 Michael 加成一锅合成三环二酮。这一新奇的一锅反应已用于一些复杂天然产物的合成,反应过程如下:

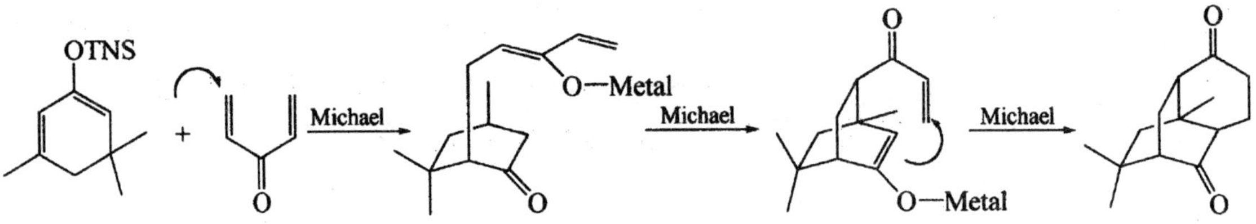

Metal = Si, Al or Ti

酯和醇反应,通常发生酯交换反应。Ishii 则用烯丙醇和乙酸乙烯或异丙烯酯在 [IrCl(cod)]₂ 催化下反应,生成乙烯烯丙型醚后,经过 Claisen 重排反应一锅合成了 γ,δ-不饱和羰基化合物,反应过程为:

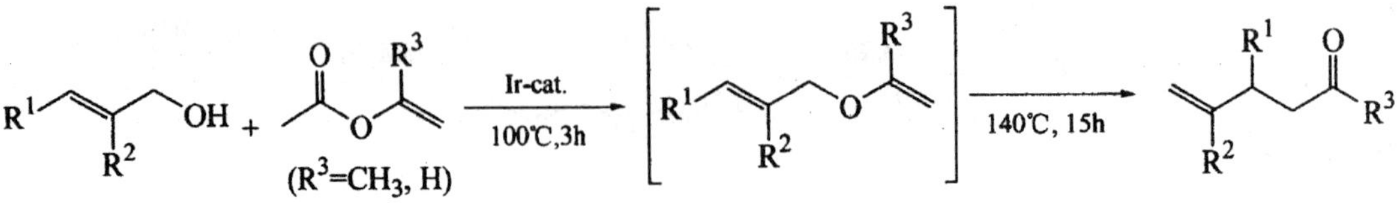

3. 腈、胺的一锅合成

由醛一锅合成腈有很多有效方法,其共同点是将醛转化为肟,接着以不同的消除反应完成。例如:

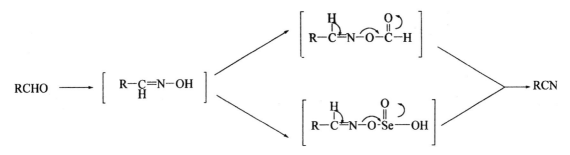

在氯化铵、铜粉和氧分子的参与下,芳醛、杂芳醛或叔烃基醛能有效地转化为腈。此法特别适宜于一些难制备、不稳定的腈的合成,也用于由容易获得的塔 NH_4Cl 合成标记的腈。反应式为:

$$RCHO \xrightarrow{^{15}NH_4Cl, CuO, O_2, Py} RC \equiv {}^{15}N$$

将伯醇经三氟乙酸酯,继以亲核取代反应,可一锅转化为腈。溶剂的极性对亲核取代反应影响很大,只用 THF 不能使亲核取代反应发生,加入高极性溶剂,反应迅速进行。反应路线为:

$$RCH_2OH \xrightarrow{CF_3COOH} [RCH_2OCOCF_3] \xrightarrow{NaCN, THF-HMPT} RCH_2CN$$

烯丙基化合物在相转移条件下经 CS_2 还原为肟,再脱水合成腈:

$$\begin{array}{c} \text{CH}_2\text{NO}_2 \end{array} \xrightarrow{\text{TBAB,K}_2\text{CO}_3, \text{H}_2\text{O, CH}_2\text{Cl}_2} \left[\begin{array}{c} \text{HC}=\text{NOH} \end{array} \right] \xrightarrow{\text{NaOH, CS}_2} \begin{array}{c} \text{CN} \end{array}$$

由卤代烃经 Staudinger 反应得到三乙氧基膦酰亚铵,然后用酸处理或与醛反应再还原分别合成胺或仲胺,反应路线为:

$$RBr \xrightarrow[\text{2)P(OEt)}_3]{\text{1)NaN}_3} \left[R-N=P(OEt)_3 \right]$$

一锅合成腈的又一种方法是酮和丙二腈在乙酸铵溶液中和 Et_3B 或 RI_5/Et_3B 在 $50\text{℃}\sim 60\text{℃}$ 下反应,得到丙二腈的衍生物,反应路线为:

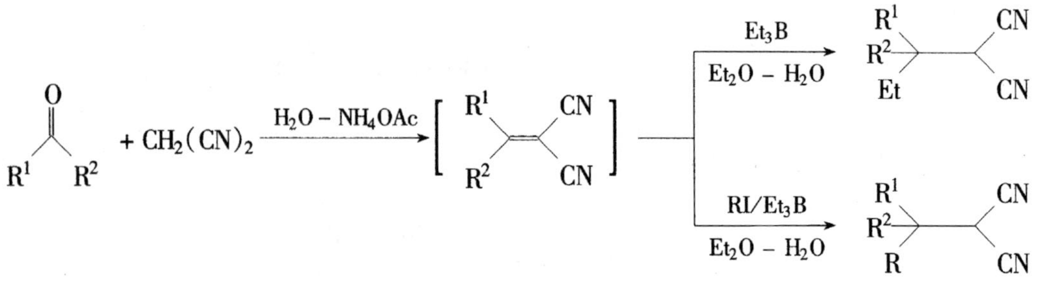

芳酸或杂芳酸的酰氯与羟胺磺酸反应,经重排得到对应的胺。该法比 Hofmann 法、Lossen 法或 Curtius 重排具有原料易得、操作简便安全等优点。反应历程为:

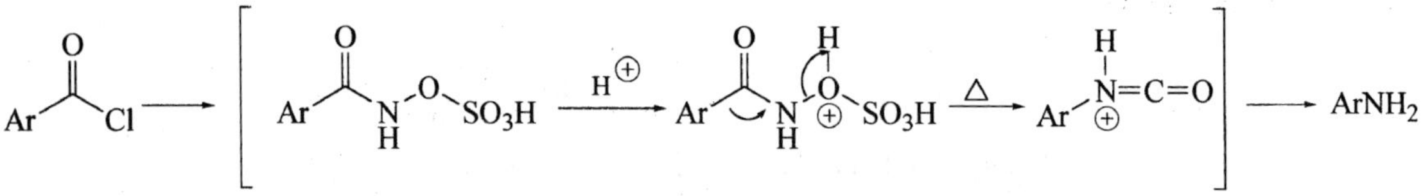

Naeimi 等以 P_2O_5/Al_2O_3 为催化剂,由酮和伯胺反应,一锅合成了 Schiff 碱,是一个绿色过程。反应式为:

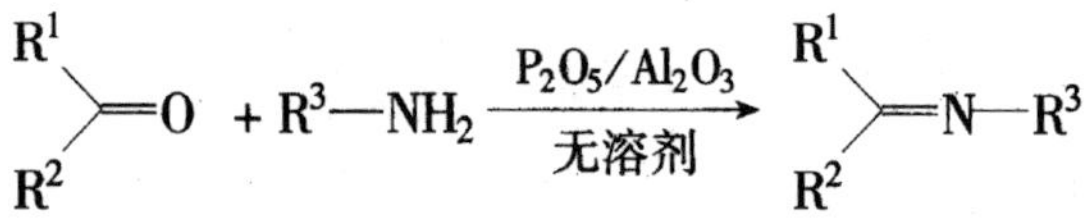

4. 磷(膦)酸酯的一锅合成

磷酸酯、膦酸酯及其衍生物多具有生物活性和工业用途,对其合成方法的研究,越来越受到重视,近年来其一锅合成法进展迅速。

用 N-保护的丝氨酸、苏氨酸或酪氨酸和二烷氧基氯化磷在吡啶中反应,首先生成了双亚磷酸中间体,然后再用碘进行氧化即得产物,反应过程为:

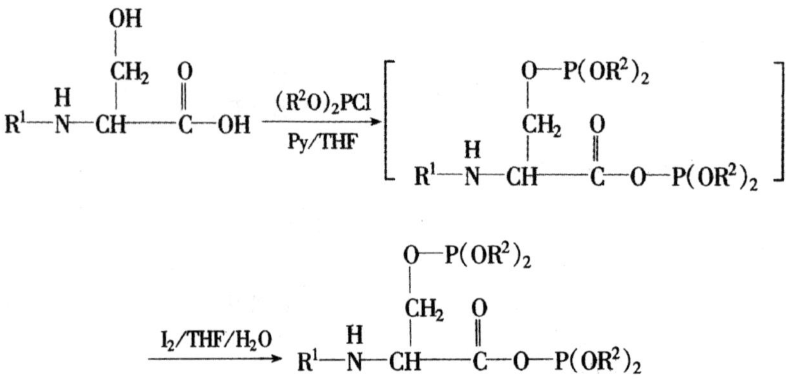

$$R^1 = Boc, \ Z; \qquad R^2 = Me, \ Et, \ Ph$$

用 O,O-二烷基亚磷酸酯在三甲基氯硅烷和缚酸剂的共同催化下,与取代的 β-硝基苯乙烯反应,在很温和的条件下实现了在磷原子上发生 Abuzov 重排的同时进行加成、还原、关环的一锅反应,生成含 C—P 键的 1-羟基吲哚类新化合物。控制适当条件,还可高收率地制备另一类产物或聚合物,反应式为:

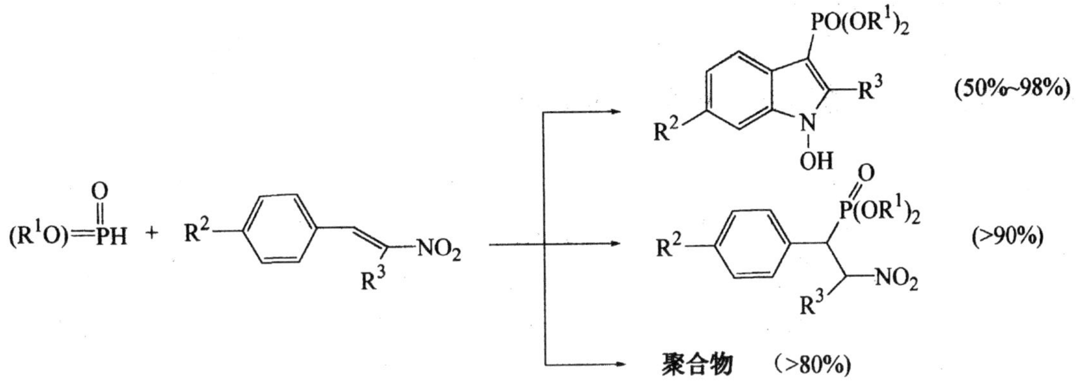

R^1=ET,n-Pr,i-Pr,n-Bu;　　R^2=H,OH,OMe;　　R^3= H, Me

在 Me_3SiCl/Et_3N 存在下,以 DMF 为介质,将亚磷(膦)酸酯与肉桂醛进行一锅合成反应,可以高收率地得到 1-羟基-3-苯基烯丙基膦(次膦)酸酯。

在固体 K_2CO_3 存在下,将二烷基亚磷酸酯或烷基苯基磷酸酯与等当量的 1-芳基-2-硝基-1-丙烯进行环化膦酰化,使 3-二烷氧膦酰基或 3-(烷氧基苯基膦酰基)-1-羟基吲哚衍生物的一锅合成更加简单实用,反应式为:

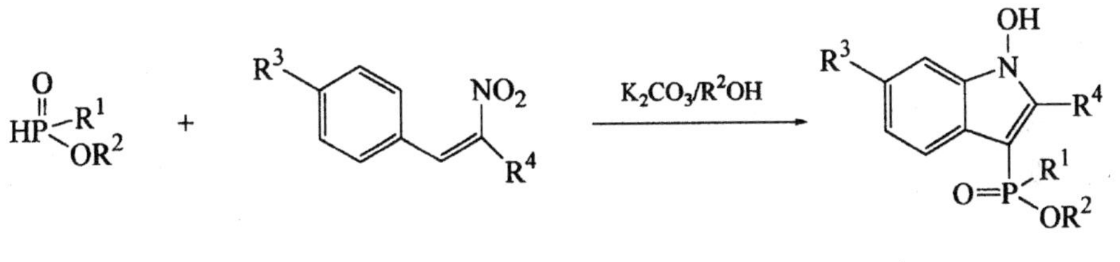

R^1 = OEt, OPr – i, Ph; R^2 = Et, i – Pr; R^3 = H, Me; R^4 = Me, Et

含磷阻燃剂 DOPO 即 9,10-二氢-9-氧杂-10-磷杂菲-10-氧化物,是一个膦酸酯,采用一锅法高纯度地合成了该化合物。例如:

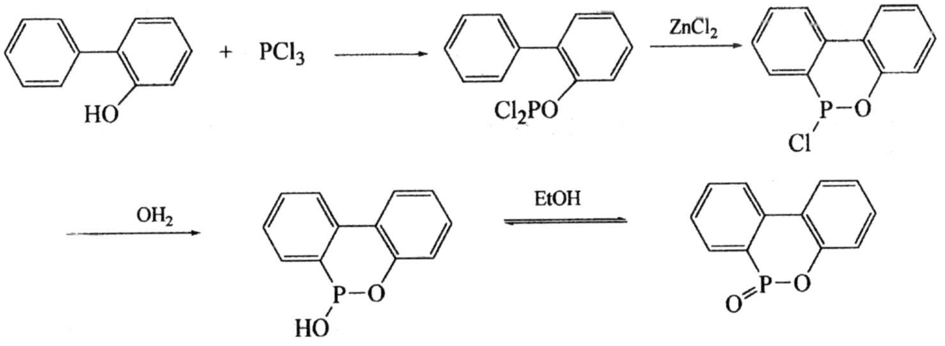

此外,采用一锅法还合成多种膦酸酯。

5. 烯、炔的一锅合成

利用 Wittig-Horner 反应一锅合成烯、炔及其衍生物,近来取得了较大进展。将苯基氯甲基砜或苯基甲氧甲基砜,经二锂化物再转化为磷酸酯,继而与醛、酮反应,简便地制得一系列 α-官能化的烯基砜,进一步用碱处理,脱去氯化氢得乙炔基砜。总的反应过程为:

$$PhSO_2-\underset{\underset{Li}{|}}{\overset{\overset{Li}{|}}{C}}-X \xrightarrow{(EtO)_2P(O)Cl} \left[(EtO)_2\overset{\overset{O}{||}}{P}-\underset{\underset{Li}{|}}{\overset{\overset{X}{|}}{C}}-SO_2Ph\right] \xrightarrow[R^2]{R^1} R^1R^2C=\underset{\underset{SO_2Ph}{|}}{\overset{\overset{X}{|}}{C}} \xrightarrow{t\text{-BuOK}} R^1C\equiv CSO_2Ph$$

$$(X=Cl, OCH_3; R^1=CH_3, C_6H_5, p\text{-}CH_3C_6H_4\text{等}; R^2=H, CH_3)$$

10.5.3 绿色有机合成

有机合成化学工业带来的污染随处可见。以往解决污染问题的主要手段是治理、停产甚至关闭,国家也曾因此花费了大量的人力、物力和财力。但只注重末端治理的方法投资大,收效小。20 世纪 90 年代,污染治理的观念由末端治理升华到以预防为主,即防患于未然的理念,化学家提出了与传统治理污染不同的"绿色化学"概念。

绿色化学的主要特点是原子经济性,也就是说,在获取新物质的转化过程中充分利用每个原料的原子,实现"零排放"。它既能充分利用资源,又不产生污染。

绿色化学的核心问题是研究新反应体系,包括新合成方法和路线,寻找新的化学原料,探索新的反应条件,设计和研制绿色产品。通过化学热力学和动力学研究,探究新兴化学键的形成和断裂的可能性,发展新型的化学反应和工艺过程,推进化学科学的发展。

1. 绿色化学遵循的原则

研究绿色化学的先驱者总结了这门新型学科的基本原理,为绿色化学的发展指明了方向。

①从源头上防止污染,减少或消除污染环境的有害原料、催化剂、溶剂、副产品以及部分产品,代之以无毒、无害的原料或生物废弃物进行无污染的绿色有机合成。

②设计、开发生产无毒或低毒、易降解、对环境友好的安全化学品,实现产品的绿色化。

③采用"原子经济性"评价合成反应,最大限度地利用资源,减少副产物和废弃物的生成,实现零排放。

④设计经济性合成路线,减少不必要的反应步骤。

⑤设计能源经济性反应,尽可能采用温和反应条件。

⑥使用无害化溶剂和助剂。

⑦采用高效催化剂,减少副产物和合成步骤,提高反应效率。

⑧尽量使用可再生原料,充分利用废弃物。

⑨避免分析检测使用过量的试剂,造成资源浪费和环境污染。

⑩采用安全的合成工艺,防止和避免泄露、喷冒、中毒、火灾和爆炸等意外事故。

2. 化学反应中提高原子利用率的途径

(1)采用新的合成原料

在有机合成设计中,为了达到环境友好的目的,采用绿色合成原料可以在化学反应的源头预防、控制污染的产生。

碳酸二甲酯(DMC)是一种新型的绿色化学原料,其毒性远远小于目前使用的光气和DMS。DMC 不仅可以取代光气和 DMS 等有害、有毒的化学物质做羰基化剂,还可以利用其独特的性质来制备许多衍生物。DMC 的传统光气制法有许多缺点,比如有毒气体泄露的危险和产品中残余的氯难以除去而影响使用等。新的改进方法有两种。

① 甲醇氧化羰基化。

$$2CH_3OH + CO + \frac{1}{2}O_2 \xrightarrow{Cu_2Cl_2} (CH_3O)_2CO + H_2O$$

② 尿素纯化。

$$2CH_3OH + \underset{H_2N-O}{\overset{H_2N-O}{\big\rvert}}C=O \longrightarrow 2NH_3 + \underset{CH_3-O}{\overset{CH_3-O}{\big\rvert}}C=O$$

(2)设计新的合成线路

在有机合成中,即使一步反应的收率较高,多步反应的总的原子利用率也不会很理想。若能设计新的合成路线来缩短和简化合成步骤,反应的原子利用率就会大大提高。布洛芬的合成就是很好的例子。过去布洛芬的合成需六步反应才能得到产品。原子利用率只有 40.04%。20 世纪 90 年代,法国 BHC 公司发明设计的新路线只需三步反应即可得到产品布洛芬,原子利用率达77.44%。新方法减少了 37% 的废物排放。布洛芬的两种合成路线见图 10-12。

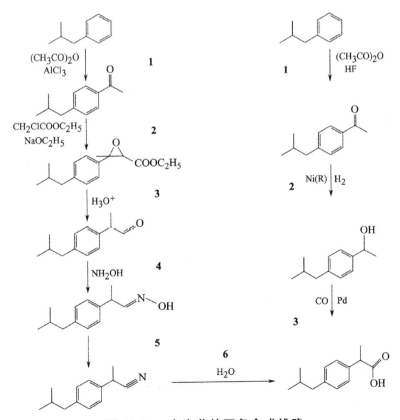

图 10-12　布洛芬的两条合成线路

（3）开发新型催化剂

催化剂不仅可以提高化学反应速率，还可以搞选择性的生成目标产物，据统计，工业上80％的反应只有在催化剂的作用下才能获得具有经济价值的反应速率和选择性，新催化材料是开发绿色合成方法的主要基础和提高原子经济性的方法之一，近年来，新型催化剂的开发取得了较大的进展，尤其是过渡金属催化剂的开发和利用。

3. 实现绿色合成的方法、技术与途径

（1）采用无毒、无害的溶剂

有机合成需要溶剂，多数的有机合成反应使用有机溶剂。有机溶剂易挥发、有毒，回收成本较高，且易造成环境污染。用无毒、无害溶剂，替代有毒、有害的有机溶剂或采用固相反应，是有机合成实现绿色化的有效途径之一。目前超临界流体、水以及离子液体作为反应介质，甚至采用无溶剂的有机合成在不同程度上取得了一定的成果和进展。

超临界流体（SCF）是临界温度和临界压力条件下的流体。超临界流体的状态介于液体和气体之间，其密度近于液体，其黏度则近于气体。超临界 CO_2 流体无毒、不燃、价廉，既具备普通溶剂的溶解度，又具有较高的传递扩散速度，可替代挥发性有机溶剂。Burk 小组报道了以超临界 CO_2 流体为溶剂，催化不对称氢化反应的绿色合成实例：

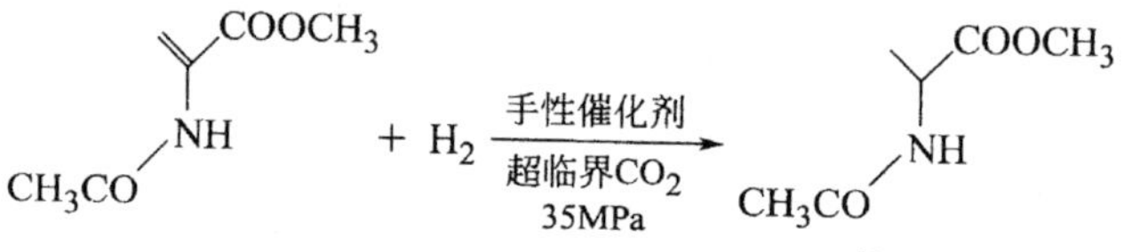

Noyori 等在超临界流体 CO_2 中，用 CO_2 与 H_2 催化合成甲酸，原子利用率达 100％。

$$CO_2 + H_2 \xrightarrow[\text{超临界 } CO_2, (C_2H_5)_3N]{RuH_2(PCH_3)_4} HCOOH$$

水是绿色溶剂，无毒、无害、价廉。水对有机物具有疏水效应，有时可提高反应速率和选择性。Breslow 发现环戊二烯与甲基乙烯酮的环加成反应，在水中比在异辛烷中快 700 倍。Fujimoto 等发现以下反应在水相进行，产率达 67％～78％：

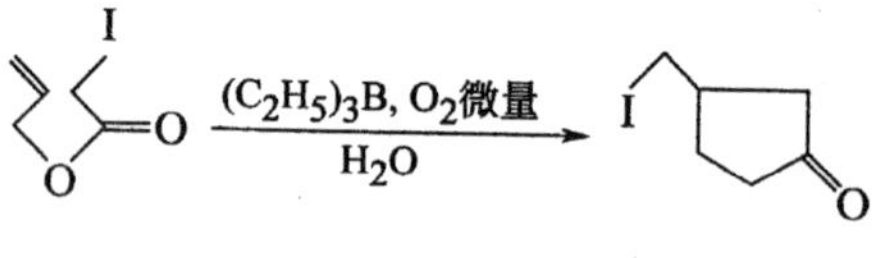

离子液体完全由离子构成，在 100℃ 以下呈液态，又称室温离子液体或室温熔融盐。离子液体蒸汽压低，易分离回收，可循环使用，且无味、不燃，不仅用于催化剂，也可替代有机溶剂。

（2）合成原料和试剂的绿色化

选择对人类健康和环境危害较小的物质为起始原料去实现某一化学过程，将使这一化学过程更安全，是显而易见的。例如，传统芳胺合成方法涉及硝化、还原、胺解等反应，所用试剂、涉及中间体和副产物，多为有毒、有害物质。

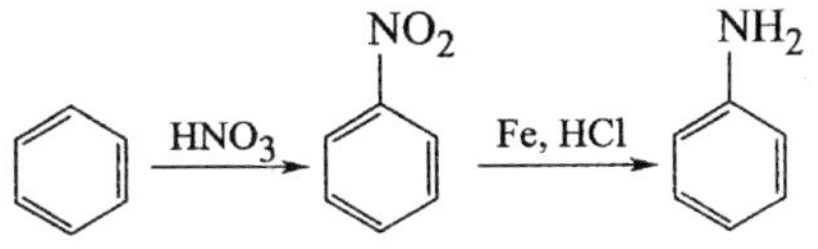

或

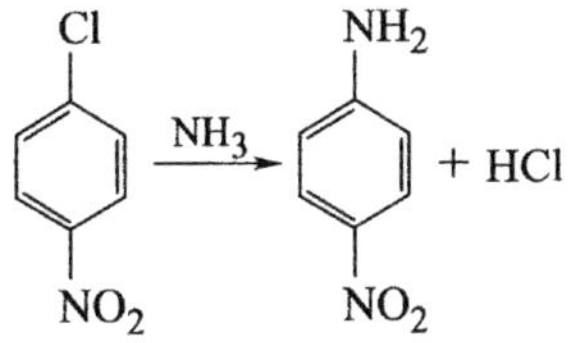

芳烃催化氨基化合成芳胺,其原料易得,原子利用率达 98%,氢是唯一的副产物。

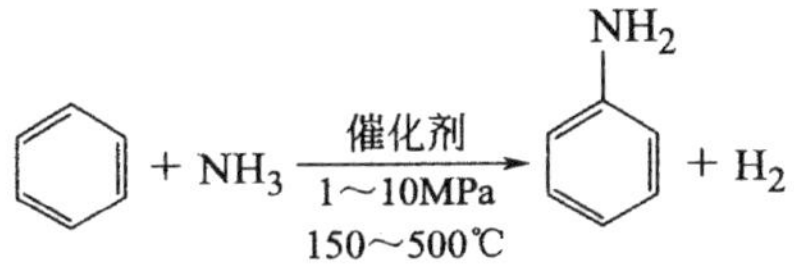

芳胺 N-甲基化,传统甲基化剂为硫酸二甲酯、卤代甲烷等,具有剧毒和致癌性。碳酸二甲酯是环境友好的反应试剂,可替代硫酸二甲酯合成 N-甲基苯胺:

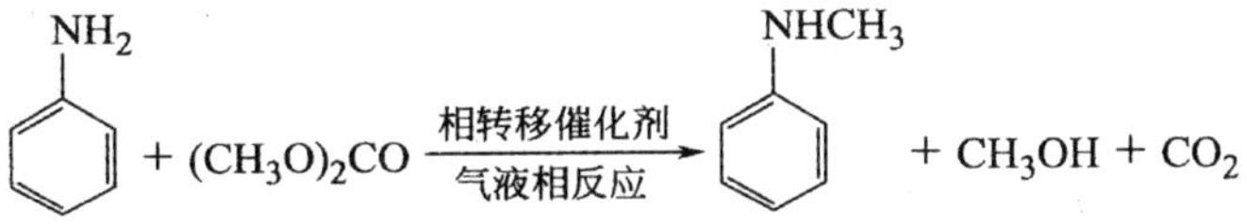

苯乙酸是合成农药、医药如青霉素的重要中间体;传统方法是氯化苄氰化再水解:

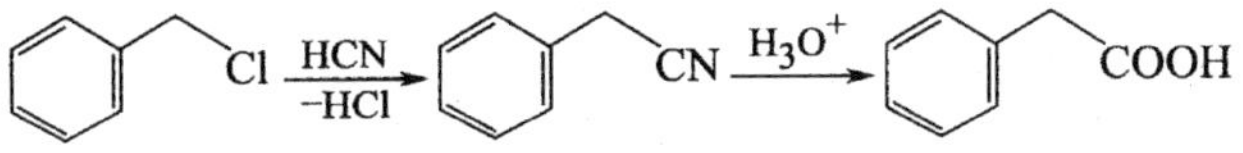

所用试剂氢氰酸有剧毒,用氯化苄与一氧化碳羰基来替代氢氰酸:

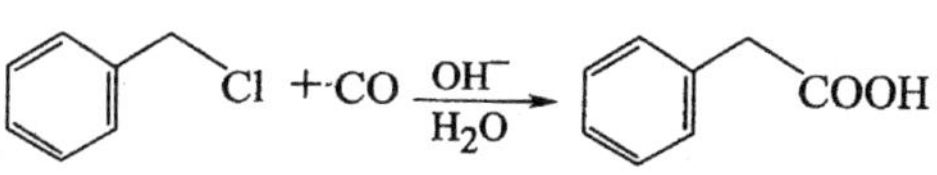

(3)采用高效、无毒、高选择性的催化剂

在反应温度、压力、催化剂、反应介质等多种因素中,催化剂的作用是非常重要的。而高效催化剂一旦被应用,就会使反应在接近室温及常压下进行。催化剂不仅使反应快速、高选择性地合成目标产物,而且当催化反应代替传统的当量反应时,就避免了使用当量试剂而引起的废物排放,这是减少污染最有效的办法之一。

例如:抗帕金森药物拉扎贝胺传统合成历经八步,产率仅为 8%:

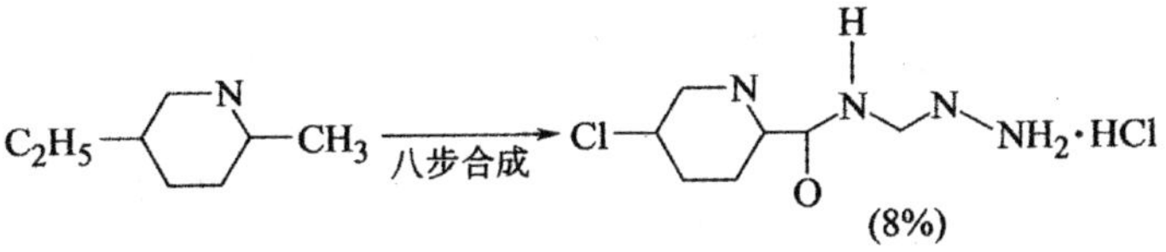

而以 Pd 作催化剂,一步合成:

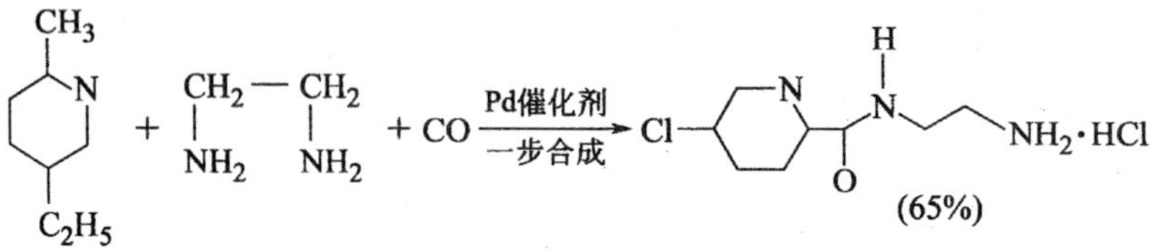

产率为 65%,原子利用率达 100%。

(4)改变反应反式

采用有机电合成方式是绿色合成的重要组成部分。由于电解合成一般在常温、常压下进行,无需使用危险或有毒的氧化剂或还原剂,因此在洁净合成中具有独特的魅力。例如,自由基反应是有机合成中一类非常重要的碳—碳键形成反应,实现自由基环化的常规方法是使用过量的三丁基锡烷。这样的过程不但原子利用率很低,而且使用和产生有毒的难以除去的锡试剂。这两方面的问题用维生素 B$_{12}$ 催化的电还原方法可完全避免。利用天然、无毒、手性的维生素 B$_{12}$ 为催化剂的电催化反应,可产生自由基类中间体,从而实现在温和、中性条件下化合物 1 的自由基环化产生化合物 2。有趣的是两种方法分别产生化合物 2 的不同的立体异构体。

(5)采用高效的合成方法

对于传统的取代、消除等反应而言,每一步反应只涉及一个化学键的形成,就是加成反应包括环加成反应也仅涉及 2~3 个键的形成。如果按这样的效率,一个复杂分子的合成必定是一个冗长而收率又很低的过程。这样的合成不仅没有效率,而且还会给环境带来危害。近年来发展起来的一锅反应、串联反应等都是高效绿色合成的新方法和新的反应方式,这种反应的中间体不必分离,不产生相应的废弃物。

一锅合成法是在同一反应釜(锅)内完成多步反应或多次操作的合成方法。由于一锅合成法可省去多次转移物料、分离中间产物的操作,成为高效、简便的合成方法而得到迅速发展和应用。例如,甲磺酰氯的一锅合成。鉴于硫脲的甲基化、甲基异硫脲硫酸盐的氧化和氯化,均在水溶液中进行,故将氯气直接导入硫脲和硫酸二甲酯的反应混合物中氧化氯化,一锅完成甲磺酰氯的合成,降低了原材料消耗,提高收率(76.6%)。

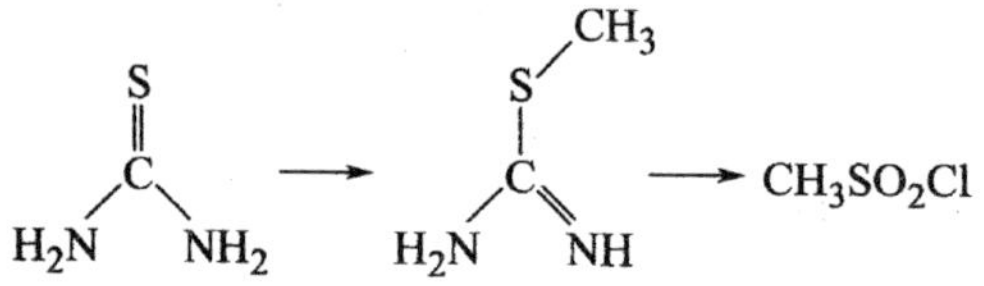

（6）利用再生生物资源

以可再生的生物资源，如纤维素、葡萄糖、淀粉、油脂等物质，替代石油、煤、天然气，成为有机合成原料绿色化的必然趋势。

（7）计算机辅助的绿色合成设计

为研究和开发新的有机化合物，设计具有特定功能的目标产物，需要进行有机合成反应设计。有机合成反应的设计，不仅考虑产品的环境友好性、经济可行性，还要考虑原子经济性，以使副产物和废物低排放或零排放，实现循环经济，需要计算机辅助有机合成反应的设计，从合成设计源头上实现绿色化。有机合成设计计算机辅助方法，已日益成熟和普及。

参考文献

［1］林国强,陈耀全,席婵娟．有机合成化学与线路设计．北京:清华大学出版社,2002

［2］马军营,任运来等．有机合成化学与路线设计策略．北京:科学出版社,2008

［3］黄培强,靳立人,陈安齐．有机合成．北京:高等教育出版社,2004

［4］郭生金．有机合成新方法及其应用．北京:中国石油出版社,2007

［5］杨光富．有机合成．上海:华东理工大学出版社,2010

［6］赵地顺．精细有机合成原理及应用．北京:化学工业出版社,2009

［7］唐培堃,冯亚青．精细有机合成与工业学．北京:化学工业出版社,2006

［8］纪顺俊,史达清．现代有机合成新技术．北京:化学工业出版社,2009

［9］高晓松,张惠,薛富．仪器分析．北京:科学出版社,2009

［10］田铁牛．有机合成单元过程．北京:化学工业出版社,2001

［11］林峰．精细有机合成技术．北京:科学出版社,2009

［12］陈治明．有机合成原理及路线设计．北京:化学工业出版社,2010

［13］陆国元．有机反应与有机合成．北京:科学出版社,2009

［14］薛叙明．精细有机合成技术.第2版．北京:化学工业出版社,2009

［15］王玉炉．有机合成化学.第2版．北京:科学出版社,2009

［16］谢如刚．现代有机合成化学．上海:华东理工大学出版社,2003

［17］白凤娥．工业有机化学主要原料和中间体．北京:化学工业出版社,1982

［18］(英)怀亚特(Wyatt-P)等.有机合成策略与控制．张艳,王剑波等译．北京:科学出版社,2009

［19］吾钦佩,李珊茂．保护基化学．北京:化学工业出版社,2007

［20］吴毓林,麻生明,戴立信．现代有机合成进展．北京:化学工业出版社,2005

［21］黄宪,王彦广,陈振初．新编有机合成化学．北京:化学工业出版社,2003

［22］叶非,黄长干,徐翠莲．有机合成化学．北京:化学工业出版社,2010

［23］卢江,梁晖．高分子化学．北京:化学工业出版社,2005

［24］薛永强,张蓉．现代有机合成方法与技术.第2版．北京:化学工业出版社,2007

［25］郝素娥,强亮生等．精细有机合成单元反应与合成设计．哈尔滨:哈尔滨工业大学出版社,2004

［26］王利民,田禾．精细有机合成新方法．北京:化学工业出版社,2004

［27］郭保国．有机合成重要单元反应．郑州:黄河水利出版社,2009

［28］赵德明．有机合成工艺．杭州:浙江大学出版社,2012

［29］谢如刚．现代有机合成化学．上海:华东理工大学出版社,2003